国家电网公司

生产技能人员职业能力培训专用教材

电力通信 下

国家电网公司人力资源部　组编

葛剑飞　主编

中国电力出版社

CHINA ELECTRIC POWER PRESS

内 容 提 要

《国家电网公司生产技能人员职业能力培训教材》是按照国家电网公司生产技能人员模块化培训课程体系的要求，依据《国家电网公司生产技能人员职业能力培训规范》（简称《培训规范》），结合生产实际编写而成。

本套教材作为《培训规范》的配套教材，共 72 册。本册为专用教材部分的《电力通信》，全书共 22 个部分 83 章 277 个模块，主要内容包括通信原理，光纤通信，SDH 原理，交换原理，计算机网络设备，网络安全管理及设备，光缆基础，设备安装，通信机房安全与防护技术，规程、规范及标准，通信电源及其维护，仪表工具的使用，通信线缆制作及布线，网络设备配置与调试，网络运行与维护，SDH 调试与维护，PCM 调试与维护，光缆施工、维护及故障处理，程控交换机硬件及维护，程控交换机软件配置及维护，调度台维护，网络安全防护。

本书可作为供电企业电力通信工作人员的培训教学用书，也可作为电力职业院校教学参考书。

图书在版编目（CIP）数据

电力通信. 下 / 国家电网公司人力资源部组编. —北京：中国电力出版社，2010.8（2022.2 重印）

国家电网公司生产技能人员职业能力培训专用教材

ISBN 978-7-5123-0799-5

Ⅰ. ①电… Ⅱ. ①国… Ⅲ. ①电力系统–通信–技术培训–教材 Ⅳ. ①TM73

中国版本图书馆 CIP 数据核字（2010）第 189309 号

中国电力出版社出版、发行

（北京三里河路 6 号　100044　http://www.cepp.com.cn）

北京九州迅驰传媒文化有限公司印刷

各地新华书店经售

*

2010 年 9 月第一版　　2022 年 2 月北京第九次印刷

880 毫米×1230 毫米　16 开本　54 印张　1660 千字

印数 17101—17300 册　　定价 198.00 元（上、下册）

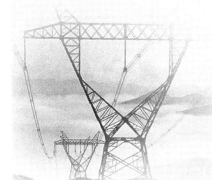

国家电网公司
生产技能人员职业能力培训专用教材

目 录

第二部分　光　纤　通　信

第五部分　计 算 机 网 络 设 备

第六部分　网络安全管理及设备

第七部分　光　缆　基　础

第八部分　设　备　安　装

第九部分　通信机房安全与防护技术

第十部分　规程、规范及标准

第十一部分 通信电源及其维护

第十二部分 仪表工具的使用

第十三部分　通信线缆制作及布线

第十四部分　网络设备配置与调试

下　　册

第十五部分　网 络 运 行 与 维 护

第十六部分　SDH 调 试 与 维 护

第十七部分　PCM 调 试 与 维 护

第十八部分　光缆施工、维护及故障处理

第十九部分　程控交换机硬件及维护

第十五部分

网络运行与维护

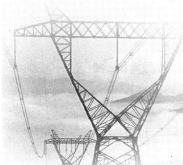

第五十八章　网络测试、分析与诊断工具

模块1　IP 地址和 MAC 地址命令（ZY3201501001）

【模块描述】本模块介绍了 Windows 系统中常用的与 IP 地址和 MAC 地址有关的测试命令。通过测试命令使用方法介绍、操作界面图形示例，掌握查看网络中计算机的 MAC 地址和 IP 地址及相关信息的方法。

【正文】

在 IP 网络中，MAC 地址和 IP 地址是网络通信的基础。在网络的组建、运行维护和管理的过程中，经常需要了解网络中有关主机（计算机、服务器）的 MAC 地址或 IP 地址。熟练掌握检测和查看 MAC 地址和 IP 地址的方法，对进行设备配置和管理、查找网络运行异常情况的原因、排除网络故障以及加强网络的安全管理等方面都有着十分重要的意义。

一、Windows 系统 IP 地址和 MAC 地址命令

在当前的企业网络中，绝大部分计算机和服务器都是运行在 Microsoft 公司的 Windows 操作系统下的。Windows 系统中提供了多条有关 IP 地址和 MAC 地址测试和维护的命令，对网络管理员来说，掌握了这些命令的使用方法，基本上能够满足网络运行维护和管理的需要。Windows 系统提供的常用的 IP 地址和 MAC 地址命令有：

1. Ipconfig 命令

Ipconfig 命令可以查看本地计算机网卡（网络适配器）的 IP 地址、MAC 地址等配置信息，这些信息一般用来检验 TCP/IP 设置是否正确。

当网络使用动态主机分配协议（Dynamic Host Configuration Protocol，DHCP）进行 IP 地址的自动分配和管理时，Ipconfig 可以检测计算机自动获得的 IP 地址，也可以释放和重新获取新的 IP 地址。

2. Nbtstat 命令

NetBIOS 是局域网中程序可以使用的应用程序编程接口（API），几乎所有联网的计算机都是在 NetBIOS 基础上工作的。TCP/IP 上的 NetBIOS 将 NetBIOS 名称解析成 IP 地址，TCP/IP 为 NetBIOS 名称解析提供了很多选项，包括本地缓存搜索、WINS 服务器查询、广播、DNS 服务器查询等。

Nbtstat 命令是 Windows 的网络基本输入输出系统（Network Basic Input Output Systems，NetBIOS）管理工具。Nbtstat 命令根据某计算机的计算机名或 IP 地址，可以通过网络远程查看该计算机的 NetBIOS 名称表、名称缓存和网卡的 MAC 地址等信息。Nbtstat 命令也可以显示本地计算机的 NetBIOS 统计信息、名称表和名称缓存。利用 Nbtstat 命令还能可分析出应用程序所使用的协议端口。

3. Arp 命令

Arp 命令用来查看本地计算机的 Arp 高速缓存中的 IP 地址与 MAC 地址的对应关系，以及将 IP 地址绑定到网卡 MAC 地址上。

4. Netstat 命令

Netstat 命令用来查看本机实时网络连接和协议统计信息。Netstat 命令的功能非常强大：可以查看本机所有的 TCP 连接和监听端口；查看以太数据帧发送和接收的统计信息；查看本机路由表；查看按协议分类统计的信息；查看活动进程的 ID 等。

上述命令都必须在 DOS 下运行，在 Windows 桌面上单击"开始"菜单→运行（R）→键入 cmd，即可打开 DOS 命令窗口，在 DOS 命令提示符键入命令。下面详细讲解上述各条命令的使用方法及应用。

二、Ipconfig 命令的使用

1. 查看本机 IP 地址和 MAC 地址及相关信息

在本机的命令提示符中直接运行 ipconfig 命令，可以显示本机的 IP 配置信息：IP 地址（IP Address）、子网掩码（Subnet Mask）和默认网关（Default Gateway），如图 ZY3201501001-1 所示。

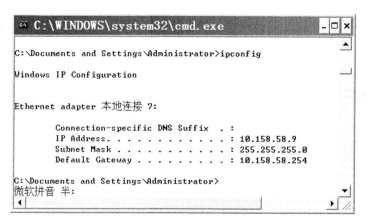

图 ZY3201501001-1　显示本机 IP 地址信息

要查看网卡的 MAC 地址，可以在 ipconfig 命令后面加上参数 all，如图 ZY3201501001-2 所示，其中，Physical Address 后面显示的就是本机网卡的 MAC 地址。

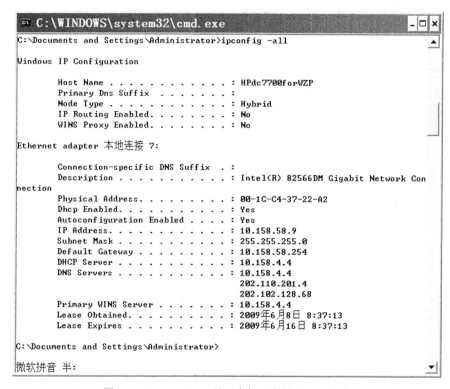

图 ZY3201501001-2　显示本机网卡的 MAC 地址

该命令还显示了网卡的其他信息，如网卡类型描述信息（Description）、是否启用了 DHCP 服务（Dhcp Enabled）以及 IP 地址配置信息等，Windows 配置信息。在 Windows IP Configuration 区域中显

示了主机名（Host Name）、主 DNS 后缀（Primary DNS Suffix）、节点类型（Node Type）、是否开启了 IP 路由（IP Routing Enabled）、是否开启了 WINS 代理（WINS Proxy Enabled）。

2. 重新获取 IP 地址

如果网络中使用了 DHCP 服务，客户端计算机就可以自动获得 IP 地址。但有时因 DHCP 服务器或网络故障等原因，会使一些客户端计算机不能正常获得 IP 地址，此时系统就会自动为网卡分配一个 169.254.x.x 的 IP 地址。或者计算机 IP 地址的租约到期，需要更新或重新获得 IP 地址，这时可以使用 ipconfig 命令配合参数-renew 和-release 来实现。

客户端计算机没有正确获得 IP 地址时，需要先将原先获得的 IP 地址释放掉，键入命令：

`ipconfig -release`

回车后，计算机就会将原 IP 地址释放，可以看到 IP 地址和子网掩码均变成 0.0.0.0，然后可以使用命令重新获得新的 IP 地址，键入命令：

`ipconfig -renew`

回车后，计算机就会自动从 DHCP 服务器获得一个新的 IP 地址、子网掩码和默认网关，如图 ZY3201501001-3 所示。

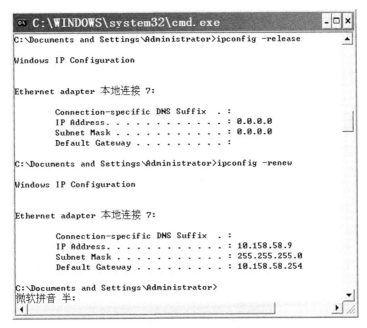

图 ZY3201501001-3　释放和重新获取 IP 地址

三、Nbtstat 命令的使用

如果使用不带参数的 Nbtstat 命令，将会显示有关该命令的帮助信息。

1. 据计算机名远程查看 NetBIOS 名称表和 MAC 地址

知道了某个计算机名，可以通过网络远程查看该计算机的 NetBIOS 名称表和网卡的 MAC 地址。假设计算机名为 Thatname，在本地键入命令：

`nbtstat -a thatname`

回车后，如图 ZY3201501001-4 所示，可以看到计算机 Thatname 的 NetBIOS 名称表中的内容，网卡的 MAC 地址为 00-50-BA-20-CB-91。

2. 根据 IP 地址远程查看计算机 NetBIOS 名称表和 MAC 地址

同样，知道了某个计算机的 IP 地址，也可以通过网络远程查看该计算机的 NetBIOS 名称表和网卡的 MAC 地址。假设计算机名 IP 地址为 10.158.4.93，在本地键入命令：

`nbtstat -A 192.168.0.1`

回车后，如图 ZY3201501001-5 所示，可以看到该计算机的 NetBIOS 名称表，网卡的 MAC 地址为 00-1D-09-0A-6D-59。

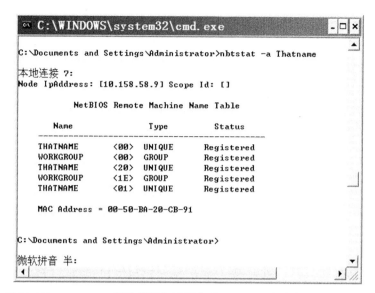

图 ZY3201501001-4　据计算机名远程查看 NetBIOS 名称表和 MAC 地址

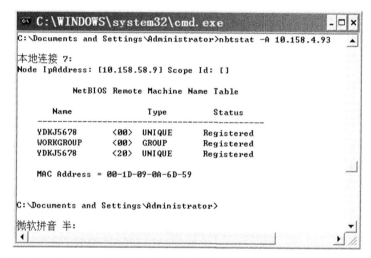

图 ZY3201501001-5　据 IP 地址远程查看计算机 NetBIOS 名称表和 MAC 地址

3. 显示本地计算机的 NetBIOS 名称表

在命令提示符下键入如下命令：

```
nbtstat -n
```

回车后，如图 ZY3201501001-6 所示，可以看到该计算机的 NetBIOS 名称表、所在域（或工作组），以及当前登录的用户等信息。

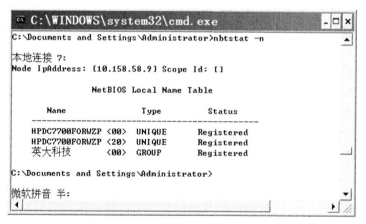

图 ZY3201501001-6　显示本地计算机的 NetBIOS 名称表

4. 显示本地计算机 NetBIOS 名称的缓存内容

使用参数-c，在命令提示符下键入如下命令：

nbtstat -c

回车后，如图 ZY3201501001-7 所示，从缓存表中可以看到本地计算机刚刚和 IP 地址为 10.158.4.93 的计算机连接过。

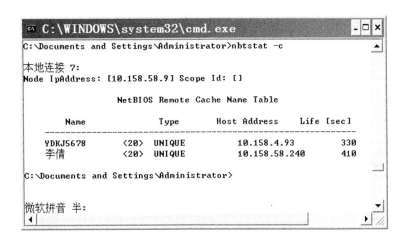

图 ZY3201501001-7　显示本地计算机 NetBIOS 名称的缓存内容

5. 查看某个应用程序所使用的端口号

可以在运行该程序的前后，分别运行 netstat -ap，通过比较就能找出该应用所使用的端口号。

四、Arp 命令的使用

1. 查看本地计算机 Arp 缓存中的 IP 地址与 MAC 地址对应关系

计算机会把已知的 IP-MAC 地址对应关系记录到 Arp 缓存中，下次要发送 IP 数据包时，计算机先从缓存中查找与目的 IP 地址对应的 MAC 地址，如果找不到，计算机则通过 Arp 地址解析协议从网络中查询，查询到以后便自动添加到 Arp 缓存中。要查看计算机 Arp 高速缓存中记录的 IP 地址与 MAC 地址的对应关系，键入如下命令：

arp -a

回车后，显示如图 ZY3201501001-8 所示，列出了 IP 地址与 MAC 地址的对应信息。

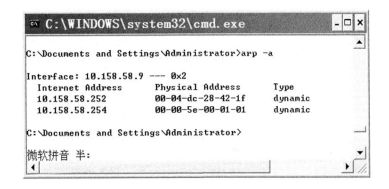

图 ZY3201501001-8　IP-MAC 地址对应表

Dynamic 表示该条数据是通过 Arp 地址解析协议自动获取的，如果在一段时间内（Windows 系统中一般为 2～10min）没有再次被使用，该条数据将会被删除，当计算机重新启动时该数据也会丢失。因此，如果查看到 Arp 缓存中条目很少或根本没有，并不一定表示网络不通。

2. 将 IP 地址与 MAC 地址绑定

在网络的运行过程中，有时会出现 IP 地址冲突的问题，这可能是由于用户随意设定 IP 地址造成的。如果 IP 地址相冲突发生在服务器上，将影响其他用户访问服务器，引发网络故障。为了防止 IP 地址冲突以及 IP 地址盗用，可以使用 Arp 命令将 IP 地址与 MAC 地址一一固定起来。

例如，要将 IP 地址 10.158.58.62 与 MAC 地址为 00-08-74-f8-50-06 的网卡进行绑定，可键入如下命令：

```
arp -s 10.158.58.62 00-08-74-f8-50-06
```

然后，键入 arp -a 命令，即可看到所绑定的 IP 地址与网卡 MAC 地址信息，如图 ZY3201501001-9 所示。绑定的 IP 与 MAC 地址显示为 static，表示该数据是人工设定的，它不会自动失效或丢失。

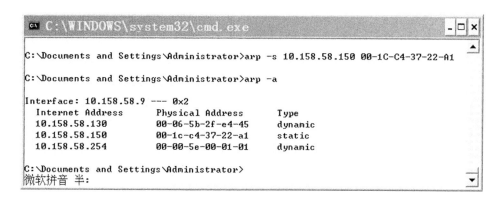

图 ZY3201501001-9　绑定 IP 与 MAC 地址

如果要取消 IP 地址与 MAC 地址的绑定关系，可使用 "arp -d ip-address" 命令来实现。

五、Netstat 命令的使用

1. 查看本地计算机的 TCP 连接和协议端口号

计算机访问远程服务器，或本地计算机作为一台服务器为远程计算机提供服务时，都会建立相应的 TCP 连接。使用不带参数的 netstat 命令可以显示本机上的 TCP 连接和和所使用的端口号，如图 ZY3201501001-10 所示。

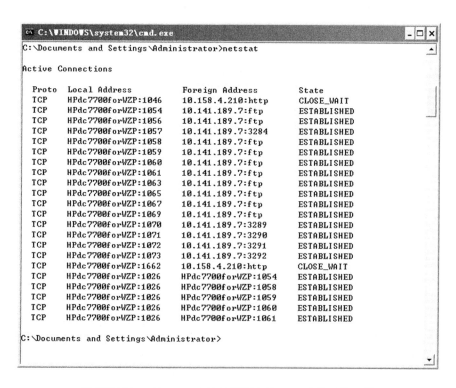

图 ZY3201501001-10　本地计算机上的 TCP 连接及端口号

对显示的信息解释如下：

（1）Proto 为协议名称；

（2）Local Address 为本机的计算机名和使用的端口号，如果连接尚未完全建立，端口以星号（*）显示；

（3）Foreign Address 为对端计算机的 IP 地址和端口号，如果端口尚未建立，端口号也以星号（*）显示；

（4）State 表示 TCP 连接的状态。

在上面的显示信息中，如果想在 Local Address 栏目下看到本机的 IP 地址而不是计算机名，可以使用参数-n，键入命令：

```
netstat -n
```

回车后，显示结果如图 ZY3201501001-11 所示。

```
C:\WINDOWS\system32\cmd.exe                                          _ □ ×

C:\Documents and Settings\Administrator>netstat -n

Active Connections

  Proto  Local Address          Foreign Address        State
  TCP    10.158.58.39:1046      10.158.4.210:80        CLOSE_WAIT
  TCP    10.158.58.39:1706      10.158.4.210:80        CLOSE_WAIT
  TCP    10.158.58.39:1711      10.141.189.7:21        ESTABLISHED
  TCP    10.158.58.39:1713      10.141.189.7:21        ESTABLISHED
  TCP    10.158.58.39:1714      10.141.189.7:2970      ESTABLISHED
  TCP    10.158.58.39:1715      10.141.189.7:21        ESTABLISHED
  TCP    10.158.58.39:1716      10.141.189.7:21        ESTABLISHED
  TCP    10.158.58.39:1717      10.141.189.7:21        ESTABLISHED
  TCP    10.158.58.39:1718      10.141.189.7:21        ESTABLISHED
  TCP    10.158.58.39:1720      10.141.189.7:21        ESTABLISHED
  TCP    10.158.58.39:1722      10.141.189.7:21        ESTABLISHED
  TCP    10.158.58.39:1724      10.141.189.7:21        ESTABLISHED
  TCP    10.158.58.39:1726      10.141.189.7:21        ESTABLISHED
  TCP    10.158.58.39:1727      10.141.189.7:2974      ESTABLISHED
  TCP    10.158.58.39:1728      10.141.189.7:2975      ESTABLISHED
  TCP    10.158.58.39:1729      10.141.189.7:2976      ESTABLISHED
  TCP    10.158.58.39:1730      10.141.189.7:2977      ESTABLISHED
  TCP    127.0.0.1:1026         10.158.58.39:1711      ESTABLISHED
  TCP    127.0.0.1:1026         10.158.58.39:1715      ESTABLISHED
  TCP    127.0.0.1:1026         10.158.58.39:1716      ESTABLISHED
  TCP    127.0.0.1:1026         10.158.58.39:1717      ESTABLISHED
  TCP    127.0.0.1:1026         10.158.58.39:1718      ESTABLISHED

C:\Documents and Settings\Administrator>
```

图 ZY3201501001-11 显示本地计算机 IP 地址及端口号

2. 查看本机所有的连接和监听的端口

当怀疑有可疑的程序在计算机中运行时，可以使用带参数-a 的 netstat 命令显示所有连接和监听端口。这样一来，黑客与木马程序在本地计算机中所开放的与外界通信所使用的端口将显露无疑，为进一步查杀木马打下了基础。键入命令：

```
netstat -a
```

回车后，显示结果如图 ZY3201501001-12 所示，即可看到当前系统中所有活动的 TCP 连接以及计算机监听的所有 UDP 端口。

3. 查看以太数据帧发送和接收的统计信息

使用带-e 参数的 netstat 命令可以查看以太数据帧统计信息，键入命令：

```
netstat -e
```

回车后，显示结果如图 ZY3201501001-13 所示，Received 为接收数据量统计，Sent 为发送数据量统计。

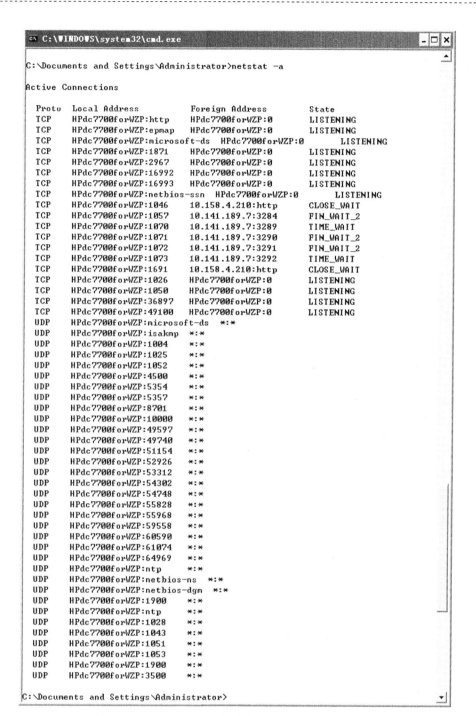

图 ZY3201501001-12　显示本机所有连接和监听的端口

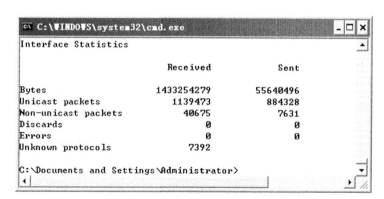

图 ZY3201501001-13　显示以太数据帧统计信息

4. 查看本机的路由表信息

使用带-r 参数的 netstat 命令可以显示本机的路由表信息，此命令等价于 route print 命令。键入命令：

`netstat -r`

回车后，显示结果如图 ZY3201501001-14 所示。

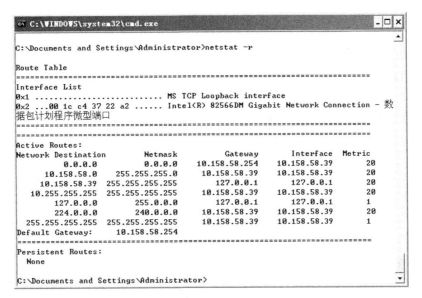

图 ZY3201501001-14　显示本机路由表信息

5. 显示单个协议下的所有连接

使用-p proto 参数可以显示单个协议下的所有连接，proto 可选 TCP、UDP、TCPv6 或 UDPv6 协议。例如要查看 TCP 协议的所有连接，键入命令：

`netstat -p tcp`

回车后，显示结果如图 ZY3201501001-15 所示，列出了所有与 TCP 协议有关的连接。

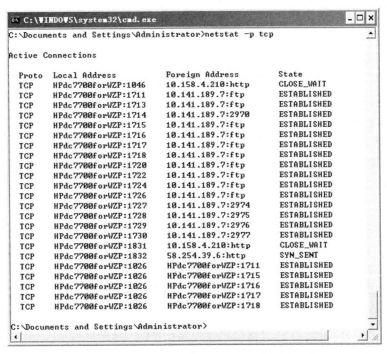

图 ZY3201501001-15　显示 TCP 协议的所有连接

6. 查看按协议分类的统计信息

使用-s 参数，可以按协议显示本机发送和接收的数据量、发生的错误数等。

7. 查看活动进程的 ID

使用-o 参数，可以显示每个连接相关的所属进程的 ID。可以在 Windows 任务管理器中的"进程"选项卡上找到基于 PID 的应用程序，找到木马程序的所在，以便尽快结束木马程序驻留在本地计算中的进程。

8. 其他用法

除了上述基本方法的使用外，Netstat 命令参数还有一些复合性的用法，比如要同时显示以太网统计信息和所有协议的统计信息，可键入命令：

```
netstat -e -s
```

仅显示 TCP 和 UDP 协议的统计信息，可键入命令：

```
netstat -s -p tcp udp
```

要每 5s 显示一次活动的 TCP 连接和进程 ID，可键入命令：

```
nbtstat -o 5
```

要以数字形式显示活动的 TCP 连接和进程 ID，可键入命令：

```
nbtstat -n -o
```

【思考与练习】

1. 在启用了 DHCP 服务的网络中，一台客户端计算机要重新获取 IP 地址，应该如何操作？

2. 在局域网中，网络管理员要远程查看某一台计算机的 MAC 地址，简述其操作步骤。

3. 在使用 Arp 命令查看 IP 地址与 MAC 地址对应关系时，如果看到的内容很少，是否意味着网络不通？为什么？

4. 如何在计算机上查看该机的所有连接和监听端口？

模块 2　IP 链路测试命令（ZY3201501002）

【模块描述】本模块介绍了 Windows 系统中自带的 IP 链路测试命令。通过测试命令使用方法介绍、操作界面图形示例，掌握处理 IP 链路问题的测试方法。

【正文】

一、IP 链路测试命令

IP 链路测试主要是测试 IP 网络中两个通信实体之间端到端的逻辑链路是否畅通、追踪 IP 数据包传输的物理路径和经过的网络设备，通过测试可以判断链路的连通性、故障发生的位置。在网络的建设过程中，借助 IP 链路测试还可以检查计算机的 IP 地址信息设置是否正确；网卡和网络协议是否正确安装；交换机、路由器等网络设备的连接与配置是否正确等。

IP 链路测试通常采用 Windows 操作系统中的工具。Windows 系统提供了多条 IP 链路测试命令，基本上能够满足网络运行维护和管理的需要。常用的 IP 链路测试命令有：

1. Ping 命令

Ping 命令是使用频率最高的连通性测试命令。Ping 命令的原理类似于潜艇声纳探测目标的过程，声纳设备发出一个音频脉冲信号，当信号遇到物体后会被反射回来，声纳根据反射回来的信号来判定目标。Ping 命令使用 ICMP 发送一个简单的数据包并请求应答，对端主机或网络设备收到请求后会回传一个同样的数据包，根据数据包往返所需要的时间及丢包的百分比，可以判断链路的连通性以及连接的质量。

Ping 命令的应用非常广泛，不仅可以测试与其他计算机的连通性，还可以用来测试网卡安装是否正确。通过 Ping 主机名能够查看到该主机 IP 地址，通过 Ping 网站的域名也能查看到该网站的 IP 地址。

2. Pathping 命令

Pathping 命令识别源到目标路径上的路由器，将请求应答的消息发送给源和目标之间的各路由器，根据多个路由器返回数据包的情况进行计算分析，可以发现路径上每一跳的传输是否正常及丢包情况。当网络不通或出现拥塞情况时，通过 Pathping 命令可以判断出现问题的环节。

3. Tracert 命令

Tracert 是路由跟踪实用程序，用于确定 IP 数据包访问目标所经过的路径。该命令采用 IP 数据包生存时间（TTL）字段和 ICMP 错误消息来确定从一个主机到网络上另一个主机或网络设备的路由。

Tracert 跟踪路由的原理是：第 1 步，Tracert 首先发送一个 TTL 等于 1 的数据包，路径上的第一个路由器将数据包上的 TTL 递减 1，当 TTL 值为 0 时，路由器"ICMP 已超时"的消息发回源系统；第 2 步，Tracert 发送一个 TTL 等于 2 的数据包，路径上的第一个路由器将数据包上的 TTL 值减 1 后将数据包转发给第二个路由器，第一个路由器将数据包上的 TTL 递减 1，当 TTL 值为 0 时，第二个路由器将"ICMP 已超时"的消息发回源系统；第 3 步，Tracert 发送一个 TTL 等于 3 的数据包，各路由器重复上述操作；以上过程依次重复进行。Tracert 每次发送数据包时都将 TTL 值递增 1，直到目标响应或 TTL 达到最大值，Tracert 按顺序记录下了返回"ICMP 已超时"消息的路由器近端接口（距离测试主机近的接口）列表，从而确定了源到目标之间的路由。

Tracert 是排除网络故障过程中常用的工具。当网络出现故障时，使用 Tracert 命令可以确定数据包在路径上不能继续向下转发的位置，找出在经过哪个路由器时出现了问题，从而缩小排查范围。

上述命令都必须在 DOS 下运行，在 Windows 桌面上单击"开始"菜单→运行（R）→键入 cmd，即可打开 DOS 命令窗口，在 DOS 命令提示符键入命令。下面详细讲解上述各条命令的使用方法及应用。

二、Ping 命令的使用

1. Ping 对端的 IP 地址

Ping 对端的 IP 地址是最常用的，主要用来测试到对方计算机之间的链路是否连通、对方计算机是否正在线。例如，测试本机到 IP 地址为 10.158.4.93 的计算机之间链路是否连通，键入命令：

```
ping 10.158.4.93
```

回车后，Ping 命令便开始测试，如图 ZY3201501002-1 所示。

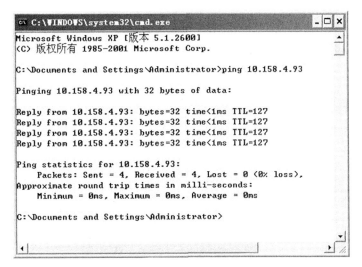

图 ZY3201501002-1　Ping 对端 IP 地址测试连通性

如果收到了对方的应答则说明链路是通的，并且对方计算机当前在线。通过 time（时间）和 TTL（生存时间）值，还可以了解到网络的大致性能，time 值越大，说明需用时间越长；TTL 值越小，则说明网络延时越大。

如果测试结果出现"Request time out"，则说明链路不通，也有可能是对方计算机不在线，或者对方计算机上设置了不返回 ICMP 包。

如果显示的信息有时正常而有时却显示为"Request time out"，则说明网络不稳定，有丢包现象，此时就要检查网络是否出现了故障。

2. Ping 对方计算机名

如果知道对方的完整计算机名时，可以用 Ping 命令测试到对方的连通性，同时还可以得到对方计算机的 IP 地址信息。假设对方计算机名为 Golden（Windows 2000/XP/2003 系统可以在"系统属性"对话框中查看完整计算机名），键入命令：

```
ping golden
```

回车后，系统就会返回测试信息，如图 ZY3201501002-2 所示。如果显示"Ping request could not find host xxx，Please check the name and try again"，则说明找不到该计算机。

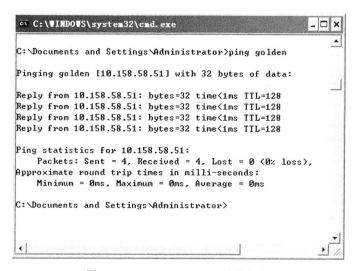

图 ZY3201501002-2　Ping 计算机名

3. Ping 网站名

在浏览网页时，经常会遇到网页不能正常打开的情况，此时可以使用 Ping 命令检查本地计算机到网站的连通性，同时也可以得到该网站的 IP 地址。例如，要测试一下本机与百度（www.baidu.com）的连通性，键入命令：

```
ping www.baidu.com
```

回车后，系统就会返回测试信息，首先是该网站的主机名为 www.a.shifen.com，然后是网站的 IP 地址为 211.94.144.100，最后返回与该网站的连通信息，如图 ZY3201501002-3 所示。

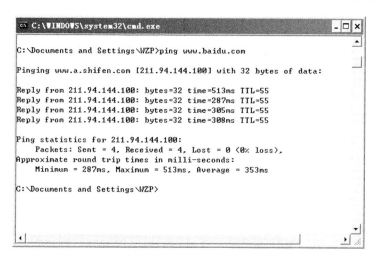

图 ZY3201501002-3　Ping 网站域名

三、Pathping 命令的使用

使用 Pathping 命令不指定参数，可以显示该条命令的帮助信息。

根据网址，查看本地计算机到服务器之间的路径信息和传输质量，例如从本机到"百度"网站，键入命令：

```
pathping -n www.baidu.com
```

参数 "-n" 表示无需将 IP 地址解析为主机名。回车后，首先显示路径信息，然后根据路径经过的路由器跳数的多少给出测试所需时间的提示，测试完成后给出测试结果，如图 ZY3201501002-4 所示。

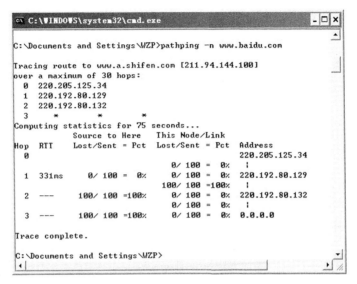

图 ZY3201501002-4　显示本地计算机和服务器之间的路径信息

可以看出：上述测试耗用时间大约为 75s，在跳点 1 和跳点 2 之间（即 220.192.80.129 与 220.192.80.132 之间）的链路上丢包率为 100%，路径上出现阻塞。

也可以根据目标的 IP 地址来测试路径信息，例如，键入命令：

```
pathping 10.141.189.7
```

回车后，测试结果如图 ZY3201501002-5 所示。

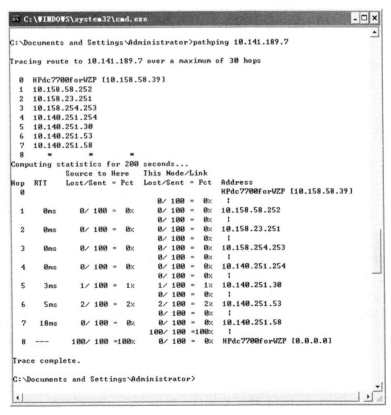

图 ZY3201501002-5　显示连接到远程网关的路径信息

四、Tracert 命令的使用

使用 Tracert 命令配合特定的参数，可以根据实际需要进行各种各样的测试。使用"-?"参数查看所有可用的参数及其具体功能。

Tracert 命令可以使用被测试目标的主机名、IP 地址或网址来进行测试。例如，要测试到 IP 地址为 10.141.2.54 的目标主机的路由，键入命令：

```
tracert 10.141.2.54
```

回车后，显示测试结果如图 ZY3201501002-6 所示。

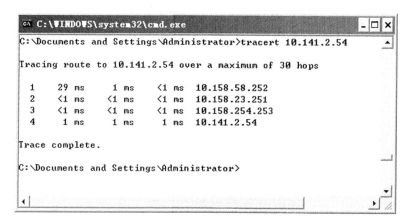

图 ZY3201501002-6 路由跟踪测试

当 ICMP 数据包从本地计算机经过多个网关传送到目的主机时，Tracert 命令可以跟踪经过的路由器（路径），但并不能保证或认为数据包总遵循这个路径。Tracert 是一个执行速度比较慢的命令，每经过一个路由器大约需要 15s。

在使用 Tracert 命令检测网络的过程中很可能会遇到"Request timed out"的提示信息，出现这种情况，则可能是由于当时网络稳定性差，也可能是由于所到达的路由器的设置有问题。如果连续 4 次都出现该提示信息则说明遇到的是拒绝 Tracert 命令访问的路由器。

【思考与练习】

1. Ping 命令的用途是什么？
2. Pathping 测试路径的原理是什么？
3. 简述 Tracert 跟踪路由的工作原理。

模块 3 网络流量实时统计（ZY3201501003）

【模块描述】本模块介绍了网络流量的实时统计，包括网络流量实时统计典型工具软件使用方法。通过软件介绍、图形示意，掌握监视和测量网络流量的方法。

【正文】

在网络的运行维护管理过程中，为了全面衡量网络运行状况，需要了解网络的数据流量分布情况，来判断网络是否处于健康状态，并据此进行网络优化和流量管理。当网络出现速度变慢、拥塞等异常情况时，通过测试查看网络设备、设备端口以及主机上的流量，来分析排查网络故障。

一、网络流量实时监视和统计的原理及方法

通常采用专用的软件来进行网络流量的实时监视和统计，通过将软件安装在计算机上来组成网络流量实时监视和统计系统，为了叙述上的方便，我们将该网络流量实时监视和统计系统简称为监测主机。

网络流量实时监视和统计一般是建立在 SNMP 协议的基础之上，监测主机采用 SNMP 协议通过网络连续不断从被监测的设备上收集各类流量信息，每隔一定的时间间隔（可以分钟为单位进行设定）采样一次。监测主机对采样值进行分析处理，以包含直观图形的 HTML 文档的方式将流量统计

结果进行显示，这样管理员就可以很容易地从统计图上观察到网络的实际流量。由于能够看到最近几分钟之内的流量，因此通过这种方法可以实现对网络的流量监测和实时统计。

要进行网络流量实时监视和统计需要进行列操作：

（1）在被测试的网络设备上配置 SNMP 服务；

（2）将网络流量实时监视和统计工具软件安装到监测主机上；

（3）对监测主机进行必要的配置；

（4）在监测主机上启用流量采集程序；

（5）查看实时流量及统计结果。

下面我们以典型的网络流量实时监视和统计软件 MRTG 为例，介绍网络流量实时监视和统计软件的安装、配置和使用。

二、MRTG 软件简介

MRTG（Multi Router Traffic Grapher）是一个监视网络流量的免费软件，它从运行 SNMP 协议的各类网络设备及服务器上获取流量信息，生成 PNG 格式流量图，以 HTML 文档方式显示给用户。MRTG 是采用 perl 语言编写的开源软件，可以运行在大多数 Unix 系统和 Windows 系统之上。MRTG 作为目前最为通用的网络流量检测工具，也是许多 ISP 提供给用户查看网络流量状况的软件。

MRTG 可以长期监视网络端口或链路上的流量，可以非常直观地观察到网络当前的实际流量和历史统计结果。MRTG 可以显示日流量图（5min 平均值）、周流量图（30min 平均值）、月流量图（2h 平均值）、年流量图（日平均值），如图 ZY32015003-1～图 ZY32015003-4 所示。

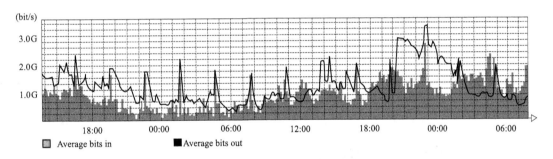

图 ZY3201501003-1　日流量图

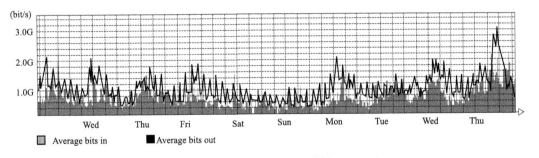

图 ZY3201501003-2　周流量图

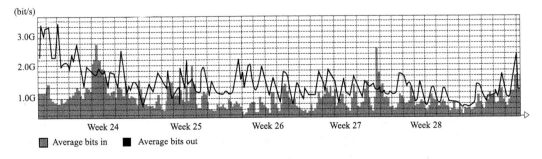

图 ZY3201501003-3　月流量图

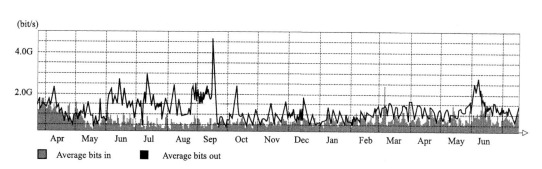

图 ZY3201501003-4　年流量图

上述 4 图显示了某一高速链路的流量监视和统计的情况，下部实体部分表示接收到的流量，上部曲线表示发送的流量，单位为 bit/s。

三、MRTG 软件的安装

我们选用 Windows 系统作为监测的主机，为了发布监测信息，要在主机上的 IIS 中配置一个 Web 站点，站点的根目录设为 C:\www\mrtg\。MRTG 软件的安装和配置步骤如下：

1. 安装 Active Perl

MRTG 是用 Perl 语言编写的，所以在监测主机上安装 Windows 版本的 Perl 编译程序。Perl 可以从其官方网站（http：//www.activestate.com/activeperl/）免费下载。

Active Perl 安装过程非常简单，安装时可采用默认值。Perl 安装在 C:\Perl 目录下，在系统环境变量 Path 中要加入 "C:\Perl\bin"。

2. 安装 MRTG

MRTG 最新 Windows 版的软件可以从 http：//oss.oetiker.ch/mrtg/网站免费下载，下载后将其解压到文件夹 C:\MRTG 下即可。

测试 MRTG 是否正常：① 在 Windows 桌面上单击 "开始" 菜单→运行（R）→键入 cmd，即可打开 DOS 命令窗口；② 键入 cd\mrtg\bin，进入 MRTG 程序所在的文件夹；③ 键入 perl mrtg，回车，如果运行结果如图 ZY3201501003-5 所示，则表示 MRTG 程序及 Perl 环境的安装是正确的。

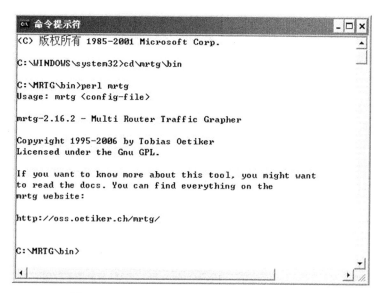

图 ZY3201501003-5　测试 MRTG 安装是否正确

四、MRTG 监测主机的配置

在进行配置之前，需要知道被监测设备的下列相关信息：① IP 地址；② 主机名称；③ SNMP 协议的端口号（如果采用非标准的端口号）；④ SNMP 团体字符串，缺省值通常为 "public"。

下面我们以监测一台 Cisco Catalyst 5000 交换机为例来介绍 MRTG 的配置，SNMP 团体字符串为 "public"，交换机的 IP 地址为 10.158.0.1，监测各端口的流量（利用率），配置步骤如下：

1. 交换机的 SNMP 服务配置

在 Catalyst 5000 交换机上使用 CLI 命令进行下列配置：

```
Switch#configure terminal
Switch(config)#snmp-server community public ro    //只读团体字符串为public
Switch(config)#snmp-server enable traps
Switch(config)#smnp-server host 10.158.0.1 SNMP_hostname    //监测主机的IP地址和名称
Switch(config)#exit
Switch# copy running-config startup-config
```

2. 生成 MRTG 配置文件

在 DOS 命令窗口中，进入 c:\mrtg\bin 目录，键入命令：

```
perl cfgmaker public@10.158.0.1 --global "WorkDir:c:\www\mrtg" --output mrtg.cfg
```

其中：c:\www\mrtg 是 Web 站点的目录，mrtg.cfg 是生成的配置文件名。

回车后，如果团体字符串不对，或与被监测设备通信有问题，则会返回错误信息；如果没有返回错误信息，则表明配置文件已生成。配置文件中包含了交换机上的所有的端口，它们以阿拉伯数字顺序标识。为了便于查看，被监控设备的接口还可以用 IP 地址、接口描述等属性来标识。

如果要同时监测多台设备，可以使用上述命令逐个进行设置。

3. 连续运行设置

为了让 MRTG 连续运行并每隔 5min 采集一次数据，需要在 mrtg.cfg 中设置以下参数：

```
RunAsDaemon:yes
Interval:5
```

操作方法：在 c:\www\mrtg 目录下，键入命令：

```
echo RunAsDaemon:yes >> mrtg.cfg
echo Interval:5 >> mrtg.cfg
```

4. 使用 IndexMaker 生成报表主页

在 DOS 命令窗口中，进入 c:\mrtg\bin 目录，键入命令：

```
perl indexmaker mrtg.cfg > c:\www\mrtg\index.htm
```

生成的 Web 主页文件名为 index.htm。

5. 运行 MRTG

在 DOS 命令窗口中，进入 c:\mrtg\bin 目录，键入命令：

```
perl mrtg --logging=mrtg.log mrtg.cfg
```

在 Windows 界面下，通过资源管理器找到 c:\www\mrtg\index.htm 文件，双击该文件，查看被监测的交换机各端口的流量信息。单击某个端口图标显示该端口按日、周、月和年的流量统计图。

为便于查看，可以通过修改 mrtg.cfg 中每个端口的 Title、PageTop 信息来指定每个端口流量信息页面的标题，还可以修改 mrtg.cfg 中其他的一些信息，或者修改 index.html 文件来改变页面的显示。

【思考与练习】

1. 网络流量监测和实时统计的原理是什么？
2. 网络流量实时监视和统计的用途是什么？
3. 简述网络流量实时监视和统计 MRTG 软件的使用方法。

模块 4 网络吞吐量测试（ZY3201501004）

【模块描述】本模块介绍了括网络吞吐量测试，包含网络吐量测试典型工具软件使用方法。通过软件介绍、界面窗口示意，掌握测试网络吞吐量的方法。

模块 4

ZY3201501004

476

【正文】

一、网络吞吐量测试的内容和测试方法

网络吞吐量测试是指对一个网络内的两个主机（端点）之间数据传送能力的测量，在一个端点上发送实际数据流，在另一端实时接收，通过调整数据发送速率的大小来确定能够达到的最大可用带宽，也就是两个端点之间的数据吞吐量。吞吐量测试不仅用来测试网络的传输性能，而且经常用于排查网络故障。

吞吐量测试通常采用专用的测试软件。将测试软件安装到两台计算机或笔记本电脑上，再将两台计算机分别连接到网络的两个端点上，然后就可以对该两点之间的吞吐量进行测量。网络吞吐量测试的连接如图 ZY3201501004-1 所示。

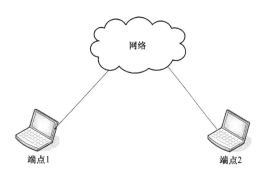

图 ZY3201501004-1　网络吞吐量测试连接示意图

下面，我们以一款应用非常广泛的免费软件 Qcheck 为例，介绍网络吞吐量的测试方法。

二、Qcheck 软件的安装和使用

Qcheck 是 Xixia 公司开发的一款简单实用的网络性能测试免费软件，被称为"Ping 命令的扩展版本"，主要功能是通过向 IP 网络发送数据流量来测试网络的响应时间、吞吐率、数据传输速率和路由跟踪。Qcheck 也可用作判断网络故障的工具。使用 Qcheck 可以对网络中任意两台安装了 Qcheck 程序的计算机之间的链路进行测试。Qcheck 产生模拟实际应用情况的数据流量，从一个端点向另一个端点发送，然后测试所消耗的时间，并计算出传输率（以 Mbit/s 为单位）。

Qcheck 最新版本为 Qcheck v3.0 英文版，适用于 Windows2000/XP/2003 等操作系统，可从其官方网站（http: // www.ixiacom.com/）下载。

Qcheck 软件的安装非常简单，在 Windows 资源管理器中双击已下载的文件 qcinst30.exe，根据安装向导的提示，选默认值即可完成安装。

安装完成后运行 Qcheck，可以看到图 ZY3201501004-2 所示的窗口工作界面。

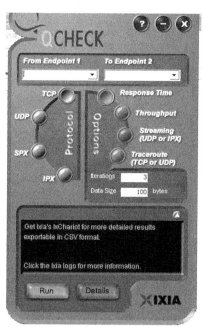

图 ZY3201501004-2　Qcheck 主界面

在 Qcheck 界面上，"From Endpoint 1"表示发送数据的端点；"To Endpoint 2"表示接收数据的端点。左侧四个绿色圆形按钮是协议（Protocol）选择按钮，可选的协议包括 TCP、UDP、SPX 和 IPX。右侧四个棕色按钮是测试项目（Option）选择按钮，可选的测试项目有：

（1）Response Time（响应时间测试）。可以测试最短响应时间、平均响应时间和最长响应时间，该测试适用于所有协议。

（2）Throughput（吞吐量测试）。用来测试网络数据传送带宽，该测试适用于所有协议。

（3）Streaming（媒体流吞吐量测试）。用来测试网络对流媒体数据的吞吐量，即测试网络对流媒体的支持程度，该测试只适用于 UDP 和 IPX 协议。

（4）Traceroute（路由追踪）。相当于 Windows 中的 Tracert 命令，用来测试一台计算机到另一台计算机所经过的路由，该测试只适用于 TCP 和 UDP 协议。

在进行测试时，首先需要单击左侧相应的按钮来选择要使用的协议，然后在右侧单击选中所要使用的测试类型，再单击"Run"按钮即可开始测试，测试完成以后会在下面的黑色框中显示测试结果，并可以单击"Details"查看详细信息。分别在"From Endpoint 1"和"To Endpoint 2"的下拉式

菜单中选取"localhost"，点击"Run"按钮可以进行自环测试。

注意：在开启了个人防火墙或实时防护软件的情况下，有时会影响正常测试，此时可临时关闭相应的防火墙或其他安全防护软件。

三、网络吞吐量测试

测试从本地计算机到目标计算机之间的网络吞吐量（传输带宽）。在 Qcheck 窗口中，在"From Endpoint 1"框中选择"localhost"，在"To Endpoint 2"框中输入目标计算机的 IP 地址；在"Protocol"中单击"TCP"按钮，在"Option"中单击"Throughput"按钮；在"Data Size"框中可设置要发送的数据包的大小，默认为 100kBytes，设置完成后单击"Run"按钮，Qcheck 开始测试。

测试完成后测试结果显示在"Throughput Results"框中，如图 ZY3201501004-3 所示，测试出的吞吐量为 88.890Mbit/s，即从本地计算机到目标计算机之间的传输带宽为 88.890Mbit/s。

增大数据包，我们设置为 1000kBytes，测试结果如图 ZY3201501004-4 所示，测试出的吞吐量为 94.118Mbit/s。

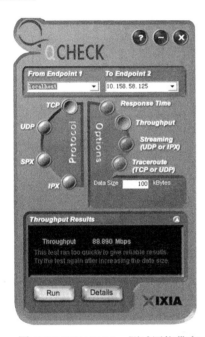

图 ZY3201501004-3　测试网络带宽　　　图 ZY3201501004-4　增大数据包后的网络带宽测试结果

【思考与练习】

1. 什么是吞吐量测试？吞吐量测试的用途是什么？

2. 如何使用 Qcheck 测试网络的吞吐量？

模块 5　路由动态跟踪（ZY3201501005）

【模块描述】本模块介绍了路由动态跟踪，包含路由动态跟踪测试典型工具软件使用方法。通过软件介绍、界面窗口示意，掌握路由动态跟踪的方法。

【正文】

一、路由动态跟踪测试的方法

当网络出现异常情况和故障时，最基本的处理办法就是使用 Ping、Tracert 等命令进行测试和排查。除此之外，还有一种效率更高、测试指标更加全面、使用更加方便和直观的方法，这就是使用专用的路由动态跟踪测试工具软件。

动态跟踪测试工具软件是 Windows 下的应用软件，采用通用的 GUI 界面进行测试和结果显示，结合了数据与图形两种表达方式，能快速、直观地反映当前网络出现的瓶颈与问题，其检测分析结果也更易于理解。

与 Windows 系统提供的 IP 路由测试工具命令相比，动态跟踪测试工具应用软件具备以下优点：

（1）简单易用，只要输入要测试的网址或远端主机的 IP 地址，软件就会进行路由追踪，测试出 IP 数据包从本地计算机传到目的主机经过了几台路由器，以及在路由的各跳上所花费的时间，并将测试结果以图形和表格的形式显示出来。

（2）可长时间不间断地持续追踪与监视路由状况，一旦有问题即可立刻发现。

（3）可将测试结果以文件的形式保存，供其他人员或利用其他软件进行分析。

（4）具有告警功能，当特定事件发生时，发出相应信息。

下面，我们以号称网络侦察兵的 Ping Plotter 软件为例，介绍路由动态跟踪测试的操作。

二、Ping Plotter 软件的安装和使用

Ping Plotter 是一个多线程的路由跟踪测试软件，它能快速、直观地反映当前网络出现的瓶颈与问题，可作为简单实用的网路障碍诊断的工具。Ping Plotter 软件有免费版、标准版和增强版等多种版本，可在 Windows 2000/XP 等系统中运行。增强版 Ping Plotter Pro 的最新版本是 v3.20。软件安装、启动并注册后，它的主界面如图 ZY3201501005-1 所示。

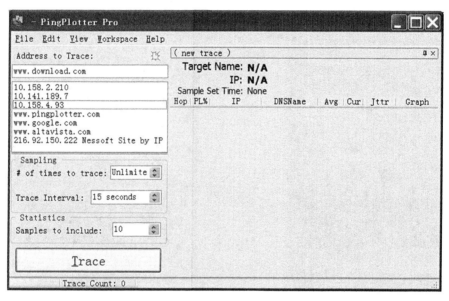

图 ZY3201501005-1　Ping Plotter 的主界面

在"File（文件）"菜单的选项中，"Load Sample Set"是载入 Ping Plotter 中的样本集，"Save Sample Set"是保存 Ping Plotter 的样本集，"Export to Text File"是把样本集输出到文本文件。

在"Edit（编辑）"菜单的选项中，"Copy as Image"是把当前窗口复制为图形格式，"Copy as Text"是把当前窗口复制为文本格式，"Alert Setup"是告警设置，"E-mail Setup"是电子邮件设置。

Ping Plotter 的测试方法：在"Address to Trace"文本框中键入要测试的网址或 IP 地址，单击左下方的"Trace"按钮开始测试，此时"Trace"按钮会变为"Stop"，点击"Stop"按钮可暂停测试。

窗口左部是地址收藏栏，可以随时调用以前测试用过的网址或 IP 地址。

窗口下部显示测试结果：上边显示当前跟踪网站的域名、IP 地址和用于表示响应快慢的颜色示例；中间显示目标主机的 IP 地址、域名解析服务器名称（DNS Name）；下边显示测试结果：丢包率（PL%）、响应时间的平均值（Avg）、当前值（Cur）及波动值，以及根据对每一跳路由响应时间多次采样测试的结果所绘制的曲线图。从曲线图中就可以非常直观地看出网络出现的瓶颈与问题。

三、Ping Plotter Pro 测试实例

我们以百度网站为例，看看追踪百度网时所经过的路由。在"Address to Trace"文本框中键入网址"www.baidu.com"；在"# of times to trace"框中可设置追踪次数，默认为"Unlimited（无限制）"，可根据需要调整；在"Trace Delay"框中可设置追踪延迟时间，默认为 15s。最后点击

"Trace"按钮，Ping Plotter 即开始追踪测试，测试结果如图 ZY3201501005-2 所示。

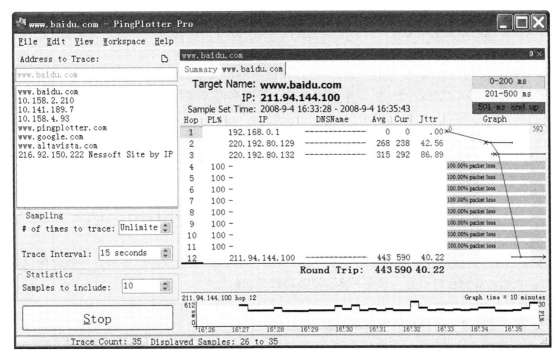

图 ZY3201501005-2 测试结果

从图中可以看出：从本地主机到百度网站的路由全程经过了 12 跳，第 2 跳的平均响应时间为 268ms，第 12 跳的平均响应时间为 315ms。全程的平均响应时间为 443ms，由此看来整个网速是比较慢的。

在"Edit"菜单中，选择"Copy as Image"或"Copy as Text"选项可分别把当前测试结果以图形格式或文本格式复制到剪贴板中。通过"Options"菜单中的"Display"选项，如图 ZY3201501005-3 所示，可以设置 Ping Plotter 的显示方式。

图 ZY3201501005-3 显示方式选项设置对话框

480

Ping Plotter 的最大特色就是以图形方式来表示 IP 包的传送路径，并且以不同的颜色来表示 IP 包在路由器之间传送花费的时间长短，能一目了然地看出哪台路由器是传送的瓶颈。测试记录下来的数据还可以储存成图像或文本文件，然后用其他软件（如 Excel 等）作进一步的分析和统计，对网络管理人员来说也是一项很实用的功能。

Ping Plotter 与 Windows 中的 Tracert 命令相比，界面直观且信息反馈速度更快。除了可以作为内网运行维护的工具外，还可以用来对国内外一些知名网站进行测试，以评价 ISP 的宽带网络质量。

【思考与练习】

1. 与常用的 Windows 下的测试工具命令相比，专用动态跟踪测试应用软件具有哪些优点？
2. 简述 Ping Plotter 软件的使用方法。

模块 6 网络监视及协议分析（ZY3201501006）

【模块描述】本模块介绍了网络监视及协议分析，包含网络监视及协议分析典型软件使用方法。通过软件介绍、界面窗口示意，掌握网络监视及协议分析的方法。

【正文】

一、网络监视及协议分析的原理和方法

1. 网络监视及协议分析的工作原理

网络监视及协议分析通常采用网络侦听或嗅探的方式，从网络的关键部位或所关注的网段上抓取大量的数据包，通过专用软件对这些数据报进行深入的分析和统计，以图形和表格的形式显示网络的利用率、单位时间内数据包总数和异常包的数量、各台主机发送和接收到的数据包的数量、流量分布、不同长度的数据包所占的比例、各类协议的比例等参数，从而可以全面掌握网络的使用情况。网络监视及协议分析可用来监视网络的状态、数据流动情况以及网络上传输的信息。

网络监视及协议分析常用在网络的性能管理和故障管理等方面。一个网络通常都会由成百上千台计算机、服务器和网络设备组成，当网络出现异常情况和故障时，需要网络管理员查找故障并及时进行修复。要检查这么多的设备、端口的连接，检查是否有黑客或木马攻击，工作量非常大，而且排除故障也非常麻烦。有了网络监视及协议分析手段，管理员就能及时捕获网络流量，全面了解网络状况，通过分析捕获到的信息找出问题所在。

2. 网络监视及协议分析设备

网络监视及协议分析的设备有两类：一类是采用专门的网络协议分析仪，另一类是采用应用软件安装在通用计算机上组成网络监视及协议分析系统。由于网络协议分析仪价格昂贵，升级不便，在实际工作中通常还是采用软件方式。可以将网络监视及协议分析安装在笔记本电脑上，哪个网段出现了问题，就直接带着笔记本电脑连接到相关的交换机上，非常方便。

3. 网络监视及协议分析系统与网络的连接

为了能够捕获到合适的数据包，网络监视及协议分析系统与网络的连接位置的选择十分重要，如果随意连接在网络的一个端口上，就有可能抓不到所需的数据包。一般来说，如果特别关注 Internet 联网的情况，则要将网络监视及协议分析系统连接在内外网络互联的位置；如果关注网络的整体情况，则要将网络监视及协议分析系统连接在网络中的核心交换机上；如果某个网段出了问题，则可将网络监视及协议分析系统连接在该网段的交换机上。

在交换机上，要将连接网络监视及协议分析系统的端口设置为镜像监听模式，并将其他端口的流量都映射到该镜像端口上，这样网络监视及协议分析系统才能源源不断地获取所需要的 IP 数据包。

下面，我们以应用非常广泛的 Sniffer Pro 软件 4.70.530 版本为例，介绍网络监视及协议分析系统的使用方法。

二、Sniffer Pro 软件的安装和设置

Sniffer Pro 是美国 Network Associates 公司的一款网络监视及协议分析软件，被广泛地应用于网络故障诊断、协议分析、应用性能分析和网络安全等各个领域。Sniffer Pro 是一种很好的网络分析程序，它能解码多种协议，允许管理员逐个查看网络上实际的数据包中的内容，从而了解网络的实际情况。Sniffer Pro 提供了对网络问题的高级分析和诊断，并可推荐应该采取的措施。

Sniffer Pro 的安装非常简单，运行 setup 程序后，按照安装向导的提示即可完成。需要注意的是，使用 Sniffer 捕获数据时，由于网络中传输的数据量特别大，如果安装 Sniffer 的计算机内存太小，系统会使用硬盘作为虚拟内存，从而导致系统性能下降。因此，运行 Sniffer 的计算机至少具有512MB 以上的内存。

首次运行 Sniffer Pro 时，系统会弹出选择网卡窗口，如图 ZY3201501006-1 所示，窗口中会列出计算机上的所有网卡。

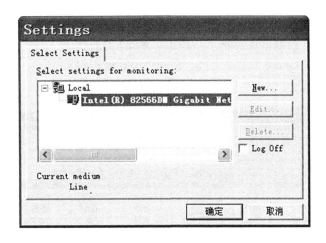

图 ZY3201501006-1　选择网卡窗口

单击用于流量捕获的网卡后，单击"确定"按钮进入到 Sniffer Pro 的主界面，如图 ZY3201501006-2 所示。

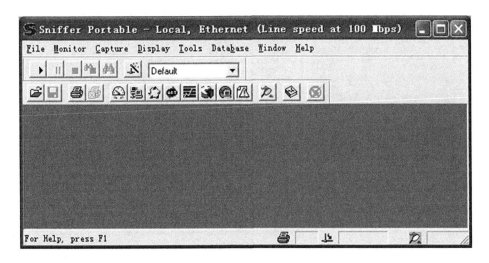

图 ZY3201501006-2　Sniffer Pro 的主界面

第一次运行时，系统可能会弹出"Internet 脚本错误"提示窗口，这是因为没有安装所需的 Java 插件，可以从 www.java.com/download/manual/jsp 免费下载，安装后即可。

在平常的使用过程中，如果 Sniffer Pro 启动后界面上的流量捕获和协议分析工具按钮都是灰色的（不可用），这时单击"File"菜单，如图 ZY3201501006-3 所示，选择"Select Settings"，在弹出的网

卡选择窗口中选择网卡。如果列表中没有网卡，则单击"New"
按钮添加网卡：① 在 Description 文本框中为该网卡设置一个名
称；② 在 Network 下拉列表中选择所需网卡；③ 单击"OK"
按钮完成。再次单击"File"菜单，选择"Log On"，就可以开始
流量捕获了。

三、网络运行性能监视和分析

Sniffer 要进行网络监视和协议分析，首先要捕获网络中的数
据包。要特别注意：Sniffer 并不能捕获到整个网络上的数据包，
它只能捕获到网卡所连接的交换机端口上的数据。如果要捕获交
换机其他端口上的数据包，可利用端口镜像设置，详见本教材模
块 ZY3201401005（交换机端口镜像设置）。在默认情况下，
Sniffer 会接收所连接的网络端口上的所有数据包。

1. 捕获数据包

在图 ZY3201501006-4 的数据包捕获工具栏上，单击 "捕获
开始"按钮，或者选择"Capture"菜单上的"Start"，Sniffer 便
开始捕获端口上的所有数据包。

图 ZY3201501006-3　File 菜单

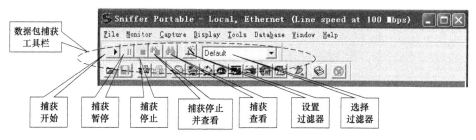

图 ZY3201501006-4　数据包捕获工具栏

Sniffer 开始捕获数据包时会自动弹出如图 ZY3201501006-5 所示的 Expert（专家），实时显示数
据包捕获的情况，单击"Layer"窗格右上角上的黑色三角，可以变换该窗格中栏目的显示方式。

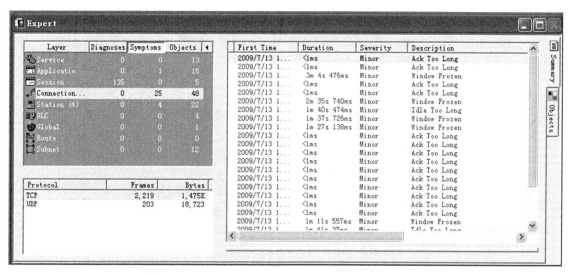

图 ZY3201501006-5　Expert 窗口显示数据包捕获的情况

在"Layer"窗格中按照网络层次分层列出了捕获到的数据包的实时统计信息。每层分为 3 个栏
目：①"Diagnoses"栏目列出了问题的数量；②"Symptoms"栏目列出了异常的数量；③"Objects"
栏目列出了捕获到的总数。

点击"Layer"窗格中的某一层，在右边的窗格中会显示该层数据包的列表，双击某一条（或者

点击窗口右侧的"Objects"页签）可以查看该条目的详细信息，点击窗口右侧的"Summary"页签返回列表页。

2. 网络运行监视及性能分析

在捕获数据包的同时可以根据捕获到的流量，利用如图 ZY3201501006-6 所示的工具栏上的快捷按钮，对网络运行情况进行监视和性能分析。

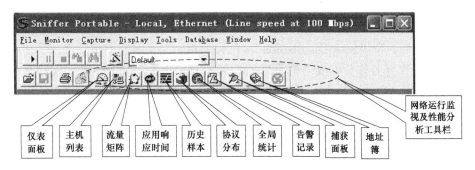

图 ZY3201501006-6　网络运行监视及性能分析工具栏

Sniffer 提供了多种监视和分析网络运行情况的手段。除了使用仪表盘和统计表的方式外，还可以通过主机列表、流量阵列、协议分布及全局性统计等来查看网络当前的运行状况。

（1）通过仪表盘窗口显示网络的运行状况。在如图 ZY3201501006-6 所示的 Sniffer 主窗口中，点击"仪表面板"按钮（或在"Monitor"菜单上选择"Dashboard"），系统会弹出如图 ZY3201501006-7 所示的窗口，该窗口采用仪表盘和动态曲线两种形式形象、直观地显示出网络运行的实时状态。

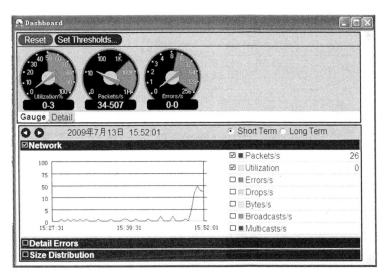

图 ZY3201501006-7　仪表盘窗口

1）仪表盘。三个仪表盘中，第一个显示的是网络的利用率（Utilization%），第二个显示的是网络每秒钟通过的包数量（Packets/s），第三个显示的是网络的错误率（Errors/s）。如果需要重新开始统计，可以单击仪表盘窗口上方的 Reset（重置）按钮。

Utilization%表盘用流量与端口最大带宽值的百分比来表示网络带宽的使用情况。表盘的红色区域表示警戒值，表盘下方有两个数字，第一个数字代表当前利用率，第二个数字是统计时间内的最大值。监控网络利用率是网络分析中很重要的部分。

Packets/s 表盘显示当前每秒数据包的个数。红色区域表示警戒区域，下方的数字显示当前数值和峰值。将每秒数据包的个数与网络的利用率来比较，可以得出一些重要信息，如果网络利用率很高，而每秒数据包的个数较少，则说明网络上的长包占的比例较大，而如果网络利用率不高，但每秒数据包的个数较多，说明网络上的碎包占的比例较大。

Errors/s 表盘显示当前出错率和最大出错率。不过，并非所有的错误都产生故障。例如，以太网中经常会发生冲突，并不一定会对网络造成影响，但过多的冲突就会带来问题。

单击仪表盘窗口上的"Set Thresholds（设定阈值）"按钮，可查看或者修改这些值。阈值的设定要根据网络的实际情况。要查看越限告警记录，单击"Monitor"菜单，选择"Alarm Log"。Sniffer Pro 的很多网络分析都可以设定阈值，若超出阈值，报警记录就会生成一条信息，并在仪表盘上以红色来标记超过设定阈值的范围。另外需要注意的是，要记录下警告信息，通过查看越限的次数和频度，可以帮助管理员判断网络是否有问题。

2）动态曲线。在仪表盘窗口的下部，Sniffer 用"Network"（网络流量和利用率）、"Detail Errors"（错误分类统计）和"Size Distribution"（包长分布）三个动态曲线窗格来显示网络运行的实时统计数据。单击各窗格名称前的复选框可以控制其展开和折叠。"Network"窗格显示的内容如图 ZY3201501006-7 所示；"Detail Errors"和"Size Distribution"窗格显示的内容如图 ZY3201501006-8 所示。

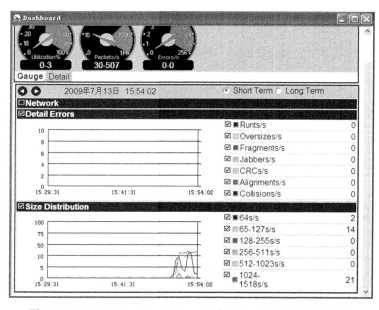

图 ZY3201501006-8　"Detail Errors"和"Size Distribution"窗格

在各窗格中，通过选择各参数前面的复选框可以控制是否显示该参数曲线。

（2）通过主机列表分析网络运行的状况。在如图 ZY3201501006-6 所示的 Sniffer 主窗口中，点击"主机列表"按钮（或在"Monitor"菜单上选择"Host Table"），系统会弹出如图 ZY3201501006-9 所示的窗口，该窗口中列出了与捕获到的流量有关的所有主机。单击窗口下边的"IP"页签，可以查看各主机的 IP 地址及其流量统计。通过选择窗口左侧的按钮，可以以不同的方式（如柱形、圆形等）显示列表。

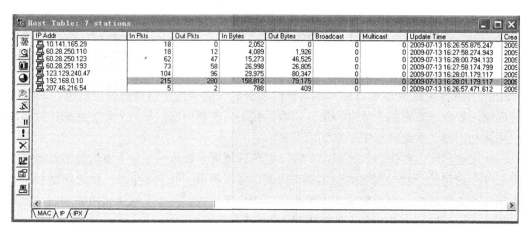

图 ZY3201501006-9　主机列表窗口

　　如果想查看某台主机的流量信息，在列表中双击该主机的地址，可以显示与该机连接过的其他主机。

　　（3）通过流量阵列来分析网络运行的状况。在如图 ZY3201501006-6 所示的 Sniffer 主窗口中，点击"流量阵列"按钮（或在"Monitor"菜单上选择"Matrix"），系统会弹出如图 ZY3201501006-10 所示的窗口，该窗口以阵列方式显示了主机之间的连接关系。当主机太多而难以看清楚各连接点的源地址和目的地址时，可在该窗口上单击右键，选择快捷菜单中的"Zoom"子菜单中的比例来放大图形，如 300%，500%等。

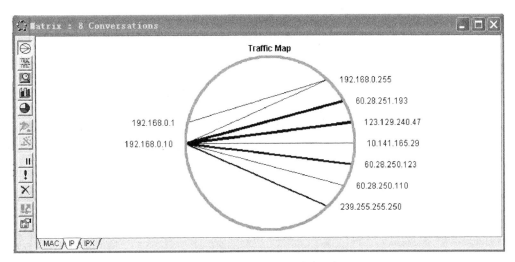

图 ZY3201501006-10　流量阵列窗口

　　单击窗口下边的"MAC"页签，可以查看以 MAC 地址标识的各主机之间的连接关系。

　　（4）通过协议分布情况来分析网络运行的状况。在如图 ZY3201501006-6 所示的 Sniffer 主窗口中，点击"协议分布"按钮（或在"Monitor"菜单上选择"Protocol Distribution"），系统会弹出如图 ZY3201501006-11 所示的窗口，该窗口显示了各种协议的统计。选择窗口下边的"IP"页签，可以显示 IP 协议族中各个协议所占的比例；单击窗口下边的"MAC"页签，可以查看以 MAC 类各个协议所占的比例。

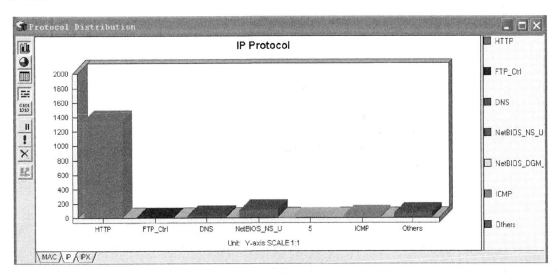

图 ZY3201501006-11　协议分布窗口

　　（5）通过全局性统计来分析网络运行的状况。在如图 ZY3201501006-6 所示的 Sniffer 主窗口中，点击"全局统计"按钮（或在"Monitor"菜单上选择"Global Statistics"），系统会弹出如图 ZY3201501006-12 所示的窗口，该窗口显示了不同长度的数据包所占的比例。单击窗口下边的"Utilization Dist."页签，可以查看网络利用率的统计。

486

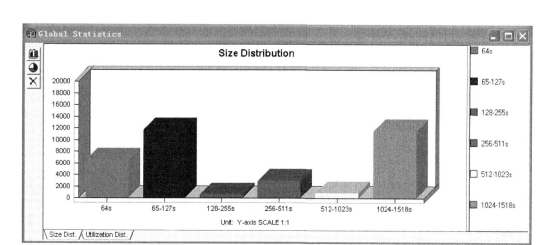

图 ZY3201501006-12　全局统计窗口

（6）通过应用响应时间来分析网络性能。在如图 ZY3201501006-6 所示的 Sniffer 主窗口中，点击"应用响应时间"按钮（或在"Monitor"菜单上选择"Application Response Time"），系统会弹出如图 ZY3201501006-13 所示的窗口，该窗口显示了各个应用的响应时间。

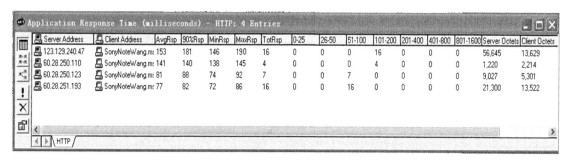

图 ZY3201501006-13　应用响应时间窗口

（7）查看捕获的数据包的数量和缓存使用情况。在如图 ZY3201501006-6 所示的 Sniffer 主窗口中，点击"捕获面板"按钮（或在"Capture"菜单上选择"Capture Panel"），系统会弹出如图 ZY3201501006-14 所示的窗口，该窗口显示了已经捕获到的数据包的数量和占用的缓存的比例，通过该窗口可以了解捕获情况。

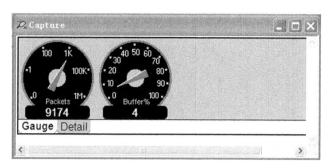

图 ZY3201501006-14　捕获面板窗口

在捕获数据包的过程中，要想查看当前捕获数据情况，如图 ZY3201501006-2 所示。

当缓冲器中积累了一定的流量后，可以停止捕获，单击"Capture"菜单，选"Stop"，或者单击工具栏上的"停止"按钮。

四、协议分析

停止捕获后可以对捕获下来的数据包进行解码和协议分析，以简单易懂的方式显示数据包中的内容。有了这个手段，网络上的数据包就不再是看不见、摸不着的了，而是可以原原本本、一览无余地展现出来了。

在图 ZY3201501006-4 的数据包捕获工具栏上，单击 "捕获停止"按钮（或者选择"Capture"菜单上的"Stop"），可以停止捕获数据。然后单击 "捕获查看"按钮（或者选择"Capture"菜单上的"Display"），Sniffer 弹出如图 ZY3201501006-15 所示的分析窗口。

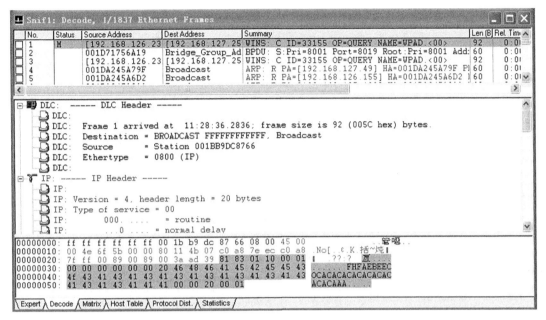

图 ZY3201501006-15　分析窗口

在该窗口的下面有 6 个页签，其中的 5 个前面已经介绍过了，而"Decode"（解码）页签用来对数据包进行解码，可以对数据包中包含的各层协议进行详尽的分析。"Decode"窗口分为 3 个窗格，由上到下依次为数据帧列表、数据帧头信息和 Hex 编码。

1. 数据帧列表

数据帧列表窗格中按捕获的顺序列出了捕获到的所有数据帧，并显示出了每个包中的"Source Address（源地址）"、"Dest Address（目的地址）"、"Summary（摘要信息）"以及时间等简要信息。

选中列表左侧的复选框，可以将选中的数据帧保存为捕获文件：单击"Display"菜单，选择"Save Select"，即将选择的数据帧保存为新的捕获文件。

2. 数据帧头信息

数据帧列表窗格中点击某个数据帧，在数据帧头信息窗格中可以显示该帧的数据链路层、IP层、TCP/UDP 层等各层封装包头的信息，通过查看这些信息，我们可以了解到该数据帧的类型和各层采用的协议。

（1）数据链路层信息。如图 ZY3201501006-15 所示，可以看到二层上的源 MAC 地址、目的MAC 地址、帧的长度以及以太网的协议类型等信息。

（2）IP 包头信息。IP 协议层（三层）包头信息如图 ZY3201501006-16 所示。

IP 协议层包头中的信息包括：

1）Version（版本）。协议版本序号为 IPv4。

2）Header length。IP 包头的长度为 20 字节。

3）Total length（总长度）。IP 数据包的总长度为 78 字节。

4）Identification。分段标识符，当数据包被划分成几段传送时，接收数据的主机可以用这个数值来重新组装数据。

5）Flag（标记）。数据包的"标记"功能，例如，数据包分段用 0 标记，未分段用 1 标记。

6）Fragment offset（分段差距）。分段差距为 0 个字节。可以设定 0 代表最后一段，或者设定 1代表更多区段，这里该值为 0。分段差距用来说明某个区段属于数据包的哪个部分。

7）Time to live（生存时间）。表示 TTL 值的大小，说明一个数据包可以存活多久。

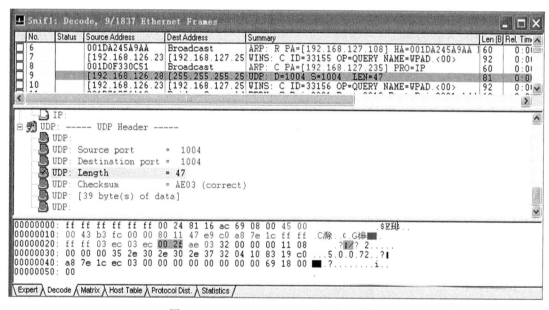

图 ZY3201501006-16　IP 包头信息

8）Protocol（协议）。显示协议值，在 Sniffer Pro 中代表传输层协议。文件头的协议部分只说明要使用的上一层协议是什么，这里为 UDP。

9）Header checksum（校验和）。这里显示了校验和（只在这个头文件中使用）的值，并且已经做了标记，表明这个数值是正确的。

10）Source address（源地址）。源主机地址。

11）Destination address（目的地址）。目的主机地址。

（3）TCP/UDP 层包头信息。IP 层包头信息下面紧接着是 TCP/UDP 层包头信息，如图 ZY3201501006-17 所示，这里以 UDP 为例。

图 ZY3201501006-17　UDP 协议包头信息

UDP 协议包头包括下列信息：

1）Source port（源端口）。显示了所使用的 UDP 协议的源端口。

2）Destination port（目的端口）。显示了 UDP 协议的目的端口。

3）Length（长度）。表示 IP 文件头的长度。

4）Checksum（校验和）。显示了 UDP 协议的校验和。

5）Bytes of data。表示有多少字节的数据。

除了上面列举的示例之外，各种协议的数据包会在包头窗格中显示各种不同的协议信息，如 ARP、HTTP、WINS、ICMP 协议等。Sniffer 能够分析的协议达 500 种之多。

3. Hex 编码内容

在数据帧头窗格中点击某一行信息，在最下方的窗格中以十六进制（Hex）编码和 ASCⅡ格式显示该行的内容，如图 ZY3201501006-17 所示。这里显示的内容最原始，比较难以理解，但有经验的管理员能够从中挖掘出有用的信息。

当关闭分析窗口时，Sniffer 会提问是否保存，如果以后还有可能再次分析的话，则选择保存，Sniffer 会以文件的形式将捕获的内容保存在硬盘上。Sniffer 能够打开后缀为 cap 的捕获文件并进行分析。

五、设置捕获过滤器

在默认情况下，Sniffer 会接收所连接的网络端口上的所有数据帧，在分析网络协议和查找网络故障时，有许多数据帧是不需要的，这就要对捕获的数据帧进行过滤，只接收所需要的数据。

1. 设置捕获过滤器

（1）在图 ZY3201501006-4 的数据包捕获工具栏上，单击 "设置过滤器" 按钮，或者选择 "Capture" 菜单上的 "Define Filter…"，系统会弹出过滤规则定义窗口，如图 ZY3201501006-18 所示。单击 "Define Filter" 窗口中的 "Profile…" 按钮弹出 "Capture Profile" 窗口，点击 "New…"，在 "New Profile Name" 文本框中如入新的过滤器的名称，点击 "OK" 完成。

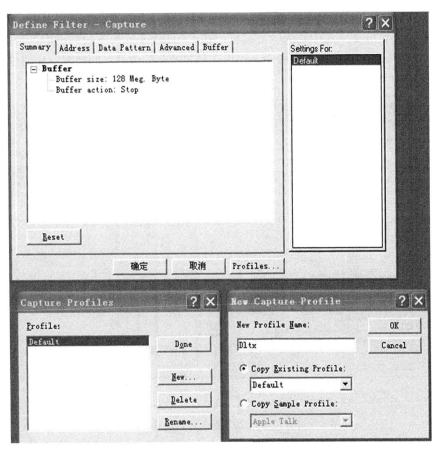

图 ZY3201501006-18　设置过滤器

（2）根据地址设置过滤规则。如图 ZY3201501006-19 所示，单击 "Address" 选项卡，然后在 "Address" 下拉列表中可以选择 MAC、IP、IPX 地址；在 "Mode" 单选框中可以选择 "Include（包含）" 或 "Exclude（除外）" 单选按钮；在 "Station1" 和 "Station2" 列表框中输入 IP 地址，输入 "Any" 代表所有主机；在 "Dir" 列表框中设置过滤条件，可以用逻辑关系如 AND、OR、NOT 等组合来设置。在 Station 列表中，可以设置多个条件，也就是可以同时过滤多个 IP 地址的连接。

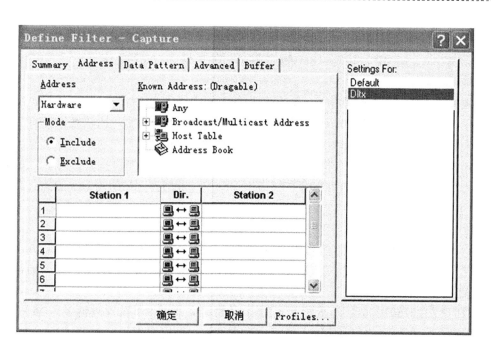

图 ZY3201501006-19　根据地址设置过滤规则

（3）根据网络协议设置过滤规则。如图 ZY3201501006-20 所示，选择"Advanced"选项卡，在这里可以定义要捕获哪些协议有关的数据包，例如，想捕获 DNS、FTP、HTTP、NetBIOS 等协议的数据包，可在 TCP 协议分支下选中相应的复选框；在"Packet Size"下拉列表中，可以选择要过滤的数据包的大小；在"Packet Type"列表框中，可以选择要捕获的数据包的类型，如图 ZY3201501006-4 所示。

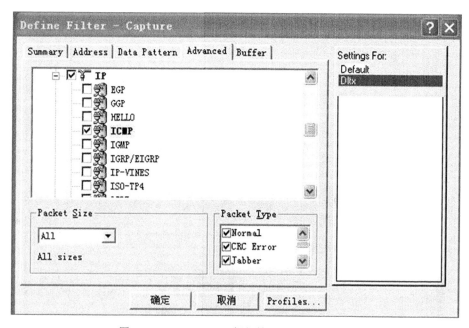

图 ZY3201501006-20　根据协议设置过滤规则

（4）设置捕获缓存区的大小。如图 ZY3201501006-21 所示，选择"Buffer"选项卡，在"Buffer Size"下拉框中选择缓存区的大小，默认为 8MB；在"Packet Size"中可以设置包的大小；在"When buffer is full"单选区中，可以选择当缓存区满了以后是"Stop Capture（停止捕获）"还是"Wrap Buffer（滚动存储）"；在"Capture Buffer"选项区域选中"Save to file（保存到文件）"单选框，在"Director"中设置保存的文件路径，在"Filename"中设置文件名。由于缓存区较小，要捕获的数据又很多，可以使用自动保存功能将捕获的数据直接保存至硬盘。

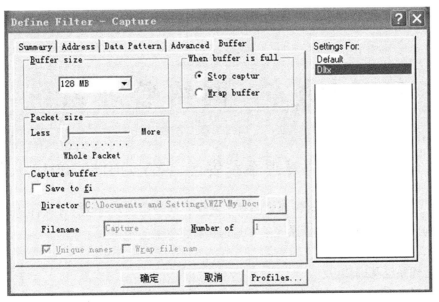

图 ZY3201501006-21　设置缓存区的大小和文件保存

保存过滤规则：单击窗口下部的"Profiles"按钮，弹出"Capture Profiles"窗口；单击"New"按钮，弹出"New Capture Profile"窗口；在"New Profile Name"文本框中为该过滤规则键入一个文件名，单击"OK"按钮关闭"New Capture Profile"窗口；在"Capture Profiles"窗口中，单击"Done"按钮，完成已设置的过滤规则保存。

2. 使用过滤器进行数据包捕获

开始捕获之前在图 ZY3201501006-4 的数据包捕获工具栏上，单击 "选择过滤器"下拉框按钮，或者选择"Capture"菜单上的"Select Filter…"，选择所需要的过滤器。再次进行捕获时，Sniffer 便只捕获符合过滤规则的数据帧。

六、**Sniffer Pro 的其他工具**

Sniffer 还内置了一些常用的网络工具，单击"Tools"菜单，可以看到这里有 Ping，trace route，DNS lookup，finger，who is 等，这些工具和 Windows 系统中相应的命令类似，管理员使用它们可测试连接，追踪路由等，而且使用起来更简单。

【思考与练习】

1. 网络监视和协议分析的目的是什么？

2. 网络监视和协议分析系统的工作原理是什么？

3. 如何利用 Sniffer 软件抓取数据包？

4. Sniffer 是怎样对网络协议进行分析的？

模块
6

ZY3201501006

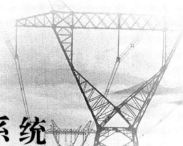

第五十九章　网络管理系统

模块1　网络管理系统安装（ZY3201502001）

【**模块描述**】本模块介绍了网络管理系统基本概念、网管协议及网络管理软件的安装。通过要点讲解、安装实例介绍，掌握网络管理系统基本知识和软件安装方法。

【**正文**】

一、网络管理系统基础知识

在网络规模较小的时候，网络的管理主要由网络管理员人工来完成，随着网络规模的扩大和各类设备的增多，网络管理的工作量和复杂性会越来越大。这时就需要建设网络管理系统，通过网络管理系统对网络实行智能化管理，大大提高网络的运行维护管理效率，提高网络的性能和服务水平。

各大网络设备厂商都依据 ISO 等国际标准化组织制定的网管系统标准开发了针对自家产品的网络管理系统，并且在一定程度上可以管理其他厂商的设备。也有一些厂商提供通用的标准的网络管理平台，如 HP 公司的 OpenView，IBM 公司的 NetView，其他厂商或第三方可以在这些平台之上进行网管系统的开发。

1. 网络管理系统的功能

根据 ISO 制定的网络管理框架，网络管理系统应具备故障管理、配置管理、安全管理、性能管理和计费管理这 5 个方面的基本功能。

（1）故障管理。网络管理系统能够监视网络的运行情况，通过收集设备的运行信息、检测异常时间、运行诊断程序等手段来发现故障，发出告警信息及时提醒网络管理员进行处理。网络管理系统还会对故障的发生、处理、消除等情况进行如实地记录和统计，便于对网络的故障进行管理。

（2）配置管理。通过网络管理系统可以对网络内的设备进行集中配置和配置数据的管理，可以很方便地查看网络内各设备的配置信息和网络的拓扑结构。

（3）安全管理。设置安全策略，防止非法访问，确保只有授权的合法用户才能访问受限的网络资源。在敏感的网络资源和合法用户之间建立映射关系。提供对数据链路加密和密钥的分配管理。记录安全日制信息，提供安全审计跟踪和告警功能。

（4）性能管理。收集分析网络运行信息，给出网络、链路和设备的利用率、流量、吞吐量、错误率和响应时间等指标并连续地进行更新。对网络的性能参数进行统计和分析，提供相应的性能报告。网络管理员根据这些指标可以对网络结构、数据备份及例行测试的时间等方面进行调整，使整个网络保持最优的性能。

（5）计费管理。计费管理负责监视和记录用户对网络资源的使用情况，提供计费的数据。

2. 网络管理系统的实现

网络管理系统的核心是一台安装了网络管理软件的计算机或服务器。网管服务器与被管理的网络设备之间利用网络管理协议进行实时信息交换。网管服务器需要从被管理的设备上获取配置参数及运行信息。网管服务器根据管理员的指令会向被管理的设备发送配置数据及管理命令，网络设备也会主动向网管服务器报告异常情况。

网络管理协议是网络管理系统运作的基础，目前应用最广泛的是 SNMP 协议。有关 SNMP 协议的相关知识，请参见模块 ZY3200603004 "SNMP 安全"。

二、网络管理系统的安装步骤

网络管理系统由一组软件和运行这些软件的计算机或服务器组成，网络管理系统安装的常规步骤如下：

1. 安装前的准备 –

（1）检查服务器软硬件配置是否满足网络管理系统软件的要求；

（2）检查网络连通情况、静态 IP 地址分配及 DNS 或 WINS 域名解析设置；

（3）在被管理的设备上进行 SNMP 协议配置，参见"SNMP 安全"（ZY3200603004）模块。

2. 将网络管理软件安装到网管服务器

大部分软件都提供了安装向导，可以根据安装向导的提示一步一步进行操作。

3. 网管系统的基本配置

网管软件安装到服务器上以后，还需要进行一些基本的配置，然后供所有网络管理员根据分配的权限进行使用。

下面，我们以 CiscoWorks 2000 网络管理系统为例，来介绍网络管理系统安装的具体过程。

三、CiscoWorks 2000 网络管理系统的安装

CiscoWorks 2000 是 Cisco 公司的基于 B/S 模式网络管理系统。CiscoWorks 2000 系列软件分为局域网管理、广域网管理和服务管理等独立的产品，在此我们介绍局域网管理软件 2.51 版（LMS2.51）的安装。

（一）安装前的准备工作

1. 检查网管服务器软硬件配置

CiscoWorks 2000 局域网管理软件 LMS2.51 版的所有软件都安装在一台服务器上，对管理服务器的软硬件最低要求是：

（1）PIII 1G 以上处理器，CD-ROM，2G 内存，80GB 磁盘空间；

（2）操作系统采用 Windows 2000 Server（带 Service Pack 4）及以上；

（3）Internet Explorer 6.0 或更高版本。

2. 网络连通性检查及配置

（1）检查网管服务器网卡等驱动程序是否已安装好、检查服务器的网络连通情况。

（2）设置管理服务器主机名和 IP 地址：正确设置服务器的 IP 地址、子网掩码、默认网关，检查网管服务器到被管理网络设备地址的连通性。特别要注意的是，网管工作站的主机名和 IP 地址一旦确定，在网管系统安装后再进行更改很麻烦，因其涉及的设置项目很多，所以，事先一定要规划好。

（3）在 IE 浏览器中启用 Java 控制台设置：单击菜单"工具"→"Internet 选项"→"高级"选项卡，在 Microsoft VM 列表下，选中"启用 Java 控制台（需要重启动）"复选框，单击"确定"完成设置。

（二）CiscoWorks 2000 LMS 软件安装

CiscoWorks 2000 LMS 2.51 包含 5 张光盘，它们分别是公共服务（CD One）、资源管理、园区管理、设备故障管理和网络性能监视光盘，要将这 5 张光盘依次安装到网管服务器上。

1. 安装 CD One 光盘

（1）插入 CD One 光盘，自动弹出安装画面，单击"Install"按钮开始安装。

（2）选择"典型安装"或"自定义安装"，以下均以"典型安装"为例。

（3）选择要安装的组件（这里选择全部）：CiscoView、NMS Integration Utility and CMF（Common Management Foundation）。安装过程中大多数情况下选择"Next"或"OK"，如果系统提示时"DNS"太慢的警告时选择"忽略"。选择"Later"再安装第三方集成软件，重新启动系统完成安装。

（4）安装 Java Runtime Environment（Java 运行环境）j2re-1_5_0-win.exe（以上程序在 sun 网站可以免费下载，属于免费软件）。

（5）重新启动系统。

2. 安装 CiscoWorks 2000 LMS－RME 4.0 光盘

插入 Resource Manager Essential（RME）光盘，自动弹出安装画面，单击"Install"按钮开始安

装，根据安装向导的提示，选"Next"、"Typical installation（典型安装）"，一步一步进行即可完成安装。

3. 安装 CiscoWorks 2000 LMS－CM 4.0 光盘

插入 Campus Manager（CM）光盘，自动弹出安装画面，单击"Install"按钮开始安装，根据安装向导的提示，选"Next"、"Typical installation（典型安装）"，一步一步进行即可完成安装。

4. 安装 CiscoWorks 2000 LMS－DFM 2.0 光盘

插入 Device Fault Manager（DFM）光盘，自动弹出安装画面，单击"Install"按钮开始安装，根据安装向导的提示，选"Next"、"Typical installation（典型安装）"，一步一步进行即可完成安装。

5. 安装 CiscoWorks 2000 LMS－IPM 2.6 光盘

插入 Internetwork Performance Monitor（IPM）光盘，自动弹出安装画面，单击"Install"按钮开始安装，根据安装向导的提示，选"Next"、同意"用户协议"，选择默认安装目录，根据提示输入以下参数：

主机名：cw2000；

IP 地址：192.168.0.1；

WEB Server Port：9000（非默认，要避免与其他应用冲突）；

Database Server Port：2639；

输入数据库密码，设为"cisco"；

输入管理员用户名和账号：分别为 admin，admin。

拷贝文件后系统会请求添加注册表数据，选"Yes"。安装程序还会打开一个 DOS 窗口，多次请求进行初始化操作，按任意键，完成安装。

Cisco Works 软件安装至此全部完成。

6. 需要记住的重要参数

（1）网管工作站主机名：cw2000；

（2）网管工作站 IP 地址：192.168.0.1；

（3）网管系统端口[默认 1741]：1741；

（4）网管系统管理人员用户名及密码：admin，admin；

（5）只读 SNMP 密码字（团体名）[默认 public]：cisco；

（6）读写 SNMP 密码字（团体名）[默认 private]：cisco；

（7）Telnet 密码：cisco；

（8）Enable Secret：cisco。

（三）CiscoWorks 2000 LMS 网管系统的配置

1. 首次登录 CiscoWorks 2000 网管

从网络服务器上直接登录，在桌面上单击"开始"→"程序"→"CiscoWorks"→"CiscoWorks"。首次访问系统会弹出提示即将通过安全连接查看网页"安全警报"窗口，选中"以后不再显示该警告"单选框，单击"确定"按钮关闭该窗口。

随后系统还会弹出提示安全证书问题的"安全警报"窗口，选择"是"继续。系统弹出如图 ZY3201502001-1 所示的登录界面。

输入默认的用户名和密码（均为 admin），单击"login"按钮。首次登录网管系统使用的是 http 方式，因此会弹出提示即将重定向到不安全的连接的"安全警报"窗口，选择"是"登录网管系统。如果此时出现 java 运行时出错，刷新窗口即可，若不能解决，需要重新安装 java。

首次登录 CiscoWorks 2000 网管系统成功后，可通过服务器配置将访问网管系统的方式更改为更为安全的 HTTPS 方式。

2. 网络管理系统用户设置

CiscoWorks 2000 网管系统安装时，只创建了两个用户（管理员 admin 和访客 guest 用户），安装完成后可以根据需要创建多个不同权限的用户。

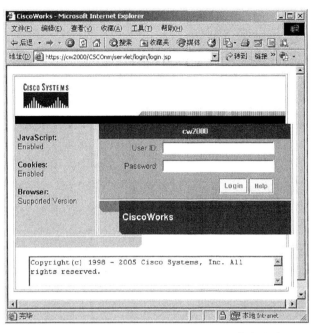

图 ZY3201502001-1　CiscoWorks 2000 登录界面

在登录后的网管系统的主界面用，一次选择"Common Services"→"Server"→"Security"→"Single Server Settings"→"Local User Setup"，出现如图 ZY3201502001-2 所示的用户管理窗口（系统默认的管理员账户 admin 信息不会显示在此对话框中）。

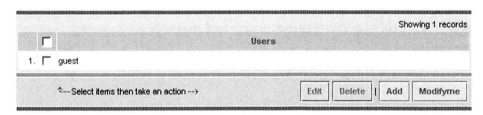

图 ZY3201502001-2　本地用户管理对话框

单击"Add"，在弹出的"添加用户"对话框中输入账户的用户名和密码等信息，如图 ZY3201502001-3 所示。

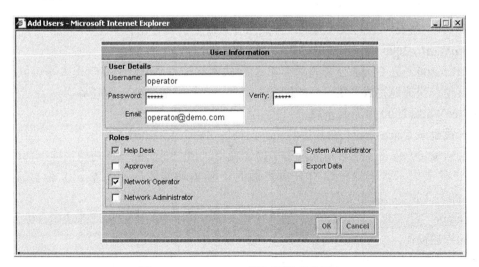

图 ZY3201502001-3　添加网管系统用户

在"Roles（角色）"一栏中，选中该用户可以担当的管理角色复选框，单击"OK"按钮创建新账户。

【思考与练习】

1. 网络管理系统的主要功能是什么？
2. SNMP 协议在网络管理系统中的作用是什么？
3. 简述 CiscoWorks 2000 网管系统的安装过程。

模块 2 网络管理系统使用（ZY3201502002）

【模块描述】本模块介绍了网络管理系统的使用，包含利用网络管理系统查看网络信息和设备运行状态、监视网络设备和端口等操作步骤。通过系统使用方法介绍、使用操作实例讲解，掌握通过网络管理系统对网络进行运行维护管理的技能。

【正文】

一、网络管理系统使用方法

网管系统安装完成后，会为每位网络管理员（运行维护管理人员）设定一个用户名和密码，并根据所承担的任务赋予相应的使用权限。管理员打开 IE 浏览器，键入网管系统的 IP 地址，使用用户名和密码登录后便可使用网管系统。

网络管理系统对于网络的运行维护管理来说是非常重要的，网管系统本身的安全和管理也需要高度重视，要定期查看网管服务器日志和运行报告、做好系统和数据的备份。服务器访问安全性管理确保合适级别的用户才能获得改变网络参数的工具，而不符合要求的用户只能使用只读工具。

网管系统以图形化的界面来展示网络的拓扑结构，通过查看网络的拓扑图可了解网络的结构、设备之间的连接方式和参数设置。

通过网管系统可以对网络中的设备进行集中的配置和运行管理，网管系统以非常直观的图形化工具，显示被管设备的面板及设备的运行状态，可以查看和监视设备的运行状态，查询设备的配置，对设备的配置参数进行修改。

通过网络设备故障管理，可以查看所有的当前告警，并通过告警受理工具进行管理。可以查询历史告警信息，进行统计分析。

网管系统将数据收集、监控和分析工具集中在一起，大大提高了网络运行维护管理的效率。例如，某个用户抱怨网络太慢，管理员就能利用网管系统来很快查找到该用户路径信息，并在网络拓扑图中找到有关的设备，可以快速地进行诊断，此外，利用网管系同还能迅速检查交换机和路由器的配置情况，或者监视数据的流量，以便发现异常情况或可能出现的变化。如果不用网管系统，上述工作会变得非常复杂，排查起来会花费较长的时间。

下面，我们以 CiscoWorks 2000 为例，介绍网管系统的具体使用。

二、CiscoWorks 2000 网管系统的使用

CiscoWorks 2000 是 Cisco 公司的基于 B/S 模式网络管理系统，网络管理人员可以通过 Web 方式，直观、方便、快捷地完成网络设备的配置、管理、监控和故障分析等任务。

（一）CiscoWorks 2000 主界面介绍

网络管理员登录 CiscoWorks 2000 后的主界面如图 ZY3201502002-1 所示。

CiscoWorks 2000 包含了很多功能，为了便于使用，在主界面每一类功能或应用都以一个可以展开或折叠的文件夹表示，当第一次打开主界面时，各类功能或应用只显示文件夹顶层的名称。CiscoWorks 2000 中主要的功能类别有：

（1）Common Services（公用服务）。列出网管系统本身所用的维护和管理功能，以及所有功能模块共同使用的管理操作。

（2）Device Troubleshooting（设备故障处理）。提供了一个访问设备的通道。通过这个功能可以显示设备详细信息，对设备进行故障处理以及日常管理。

（3）Application（应用软件）。系统安装的套件选项不同，所列出的内容也不同。如果只安装了 CD One 且选择的是默认安装，则仅显示应用程序 CiscoView。

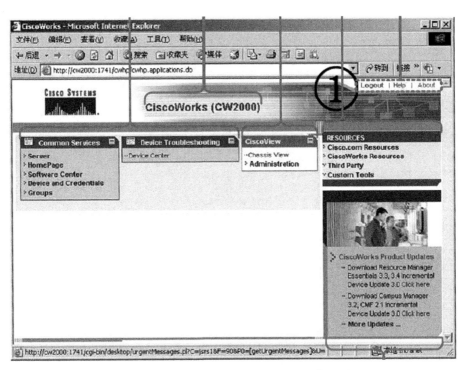

图 ZY3201502002-1　CiscoWorks 2000 主界面

（4）Resources（可用资源面板）。提供了一个访问 Cisco 网站、第三方应用程序的链接。

（5）CiscoWorks 工具条。在 CiscoWorks 主界面的右上角是 CiscoWorks 工具条，提供 Logout（注销）、Help（帮助）和 About（关于）选项。

（6）CiscoWorks Product Updates（产品升级）。在 CiscoWorks 主界面的右下角是 Cisco 产品升级面板，显示了 CiscoWorks 产品的声明、相关的帮助信息等。

（二）Common Service 功能的使用

Common Service 共用服务管理提供了对服务器自身、各项服务、安全特性、主页布局、功能、软件升级管理、硬件设备访问管理、组管理等一系列和共用服务有关的功能。

在 CiscoWorks 2000 主界面中，Common Service 共用服务面板位于左上角。展开其所有功能的选项，如图 ZY3201502002-2 所示。

当选择了第二层文件夹中的某项功能后，会弹出一个新的窗口并在其中显示所选功能的当前设置。图 ZY3201502002-3 为选择了"Common Services"→"Server"→"Security"后显示的安全设置窗口。

图 ZY3201502002-2　展开显示的
Common Services 面板

（1）查看网管服务器日志报告。CiscoWorks 的日志报告功能为网管系统的使用者提供了丰富的日志和报告查看功能。可以通过选择"Common Services"→"Server"→"Reports"来调用此模块。

（2）网管服务器系统管理。CiscoWorks 2000 系统管理包括进程管理、数据库备份、服务器运行信息收集、服务器自检、用户通知、任务管理等功能。

（3）被管设备基础信息管理。"Device and Credentials"提供了对所管理设备基础信息及密码的集中管理。所有通过网管系统管理的网络设备的基础信息如名称、类型、登录密码等，都必须在此录入。

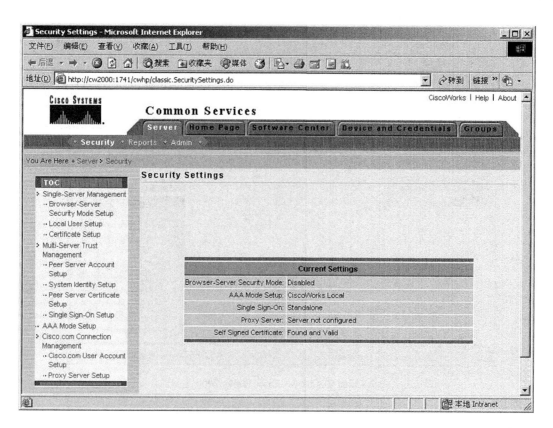

图 ZY3201502002-3 安全设置窗口

对设备的管理是以树形结构、分级进行组织的。选择"Common Services"→"Device and Credentials"→"Device Management",进入设备管理界面。

(三)查看网络拓扑

园区管理(Campus Manager,CM)是 CiscoWorks 2000 LMS 可选的应用模块,其主要功能包括网络拓扑服务、路径分析、用户跟踪、VLAN 成员端口分配、差异报告等。网管系统上安装了 CM 后,CiscoWorks 2000 的主界面会新增 CM 功能模块,如图 ZY3201502002-4 所示。

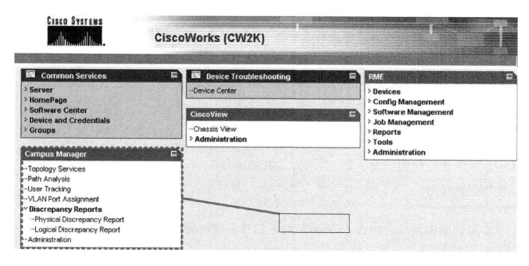

图 ZY3201502002-4 安装了 CM 的 CiscoWorks 2000 主界面

拓扑服务(Topology Services)通过 SNMP 协议自动收集 Cisco 网络设备上的信息,利用图形化的界面来展示网络结构。拓扑服务主要功能包括网络连通结构图展示、物理及逻辑的连通报告、对 2/3 层内容进行配置 3 个部分。为了网管服务器能够正确地收集数据,各网络设备必须正确配置 SNMP 参数,启用 CDP(Cisco 设备发现协议,默认已运行)功能。

在图 ZY3201502002-4 中单击"Topology Services"，弹出拓扑服务界面窗口，如图 ZY3201502002-5 所示。

拓扑树视图栏中列出了拓扑服务的 3 个功能模块。它们分别是管理域视图、网络视图、拓扑组视图。管理域视图主要完成和 VTP 相关的功能，实现对域的全面查看及管理，包括查看设备的端口连接、端口 VLAN 分配等，同时有创建 VLAN、指派端口等编辑功能；网络查看视图主要针对网络内的设备进行分类查看；拓扑组视图是按照分组形式对设备进行查看管理。

1. 管理域视图（Managed Domains）

管理域视图包括 ATM 视图和 VTP 视图。通过单击"VTP Domains"文件夹前的树形符号展开"VTP Domains Domains"视图树。全部展开后的"VTP Domains"视图树如图 ZY3201502002-6 所示。

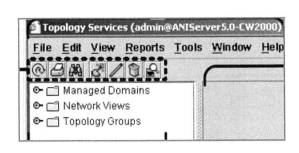

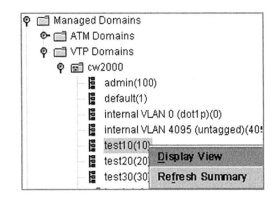

图 ZY3201502002-5　拓扑服务（Topology Services）主界面　　图 ZY3201502002-6　全部展开后的 VTP Domains 视图树

在图 ZY3201502002-6 中右击 VTP 域分支下的 VLAN 名称，在弹出的上下文菜单中选择"Display View"，此时，将弹出设备视图，以图形化的方式显示网络设备拓扑图，如图 ZY3201502002-7 所示。

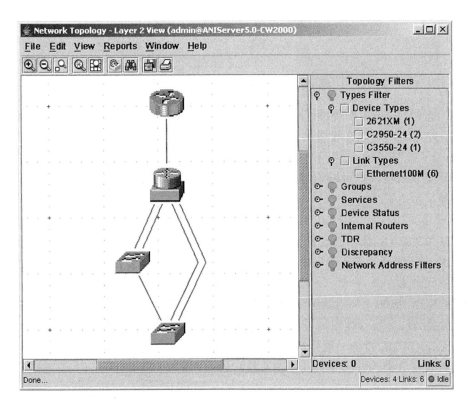

图 ZY3201502002-7　网络设备拓扑图

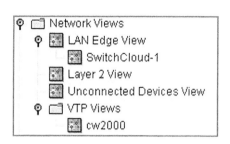

图 ZY3201502002-8　全部展开的网络视图

2. 网络视图（Network Views）

图 ZY3201502002-8 显示了全部展开的网络视图。

视图中又分为：

（1）LAN 边缘视图（LAN Edge View）。以交换机云为单位显示所属设备（没有三层连接性）相关信息。

（2）二层设备视图（Layer 2 View）。显示网络的第二层信息，包括 ATM/LAN 交换机、路由器等。

（3）未连接设备视图（Unconnected Devices View）。显示未能获得相关信息的设备。

（4）VTP 域视图（VTP Views）。显示 VTP 域内设备及其邻居。

在图 ZY3201502002-8 中右击某子视图，在弹出的上下文菜单中选择 "Display View" 将弹出设备视图，以图形化的方式显示网络设备拓扑图，如图 ZY3201502002-9 所示。

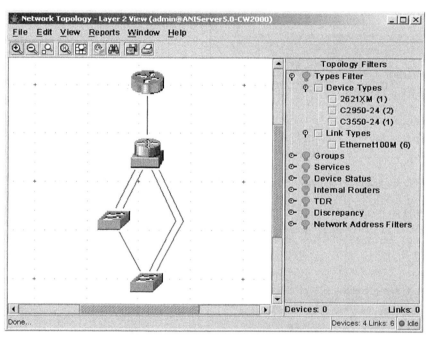

图 ZY3201502002-9　网络设备拓扑图

在上图中选择 "View" 菜单下的 "Display Lables" 下的不同选项，可以在设备旁边显示不同形式的设备标识；选择 "Relay out" 下的不同选项，可以以不同的布局显示设备，也可以通过拖动的方法自行布置设备拓扑显示效果。

3. 拓扑组视图（Topology Groups）

图 ZY3201502002-10 显示了将拓扑组视图中的 Campus@CW2K 全部展开的拓扑组视图。

在该视图中又分为：

（1）CS@CW2K 视图（共用服务视图）。以共用服务对设备的分类方法分组（视图）显示设备元素。

（2）Campus@CW2K 视图（园区网管理视图）。以园区网管理对设备分类的方法分组（视图）显示设备元素。

（3）RME@CW2K 视图（资源管理要素视图）。

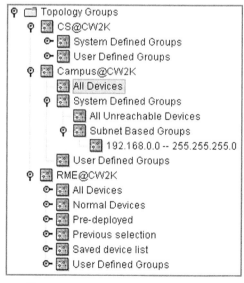

图 ZY3201502002-10　Campus@CW2K

全部展开的拓扑组视图

以 RME 对设备的分类分组（视图）显示设备元素。

在图 ZY3201502002-10 中单击"Campus@CW2K"→"All Devices"，可以显示园区网管理视图分类中所有设备的相关信息，如图 ZY3201502002-11 所示。

Device Name	IP Address	Device Type	State
Internet Router 2621XM	192.168.0.253	2621XM	Reachable
Core Router 7206 - R1	192.168.0.11	Unknown	Unreachable
Core Router 7206 - R4	192.168.1.2	Unknown	Unreachable
Access Layer Switch SW2	192.168.0.122	C2950-24	Reachable
Distribute Router R2	12.0.0.2	Unknown	Unreachable
Distribute Router R3	13.0.0.2	Unknown	Unreachable
Access Layer Switch SW1	192.168.0.111	C2950-24	Reachable
Core Switch 3550-1	192.168.0.254	C3550-24	Reachable
Internet Router R5	202.96.100.2	Unknown	Unreachable

（Summary - Campus@CW2K/All Devices　Devices 9　Switches 3　Routers 2　Device List）

图 ZY3201502002-11　所有设备的相关信息

在 图 ZY3201502002-10 中 单 击"Campus@CW2K"→"System Defined Groups"→"All Unreachable Devices"，可以显示园区网管理视图分类中所有不可达设备的相关信息。单击"Campus@CW2K"→"System Defined Groups"→"Subnet Based Groups"，可以显示园区网管理视图分类中以子网分类的设备的相关信息。

（四）设备配置及运行管理

CiscoView 是 CiscoWorks 2000 中的功能模块，其主要用途是对网络设备进行集中的管理。CiscoView 是一个非常直观的图形化管理工具，可以实时显示被管设备的面板、指示灯，能够监控设备、链路的利用率，还可以对设备进行配置。

在 CiscoWorks 2000 主界面上选择"CiscoView"→"Chassis View"，进入到如图 ZY3201502002-12 所示的设备管理窗口。在"DeviceName/IP"文本框中输入某个被管设备的名称或 IP 地址，将显示该设备的面板和运行状态。

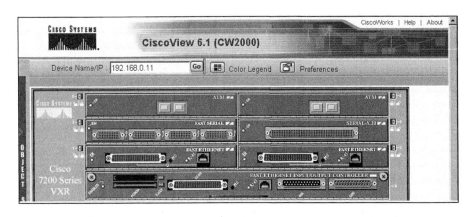

图 ZY3201502002-12　设备管理窗口

在图 ZY3201502002-12 中，"Color Legend（图例）"按钮用于显示设备运行状态色标示例：绿色表示运行正常，浅蓝色表示非激活，棕色表示 Down，红色表示失效，黄色表示镜像端口，紫色表示处于测试状态。"Device Preferences（偏好）"按钮用于设定、查询 SNMP 相关参数信息，如 SNMP 查询时间间隔，失败尝试次数等。

　　在被管设备模拟图形的非板卡区单击鼠标右键（下文中称"右击"），在弹出的上下文菜单中选择"rear"可以显示设备的后面板图，如图 ZY3201502002-13 所示。

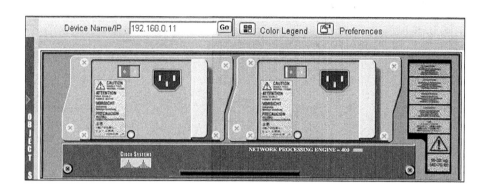

图 ZY3201502002-13　被管设备 7206 的后面板

　　设备管理窗口中，可以查看和监视设备的运行状态，查询设备的配置，对设备的配置参数进行修改。

1. 监测设备运行状态

　　右击被管设备模拟图形的非板卡区，弹出如图 ZY3201502002-14 所示的菜单。

　　在菜单中选择"Monitor"，此时会弹出设备监视窗口，如图 ZY3201502002-15 所示。该窗口显示出设备的内存、缓存、CPU 利用率等参数动态实时折线图。

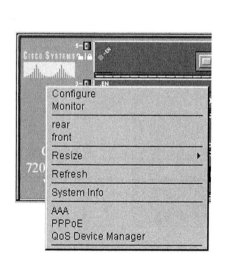

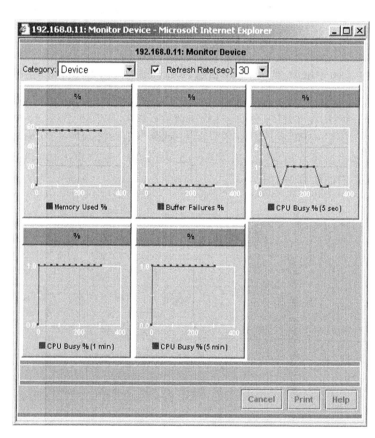

图 ZY3201502002-14　上下文菜单　　　　　图 ZY3201502002-15　设备参数实时折线图

　　在图 ZY3201502002-15 中的"Category"下拉框中，可以选择运行环境监视，包括温度、电压等参数，如图 ZY3201502002-16 所示。此外，还可以设定刷新时间间隔。

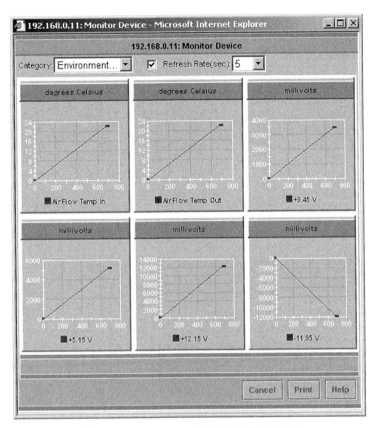

图 ZY3201502002-16 设备环境实时折线图

2. 查看或修改设备配置

在设备显示区域还可以对设备进行简单的配置。右击被管设备模拟图形的非板卡区，在弹出的上下文菜单中选择 "Configure"，弹出设备配置对话框，如图 ZY3201502002-17 所示。

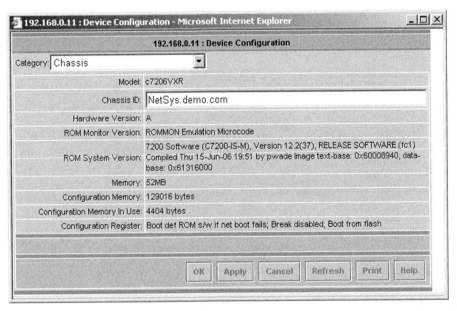

图 ZY3201502002-17 设备配置对话框

通过选择 "Category" 右侧的下拉列表框，用户还可以选择其他可以查看/更改的项目，如图 ZY3201502002-18 所示。

图 ZY3201502002-20 显示了在图 ZY3201502002-19 中选择了显示 OSPF 相关信息后弹出的 OSPF 信息窗口，通过该窗口，用户可以详细查看 OSPF 协议运行的详细参数。

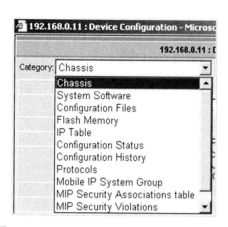

图 ZY3201502002-18 "Category"下拉列表框

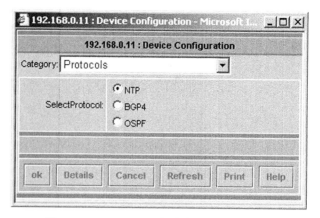

图 ZY3201502002-19 设备协议配置对话框

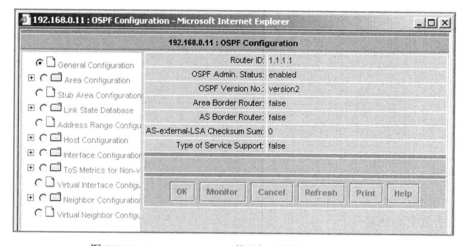

图 ZY3201502002-20 OSPF 协议运行的详细参数对话框

3. 查看设备信息

右击被管设备模拟图形的非板卡区，在弹出的上下文菜单中选择"System Info"，弹出设备信息概览对话框，如图 ZY3201502002-21 所示。

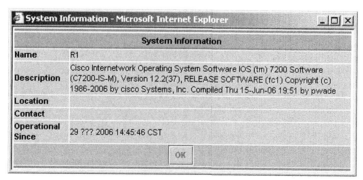

图 ZY3201502002-21 设备信息概览对话框

4. 模块配置

模块配置可以对设备已安装的模块进行配置（实际上大部分情况下是查看）。

右击被管设备模拟图形的模块区（非接口区），在弹出的上下文菜单中选择"Configure"，如图 ZY3201502002-22 所示。随后弹出"模块配置信息概览"对话框，如图 ZY3201502002-23 所示。

图 ZY3201502002-22 模块区配置

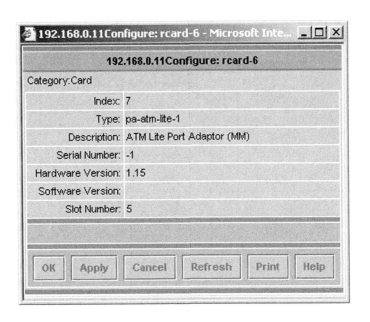

图 ZY3201502002-23 "模块配置信息概览"对话框

5. 接口的关闭和启用

右击设备接口区域，在弹出的上下文菜单中选择"Configure"，弹出"接口配置"对话框，如图 ZY3201502002-24 所示。

图 ZY3201502002-24 "接口配置"对话框

在这里，可以选择关闭（或开启）端口，也可以为接口设置描述信息。

6. 端口运行状态监测

右击设备接口区域，在弹出的上下文菜单中选择"Monitor"，弹出"接口监测"对话框，如图 ZY3201502002-25 所示。

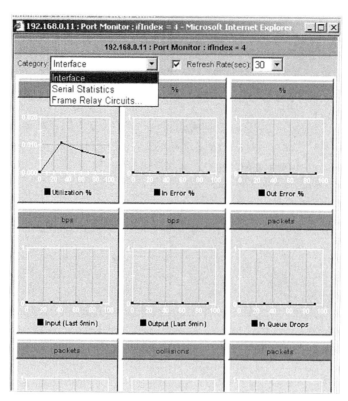

图 ZY3201502002-25　"接口监测"对话框

从图 ZY3201502002-25 中可以看出,可以对接口的利用率、排队丢弃率、错误率进行监测。通过选择"Category"右侧的下拉列表框,用户还可以选择其他可以查看/更改的项目。

(五)设备检测及异常测试

Device Troubleshooting(Device Center)提供了查看、更改、测试被管设备配置、属性的功能。选择 CiscoWorks 2000 主界面上的"Device Troubleshooting"→"Device Center",系统弹出"Device Center Home"窗口,如图 ZY3201502002-26 所示。

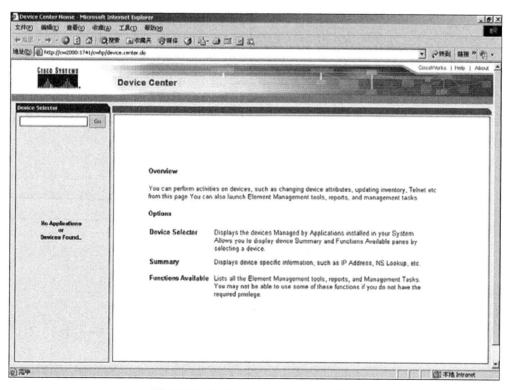

图 ZY3201502002-26　"设备中心"界面

1. 查看被管设备的管理方式

"Management Station to Device"用来探测被管设备的被管能力，即用户可以以何种方式登录、管理被管设备。

当选择了此功能后，会弹出"Management Station to Device"对话框，选择想要探测的选项，单击"OK"，经过一段时间的探测后，弹出测试报告窗口，显示该设备是否可以通过 HTTP、SNMPv1/v2c/v3、Telnet 等方式管理该设备。

2. Ping、Trace Route、Telnet 工具

"设备中心"主页提供了常用的测试工具，如 Ping、Trace Route、Telnet 工具，方便管理人员排查网络问题时使用。

3. 捕获数据包

数据包捕获工具"Packet Capture"提供了对设备流量进行捕获的功能，捕获的流量通过第三方的工具软件进行协议分析。

（六）网络设备故障管理

网络设备故障管理器（Device Fault Manager，DFM）的主要功能包括实时监测网络状态，当网络（设备）发生错误或用户定义的事件发生时进行的报警。

当 DFM 安装结束后，CiscoWorks 2000 的主界面会新增 DFM 模块区域，如图 ZY3201502002-27所示。

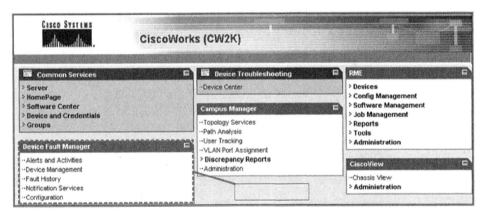

图 ZY3201502002-27 安装了 DFM 后的 CiscoWorks 2000 主界面

1. 查看当前告警信息

选择 DFM 主界面下的"Alerts and Activities"主标签页下的"Alerts and Activities"，系统弹出当前告警窗口，如图 ZY3201502002-28 所示。

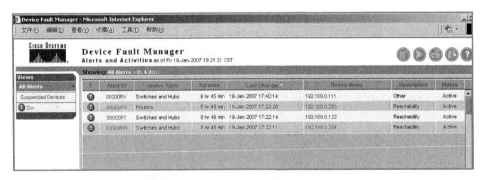

图 ZY3201502002-28 当前告警窗口

图 ZY3201502002-28 显示了告警事件编号，产生告警的设备类型，告警持续时间，上次状态变动的事件，告警设备名称（IP 地址），告警描述分类和告警状态。

单击告警编号，将弹出告警事件详细信息，如图 ZY3201502002-29 所示。

508　　电力通信　第十五部分　网络运行与维护

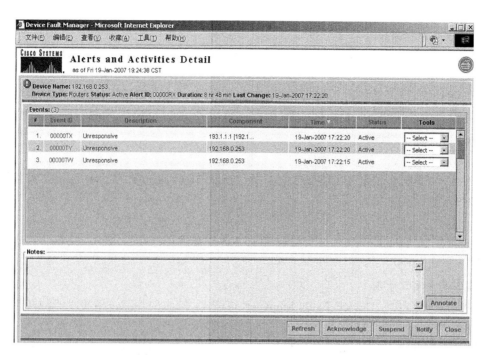

图 ZY3201502002-29　告警事件详细信息

图 ZY3201502002-29 中列出了事件号、事件描述、涉及组件、事件时间、事件状态等信息。单击事件编号，系统弹出事件详细描述，如图 ZY3201502002-30 所示。

Event ID: 00000TX

Property	Value
Event_Description	Unresponsive
Component	193.1.1.1 [192.168.0.253]
IPStatus	TIMEDOUT
InterfaceName	IF-192.168.0.253/3 [Fa0/1] [193.1.1.1]
InterfaceType	ETHERNETCSMACD
InterfaceOperStatus	UNKNOWN
NetworkNumber	193.1.1.0
InterfaceMode	NORMAL
InterfaceAdminStatus	UNKNOWN
Address	193.1.1.1

图 ZY3201502002-30　事件详细描述

在图 ZY3201502002-29 中每行事件描述的最后显示了可调用的外部工具（包括失效历史查询、设备中心、用户跟踪报告以及 CiscoView），如图 ZY3201502002-31 所示。

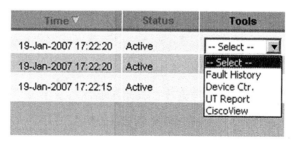

图 ZY3201502002-31　可调用的外部工具

在图 ZY3201502002-29 中单击"Annotate"，在弹出的评注窗口中输入评注，如图 ZY3201502002-32 所示，单击"OK"返回事件报告器主窗口，如图 ZY3201502002-33 所示。

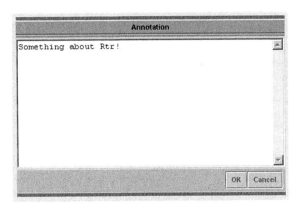

图 ZY3201502002-32　评注窗口

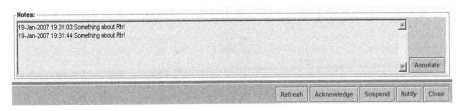

图 ZY3201502002-33　事件报告器主窗口

在图 ZY3201502002-33 中列出了刚才添加的评注信息。单击"Acknowledge"，经确认后，在告警事件主窗口会看到告警状态已经过确认，如图 ZY3201502002-34 所示。

图 ZY3201502002-34　告警状态已经过确认

在图 ZY3201502002-29 中也可以单击"Suspend"将告警挂起，此时，在告警活动主窗口将不再显示该告警信息。

2. 历史告警查询

可以通过失效历史模块以定制的方式搜索、查看过去时间发生的警告、事件信息。

选择 DFM 主界面下的"Fault History"主标签页下的"Alert Filtering"→"Search Group"来以组为单位搜索告警日志，如图 ZY3201502002-35 所示。

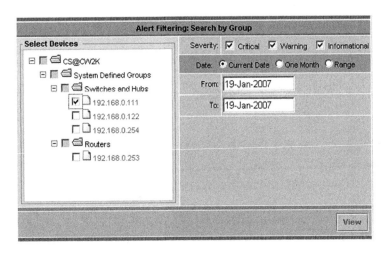

图 ZY3201502002-35　告警过滤设置窗口

在图 ZY3201502002-35 左侧选择设备，根据需要选择右侧要查看的严重等级、时间，单击"View"系统将弹出告警汇总信息窗口，如图 ZY3201502002-36 所示。

图 ZY3201502002-36　告警汇总信息窗口

在图 ZY3201502002-36 中列出了告警编号，告警设备名称、设备类型、告警分类、告警严重等级、告警日期、状态等信息。单击告警编号，系统弹出新的窗口，显示详细告警事件对话框，如图 ZY3201502002-37 所示。

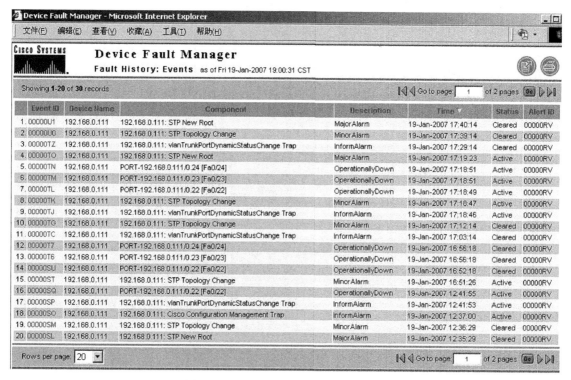

图 ZY3201502002-37　告警事件对话框

　　在图 ZY3201502002-37 中再次单击事件编号，系统弹出该事件的详细描述信息，如图 ZY3201502002-38 所示。

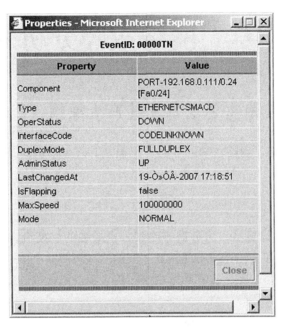

图 ZY3201502002-38　事件的详细描述信息

【思考与练习】

1. 通过网管系统可以进行哪些网络运行维护管理工作？

2. 使用 CiscoWorks 2000 网管系统，如何查看网络的拓扑结构？

3. 简述 CiscoWorks 2000 网管系统的故障管理功能的使用方法。

模块 2

ZY3201502002

国家电网公司
生产技能人员职业能力培训专用教材

第六十章　网络故障分析及处理

模块 1　网络故障主要现象及其产生原因（ZY3201503001）

【模块描述】本模块介绍了网络故障的分类、现象及其产生原因。通过要点讲解，熟悉网络中常见的故障及其产生原因。

【正文】

一、网络故障的分类

计算机网络是由大量的计算机、服务器等终端，由众多的交换机、路由器等网络设备互相连接在一起，采用各种网络协议和传输介质实现相互之间通信和资源共享的一个整体，这个整体中任何一个环节出现问题都会导致网络故障。随着网络规模的扩大和网络环境的复杂化，网络故障越来越多，故障的排查难度也越来越大。

计算机网络故障的现象千奇百怪，故障原因多种多样。通过把常见的网络故障进行归类，找出规律性的东西，可以帮助理清思路，加快故障排查的进程。

可以从不同的角度对网络故障进行分类：从故障的现象方面，可以将网络故障分为连通性故障、性能下降和服务中断三大类；从产生故障的原因方面，可以将网络故障分为硬件故障、软件故障以及由网络攻击造成的故障三大类。

二、硬件类故障

硬件故障有时也叫作物理类故障，一般是指网络设备硬件、设备之间的连接或通信传输线路上出现的问题。发生硬件故障时的主要表现是网络不通。在计算机连接到网络上的任何一个环节，如网卡、插座、网线、跳线、交换机等发生故障，都会导致网络连接的中断。

组成计算机网络的网络设备及基础设施投入运行后，随着时间的推移，会逐渐老化而出现设备故障。网络设备运行在供电电源不稳定、环境温湿度较高、尘埃较多的环境中，出现设备故障的概率会大大增加。设备运行维护不到位、操作不当或人为破坏也会造成设备故障。

网络插座、设备端口和网线连接不牢固，网络布线破损或被鼠咬等情况都会造成网络不通。

三、软件类故障

软件类故障有时也叫作逻辑类故障，常见的是网络设备配置错误而导致的网络故障。计算机网络协议众多，配置复杂。网络中所有的交换机、路由器等网络设备都需要进行参数配置，所有的服务器、计算机等网络终端设备也需要进行选项配置，参数配置和选项设置不当就会导致网络故障。例如，路由器的访问列表配置不当，会导致 Internet 连接故障；交换机的 VLAN 设置不当，会导致 VLAN 间的通信故障，彼此之间无法访问；服务器权限的设置不当，会导致资源无法共享或无法获得足够权限的故障；计算机网卡配置不当，就无法连接到网络；路由器路由配置错误，会使路由循环或找不到远端地址。

网络协议未安装或配置不正确也会造成网络故障。网络协议是网络设备、计算机设备之间彼此通信所使用的语言，没有网络协议就没有网络。没有网络协议，网络内的网络设备和计算机之间就无法进行通信。网络协议的配置在网络中处于重要的地位，决定着网络能否正常运行。通常情况下，交换机、路由器、计算机等设备上都需要启用多个网络协议并进行配置，其中任何一个协议配置不当，都有可能导致网络故障或某些服务被终止。例如，计算机上的协议故障通常表现为：无法登录到服务器；在"网上邻居"中既看不到自己，也无法在网络中访问其他电脑；在"网上邻居"中能看到自己和其他成员，但无法访问其他电脑；电脑无法通过局域网接入 Internet。

主机网卡的驱动程序安装不当、网卡设备有冲突、主机的网络地址参数设置不当、主机网络协议或服务安装不当也会造成联网故障。

四、计算机病毒和网络攻击造成的网络故障

计算机病毒和网络攻击已经成为造成网络故障的重要因素。计算机网络中的客户机、服务器和网络设备都是黑客、木马和蠕虫病毒攻击的目标。当遭到网络攻击或病毒爆发后，除了敏感信息丢失和系统被破坏以外，大部分还会表现为网络故障，如网速变慢、网络阻塞、服务中断等。

【思考与练习】

1. 如何对网络故障进行分类？
2. 造成网络软件类故障的原因有哪些？

模块 2　网络故障处理的基本步骤（ZY3201503002）

【模块描述】本模块介绍了网络故障处理的基本步骤，包含常规处理程序和排查流程。通过步骤、方法、技巧要点介绍，掌握网络故障处理的正确步骤和基本技能。

【正文】

一、网络故障处理的一般步骤

由于网络故障的复杂性，处理网路故障要建立系统化的思路和方法，先将可能的故障原因构成一个大的集合，然后一步一步地排查，最后找到故障发生的位置和原因，从而大大降低问题的复杂程度，加快故障处理的速度。

1. 全面了解故障现象

网络管理员在接到故障报告时，要尽可能详细地了解故障的现象，做到对故障现象能有一个完整准确的描述。在排除故障之前，确切地知道到底出了什么问题是成功排除故障的重要环节。

2. 收集与故障相关的信息

网络管理员向故障报告者询问以下问题：① 故障发生时正在进行什么操作；② 这项操作以前是否曾经进行过，以前运行是否正常；③ 这项操作最后一次成功运行是什么时候，从那时起系统的软硬件和网络连接等各方面有无变动。

必要时还需询问其他用户，了解故障影响的范围。管理员可以使用诊断测试命令、网络测试软件或网络管理系统来收集相关信息，了解相关设备的运行状况。

3. 根据相关理论和经验进行分析判断

根据自己已有的网络故障处理经验和所掌握的网络理论知识，对该故障进行分析判断，排除一些明显的非故障点。

4. 列出所有可能的故障原因

根据上述各步骤掌握的信息，先书面列出所有可能造成该故障的原因，然后根据由简到繁、先软件后硬件的原则，对列出的原因按照可能性的大小进行排序，对每一原因制订相应的排除方案。

5. 逐一排除可能的原因

按照上述原因列表顺序和方案，对可能的原因逐一进行排除。在排除过程中，如果需要对硬件或参数设置进行改动，每次只可改动一个，改动后进行测试，看故障是否消除，这样有利于查找到真正的原因。如果这对某一原因的排查无效，要将对硬件或参数设置的改动务必恢复到排查前的状态，再进行下一个原因的排查。

如果原因列表中所有的项目都排查过后仍没有解决问题，这时要返回到第 2 步，重新收集故障相关的信息，按照上述过程继续排查，直到故障消除。

6. 整理故障处理记录

故障排除网络修复之后，故障处理过程的最后一步是整理故障处理记录。完整准确的记录不仅是后续故障处理时的重要参考资料，而且也有助于积累经验，为今后类似故障的解决提供指导。故障排除后做好故障处理文档记录，这一点是大多数人最容易忽略的，因此，在工作中要特别注意，要养

514

成一种良好习惯，最好是在开始着手进行故障排除时就开始做记录。

二、网络故障排除的常用方法

在网络故障处理的过程中，可根据故障现象，灵活运用各种诊断方法进行分析定位。故障诊断常用的方法主要有分层排除法、分段排除法、替换法和对比法等。

1. 分层排除法

OSI 网络 7 层参考模型和 TCP/IP 网络的 4 层模型是 IP 网络技术开发和网络构件的基础，所有的技术和设备都是建立在分层概念之上的。因此，层次化的网络故障分析思路和方法是非常重要的。对某一层而言，只有位于其下面的所有层次都能工作正常时，该层才能正常工作。在确认所有低层都能正常工作之前就着手解决高层问题，大多数情况下是在浪费时间。

在应用分层法排除故障时，把 OSI 模型和现实的网络环境相对应起来，一层一层地分析判断故障，重点考虑物理层、链路层和网络层，在各层上我们应注意以下的关注点：

（1）物理层。物理层负责设备之间的物理连接，将二进制数字信号流通过传输介质从一个设备传送到另一个设备，完成信号的发送与接收以及与数据链路层的交互操作等功能。物理层需要关注的是网线、光缆、连接头、信号电平等方面，这些都是导致端口异常关闭的因素。

（2）链路层。链路层处在网络层与物理层之间，负责将网络层发送来的 IP 数据包分装成以太数据帧，然后发给物理层进行传输。在数据链路层要重点关注 MAC 地址、VLAN 划分、广播风暴，以及所有二层的网络协议是否正常。

（3）网络层。网络层负责不同网络（网段）之间的路由选择。在网络层要重点关注 IP 地址、子网掩码、DNS 网关的设置；路由协议的选择和配置，路由循环等问题。

例如，内网中的一台计算机不能访问 Internet 上的 Web 网站，这时可以先 Ping 外网 DNS 服务器，如果能 Ping 通，则判断在网络层上是正常的，故障可能发生在 IE 应用层；此时如果 QQ 上网正常，则确定问题在 IE 上，仔细查看 IE 设置。结果发现设置了代理服务器，导致不能正常上网。

2. 分段排除法

分段排除法就是在同一网络分层上，把故障分成几个段落，再逐一排除。分段的中心思想就是缩小网络故障涉及的设备和线路，来更快地判定故障。

3. 替换法

替换法是处理硬件问题时最常用的方法。当怀疑网线有问题时，可以更换一条好的网线试一试；当怀疑交换机的端口有问题时，可以用另外一个端口试一试；当怀疑网络设备的某一模块有问题时，可以用另外一个模块试一试。但需要注意的是，替换的部件必须是同品牌、同型号以及具有相同的板载固件（Firmware）。

4. 对比法

对比法是利用相同型号的且能够正常运行的设备作为参考对象，在配制参数、运行状态、显示信息等方面进行对比，从而找出故障点。这种方法简单有效，尤其是系统配置上的故障，只要对比一下就能找出配置的不同点。

三、网络故障处理技巧

在进行故障分析排查时，掌握下面的几个技巧，有助于提高故障处理的效率。

1. 由近而远

大部分网络故障通常都是由客户端计算机先发现的，所以我们可以从客户端开始，沿着客户端计算机→综合布线→配线间端口模块→跳线→交换机这样一条路线，由近而远逐个检查。先排除客户端故障的可能性，后查网络设备。

2. 由外而内

如果怀疑网络设备（如交换机）存在问题，我们可以先从设备外部的各种指示灯上辨别，然后根据故障指示，再来检查设备内部的相应部件是否存在问题。比如，POWER LED 为绿灯表示电源供应正常，熄灭表示没有电源供应；LINK LEDs 为黄色表示现在该连接工作在 10Mbit/s，绿色表示为 100Mbit/s，熄灭表示没有连接，闪烁表示端口被管理员手动关闭；RDP LED 表示冗余电源；MGMT

LED 表示管理员模块。需要时再登录到交换机，通过人机命令进行检测。

3. 由软到硬

发生故障检查时，总是先从系统配置或系统软件上着手进行排查。例如某端口不好用，可以先检查用户所连接的端口是否不在相应的 VLAN 中，或者该端口是否被其他的管理员关闭，或者配置上的其他原因。如果排除了系统和配置上的各种可能，那就是硬件有故障问题了。

4. 先易后难

在遇到复杂的故障时，可以先从简单操作或配置来着手，最后再进行难度较大的测试、替换操作。

【思考与练习】

1. 处理网络故障的基本步骤有哪些？

2. 处理网络故障一般需要遵循什么原则？

3. 分析排查网络故障的常用方法有哪些？

4. 简述网络故障修复之后，整理故障处理记录文档的意义。

模块 3 网络链路故障处理（ZY3201503003）

【模块描述】本模块介绍了网络链路故障的分析和处理。通过故障分析、处理方法介绍、仪器图形示意，掌握处理网络链路故障的方法和技能。

【正文】

一、故障的性质及其危害

网络链路故障即连通性故障，通常是由网络接口、网络布线、网络设备及通信电路等问题引起，也有可能是由设备参数或网络协议配置、运行中发生的软件异常引起。计算机联网发生链路故障，该客户端就无法上网；服务器联网发生链路故障，网络服务或业务就会中断；网络设备之间的链路发生故障，部分网络就会不通。因此，网络链路故障将会影响用户的正常工作和企业网上业务的正常运转。

二、链路故障的排查步骤

首先确认是否是连通性故障。如果确认是连通性故障，查看是否是网卡的故障；如果网卡没问题，再查看是否是网线的问题；如果网线没问题，再查看是否是交换机的故障。

1. 链路故障确认

当出现网络故障时，首先要判断该故障是否属于链路故障。例如，当某用户无法访问 Internet 网站时，可以尝试使用内部网络中的 Web 浏览，查看网上邻居等方法来判别，如果上述操作都无法实现，则可确认为链路故障。

2. 查看计算机网卡指示灯

查看计算机上网卡（网络适配器）的指示灯是否正常。正常情况下，在不传送数据时，网卡的指示灯闪烁较慢，传送数据时，闪烁较快。无论是不亮，还是常亮不灭，都表明有故障存在。如果网卡的指示灯不正常，需关掉计算机更换网卡。如果网卡上指示灯闪烁正常，则继续下一步。

3. 初步测试

使用 Ping 命令，Ping 本地计算机的 IP 地址或 127.0.0.1，检查网卡和 IP 网络协议是否安装完好。如果能 Ping 通，说明该计算机的网卡和网络协议设置都没有问题，问题出在计算机与网络的连接上。因此，应当检查网线的链路和交换机端口的状态。如果无法 Ping 通，只能说明 TCP/IP 协议有问题，而不能提供更多的情况。因此，需继续下一步。

4. 检测网卡设置

通过"控制面板"打开"系统"窗口，查看网卡是否已经安装或是否出错。如果在系统中的硬件列表中网络适配器前方有一个黄色的"！"，说明网卡未正确安装，需将未知设备或带有黄色"！"的网络适配器删除，刷新后，重新安装网卡，并为该网卡正确安装和配置网络协议，然后再进行应用

模块 3

ZY3201503003

测试。如果网卡无法正确安装，说明网卡可能损坏，必须更换一块网卡重试。如果网卡已经正确安装，则继续下一步。

5. 检查网络协议设置

使用 Ipconfig 命令查看本地计算机是否安装有 TCP/IP 协议，以及是否设置好 IP 地址、子网掩码和默认网关、DNS 域名解析服务。如果尚未安装协议，或协议尚未设置好，安装并设置好协议后，重新启动计算机，执行第 2 步的操作。如果已经安装，认真查看网络协议的各项设置是否正确。如果协议设置有错误，修改后重新启动计算机，然后再进行应用测试。如果协议设置完全正确，则肯定是网络连接的问题，继续执行下一步。

6. 确认交换机是否正常

在连接至同一台交换机上的其他计算机上进行网络应用测试。如果不正常，在确认网卡和网络协议都正确安装的前提下，可初步认定是交换机发生了故障。为了进一步进行确认，可再换一台计算机继续测试，进而确定为交换机故障。如果其他计算机测试结果完全正常，则将故障定位连接计算机与交换机的布线上。

7. 故障排除

如果确定交换机发生了故障，应首先检查交换机面板上的各指示灯闪烁是否正常。如果所有指示灯都在非常频繁地闪烁，或一直亮着，可能是由于网卡损坏而发生了广播风暴，关闭再重新打开交换机电源后看能否恢复正常。如果恢复正常，再找到红灯闪烁的端口，将网线从该端口中拔出。然后找到该端口所连接的计算机，测试并更换损坏的网卡。如果交换机面板上一个灯也不亮，则检查一下 UPS 是否工作正常，交换机电源是否已经打开，或电源线插头是否接触不良。如果电源没有问题，那就得更换一台交换机了。

如果确定故障就发生在某一段连接上，用网线测试仪逐段对该连接中涉及的所有网线和跳线进行测试，确认网线的链路。如果问题就出在这里，重新制作跳线头或更换一条网线。如果网线没问题，则检查交换机相应端口的指示灯是否正常，或换一个端口。

三、链路故障的处理

导致链路故障的原因很多，如网络布线故障、网络设备故障、网络设备配置不当、网卡故障、客户端协议配置故障等，总的来说，链路故障可分为物理故障和逻辑故障两大类。

（一）物理链路故障的处理

物理链路主要是指网络布线系统所涵盖的建筑群布线、垂直主干布线、水平布线和工作区布线。相对而言，建筑群布线、垂直主干布线、水平布线相对稳定，工作区布线由于经常变动，所以较容易产生各种各样的问题。

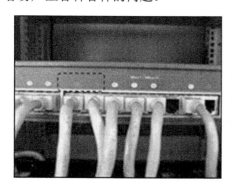

图 ZY3201503003-1　LED 指示灯熄灭

工作区链路发生故障时，系统提示"网络电缆没有插好"，计算机无法访问网络。故障只涉及一台计算机，其他计算机的网络通信不受影响。具体表现为计算机无法连接至网络，不能实现与其他计算机的通信。有时计算机虽然可以接入网络，但是，数据传输速度非常慢，或者计算机性能大幅下降。该链路所连接的交换机上相应端口的 LED 指示灯熄灭（见图 ZY3201503003-1）。

垂直主干链路发生故障时，主要表现为：当故障涉及同一楼层的多台计算机，连接至同一接入交换机的所有计算机，无论是否在同一 VLAN，均不能连接至核心网络。位于同一接入交换机的同一 VLAN 的交换机之间可以通信，而不同 VLAN 间的交换机则不能通信。接入交换机向上级联端口的 LED 指示灯熄灭。汇聚交换机与某台或某几台交换机相连接的端口的 LED 指示灯熄灭。

1. 物理链路故障原因分析

以下因素将导致物理链路故障：

（1）线路断路或短路。

（2）电气性能或信号衰减过大。如果整体链路的电气性能（仅指双绞线）不符合相应的标准，或者信号衰减过于严重（包括光缆和双绞线），网络数据传输也将受到非常严重的影响，甚至导致网络通信失败。

（3）链路中的布线产品不匹配。在同一物理链路中，同时使用不同厂家、不同标准、不同型号的布线产品，可能会导致产品兼容性问题，从而使其无法满足网络通信的需求。

（4）电磁干扰严重。虽然双绞线的结构使其具有抵抗电磁干扰的能力，但是，当电源干扰非常严重时，仍然会影响网络的数据传输，甚至导致网络通信中断。

（5）传输距离超限。双绞线和光纤都有其最远传输距离。以 1000Mbit/s 网络为例，超五类和六类双绞线链路的最长距离为 100m，单模光纤链路的最长距离为 1000m，多模光纤链路的距离为 300～500m。

2. 物理链路诊断工具

物理链路故障的测试基本使用硬件工具。其中，最常见的测试工具就是 Fluke 网络公司的线缆测试产品。对于小型网络或者对传输速率要求不高的网络而言，只需简单地做一下网络布线的连通性测试即可。对于规范的网络布线系统，应当分别在双绞线布线和光纤布线做性能测试，以保证在连通性完好的同时，能够实现相应布线所能提供的带宽和传输速率。Fluke DTX 系列电缆认证分析仪（见图 ZY3201503003-2）被广泛应用于网络布线系统测试，用于测试双绞线和光缆链路的性能。

（二）逻辑链路故障处理

布线系统无疑都是物理链路，然而，仅有物理链路是远远不够的，因为设备之间无法实现互连。因此，还必须有交换机等网络设备，才能将所有的网络节点连接在一起。因此，对于

图 ZY3201503003-2　Fluke DTX 系列
电缆认证分析仪

傻瓜网络而言，硬件设备（交换机、网卡）故障、网络协议设置错误，仍然会导致网络的连通性问题。当然，对于智能网络而言，交换机配置对网络连通性的影响就显得更加重要了。

逻辑链路的故障表现大致如下：

（1）查看计算机网络连接状态时，只有发送的数据，没有接收到的数据。

（2）计算机网卡的 LED 指示灯正常，但是，计算机不能接入网络。

（3）交换机接口的 LED 指示灯表现正常，但是，用户计算机之间无法通信。

（4）连接至同一交换机的用户之间可以通信，但是，无法与连接至其他交换机的用户之间进行通信。

（5）物理链路测试连通性正常，但是，网络接口（如网卡接口和交换机接口）的 LED 指示灯不亮，或呈琥珀色。

1. 逻辑链路故障原因分析

导致逻辑链路故障的原因可能是网络设备硬件故障、网络设备连接故障、网络设备配置故障，或者是网络协议设置故障。

一条完整的网络逻辑链路除了包括全部的物理链路外，还涉及多种网络设备，包括网卡、接入交换机、汇聚交换机、核心交换机。如果接入 Internet 或实现与其他网络的互连，甚至还包括路由器（见图 ZY3201503003-3）。其中，任何一台网络设备、板卡、模块或端口的硬件故障，都将导致网络链路的故障。

与傻瓜化网络不同，在可网管的网络中，不是把所有设备连接在一起就能实现彼此之间的通信。不仅核心交换机需要配置，而且汇聚交换机和接入交换机也需要配置。对于核心交换机而言，必须配置 VLAN 及默认网关，配置相应的 IP 访问列表，配置端口的各种属性，设置 IP 路由，以及其他网络应用。对于汇聚交换机而言，也必须划分 VLAN，指定 Trunk 端口，并设置 EtherChannel 等。

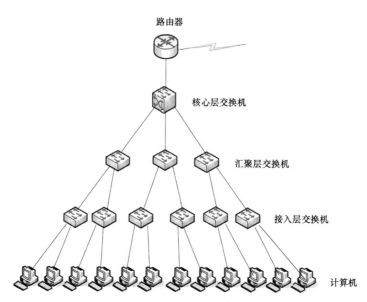

图 ZY3201503003-3　网络逻辑链路

对于接入交换机而言，则除了汇聚交换机那些设置外，还可能需要设置 IEEE 802.1x 身份认证、安全端口等各种网络应用。

网络协议是网络设备相互交流的语言。因此，网络协议一旦出错，肯定无法实现与其他网络设备的通信。特别是对于计算机而言，网络协议安装错误、IP 地址信息设置错误，甚至网络连接限制错误，都有可能导致网络通信失败。

网络滥用（如大量 P2P 软件的使用）、蠕虫病毒等原因，也可能导致网络设备性能大幅下降，造成网络传输拥塞，甚至整个网络瘫痪。

2. 逻辑链路故障诊断工具

逻辑链路故障诊断经常使用的是 Windows 系统内置的工具，其中使用频率最高的是 Ping 命令、Tracert 命令和 Ipconfig 命令。

网络链路故障的诊断，通常遵循的原则是由近及远，逐段测试，由软及硬，同类比较。也就是说，先从离故障点最近位置，逐段向网络核心展开，从而尽快地定位网络故障。在发生网络连通性故障时，先查看计算机的网卡驱动和网络协议配置，以及交换机的网络配置，如果没有发现问题，再测试物理链路、查看网络设备和模块工作状态。所谓同类比较，是指当故障发生时，先与同一网段、同一接入交换机、同一汇聚交换机、同一核心交换机中的其他计算机进行比较，以迅速判定故障点的位置。

四、广域网链路故障的处理

当广域网出现故障时，处理的一般方法和步骤如下：

（1）先用 Ping 命令来判断网络的通断。

（2）用 Tracert 命令来跟踪路由，找到与路由异常相关的路由器等设备。

（3）远程登录到该路由器，利用网络设备提供的相关命令查看设备运行状况和各类信息。例如 Cisco 设备的 show 命令就提供了很多选项，可以看到设备的各种信息。

（4）检查路由配置是否有问题，沿着从源到目的地的路径查看各路由器上的路由表，同时检查那些路由器接口的 IP 地址。重新配置丢失的路由或排除动态路由协议选择过程的故障。

（5）如果有网管系统，则利用网管系统强大的故障处理功能，可以更快捷、准确地定位故障。

（6）通过上述逐步排查，可以排除由于配置不当或动态路由逻辑错误，最终定位到有问题的物理通道，交由通信传输部门去处理。

【思考与练习】

1. 简述链路故障的排查步骤。

2. 造成物理链路故障的原因有哪些？

3. 如何处理逻辑类链路故障？

4. 如何处理广域网的链路故障？

模块 4 网卡和网络协议故障处理（ZY3201503004）

【模块描述】本模块介绍了网卡和网络协议故障的分析和处理。通过故障分析、处理方法介绍、界面窗口示意，掌握处理网卡和网络协议故障的方法和技能。

【正文】

一、故障的性质及其危害

计算机上的网卡出现故障或网络协议设置错误将导致计算机不能连网。某些情况下，发生故障的网卡还会向网络上不停地发送数据帧，引起网络广播风暴，造成网络拥塞，影响整个网络的正常运行。

二、网卡故障的处理

网卡和相连的交换机端口都有 LED 指示灯，可以通过观察指示灯的状态来判断网卡、网线连接是否正常，通过计算机的"设备管理器"也能查看网卡的工作状态。

1. 网卡物理损坏故障

网卡的损坏大致有两种情况：一是网络接口损坏；二是网卡芯片损坏。

如果是网络接口损坏，从计算机的"设备管理器"中看不出有什么变化，唯一的表现就是无法连接网络，而且在计算机桌面任务栏右下角的托盘区显示一个带红色小"X"的图标，如图 ZY3201503004-1 所示，当鼠标移到该图标上时会提示"网络电缆没有插好"，而且该网卡的 LED 指示灯、交换机上连接该计算机端口的指示灯都不亮。

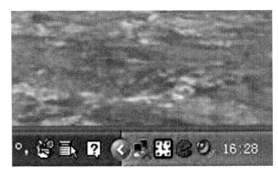

图 ZY3201503004-1 网络连接故障提示

如果是网卡芯损坏，在计算机的"设备管理器"中查看时，会发现该网卡前面有一个黄色的"！"，表示该网卡有故障。

2. 网卡驱动程序安装不当引起的故障

网卡只有在正确地安装了驱动程序之后才能正常工作。没有正确安装驱动程序的网卡，都将在"其他设备"中显示为"以太网控制器"，或者在网卡前面有一个黄色的"！"。在 Windows XP 系统中，通过选择"开始→控制面板→性能维护→管理工具→计算机管理→设备管理"，即可看到如图 ZY3201503004-2 所示的显示结果。

图 ZY3201503004-2 网卡未正确安装驱动程序

3. 网卡参数设置不当引起的故障

许多网卡驱动程序都提供了传输速率、单/双工工作模式等一系列设置，如图 ZY3201503004-3 所示。如果参数设置错误，或者与所连接的交换机端口不匹配，都可能导致网络通信失败。通常情况下，建议设置自适应模式，让系统自动判断并设置连接速率和工作模式。

在图 ZY3201503004-2 所示的"设备管理器"窗口中，右击要设置的网卡，选择"属性"，出现如图 ZY3201503004-3 所示的窗口，选择"链接速度"、"高级"等标签，即可对有关参数进行设置和修改。

三、网络协议故障处理

目前应用最广泛的网络协议是 TCP/IP 协议。计算机要接入网络，就必须安装 TCP/IP 协议并进行配置。TCP/IP 协议的配置内容主要是 IP 地址信息的设置，包括 IP 地址、子网掩码、默认网关和 DNS 服务器的 IP 地址，如图 ZY3201503004-4 所示。

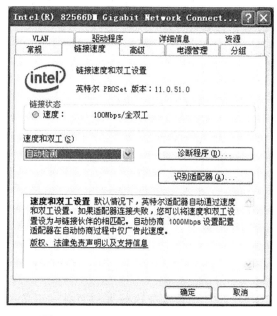

图 ZY3201503004-3　网卡参数设置界面

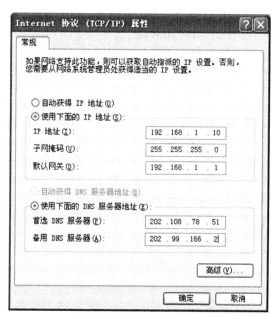

图 ZY3201503004-4　设置 IP 地址信息

IP 地址设置错误时，可能会与其他计算机发生 IP 地址冲突，或者无法与网络内的其他计算机通信，同时无法访问其他网络，也不能访问 Internet。

子网掩码设置错误时，可能无法与网络内某些计算机通信，同时无法访问其他网络，也不能访问 Internet。

默认网关设置错误时，虽然可以与本网络内的计算机进行通信，但是，无法访问其他网络（包括虚拟网络 VLAN），更不能访问 Internet。

DNS 服务器配置错误时，由于不能实现 DNS 解析，而只能使用 IP 地址访问网络，典型故障现象是只能使用 QQ，而不能使用 Web 浏览网页。

IP 地址信息获得方式有两种：一种是自动获得 IP 地址，该方式由 DHCP 服务器或其他 DHCP 设备（如 DHCP 服务器、宽带路由器、无线路由器、代理服务器等）自动分配，只需选择"自动获得 IP 地址"选项即可；另一种方式是手工设置 IP 地址信息，此时应当选择"使用下面的 IP"选项，并严格按照网络管理员分配的 IP 地址信息设置。

1. 协议故障的排查

当计算机出现以上协议故障现象时，应当按照以下步骤进行故障的定位：

（1）检查计算机是否安装 TCP/IP 协议，如果没有则要安装该协议，并把 TCP/IP 参数配置好，然后重新启动计算机；

（2）使用 Ping 命令，测试与其他计算机的连接情况；

（3）在"控制面板"的"网络"属性中检查一下是否选中了"允许其他用户访问我的文件"和

"允许其他计算机使用我的打印机"复选框；

（4）系统重新启动后，双击"网上邻居"，将显示网络中的其他计算机和共享资源。如果仍看不到其他计算机，可以使用"查找"命令，能找到其他计算机，就一切 OK 了。

（5）在"网络"属性的"标识"中重新为该计算机命名，使其在网络中具有唯一性。

2. 常见网络协议故障诊断与排除实例

（1）计算机无法访问外部网络。

如果计算机无法正常实现对外部网络的访问，应首先检查网线是否正确，若网线正常工作，说明能够连接到网络内的其他计算机，网络连接没有问题。因此，导致故障的原因可能是 IP 地址信息设置不完整，或者没有正确设置应用程序的代理服务器。这时，应检查故障计算机的默认网关、DNS 服务器和子网掩码的设置是否正确。另外，查看一下其他计算机的 Web 浏览器的连接设置，然后将故障计算机设置为与之相同即可。

（2）IP 地址信息正确而无法访问。如果计算机的默认网关、DNS 服务器地址、IP 地址设置看起来都没有错误，但是却无法正常上网，可以尝试 Ping 一下网络内的其他计算机、默认网关、外部 Web 网站的 IP 地址和 DNS。

如果 Ping 不通网络内的其他计算机，说明 IP 地址信息设置有问题，或者没有正确安装 TCP/IP 协议，试着卸载 TCP/IP 协议，重新启动计算机，再添加安装 TCP/IP 协议，并正确设置 IP 地址信息。

如果 Ping 不通默认网关，说明 IP 地址信息中有关默认网关的设置是错误的，应当认真检查该项设置。

如果 Ping 不通外部 Web 网站的 IP 地址（要先使用连接正常的计算机进行测试，确认可以 Ping 通该 IP 地址），说明 IP 地址信息中默认网关的设置是错误的，或者没有安装代理服务器软件，或者在代理服务器或宽带路由器上做了限制，不允许该 IP 地址或 MAC 地址访问网络。

如果 Ping 不通 Web 网站的 DNS 名称，说明 IP 地址信息中有关 DNS 服务器的设置是错误的，仔细检查该设置，并配置辅助 DNS 服务器。

如果以上 Ping 测试全部通过，仍然无法访问 Web 网站，查看 Internet Explorer 的局域网设置。依次打开"工具→Internet 选项→连接→局域网设置"，取消对"自动检测设置"复选框的选中，如图 ZY3201503004-5 所示。

（3）Ping 通 DNS 却无法上网。如果已经正确设置了 IP 地址信息和代理服务器的地址，而且能够 Ping 通 DNS 服务器，也能在"网上邻居"中看到其他计算机，但是不能 Ping 通服务器，也不能上网。上述问题表明网络连接是没有问题的，应当检查 Internet Explorer 的设置。如果 DNS 与计算机在同一子网，位于同一 IP 地址段，应当为计

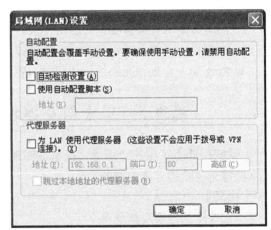

图 ZY3201503004-5　取消局域网"自动检测设置"

算机指定正确的默认网关，以便使其 Internet 访问请求被路由至外部网络。

（4）Ping 通网络中其他计算机却无法 Ping 通网关。既然能够 Ping 通网络中的其他计算机，说明网络物理连接及本机网络设置没有问题。而 Ping 不通网关，无法接入 Internet 的原因可能有以下几个方面：

1）默认网关设置错误。认真检查计算机默认网关的设置是否正确，网关设置错误将导致计算机无法访问 Internet。

2）代理服务器对 IP 地址做了限制。代理服务器可以设置 IP 地址访问列表，被拒绝的 IP 地址将无法访问 Internet。

3）感染了蠕虫病毒。当计算机感染蠕虫病毒时，也将直接影响对 Internet 的访问。及时更新

Windows 系统补丁，并升级病毒库。

（5）无法 Ping 通网关。导致这个问题的原因可能是计算机的网关或者子网掩码设置有误。在划分有 VLAN 的网络中，每个 VLAN 都分别拥有不同的 IP 地址段、子网掩码和默认网关。因此，当默认网关设置错误时，将无法被路由至其他网络，导致网络通信失败。子网掩码用于区分网络号和 IP 地址号，默认网关设置错误，也会导致网络间通信的失败，应该认真检查默认网关和子网掩码的设置。

（6）无法 Ping 通其他网段内的计算机。如果计算机能够 Ping 通本网段内的计算机，而无法 Ping 通其他网段内的计算机，原因可能是子网掩码设置有问题。子网掩码用于区分网络号和主机号，只有网络号相同的计算机才被视为同一网段，才能实现彼此之间的通信。

（7）安装网卡后启动速度变慢。安装网卡后，系统的启动速度慢了许多，这种情况是正常的。因为，计算机除了要检测网络连接外，还会自动检测网络中的 DHCP 服务器。若要加速系统启动速度，应该为计算机指定固定的 IP 地址，而不是每次开机时动态分配 IP 地址。

（8）IP 地址冲突。在同一网络中，IP 地址应当是唯一的。当两个或者两个以上的计算机使用同一个 IP 地址时，就会发生 IP 地址冲突，其他计算机将无法判断应当将数据发送给哪一台计算机，从而导致网络连接问题。在网络中最好使用 DHCP 来自动分配 IP 地址，从而避免由手工设置 IP 地址所造成的 IP 地址冲突。网络中的客户端，则只需将 IP 地址和默认网关设置为"自动获取地址"即可。

（9）局域网内计算机可以互相访问却无法 Ping 通。导致在网上邻居中可以互访，但在 DOS 提示符下无法 Ping 通的原因，可能是对方或者网络中有设备禁止了 ICMP 流量（例如在交换机的访问控制列表中过滤了 ICMP 端口），禁止对 ICMP 作出响应，而这并不影响资源共享。

另一种可能的原因是网络协议问题。如果所有的计算机使用的均是 NetBIOS 协议，也就是在该局域网中网上邻居功能是通过 NetBIOS 协议实现，而不是借助于 TCP/IP 协议，因此不会支持 ICMP 协议，而 ICMP 协议需要 TCP/IP 协议的支持。如果想让各个计算机之间可以使用 Ping 命令，就必须为网络中的计算机安装 TCP/IP 协议。

【思考与练习】

1. 网卡故障的种类有哪些？如何排查？
2. 计算机上需要设置哪些 IP 协议信息？简述其设置方法。
3. Ping 命令在处理网络协议故障时有哪些用途？

模块 5 以太网交换机故障处理（ZY3201503005）

【模块描述】 本模块介绍了交换机故障的分析和处理。通过故障分析、处理方法介绍，掌握处理交换机常见故障的方法和技能。

【正文】

一、故障的性质及其危害

以太网交换机发生的故障主要来源于设备自身的软硬件或外部环境的影响以及人为操作不当等。一旦发生故障，会引起计算机网络全局或局部瘫痪，无法实现共享资源和数据，严重时会造成较大的经济损失和社会影响。

二、交换机故障分类及处理

交换机的故障多种多样，不同的故障有不同的表现形式。可以通过交换机的各种 LED 指示灯查看整机、各模块和端口的工作状态，并可初步判断设备运行是否正常。丰富而实用的查看命令，也被用于诊断和测试交换机和各种端口、模块的工作状态，查看配置和系统性能。

交换机故障一般可以分为硬件故障和软件故障两大类。

（1）硬件故障主要指交换机电源、背板、模块、端口等部件的故障。

1）电源故障。由于外部供电不稳定，或者电源线路老化或者雷击等原因导致电源损坏或者风扇停止，从而不能正常工作。由于电源缘故也会导致交换机内其他部件损坏。如果面板上的 POWER

指示灯是绿色的，就表示是正常的；如果该指示灯灭了，则说明交换机没有正常供电。

针对这类故障，首先应该做好外部电源的供应工作，一般通过引入独立的电力线来提供独立的电源，并添加稳压器来避免瞬间高压或低压现象。如果条件允许，可以添加 UPS（不间断电源）来保证交换机的正常供电，在机房内设置专业的避雷措施，来避免雷电对交换机的伤害。

2）端口故障。这是最常见的硬件故障，无论是光纤端口还是双绞线的 RJ-45 端口，在插拔接头时一定要小心。光纤端口污染会导致不能正常通信。带电插拔接头会增加端口的故障发生率。水晶头尺寸偏大，插入交换机时也容易破坏端口。此外，如果接在端口上的双绞线有一段暴露在室外，万一这根电缆被雷电击中，就会导致所连交换机端口被击坏，或者造成更加不可预料的损伤。

一般情况下，端口故障是某一个或者几个端口损坏。所以，在排除了端口所连计算机的故障后，可以通过更换所连端口，来判断其是否损坏。遇到此类故障，可以在电源关闭后，用酒精棉球清洗端口。如果端口确实被损坏，那就只能更换端口了。

3）模块故障。交换机是由很多模块组成，如堆叠模块、管理模块（也叫控制模块）、扩展模块等。这些模块发生故障的几率很小，不过一旦出现问题，就会遭受巨大的经济损失。如果插拔模块时不小心，或者搬运交换机时受到碰撞，或者电源不稳定等情况，都可能导致此类故障的发生。

当然上面提到的这三个模块都有外部接口，比较容易辨认，有的还可以通过模块上的指示灯来辨别故障，比如堆叠模块上有一个扁平的梯形端口，或者有的交换机上是一个类似于 USB 的接口。管理模块上有一个 Console 口，用于和网管计算机建立连接，方便管理。如果扩展模块是光纤连接的话，会有一对光纤接口。

在排除此类故障时，首先确保交换机及模块的电源正常供应，然后检查各个模块是否插在正确的位置上，最后检查连接模块的线缆是否正常。在连接管理模块时，还要考虑它是否采用规定的连接速率，是否有奇偶校验，是否有数据流控制等因素。连接扩展模块时，需要检查是否匹配通信模式，比如使用全双工模式还是半双工模式。当然，如果确认模块有故障，解决的方法只有一个，那就是应当立即更换。

4）背板故障。交换机的各个模块都是接插在背板上的。如果环境潮湿，电路板受潮短路，或者元器件因高温、雷击等因素而受损都会造成电路板不能正常工作，比如散热性能不好或环境温度太高导致交换机内温度升高，使元器件烧坏。

在外部电源正常供电的情况下，如果交换机的各个内部模块都不能正常工作，那就可能是背板坏了，遇到这种情况，唯一的办法就是更换背板。

5）线缆故障。其实这类故障从理论上讲，不属于交换机本身的故障，但在实际使用中，电缆故障经常导致交换机系统或端口不能正常工作，所以这里也把这类故障归入交换机硬件故障。比如接头接插不紧，线缆制作时顺序排列错误或者不规范，线缆连接时应该用交叉线却使用了直连线，光缆中的两根光纤交错连接，错误的线路连接导致网络环路等。

从上面的几种硬件故障来看，机房环境不佳极易导致各种硬件故障，所以在建设机房时，必须先做好防雷接地及供电电源、室内温度、室内湿度、防电磁干扰、防静电等环境的建设，为网络设备的正常工作提供良好的环境。

（2）交换机的软件故障是指系统及其配置上的故障。

1）系统错误。交换机系统是硬件和软件的结合体。在交换机内部有一个可刷新的只读存储器，它保存的是这台交换机所必需的软件系统。由于设计的原因，软件系统也会存在一些漏洞，在某些条件下会导致交换机满载、丢包、错包等情况的发生。所以交换机系统提供了诸如 Web、TFTP 等方式来下载并更新系统。当然在升级系统时，也有可能发生错误。

对于此类问题，需要经常浏览设备厂商网站，及时更新系统软件或者打补丁。

2）配置不当。管理员往往在配置交换机时会出现一些配置错误，如 VLAN 划分不正确导致网络不通，端口被错误地关闭，交换机和网卡的模式配置不匹配等。这类故障有时很难发现，需要一定的经验积累。如果不能确保用户的配置有问题，先恢复出厂默认配置，然后再一步一步地配置。最好在配置之前，先阅读说明书，这也是网管所要养成的习惯之一。每台交换机都有详细的安装手册、用户手册，深入到每类模块都有详细的讲解。

3）密码丢失。此类情况一般在人为遗忘或者交换机发生故障后导致数据丢失，才会发生。一旦忘记密码，都可以通过一定的操作步骤来恢复或者重置系统密码。有的比较简单，在交换机上按下一个按钮就可以了。而有的则需要通过一定的操作步骤才能解决。

4）外部因素。由于病毒或者黑客攻击等情况的存在，有可能某台主机向所连接的端口发送大量不符合封装规则的数据包，造成交换机处理器过分繁忙，致使数据包来不及转发，进而导致缓冲区溢出产生丢包现象。还有一种情况就是广播风暴，它不仅会占用大量的网络带宽，而且还将占用大量的 CPU 处理时间。网络如果长时间被大量广播数据包所占用，通信就无法正常进行，网络速度就会变慢或者瘫痪。

一块网卡或者一个端口发生故障，都有可能引发广播风暴。由于交换机只能分割冲突域，而不能分割广播域（在没有划分 VLAN 的情况下），所以当广播包的数量占到通信总量的 30% 时，网络的传输效率就会明显下降。

总的来说，软件故障应该比硬件故障较难查找，解决问题时需要较多的时间。最好在平时的工作中养成记录日志的习惯。每当发生故障时，及时做好故障现象记录、故障分析过程、故障解决方案、故障归类总结等工作，以积累自己的经验。

【思考与练习】

1. 交换机的硬件方面会发生哪些故障？如何进行判断和处理？

2. 交换机的软件类的故障有哪些？如何判断和处理？

模块 6　路由器故障处理（ZY3201503006）

【模块描述】本模块介绍了路由器故障的分析和处理。通过故障分析、处理方法介绍，掌握处理路由器常见故障的方法和技能。

【正文】

一、故障的性质及其危害

路由器发生的故障主要来源于设备自身的软硬件问题、运行环境的影响、人为操作不当以及黑客和网络病毒的攻击等。路由器处于网络互联的关键位置，一旦发生故障，企业内网与外网的连接将会中断，总部网络与分支机构之间不能互相正常访问，会严重影响企业网上业务的运转和对社会公众的服务。

二、路由器故障的处理

路由器的故障通常也分为硬件故障和软件故障两大类，硬件故障主要是板卡故障、端口故障和电源故障，软件故障主要是配置故障、系统故障和软件运行过程中产生的故障。

路由器的整机故障、端口故障和路由故障中既包含了硬件故障，也有软件类的故障。下面，我们以整机故障、端口故障和路由故障为例，来介绍路由器故障的处理方法。

1. 整机故障的处理

路由器整机故障通常表现为死机或性能严重下降。引起整机故障的主要原因有电源故障、关键硬件故障、环境温度过高或严重的软件错误。整机故障的排除步骤如下：

（1）通过观察路由器前后面板和控制模块上的指示灯，判断供电电源、硬件模块工作状态是否正常，观察温度是否正常、风扇运转是否正常、是否存在整体或局部过热。

（2）在网管系统上或登录该路由器，查看告警信息、分析运行日志，查找问题。

（3）使用 show process cpu 命令检查路由器的 CPU 是否过载。该命令将给出路由器 CPU 的利用率，同时显示不同进程的 CPU 占用率。通常情况下，在 5min 内 CPU 的平均利用率小于 60% 是可以接受的。如果怀疑 CPU 利用率出现了问题，则需要不断地监视这一参数，因为它可能在短时间内发生变化。最好每 10s 使用一次该命令。通过这种方法，可以清楚地了解 CPU 利用率的波动情况。如果 CPU 的平均利用率超过了 80%，则表明路由器过载需要进一步检测是哪一些进程导致了 CPU 利用率过高。

（4）使用 show memory 命令检查内存的使用情况。show memory 显示出路由器可用内存的一般信息以及每一个进程占用的内存的详细信息，判断路由器内存是否不足。

使用 show version 命令查看路由器硬件和软件版本的基本信息。show version 命令显示了路由器的许多非常有用的信息，包括 IOS 的版本、路由器持续运行的时间、最近一次重新启动的原因、各类存储器的容量、IOS 映象的文件名，以及路由器从何处启动等信息。如果路由器由于完全崩溃而重新启动，则相应的错误消息将包含在 show version 命令的输出中。

2. 端口故障的处理

端口故障表现为该端口所连接的链路不通。造成端口故障的主要原因有端口物理失效（损坏）、配置错误或运行过程中发生严重软件错误而被关闭。端口故障的排除步骤如下：

（1）查看该端口的指示灯显示是否正常。

（2）使用 show interface 命令查看端口的状态是否正常。显示信息中的 Ethernet 1/0 is up 表明物理层没问题；Line protocol is up 表明链路层没问题。如果端口被关闭，则使用 no shutdown 命令，看能否激活。

（3）使用 show interface ethernet 命令，查看以下关键信息来查找配置错误或软件问题：

1）BW、Dly、rely、load（带宽、延迟、可靠性和负载）。这些参数与 IGRP/EIGRP 标准有关。带宽和延迟的配置可以影响到路由选择。在工作正常的接口中，可靠性的值为 255。除非在十分繁忙的条件下，否则负载通常不应超过 150/255。

2）输出队列和输入队列中报文的数量，缺省长度分别为 40 和 75。监视输出队列的丢失报文数量。

3）每 1s 通过路由器接口的平均信息量（以字节为单位）以及报文数。这些参数的总量信息、路由器接口观测到的所有广播报文的数量也在命令的输出中显示。如果广播报文的数量增长非常迅速，尤其是如果相对于输入报文的数量非常高，则表明在局域网段中有广播风暴。由于某些特定的应用程序需要频繁使用广播报文，因此确定广播报文的数量阈值是很困难的。但是，如果广播报文的数量超过了整个输入报文的 30%，则需要使用局域网协议分析仪进一步检测网络。

4）Runts 是指大小小于最小值的报文。

5）Giants 指大小超过线路可以承受的最大报文大小的报文。以太网的 MTU 通常为 1500 字节，或者最大的封装数据为 1500 字节。

6）Input errors 指到达报文中检测到的错误，也可能表明网段本身发生了错误。

7）Output errors 指输出报文中的错误，它可能表明路由器接口本身发生了故障。

8）CRCs 由于报文不正确的以太网校验而检测到的循环冗余校验错误。它可能由于网段的噪声引起，或者由于网卡故障、报文冲突引发。CRC 的频率应是每 100000 个输入报文中发生一次。

9）Frame errors 指接收到的帧的类型与路由器以太网帧类型（IP 协议帧类型为 ARPA）不匹配。

10）Aborts 在碰撞检测中过度的重传而导致的问题。在以太网中，重传的最大次数不超过 15 次。

11）Dribble condition 指接收到的帧比 MTU 大，但不属于 Giants。

12）Babble 是指持续接收到可疑的帧。

13）Deferred 如果线路繁忙，报文在传输时将被延缓发送。

14）Interface resets 在检测到过多的错误时，路由器将重置接口。这些错误可能存在于局域网段中，也可能是接口本身的错误。在此不能够判断具体是哪儿发生故障，但是，如果伴随着大量的输出错误，则表明路由器接口本身发生故障。

3. 路由故障的处理

路由故障表现为找不到指向某一网络的路由、路由不可达或非最佳路由。造成路由故障的主要原因是路由协议配置错误或运行过程中发生软件错误。路由故障的排除步骤如下：

（1）Ping 目标网络，证实从源点到目标之间所有物理层、数据链路层和网络层是否都运行正常。

（2）使用 show protocol 命令查看路由器上运行的协议信息以及路由这些协议的每一个接口的地址信息。

（3）沿着从源到目标的路径，查看路由器路由表，同时检查路由器接口的 IP 地址。如果路由没有在路由表中出现，应该通过检查来确定是否已经输入适当的静态路由、默认路由或者动态路由。然后手工配置一些丢失的路由，或者排除一些动态路由选择过程的故障，包括 RIP 或者 IGRP 路由协议出现的故障。例如，对于 IGRP 路由选择信息只在同一自治系统号（AS）的系统之间交换数据，查看路由器配置的自治系统号的匹配情况。

（4）使用 Trace 命令查看路由器到目的地址的每一跳的信息。

（5）使用 Debug 命令，对路由协议的设置进行调试。

【思考与练习】

1. 路由器的常见故障有哪些？

2. 如何排查路由器的端口故障？

3. 造成路由故障的主要原因是什么？

第十六部分

SDH 调试与维护

第六十一章 SDH 设备的硬件系统

模块 1 SDH 设备的硬件结构（ZY3201601001）

【模块描述】本模块介绍了 SDH 设备的硬件组成，包含机柜的组成结构和安装方式以及 SDH 设备中的交叉、主控、线路、支路等单元模块作用。通过结构安装要点介绍、图表示意，熟悉 SDH 设备机柜结构以及 SDH 设备的硬件及各组成单元间的相互关系。

【正文】

SDH 硬件主要包括 SDH 机柜和 SDH 设备。

机柜是 SDH 设备的载体，具有对设备固定支撑和防护的功能。其中，防护又分为机械防护和电磁干扰防护。

一、机柜的组成结构及安装

（一）机柜的组成结构

一个 SDH 常规机柜包括内骨架、两个侧门、一个前门和一个后门。内骨架为整个机柜的支撑体，具有机柜定型和承重作用。机柜门用螺栓、旋轴安装在内骨架相应的孔位上，SDH 设备安装在内骨架的安装立柱上。

安装立柱上安装孔的水平间距常见的为 19 英寸或 21 英寸（1 英寸=2.54cm）。安装孔到机柜侧门之间还有一定的距离，通常作为预留的走线空间。设备安装的高度一般用 U 表示，1U=44.45mm。

机柜前门和后门一般是镂空的，用以增强空气流通性，利于设备散热。侧门一般为密闭结构。内骨架、机柜门用接地线进行连接，便于机柜整体接地。整个机柜接地后，在闭合状态可有效达到电磁屏蔽效果，保护柜体内设备不受外界电磁干扰，同时保证柜内设备不对其以外的设备进行电磁干扰。

（二）机柜的安装

机柜安装要求及标准应满足下列条件：

（1）规范施工。机柜安装位置应遵从设计要求，机柜标识应正确、清晰、齐全。

（2）固定牢固。槽钢安装一般采用拱丝安装，水泥地面一般采用膨胀螺栓固定方式，在防静电地板上一般采用专用安装支架固定方式。各紧固部分应牢固无松动，符合防震设计要求。安装支架、机柜间等各种连接螺丝及各部件安装螺丝都需要加平垫、弹垫并拧紧。如需绝缘，应增加相应的绝缘垫片。

（3）平整度好。机柜四个立面应该与水平面垂直，机柜顶部和底部平面要与同一水平面平行，整个机柜不扭曲。并柜安装时，相邻机柜应紧密靠拢，并用并柜组件进行固定连接，机柜间连接件应全部安装并紧固。

（4）绝缘、接地可靠。机柜需要可靠地连接机房接地排。同时，机柜在未连接接地排前，要与大地绝缘。接地电阻要符合相关规范，除接地线外，机柜无其他对地导通点。

二、SDH 设备硬件结构

SDH 设备种类繁多，但硬件结构大致相同，主要由子架和各种功能单元构成。有些低端设备采用一体化设计，将几个功能单元设计在一起，在这里不作描述，本模块以华为 OptiX OSN 3500 为例进行描述。

（一）SDH 设备子架介绍

OptiX OSN 3500 子架不含挂耳的尺寸为：722mm（高）×497mm（宽）×295mm（深），单个空

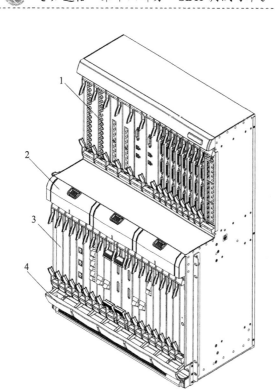

图 ZY3201601001-1　　OptiX OSN 3500 子架结构图

1—出线板区；2—风扇区；3—处理板区；4—走纤区

子架的质量为 23kg。

OptiX OSN 3500 子架采用双层子架结构，如图 ZY3201601001-1 所示，分为出线板区、风扇区、处理板区和走纤区。出线板区可以插各种出线板，如 2M 出线板、100Base_T 出线板等。风扇区安装风扇，用以在必要时对设备进行风冷散热。处理板区可以插各种功能处理板。走纤区作为尾纤的安装通道，可以对尾纤进行保护。

（二）SDH 设备组成单元介绍及单元间的相互关系

SDH 设备由功能单元组成，主要包括线路接口单元、支路接口单元、交叉连接单元、同步定时单元、系统控制与通信单元、辅助功能单元等。各功能单元具体作用见表 ZY3201601001-1。

各功能单元的相互关系如图 ZY3201601001-2 所示。

表 ZY3201601001-1　　　　　　　　SDH 功能单元的组成及作用

功能单元	功能单元作用
线路接口单元	在接收方向对 SDH 信号进行解复用成 VC4 级别，送入交叉连接单元；在发送方向将 VC4 信号复用成 STM-N 级别，送入光缆线路。同时还有上报光路故障告警等功能
支路接口单元	对业务信号进行映射、定位和复用成 VC 级别，以及逆过程的处理。具有对业务信号的保护功能，以及上报支路故障告警等功能。业务包括 PDH 业务、SDH 业务（主要指 STM-1 电信号）、以太网业务、ATM 业务等
交叉连接单元	完成业务的高低阶交叉连接功能
同步定时单元	为设备提供时钟功能
系统控制与通信单元	提供系统控制和通信功能，提供网管接口
辅助功能单元	实现电源的引入和防止设备受异常电源的干扰；处理 SDH 信号的开销；为设备提供风冷散热；为设备提供辅助接口

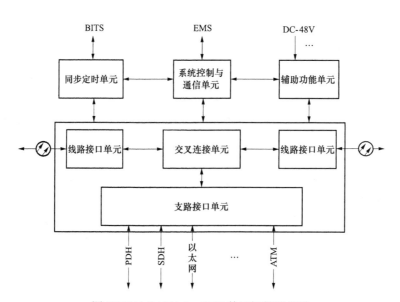

图 ZY3201601001-2　　SDH 单元间相互关系

【思考与练习】

1. SDH 系统机柜由哪几部分组成？
2. SDH 系统主要由哪些功能单元构成？

模块 2　SDH 设备板卡及其功能 (ZY3201601002)

【模块描述】本模块介绍了 SDH 设备组成板件及其功能描述，包含 SDH 设备主控板、交叉板、线路板、支路板等各组成板件作用及特性。通过常见类型介绍、图形示意，熟悉 SDH 设备各板件的功能及其相互关系。

【正文】

SDH 设备由子架和功能单元组成，功能单元由相应的板件组成。不同设备的板件设计不同，下面介绍常见的板件类型。

一、线路接口单元板件

线路接口单元由各种 SDH 光板、光放板和色散补偿板等板件组成，所以也称为 SDH 接口单元。

1. SDH 光板

SDH 光板在接收方向进行光/电转换，将 STM-N 的 SDH 光信号进行解复用成 VC4 级别，送入交叉连接单元，进行内部处理；在发送方向进行电/光转换，将 VC4 信号复用成 STM-N 级别的 SDH 光信号，送入光缆线路。同时，SDH 光板还有上报光路故障告警等功能。

SDH 光板的工作模式一般为单模，工作波长一般为 1310nm 或 1550nm。SDH 光板根据传输速率可以分为 STM-1、STM-4、STM-16 和 STM-64 4 种；根据光口的数量可以分为单光口光板和多光口光板；根据传输距离可分为局间（I 口）光板、短距（S 口）光板、长距（L 口）光板。

2. 光放板

光放板用于提升发光的光功率和接收灵敏度，配合 SDH 光板进行长距离传输时使用。光放板根据安装在光板的发端、收端和中间，分别称为功放（BA）、预放/前放（PA）和线放（LA）。

3. 色散补偿板

色散补偿板用于抵消色散效应，配合 SDH 光板进行长距离传输时使用。色散补偿板分为不可调色散量色散补偿板和可调色散量色散补偿板，常见的是使用色散补偿光纤技术实现的不可调色散量色散补偿板。

二、支路接口单元板件

支路接口单元由各种 PDH 业务板、SDH 业务板、以太网业务板、ATM 业务板等组成。

1. PDH 业务板

PDH 业务板对 PDH 的信号（E1/T1、E3/T3…）进行映射、定位和复用成 VC12、VC3、VC4 级别，送入交叉连接单进行交叉处理，以及逆过程的处理。PDH 业务板具有对 PDH 业务信号的保护功能，以及上报 PDH 支路故障告警等功能。

PDH 业务板的保护一般采用 1：N 业务保护倒换（TPS）来实现。其工作原理是用保护槽位上的一块业务板来保护工作槽位上的 N 个业务板，当某个工作槽位上的业务板故障，保护槽位上的业务板立即介入进行替代工作，达到保护支路板的作用，如图 ZY3201601002-1 所示。

PDH 业务板一般由 PDH 处理板、PDH 接线板、PDH 保护倒换板组成，也可能这三块板件集成为一块板件。处理板进行业务处理（如映射、定位和复用等）。接线板不进行信号的处理，仅仅对信号进行传递和转接。保护倒换板配合处理板和接线板进行 TPS 保护。

PDH 业务板中，2M 业务板的阻抗分为 75Ω 非平衡式和 120Ω 平衡式两种。

2. SDH 业务板

SDH 业务板一般特指处理 STM-1 电信号的 SDH 业务板。SDH 业务板对 STM-1 电信号的 SDH 业务进行映射、定位和复用成 VC4 级别，送入交叉连接单进行交叉处理，以及逆过程的处理。SDH 业务板具有对 SDH 业务信号的 TPS 保护功能，以及上报 SDH 支路故障告警等功能。

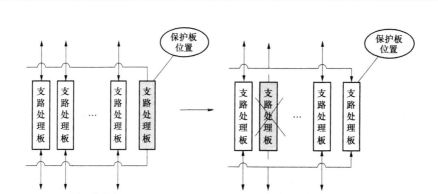

图 ZY3201601002-1　1:*N* 业务保护倒换（TPS）示意图

SDH 业务板一般由 SDH 处理板、SDH 接线板、SDH 保护倒换板组成，也可能这三块板件集成为一块板件。处理板进行业务处理（如映射、定位和复用等）。接线板不进行信号的处理，仅仅对信号进行传递和转接。保护倒换板配合处理板和接线板，进行 TPS 保护。

3. 以太网业务板

以太网业务板对以太网的信号（10Base_T/100Base_T/1000Base_T，电口/光口等）进行以太网处理，并映射、定位和复用成 VC12/VC4 级别，送入交叉连接单元进行交叉处理，以及逆过程的处理。以太网业务板具有对以太网业务信号的 TPS 保护功能，以及上报以太网支路故障告警等功能。

以太网业务板一般由以太网处理板、以太网接线板、以太网保护倒换板组成，也可能这三块板件集成为一块板件。处理板进行业务处理（如映射、定位和复用等）。接线板不进行信号的处理，仅仅对信号进行传递和转接。保护倒换板配合处理板和接线板，进行 TPS 保护。

以太网单板根据支持的功能和协议，可以分为透传以太网板、二层交换以太网板和以太环网板等；根据速率可以分为百兆以太网板、千兆以太网板、万兆以太网板等；根据接口类型可以分为电口以太网板、多模光口以太网板、单模光口以太网板等。

4. ATM 业务板

ATM 业务板目前使用得较少，目前 SDH 设备主要支持 155Mbit/s 和 622Mbit/s 两种 ATM 光板，在本模块不展开描述。

三、交叉连接单元板件

交叉连接单元由交叉板组成，作用是对线路板和支路板送过来的 VC 信号进行高低阶交叉连接，从而实现业务的连通与调度功能。

交叉板是 SDH 设备的关键板件之一，一般情况下，设备均支持交叉板的"1+1"热保护，就是一台设备上同时插两块交叉板，一主一备。当主用交叉板故障后，备用交叉板立即启动代替主用交叉板工作，从而达到不间断运行的目的。

交叉板的交叉功能分为高阶交叉和低阶交叉，分别表示对 VC4 和 VC12 的交叉连接能力（VC3 的交叉使用较少）。

交叉板的最主要技术指标是交叉能力，一般用 G 或 VC 表示，比如"高阶 200G，低阶 20G"，和"高阶 1280×1280VC4，低阶 8064×8064VC12"的描述是同一个意思。

四、同步定时单元板件

同步定时单元由时钟板组成，作用是从外接时钟提取时钟信息，自身晶体时钟提供时钟同步信息，提供给其他设备时钟同步信息，以及这些时钟同步信息的处理。

时钟板是 SDH 设备的关键板件之一，一般设备均支持"1+1"热保护。

五、系统控制与通信单元板件

系统控制与通信单元由主控板组成，作用是提供系统控制和通信功能，同时提供网管接口功能。

主控板对于 SDH 设备来说，不属于关键板件，只有在网管需要下发配置和读取网元相关信息的时候，主控板才起作用。如果主控板故障，不会影响 SDH 网络业务的运行，所以一般无需配置"1+1"热保护。

六、辅助功能单元板件

辅助功能单元主要由电源板、开销板、辅助接口板、风扇等板件组成。

电源板实现电源的引入和防止设备受异常电源的干扰功能，属于关键板件，一般设备均支持"1＋1"热保护。

开销板作用是利用闲置开销字节实现一些辅助功能，不属于关键板件，一般无需配置"1＋1"热保护。

辅助接口板作用是为设备提供辅助接口，不属于关键板件，一般无需配置"1＋1"热保护。

风扇的作用是在需要的时候，对 SDH 设备进行风冷降温。

【思考与练习】

1. SDH 线路单元板件有哪些板件？

2. 时钟板是否为关键板件？

3. 如果支路接口单元板件采用"1＋1"的热保护缺点是什么？

模块 3　SDH 设备板卡配置（ZY3201601003）

【模块描述】 本模块介绍了 SDH 设备各种板卡配置方法，包含主控板、交叉板、时钟板、线路板、支路板、电源板等板卡配置方法。通过配置示例介绍、界面窗口示意，掌握网络开局时 SDH 各种板卡配置的方法。

【正文】

SDH 设备硬件安装后，还需要通过网管系统进行一定的软件配置。SDH 设备的软件配置大致可以分为板卡配置、业务配置和辅助功能配置。板卡配置主要作用是让板卡软件正确地运行，做好传递业务的准备。业务配置是根据业务需求在网络中进行相应的业务传送的软件设置。辅助功能配置是为了保障业务正确传送或网络更好运行而进行的其他软件设置，如时钟同步设置、公务电话设置、网管通道设置等。

常见 SDH 设备的板卡配置主要有两个步骤：单板就位操作和单板开工操作。单板就位操作就是在网管侧将设备上的板卡进行正确的加载，使网管侧和设备侧数据一致，为下一步在网管上进行软件设置操作做好准备。单板就位操作完成后，安装好的板卡即处于在位状态。单板开工操作就是对相应的板卡的单板软件进行启动，完成板卡的自检。单板开工操作结束后，板卡配置即完成，可以进行业务配置和辅助功能配置。需要说明的是，不同设备、不同板件的板卡配置过程是不同的，比如有些单板安装加电后，就自动开工，无需人工设置。

下面以华为 OptiX OSN 3500 为例对 SDH 的单板设置进行描述。

一、主控板配置

网管系统通过连接网络中某个网元的主控板进行全网的管理，要使用网管系统对 SDH 设备进行软件设置，首先必须对主控板进行正确的软件设置。除了主控板必须先进行软件配置外，其余板卡的配置顺序没有明确要求。

OptiX OSN 3500 的主控板经过正确的硬件安装并加电后，默认就位，同时主控板软件自动运行完成开工操作。主控板的软件开始运行后，就可以通过网管登录到网元对其他板卡的进行配置了。

二、交叉板配置

第 1 步：单板就位操作。首先，在 T2000 网管主视图上双击网元打开板位图，在第 9 槽位单击鼠标右键弹出快捷菜单，菜单显示的单板类型为此槽位能添加安装的单板，选择"添加 GXCSA"命令，如图 ZY3201601003-1 所示。

如果错误地选择了不同类型的交叉板，网管会报单板类型错误的提示。

操作完成后，交叉板未开工时在网管上对应槽位显示蓝色，表示单板就位操作完成。

第 2 步：单板开工操作。单板就位操作完成后，GXCS 交叉板自动进行单板开工操作。通过双击网元打开板位图查看单板在板位图上是否显示变为绿色，可以确认 GXCS 交叉板单板是否开工。

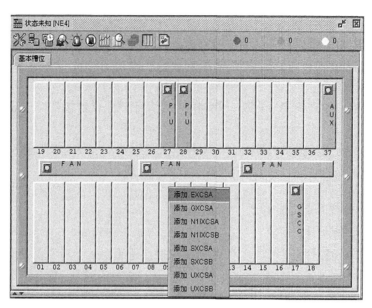

图 ZY3201601003-1　添加 GXCSA 单板

三、时钟板配置

华为设备的时钟板基本上都是集成在交叉板上的，交叉板开工后，时钟板也同时开工，所以在网管不需要进行专门的配置操作。

当使用独立时钟板的设备时，其配置方式与交叉板的配置方式一致。

四、电源板、风扇、辅助接口板等板卡配置

单板正确硬件安装并加电运行后，电源板、风扇、辅助接口板自动就位并开工，不需在网管上进行任何配置操作。

五、线路板配置

以 Optix OSN 3500 在 8 槽位安装一块 N1SL16 为例，板卡配置步骤如下：

第 1 步：单板就位操作。首先，在 T2000 网管主视图上双击网元打开板位图，在第 8 槽位右击弹出快捷菜单，选择"添加 N1SL16"命令，如图 ZY3201601003-2 所示。

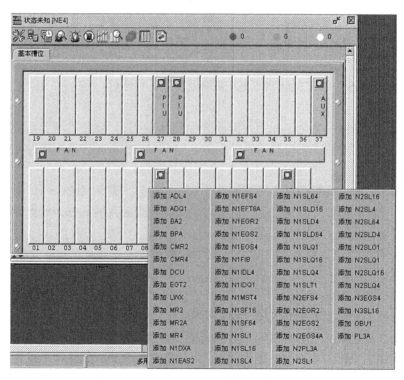

图 ZY3201601003-2　添加 N1SL16 单板

操作完成后，N1SL16 板在网管上对应槽位是蓝色的，单板就位操作完成。

第 2 步：单板开工操作。单板就位操作完成后，N1SL16 线路板软件自动运行，完成自检和开工操作。通过双击网元打开板位图查看单板在板位图上是否显示是绿色的，可以确认 N1SL16 单板是否开工。如果此单板未收到对端光板发送的光信号，单板开工后单板会上报 R-LOS（光信号丢失）紧急告警。

六、支路板配置

支路板的配置方法与线路板配置方式基本一致，但支路板开工后不会产生告警。

【思考与练习】

1. SDH 设备的板卡配置两个步骤分别是什么？

2. 请按照本节描述进行一台 SDH 设备的板卡设置。

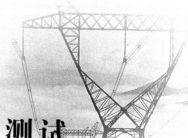

第六十二章 光端机指标测试

模块 1 SDH 设备光接口光功率测试（ZY3201602001）

【模块描述】 本模块介绍了光接口光功率指标的测试，包含光接口收、发光功率的测试步骤及测试仪表使用方法。通过要点介绍、图形示意，熟悉 SDH 设备光功率的测试方法。

【正文】

光功率是指光的强度，是光传输设备中光板的重要指标之一。SDH 设备光板上的光口由发送机和接收机组成，发光功率是发送机的指标，接收灵敏度、过载光功率是接收机的指标。收光功率是工程的一个重要的实测值，不属于指标范畴。光功率和所发送的数据信号中"1"占的比例有关，"1"越多，光功率也就越大。当发送伪随机信号时，"1"和"0"大致各占一半，这时测试得到的功率就是平均发送光功率。

光功率测试一般使用光功率计等专用仪器进行测试。现在也有些 SDH 设备的光板支持在线检测光功率功能，这样可以使用网管查看光功率数值而无需中断业务。下面主要描述用光功率计测试的方法、注意事项等。

一、测试目的

通过光接口的收、发光功率测试，可以检测光板、光缆的故障情况。结合光接收灵敏度的数值，可以计算光板传送距离。

二、危险点分析及控制措施

1. 尽量避免中断网上的业务

用光功率计测试收、发光功率时，需中断光路，若网络没有配置环网保护会引起业务中断。建议选择在业务量较少时进行测试，或办理停役手续后进行测试。

2. 防止灼伤人眼及皮肤

有些光模块发光功率很强，在测量光功率时，应避免眼睛直视发光器件或长时间照射皮肤，否则很容易将眼睛和皮肤灼伤。对于测量发光不强的短距光模块也应避免此类问题。

3. 避免光功率计损坏

所测量光接口的收、发光功率如果超过光功率计的最大量程，就有可能损坏光功率计。因此，测量前需先根据光板型号及经过的光缆距离估计光功率大小，若可能超出光功率计的最大量程，则需加入一定光衰耗器再进行测量。

4. 测试结束后恢复光路连接应可靠

测试完成后要对相应的光接口、尾纤头擦拭除尘后再插入设备光板，并可靠连接，否则容易造成衰减过大，严重时会造成光路不通，导致业务中断。

三、测试前准备工作

（1）被测试设备需要完成硬件安装并加电运行、单站调试。

（2）准备好光功率计和测试用尾纤。

（3）准备好记录表，准备进行测试并随时记录测试结果。

四、测试的步骤及要求

要测试光接口收、发光功率，首先要了解光传输的系统连接模型，如图 ZY3201602001-1 所示，光接口的发光功率指的是 S 点的光强度，收光功率指的是 R 点的光强度。

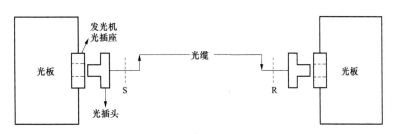

图 ZY3201602001-1　光传输系统光板单向连接示意图

以用光功率计测试发光功率为例，就是要通过光功率计测试 S 点的光强度，测试的系统连接图如图 ZY3201602001-2 所示。

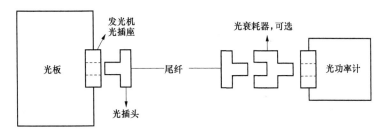

图 ZY3201602001-2　用光功率计测试发光功率示意图

测试的步骤如下：

（1）查询被测光板厂家标称发光功率及工作波长。

（2）查看光功率计最大量程，比较光板标称发光功率是否在量程内，若超出了光功率计的量程，则在接入光功率计前需加入相应的光衰耗器。

（3）将光板发光机光插座接口经测试用尾纤引出后接入光功率计，设置光功率计的波长参数与光模块工作波长一致，待输出功率数值稳定后，读出发送光功率。

（4）如增加了光衰耗器，则光功率计的读出数值加上光衰耗器的衰耗值即为光口的发光功率。

（5）恢复原来光纤连接关系。

（6）填写测试报告，完成测试工作。

用光功率计测试收光功率和测试发光功率的不同之处是测试的位置位于 R 点。选择合适的光功率计时，需要估算光缆通道产生的衰耗，其他的步骤和测试发光功率相同。

五、测试结果分析及测试报告的编写

测试出发光功率后，需要和设备厂家标称发光功率值进行对比，如果相差较大，可能是板件已经损坏或即将损坏，需要考虑维修或更换光板。定期测试发光功率数值，根据其数值的变化可以预见光板的老化程度。

测试出收光功率后，需要和设备厂家标称的接收灵敏度值进行对比，如果富裕度不够，需要考虑减少光缆通道的衰耗或更换长距光板、光放。测试出收光功率还需要和设备厂家标称的过载点进行对比，如果已经接近甚至超过厂家标称的过载点，必须要在收端增加相应的光衰耗器，否则会导致收光侧光板损坏。接收灵敏度的知识可参见模块 ZY3201602002（SDH 设备接收灵敏度测试）。

测试出发光功率、收光功率后，两者的差值即为整个光缆通道的衰耗值，此数值如果和光缆厂家提供的衰耗值差别较大，说明光缆通道有故障，需要对光缆进行进一步的检测以排除故障。定期测试发光功率、收光功率数值，其差值的变化还可以预见光缆的老化程度。

编写测试报告的形式可以灵活设定，但内容应包含测试设备板件信息、测试时间、测试人员、测试模型示意图、光板工作波长、测试结果、测试结论等内容。

六、测试注意事项

（1）在连接光功率计之前应该检查光板光接口、光功率计光接口以及测试用尾纤接头是否清洁，必要时用专用擦纤纸或酒精棉擦拭，擦完后等酒精干后再连接，否则会引入较大衰耗导致测试得出的光功率偏低；

（2）光功率计到光板的尾纤连接要牢靠，如松动会引入较大衰耗导致测试得出的光功率偏低；

（3）光功率计的波长参数设置一定要与光模块工作波长一致，否则会影响测试结果的准确性；

（4）测试用尾纤在使用之前要测量其准确衰耗值，衰耗过大将导致测试得出的光功率偏低，需要增加尾纤带来的衰耗值对测试结果进行修正；

（5）ITU-T 规范的 S 点是位于尾纤的光插头之后，R 点是位于尾纤的光插头之前，这种方法测量得出的发送光功率数值还受到从 S 点到光功率计之间的插头带来的衰耗值影响。一般一个插头会带来 0.5dB 左右的衰耗，如果增加多个光衰耗器的情况下，就需要增加插头带来的衰耗值对测试结果进行修正。

【思考与练习】

1. SDH 光模块发光功率测试为什么能够预见光板的老化程度？

2. SDH 光接口光功率测试危险点有哪些？

3. SDH 光接口光功率测试报告应包含哪些项目？

模块 2　SDH 设备接收灵敏度测试（ZY3201602002）

【模块描述】本模块介绍了光接收灵敏度指标的测试，包含光接口收光灵敏度的测试步骤及测试仪表使用方法。通过要点介绍、图形示意，熟悉 SDH 设备收光灵敏度的测试方法。

【正文】

接收灵敏度是接收机在达到规定的比特差错率所能接收到的最低平均光功率，是光传输设备中光板的重要指标之一。接收灵敏度测试只能使用专用仪器进行测试。

一、测试目的

通过光板的接收灵敏度测试，可以检测光板的故障情况，同时在进行光路连接时可避免因光功率过小而导致光板无法工作。结合发光功率数值，可以计算光板传送距离。

二、危险点分析及控制措施

1. 尽量避免中断网上的业务

测试接收灵敏度时，需中断光路并配置测试业务，若网络没有配置环网保护会引起业务中断。建议选择在业务量较少时进行测试，或办理停役手续后进行测试。

2. 防止灼伤人眼及皮肤

有些光模块发光功率很强，在测量接收灵敏度时，应避免眼睛直视发光器件或长时间照射皮肤，否则很容易将眼睛和皮肤灼伤。对于测量发光不强的短距光模块也应避免此类问题。

3. 避免测试仪器、光板的损坏

测量接收灵敏度时，SDH 光板的发光需要经过可变衰耗器接入光功率计和光板的接收口，需要注意经过衰耗的光功率不能超过光功率计的最大量程和光板的光功率过载点，否则可能损坏光功率计和光板。特别是长距光板，如果在连接时可变衰耗器没有进行足够衰耗，环回接入光板接收端时极易造成光板损坏，要特别注意。因此，测量前需先根据光板型号的标称发光功率，选择合适的可变衰耗器并调整到合适的衰耗度，才能插入光板接收端。

4. 测试结束后恢复光路连接应可靠

测试完成后要对相应的光接口、尾纤头擦拭除尘后再插入设备光板，并可靠连接，否则容易造成衰减过大，严重时会造成光路不通，导致业务中断。

三、测试前准备工作

（1）被测试设备需要完成硬件安装并加电运行、单站调试；

（2）准备好光功率计、SDH 测试仪或 2M 误码仪、可变衰耗器、活结头（法兰盘）和测试用尾纤；

（3）准备好记录表，准备进行测试并随时记录测试结果。

四、测试的步骤及要求

接收灵敏度的测试方法较多，比如用 SDH 测试仪直接测试，或用 2M 误码仪直接测量，或者用外推法测量。外推法测量是进行一系列的测试（测试不同的比特差错率和相应的最低平均光功率）并用坐标图进行推算。这里介绍用 SDH 测试仪直接测试的方法，系统连接图如图 ZY3201602002-1 所示。

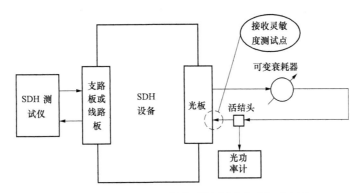

图 ZY3201602002-1　接收灵敏度测试系统示意图

测试的步骤如下：

（1）查询被测厂家标称的光口发光功率、接收灵敏度及工作波长。

（2）按照图 ZY3201602002-1，调整好可变衰耗器的衰耗度，按照活结头连接光板的方式接好仪表和线缆。

（3）将 SDH 业务配置成 SDH 测试仪发出并通过光板环回后再进入 SDH 测试仪。

（4）调节可变衰耗器的衰耗，使 SDH 测试仪处于无误码状态。

（5）缓慢增加可变衰耗器的衰耗，同时观察 SDH 测试仪误码情况，直至误码率为 1E-10 为止。由于配置的测试业务速率不同，为了达到误码为 1E-10，观察时间的长短也不同。比如 140Mbit/s 业务，观察的时间约为 719s，如果是 2.5Gbit/s，约为 1min。

（6）将活结头接入光功率计，读出光功率数值，此数值即为接收灵敏度。

（7）恢复原来网络连接关系，并删除测试的业务。

（8）填写测试报告，完成测试工作。

五、测试结果分析及测试报告的编写

测试出接收灵敏度后，需要和设备厂家标称接收灵敏度值进行对比，如果相差较大，可能是板件已经损坏或即将损坏，需要考虑维修或更换光板。另外，测试出接收灵敏度后还需要和对端光板发过来的收光功率值进行对比，如果富裕度不够，需要考虑减少光缆通道的衰耗或更换长距光板、光放。收光功率的知识可参见模块 ZY3201602001（SDH 设备光接口光功率测试）。

编写测试报告的形式可以灵活设定，但内容应包含测试设备板件信息、测试时间、测试人员、测试模型示意图、光板工作波长、测试结果、测试结论等内容。

六、测试注意事项

（1）在连接光功率计之前，应检查光板光接口、光功率计光接口以及测试用尾纤接头是否清洁，必要时用专用擦纤纸或酒精棉擦拭，擦完后等酒精干后再连接，否则会引入较大衰耗，影响测试结果。

（2）拆掉光板接收端的连接并接入光功率计时，注意不要触动可变衰耗器的连接，同时保证接入光功率计时要连接可靠，否则会影响测试结果。

（3）观察 SDH 测试仪测试的误码达到 1E-10 时，需要观察相应的时间，否则会影响测试结果。

（4）注意不同速率的接收灵敏度规定的比特差错率是不同的，STM-1、STM-4 和 STM-16 比特差错率一般取 1E-10，STM-64 比特差错率一般取 1E-12。

（5）由于这种测试方法要调整到比特差错率正好是 1E-10 或 1E-12，这样用低速业务作为测试业

务时，观察的时间较长。所以工程中通常调整到开始有误码的时候，就将读出的数值作为大约的接收灵敏度。这时也可以用 2M 误码仪代替昂贵的 SDH 测试仪进行测试。

【思考与练习】

1. 接收灵敏度的含义是什么？

2. 进行接收灵敏度测试时有哪些注意事项？

3. 画出用 2M 误码测试进行接收灵敏度测试的系统连线图。

第六十三章 SDH 告 警

模块 1 查看 SDH 告警信息（ZY3201603001）

【模块描述】 本模块介绍了 SDH 网络中常见告警及相互抑制关系，包含告警产生的原因及引起网络故障现象。通过要点介绍、界面窗口示意，掌握通过网管或查看现场设备获知告警信息分析告警类型的方法。

【正文】

SDH 网络在运行过程中，由于环境、人为因素等原因，会出现各种各样的故障。为了及时发现这些问题，SDH 帧结构中加入了大量的维护字节，可对 SDH 网络的运行状况进行层层监控。对 SDH 告警的定期查询及分析可掌握网络运行情况，对网络是否安全作出判断。

SDH 设备具有自动上报故障告警信息的功能，网管会及时收到 SDH 设备上报的告警信息。通过对告警信息的分析，SDH 设备能及时发现并定位网络上存在的问题，排除故障，规避可能出现的严重网络风险。

一、SDH 告警查询的方法

SDH 告警信息一般可以在设备上或网管上进行查看或查询。设备上一般用单板指示灯指示是否有告警，比如用指示灯闪烁频率或颜色变化来显示正常状态或故障状态。如果 SDH 设备产生了告警，还可以通过蜂鸣器、机柜指示灯提示现场工程维护人员设备有告警产生，需尽快处理。受制于指示灯显示模式数量较少，通过设备查看 SDH 告警只能了解到是否有告警以及告警的级别，详细的告警信息需要在网管上进行查询。使用网管查询 SDH 告警信息，可以查询到全网所有 SDH 设备的各种告警，告警信息包括告警种类、告警位置、告警数量、告警产生的时间等。网管通过配置相应的设备可以发出声光报警信号进行提示。

SDH 告警一般分为三类：紧急告警、主要告警和次要告警（一般告警）。告警信息可以根据需要自行定义其级别，通常分类如下：紧急告警是指 SDH 网络产生了已影响到网络安全、大面积业务中断的故障，如光信号接收失败、网元通信故障等。主要告警是指部分业务中断或受保护的业务发生了倒换的故障告警。主要告警可能是由于某块业务单板故障或某条业务配置错误引起的，只对部分业务产生影响，如时钟源丢失、2M 板不在位故障、2M 信号接收失败、2M 业务倒换和 2M 业务配置错误等。次要告警是指可能即将引起业务中断的一些故障告警，如字节失配、误码越限和时钟源劣化等。

二、SDH 告警查询的一般步骤

由于在设备上只能查看有限的 SDH 告警信息，因此本模块以下内容主要描述在网管上进行告警查询的方法、步骤等。

在 SDH 网络中，高级别的告警通常会关联引发低级别的告警，或者传递给相邻网元引发相邻网元产生告警，导致在网管上查询告警时，往往会面对种类、数量庞大的告警信息，使得告警分析和故障定位无从下手。这时候可以通过合适的查询步骤，尽快实现告警分析和故障定位，同时也不会遗漏某些危险告警。某些网络级/子网级 SDH 网管可以支持各种告警信息进行自动的相关分析并过滤处理，可以大大减少人工处理时间。SDH 告警查询的步骤可以根据实际需要进行灵活调整，下面描述的是常见的告警查询步骤：

（1）对全网告警进行核对，确保网管上显示内容与 SDH 设备上产生的告警相一致。

（2）查询紧急告警。通过故障处理，直至消除所有的紧急告警。如果某个紧急告警不是由于网络不正常而产生的，比如光板的某个光口没有使用而引起的紧急告警，这种紧急告警可以不用处理或进行屏蔽。

（3）对全网告警进行再次核对后，查询主要告警。通过故障处理，直至消除所有的主要告警。同样，也可以忽略或屏蔽某些不是由于网络不正常而产生的主要告警。若有网络倒换提示告警，应尽快处理。虽然网络倒换时并不引起业务中断，但表明已有故障产生，而且网络的安全级别已经下降。

（4）对全网告警进行再次核对后，查询次要告警。通过故障处理，直至消除所有的次要告警。同样，也可以忽略或屏蔽某些不是由于网络不正常而产生的次要告警。次要告警虽然不影响业务的传送，但次要告警往往预示着网络已经产生故障，并可能随时产生可以中断业务的故障。

三、华为 SDH 设备常见告警及告警抑制关系

SDH 设备的告警信息种类非常多，各厂家定义的告警名称也略有不同。以华为公司命名为例，常见告警有单板不在位、光信号接收失败、光信号帧失步、2M 信号接收失败、2M 业务配置错误、以太网信号接收失败、倒换告警、字节失配、时钟源丢失、时钟源劣化等，下面逐一进行描述。

1. "BD_STATUS" 单板不在位

表示设备没有识别到本单板，为主要告警。产生此告警的常见原因为单板未插、单板故障、单板与母板之间通信故障或单板正在复位重启中。BD_STATUS 产生后，将影响本板上所有业务，一般可能产生 PS、TU-AIS 等关联告警。

2. "R-10S" 光信号接收失败

表示光板的接收机没有收到可识别的光信号，为紧急告警。产生此告警的常见原因为本端接收机故障、尾纤或光缆中断、对端发送机故障、线路光衰耗大导致收光功率低于接收机的接收灵敏度。R-10S 产生后，对应的光缆通道将会失效，一般还会关联引发 PS、TU-AIS、LTI 等关联告警。

3. "R-10F" 光信号帧失步

表示光板的接收机连续 5 帧未收到可识别的光信号，为紧急告警。产生此告警的常见原因为光信号处于接收失败的前期阶段，或收光功率接近或超过接收机的临界值（接收灵敏度、过载点等）。R-10F 产生后，对应的光缆通道将会失效或不稳定，一般情况会关联引发 PS、TU-AIS、LTI 等关联告警。

4. "T-ALOS" 2M 信号接收失败

表示 2M 接口没有检测到对端设备送来的信号，为主要告警。2M 接口一般与对端的 PCM 设备、SDH 设备、程控交换机、路由器等相连，产生此告警的常见原因有 2M 板未接对端设备、用户侧设备无信号发出、对接线缆中断或 2M 板故障。T-ALOS 产生后，对应的 2M 通道将会失效，一般无关联告警产生。

5. "TU-AIS" 2M 业务配置错误

表示在配置过程中出现时隙没有对应或业务路由不完整现象（有收无发或有发无收等），为主要告警。产生此告警的常见原因为配置时隙没有对应、2M 板故障、交叉板故障。TU-AIS 产生后，对应的 2M 通道将会失效，一般情况会关联引发 PS 告警。

6. "ETH-10S" 以太网信号接收失败

表示以太网接口没有收到对接设备发送过来的以太网信号，为紧急告警。SDH 以太网接口一般与交换机、路由器等网络设备的接口相连，产生此告警的常见原因为用户侧设备无信号发出、对接线缆中断或 SDH 设备以太网口故障。ETH-10S 产生后，对应的以太网通道将会失效，一般无关联告警产生。

7. "PS" 倒换告警

此告警表示业务通道发生了保护倒换或热备份板件发生了主备用切换，为主要告警。产生此告警的常见原因为设保护的网络光板/光路中断、主用板件故障、主用时隙配置错误等。PS 产生后，业务暂时不受影响，一般无关联告警产生。

8. "J0-MM" J0 字节失配、"HP-TIM" J1 字节失配、"HP-SLM" C2 字节失配

表示两端 SDH 设备所收到 J0、J1、C2 标识字节不一致，为次要告警。产生此告警的常见原因为对端与本端设置的标识字节不一致。由于 J0、J1、C2 仅仅为标识字节，不同厂家对此告警处理也有不同：有的会中断会业务，有的不影响任何业务。字节失配告警产生后，一般无关联告警产生。

9. "LTI" 跟踪时钟源丢失

表示设备提取不到应跟踪的时钟基准源，为主要告警。产生此告警的常见原因为被跟踪时钟源故障、光缆中断、时钟跟踪方向配置错误、时钟跟踪方向链路故障等。一般 SDH 设备会设置时钟保护，

所以LTI出现后业务暂时不受影响。如果时钟源丢失后，SDH设备的时钟劣化严重，则会影响业务的质量，甚至导致业务失效。LTI一般无关联告警产生。

10. "SYNC-BAD" 时钟源劣化

表示SDH设备的时钟由高级别切换到了低级别，为次要告警。产生此告警的常见原因为时钟进行了保护倒换，跟踪了低级别的时钟源。PS产生后，业务不受影响或业务质量下降，一般无关联告警产生。

一般情况下，高级别告警的产生往往会关联引发低级别的告警，低级别告警则不会关联引发高级别告警。例如发生了光缆中断故障，设备会上报R-10S告警，伴随着也会关联引发LTI和SYNC-BAD告警。同时，处于保护配置状态的业务类型会关联引发PS告警信息，而没有保护配置的业务因为此时业务的双向路径变得不完整而关联引发TU-AIS告警、字节适配告警等相关告警。由于告警的这些抑制关系，所以对SDH网络产生的告警信息应综合分析，优先解决高级别的告警，再处理低级别告警。

四、危险点分析

查看告警属于查询类操作，仅仅是提取网元上的告警信息以显示到网管上来，不会对设备造成任何影响，也不会改变业务配置，所以不存在危险操作。但需注意以下情况：

1. 告警时间要保证准确

告警产生时间提取的是网元本身的时间，所以要将所有网元的时间设置为和实际时间一致，这样当有告警上报时才能反映出实际的故障时间，有利于分析处理。

2. 告警确认、删除要慎重

当有告警产生时，表明网络出现了问题，若没有找出故障原因，不允许对告警进行确认或删除操作，否则将为处理故障带来不便。建议将维护人员的操作权限进行分级，平时监控网管的值班人员给予低权限，使之只有查看权利而没有删除权利。

五、SDH告警查询应用

下面以华为设备和网管为例，进行查询SDH设备告警操作。华为的T2000网管支持全网、单台设备、单个板件三个范围的告警查询，操作如下所示。

（一）查询全网告警信息

（1）首先同步全网告警，在主视图中的"故障"菜单栏中选择"同步全网告警"命令，如图ZY3201603001-1所示。

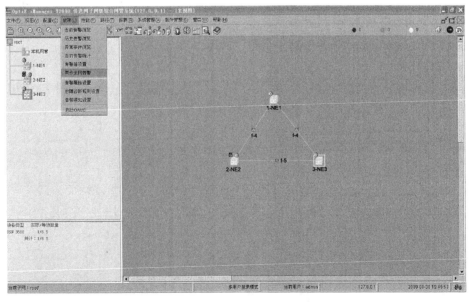

图 ZY3201603001-1 同步全网的告警信息

（2）当出现的"操作进度"对话框中进度条达到100%后会出现"操作结果"对话框。如果提示操作成功则单击［关闭］按钮即可。若提示操作失败，可单击［详细信息］按钮查看出现什么错误，排除故障后再次进行步骤1的操作。

（3）在主视图中的"故障"菜单栏中选择 "当前告警浏览"命令，即可查询全网所有告警。

（4）在出现的告警列表中点选某条告警，在视图中部就会出现相应的文字提示，在视图最下部也可进行相应的［同步］、［核对］、［确认］、［删除］等操作。其中，"同步"表示重新查询全网所有的告警并在网管上显示出来；"核对"表示将网管上选中的告警与相应的设备上的告警重新对比，并将网管上的告警按照网元上的实际告警进行刷新；"确认"表示操作人员已看到该告警，如果该告警已经结束，则该告警会在视图中消失，进入历史告警库；"删除"表示在网管上删除该告警，但设备上此告警信息依然存在。

（二）查询单个网元的告警信息

（1）在主视图中右键单击某网元，在出现的下拉菜单中单击"同步当前告警"命令，如图ZY3201603001-2所示，进行告警同步操作。

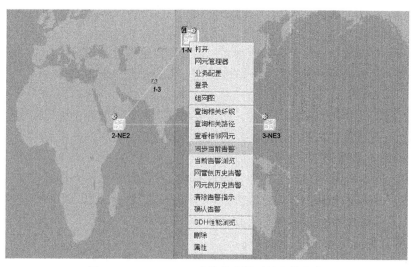

图 ZY3201603001-2　查询单个网元的告警信息

（2）告警同步顺利完成后，右键单击该网元，在出现的下拉菜单中单击"当前告警浏览"命令，查询此网元所有告警。

（3）选中某条告警，在视图中部的"告警的详细信息"和"告警原因"窗口中会对告警信息和产生原因进行说明，在视图最下部也可进行相应的［同步］、［核对］、［确认］、［删除］等操作。

（三）查询单板的告警信息

以查询某网元的 GSCC 板的告警信息为例进行描述：

（1）在主视图中双击打开该网元的面板图；

（2）右键单击 GSCC 板，在出现的下拉菜单中单击"告警浏览"命令，如图 ZY3201603001-3 所示，即可查询此单板的所有告警，并根据提示进行后续操作。

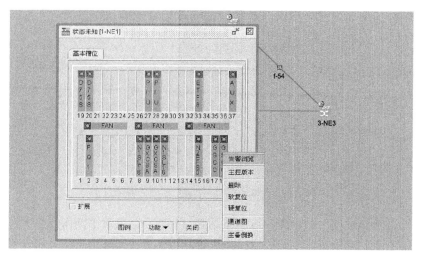

图 ZY3201603001-3　查询单板的告警信息

【思考与练习】

1. SDH 设备告警查询的方法有哪两种方式？

2. 查看 SDH 告警信息是否会对设备业务配置产生影响？

3. 如何查询 SDH 网元上某块单板的告警？

第六十四章 SDH设备业务配置

模块1 SDH 2M业务配置（ZY3201604001）

【模块描述】本模块介绍了SDH设备2M业务的配置，包含实际组网中2M业务路径配置方法和SDH层配置方法。通过操作实例介绍、界面窗口示意，掌握开通、删除SDH网络2M业务的方法和技能。

【正文】

一、基本概念

2M业务又称E1业务，即基本传输速率为2Mbit/s的双向链路通道，是SDH网络中最常见的业务之一。在SDH网络中开通一条2M业务时需要确定源端口、宿端口、业务时隙、业务路由及保护方式等基本信息。

2M业务的配置目前一般有路径配置法和SDH层配置法两种方式。路径配置法只需指定业务的源端和宿端、业务速率，采用端到端的方式，网管自动完成路由的确定、源宿网元的业务上下和所经网元的业务穿通等设置。SDH层配置法又称单站业务配置法，配置业务时需要按照业务流向，在业务经过的每个站点进行业务上下或穿通配置。由于采用SDH层配置法来配置全网业务，比较繁琐且容易操作出错，因此如果网管支持，建议采用路径配置法来配置业务。对于2M业务的配置或删除，每个厂家可能有所不同，下面以华为设备为例进行介绍。

二、2M业务配置的基本步骤

（一）路径配置法

（1）首先设置网络保护方式。

（2）创建2M业务所有涉及网元之间的VC4服务层路径。

（3）选择源宿网元的2M板端口，选择VC4服务路径，系统将自动完成业务创建工作。

（4）业务验证。

（二）SDH层配置法

（1）根据源端口、宿端口、线路时隙、组网方式设计业务路由时隙图。

（2）对照业务路由时隙图逐站进行配置。

（3）业务验证。

三、2M业务删除的基本步骤

业务的删除是创建的逆过程，所以2M业务的删除有两种方式：路径删除法和SDH层删除法。

（一）路径删除法

（1）通过路径搜索确认所需删除的业务路径。

（2）对选中的需要删除业务进行"去激活"操作。

（3）对已完成去激活的业务进行"删除"操作，完成具体业务的删除。

值得注意的是，只有对业务进行"去激活"操作后才能进行"删除"操作，激活状态下的业务无法直接删除，这样设计是为了防止误操作。业务的"激活"状态表示本条业务已下发到设备侧，设备运行时本条业务可用。"去激活"表示本条业务已从设备侧数据中删除，但还保留在网管数据中且业务已不可用，"去激活"后业务还可通过"激活"命令重新使业务在设备侧数据中快速恢复。

（二）SDH层删除法

（1）查找2M业务经过的所有网元的占用时隙。

（2）按照业务路由对网元逐个进行时隙删除操作后完成具体业务的删除。

四、2M 业务创建实例

假设网元 1-NE1、2-NE2 和 3-NE3 组成 2.5G 两纤单向通道保护环，主环方向为逆时针方向，环上未开通业务，单板配置、网络保护方式已经设置完成，拓扑图如图 ZY3201604001-1 所示，网元面板图如图 ZY3201604001-2 所示。现要求从 1-NE1 的支路板的第一个端口到 3-NE3 的支路板的第一个端口开通一条 2M 业务。

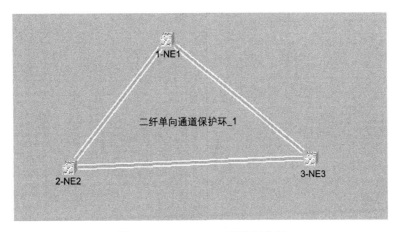

图 ZY3201604001-1　网络拓扑图

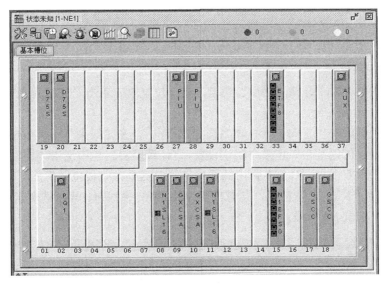

图 ZY3201604001-2　网元面板图

（一）使用路径配置法创建 2M 业务

路径可分为服务层路径和客户层路径，低级别路径被称为客户层路径，而承载网元间低级别路径的上一级路径称为服务层路径。一般来说，VC12/VC3 路径为客户层路径，VC4 路径为服务层路径。在配置各站点的 VC12/VC3 业务前，需要在站点间首先建立 VC4 级别的服务层路径。而在删除 VC4 服务层路径前，需要先删除该路径上承载的所有低级别业务路径。

1. 创建各网元间的 VC4 服务层路径

通道保护环创建服务层路径时必须按同一方向（顺时针或逆时针）依次创建相邻网元间的服务层路径，直至闭合为环，而且服务路径占用的 VC4 序号要一致，否则 VC12、VC3 路径不能创建成功。

（1）在主视图主菜单栏中选择"路径"菜单，在下拉菜单中单击"SDH 路径创建"命令进入路径创建视图。

（2）服务路径参数设置。在"方向"下拉表中选择"双向"，在"级别"下拉表选择"VC4 服务层路径"，"资源使用策略"和"路径优先策略"采取默认设置。

（3）服务路径源端和宿端选择。双击 1-NE1，网元图标上会出现一个向上的箭头，表示 1-NE1 为业务源端。再双击 2-NE2，网元图标上会出现一个向下的箭头，表示 2-NE2 为业务宿端。在路由信息栏内会显示相应的路由信息，如图 ZY3201604001-3 所示。

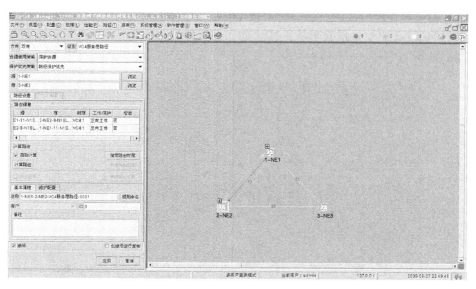

图 ZY3201604001-3　源宿网元选择

（4）选中左下方"激活"复选框，并单击左下角的［应用］按钮，出现"操作成功"的提示框，1-NE1 到 2-NE2 之间的服务层路径就创建好了。

（5）用同样方法依次创建 2-NE2 到 3-NE3 之间和 3-NE3 到 1-NE1 之间的服务层路径。

2. 创建 2M 业务路径

（1）在主视图主菜单栏中选择"路径"菜单，在下拉菜单中单击"SDH 路径创建"命令进入路径创建视图。

（2）路径参数设置。在"方向"下拉表中选择"双向"，在"级别"下拉表中选择"VC12"，"资源使用策略"和"路径优先策略"均采取默认设置，"计算路由"栏中选中"自动计算"复选框。

（3）源端口选择。双击 1-NE1，在弹出的端口选择对话框中"板位图"一栏单击 2 槽位 PQ1，在"支路端口"栏中选中"1"的单选按钮，点击右下角的［确定］按钮，表示选取了 1-NE1 的第一个 2M 端口，如图 ZY3201604001-4 所示。

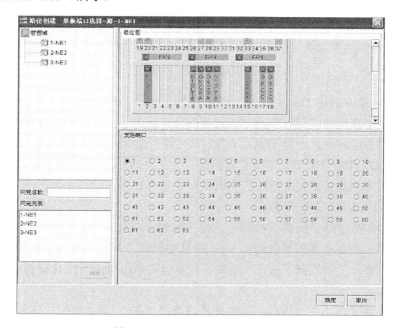

图 ZY3201604001-4　2M 端口选择

（4）宿端口选择。参照源端口选择的步骤选择 3-NE3 的第一个支路端口作为宿端口。

（5）路由建立。选择完宿端口后路由信息会立即体现在左侧"路由信息"一栏中。在网元图标之间会出现不同颜色的箭头表示主用业务方向和备用业务方向，如图 ZY3201604001-5 所示。

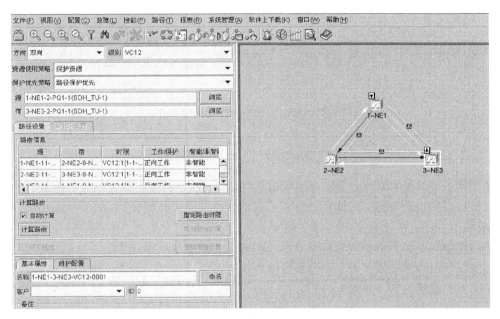

图 ZY3201604001-5　路由信息

（6）数据下发。选中左下方的"激活"复选框，并单击左下角的［应用］按钮，出现"操作成功"的提示，此时 1-NE1 到 3-NE3 之间的一条 2M 业务就创建完成。

3. 业务配置成功确认

配置完成后可通过查询相关网元告警信息、用户设备运行情况、仪表测试等方式确认业务配置是否成功。

（1）分别查询源网元、宿网元是否有异常告警，在没接入业务的情况下，网元应只有 T-ALOS 告警，如有 TU-AIS 告警时，表明业务配置不正确，需进行排查处理。

（2）在接入用户设备的情况下也可通过确认用户设备是否已经正常运行来确认业务配置是否正确。

（3）在条件允许的情况下，也可以通过使用 2M 误码仪在本端挂接，对端 2M 端口做环回（可现场做硬件环回，也可通过网管对端口做软件内环回）的方式对新配置业务进行测试确认。业务配置正常时，误码仪没任何告警的，并且误码值为"0"。误码仪测试连接如图 ZY3201604001-6 所示。

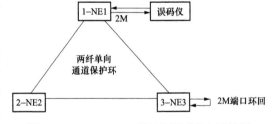

图 ZY3201604001-6　误码仪测试业务连接图

（二）SDH 层配置法创建 2M 业务

使用 SDH 层配置法配置和上例相同的一条 2M 业务。

使用 SDH 层配置法，不需要创建服务层路径，VC4 序号的选择是在时隙选择中直接完成的，但需要知道网元间的光纤连接关系。通过查询网管，得知它们之间的光纤连接关系如表 ZY3201604001-1 所示。

表 ZY3201604001-1　　　　　　　　　　光 纤 连 接 关 系 表

序号	源网元	源端口	宿网元	宿端口
1	1-NE1	11 槽 2.5G 板	2-NE2	8 槽 2.5G 板
2	2-NE2	11 槽 2.5G 板	3-NE3	8 槽 2.5G 板
3	3-NE3	11 槽 2.5G 板	1-NE1	8 槽 2.5G 板

550

根据光纤连接关系和 2M 业务的需求，画出 2M 业务经历相关网元的路由时隙图，如图 ZY3201604001-7 所示。

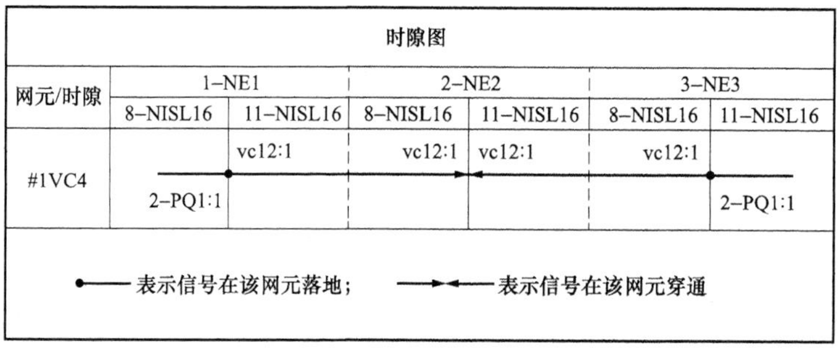

时隙图						
网元/时隙	1–NE1		2–NE2		3–NE3	
	8–NISL16	11–NISL16	8–NISL16	11–NISL16	8–NISL16	11–NISL16
#1VC4		vc12:1	vc12:1	vc12:1	vc12:1	
	2–PQ1:1					2–PQ1:1

●——表示信号在该网元落地； ——◄——表示信号在该网元穿通

图 ZY3201604001-7 业务路由时隙图

从时隙图中，可以很清晰地看出业务源端口、宿端口、线路时隙、穿通站点等信息。在 SDH 层配置法配置时，可以根据业务路由时隙图，有条不紊地逐个网元进行配置。

1. 配置 1-NE1 的上下业务

单向通道保护环业务类型为双发选收，所以配置业务时需要创建从支路向环的两个方向光口的双发业务，同时还要创建环的两个方向光口到支路的选收业务。注意：双发选收业务都是单向业务，配置业务时"方向"要选择为"单向"。

（1）在主视图中选中 1-NE1 单击右键，在弹出快捷菜单中选择"业务配置"命令，进入"1-NE1 的 SDH 业务配置"视图。点击下方［新建］按钮，弹出"新建 SDH 业务"对话框。

（2）发端业务参数设置。在对话框的"等级"下拉表中选择"VC12"，在"方向"下拉表中选择"单向"，在"源板位"下拉表中选择"2-PQ1"，在"源时隙范围"文本输入框中输入"1"，在"宿板位"下拉表中选择"8-N1SL16-1"，在"宿 VC4"下拉表中选择"VC4-1"，在"宿时隙范围"文本输入框中输入键入"1"，在"立即激活"下拉表中选"是"，点击［应用］按钮完成支路板 2-PQ1-1 到线路板 8-SL16 方向的单向业务，如图 ZY3201604001-8 所示。

重复上述操作，参数设置时把"宿板位"选择"11-N1SL16-1"，其他参数不变，点击［应用］按钮。此时有两条业务出现在"交叉连接"列表内，双发业务配置完成。

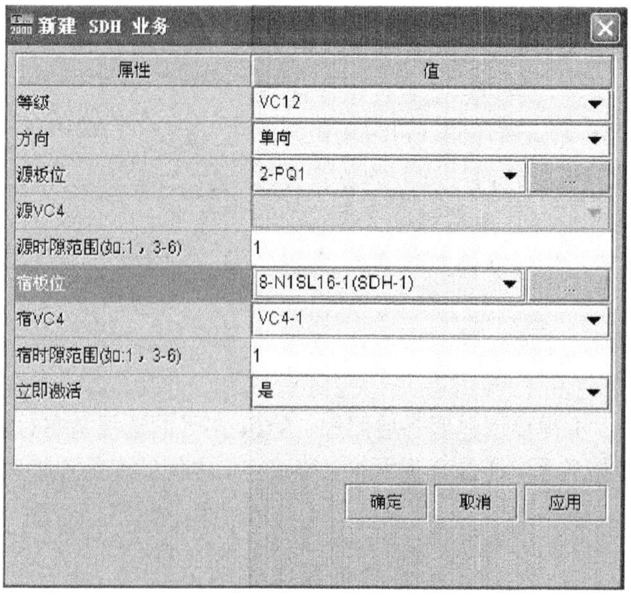

图 ZY3201604001-8 双发业务配置

（3）选收业务配置。在 SDH 业务配置界面，点击［新建 SNCP 业务］按钮，弹出"新建 SNCP 业务"对话框。在对话框中"业务类型"下拉表中选择"SNCP"，在"方向"下拉表中选择"单向"，在"等级"下拉表中选择"VC12","拖延时间"默认为"0",在"恢复模式"下拉表中选择"恢复","等待恢复时间"默认值"600","工作业务"栏中的"源板位"选择"8-N1SL16-1","保护业务"栏中的"源板位"选择"11-N1SL16-1","源VC4"都选择"VC4-1","源时隙范围"都输入"1","宿板位"选择"2-PQ1","宿时隙范围"输入"1",选中"立即激活"复选框,如图 ZY3201604001-9 所示。

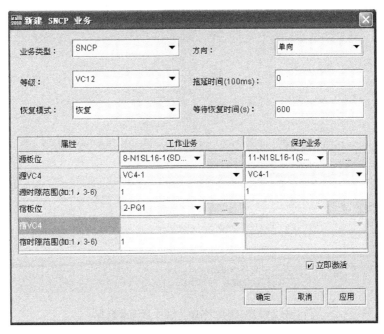

图 ZY3201604001-9　选收业务配置

（4）数据下发。点击［确定］按钮,向网元下发配置。到此 1-NE1 的双发选收业务配置完成。

2. 配置 2-NE2 的穿通业务

配置由"8-N1SL16"到"11-N1SL16"的双向穿通业务,具体配置方法可参考模块 ZY3201604004（穿通业务配置）相关内容。

3. 配置宿网元 3-NE3 的上下业务

按照 1-NE1 的配置方法进行。

通过对以上三个步骤的配置,就完成了一条 1-NE1 到 3-NE3 的 2M 业务的配置。

4. 业务配置成功确认

参考本模块"路径配置法"相关内容进行。

五、2M 业务的删除实例

业务的删除是业务配置的逆过程,下面通过路径删除法和 SDH 层删除法两种方法对本模块前面所创建的业务进行删除操作描述。

1. 路径删除法

（1）选择业务。在主视图界面右键单击 1-NE1、2-NE2 和 3-NE3 中任意一网元,在弹出的快捷菜单中选择"查询相关路径"命令,即可看到所有经过本站点的业务路径和服务层路径。查看"级别"、"源端"和"宿端",找到"级别"为"VC12","源端"为"1-NE1-2-PQ1-1（SDH-TU1）""宿端"为"3-NE3-2-PQ1-1（SDH-TU1）"的 2M 业务路径,即创建的那条 2M 业务。右键单击本条业务,弹出快捷菜单,如图 ZY3201604001-10 所示。

（2）去激活业务路径。选择快捷菜单中的"去激活"命令,会出现两次操作确认提示,均选择［确定］按钮。提示去激活路径成功后,本条路径的"服务状态"会变成"未激活"。

（3）删除业务路径。右键选择本条路径,在弹出的快捷菜单中选择"删除"命令,也会出现两次操作确认提示,均选择［确定］按钮。提示删除成功后本条路径从路径列表中删除。此时不仅将业务路径源、宿站点的业务进行了删除,业务路径穿通的站点业务也同时进行了删除。

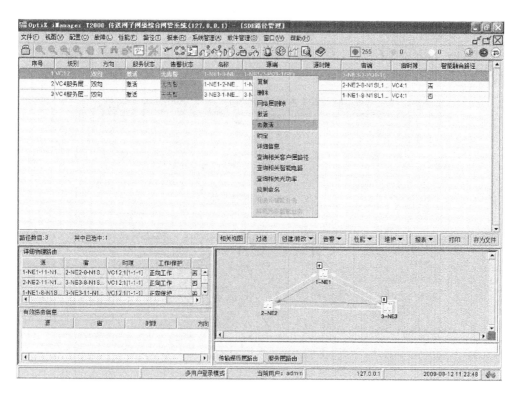

图 ZY3201604001-10　路径查询及选择

（4）服务路径是否删除要根据具体情况而定，若服务路径上还承载其他电路时，不允许删除。

（5）业务删除成功确认。在主视图中右键单击站点 1-NE1，在弹出的快捷菜单中选择"业务配置"命令，出现"SDH 业务配置"窗口，进入"SDH 业务配置"窗口，在"交叉连接"栏中查看"源板位"为"2-PQ1"、"源时隙/通道"为"1"的业务是否存在。成功删除后业务应从"交叉连接"栏中消失，原来业务占用的时隙得到释放。同样的方法确认 2-NE2、3-NE3 上的原来业务占用的时隙得到释放。

2. SDH 层删除法

SDH 层删除法比较繁琐，删除业务时需按业务经历相关网元的时隙逐个网元进行删除操作。

（1）源网元业务删除。在主视图中右键单击业务源站点 1-NE1，在弹出的快捷菜单中选择"业务配置"命令，进入"SDH 业务配置"窗口，在"交叉连接"栏中，找到"源板位"为"2-PQ1"、"源时隙/通道"为"1"的所有业务列表。本例中有两条业务，拖动鼠标将两条业务全部选中，按照先"去激活"再"删除"的次序删除业务路径源站点的业务时隙。

（2）宿网元业务删除。用同样方法删除业务宿站点 3-NE3 上的业务时隙。

（3）穿通业务删除。在主视图中右键单击业务源站点 2-NE2，在弹出的快捷菜单中选择"业务配置"命令，进入"SDH 业务配置"窗口，在"交叉连接"栏中，找到"宿时隙/通道"为"VC4:1:1"的业务列表，本例中只有一条业务。右键单击此条业务，在弹出快捷菜单中依次进行"去激活"命令和"删除"命令即可删除穿通站点业务。

此例中的穿通站点只有 2-NE2 一个，实际组网中穿通站点可能会有很多，因此每个站点都要仔细核对穿通时隙才能进行业务删除。

（4）业务删除成功确认。参考本模块中路径删除法"业务删除成功确认"部分。

六、注意事项

（1）对网元数据进行操作更改后建议在网管上进行数据备份，具体可参考模块 ZY3201606001"网元数据备份"。

（2）通道保护环在创建服务层路径时，必须按同一方向（顺时针或逆时针）依次创建相邻网元间的服务层路径，直至闭合为环，而且服务路径占用的 VC4 序号要一致，否则 VC12、VC3 路径不能创建成功。

（3）使用 SDH 层配置法配置穿通业务时，由于时分交叉资源有限，尽量少用时分交叉功能，具体可参考模块 ZY3201604004 "穿通业务配置"。

（4）路径法删除业务时，服务路径是否删除要根据具体情况而定，若服务路径上还承载其他电路时，不允许删除。

（5）SDH 层配置法进行业务的配置和删除过程中，每一步操作基本都会产生相应的告警（如 T-ALOS、TU-AIS、PS 等），在操作过程中需随时观察网管告警，这样不仅能确认每一步操作是否正确，而且能避免恰在此时发生的网络故障被忽略。

【思考与练习】

1. 服务层路径和客户层路径是什么关系？

2. 用路径配置法进行 2M 业务配置有哪些基本步骤？

3. 用 SDH 层配置法进行 2M 业务配置时，为什么要先画出 2M 业务经历相关网元的路由时隙图？

4. SDH 层配置法进行业务的配置和删除过程中，为什么要随时观察网管告警？

模块 2　SDH 以太网业务的配置（ZY3201604002）

【模块描述】 本模块介绍了 SDH 设备以太网业务的配置，包含实际组网中以太网业务路径配置方法和 SDH 层配置方法。通过概念介绍、图形示意、配置实例，掌握开通、删除及测试 SDH 以太网业务的方法和技能。

【正文】

一、基本概念

以太网业务是 SDH 设备传送的重要业务，在掌握 SDH 网络中配置以太网业务的方法之前，需要简单了解一些 SDH 网络上以太网业务的基本概念与知识。

1. SDH 网络上的以太网业务类型

根据 IUT-T 规范，SDH 网络中有 4 种以太网业务类型，如图 ZY3201604002-1 所示，目前使用较多的是 EPL 业务和 EPLAN 业务。

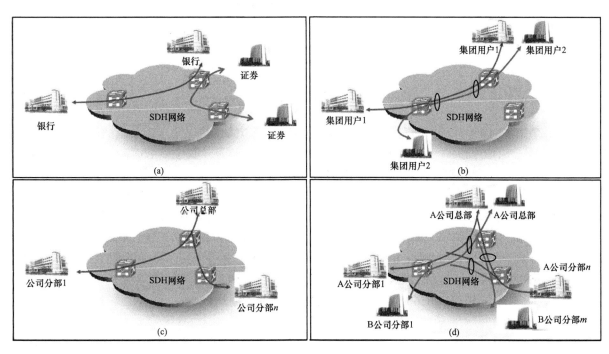

图 ZY3201604002-1　以太网业务类型

（a）EPL 业务；（b）EVPL 业务；（c）EPLAN 业务；（d）EVPLAN 业务

模块 2

ZY3201604002

（1）EPL（以太网专线）。EPL 有两个业务接入点，实现对用户以太网 MAC 帧进行点到点的透明传送。不同用户不需要共享 SDH 带宽，因此具有严格的带宽保障和用户隔离，不需要采用其他的 QoS 机制和安全机制。由于是点到点传送，因此不需要 MAC 地址学习。

（2）EVPL（以太网虚拟专线）。EVPL 与 EPL 的主要区别是不同的用户需要共享 SDH 带宽，因此需要使用 VLAN ID 或其他机制来区分不同用户的数据。如果还需要对不同用户提供不同质量的服务，则需要采用相应的 QoS 机制。如果配置足够多的带宽资源，则 EVPL 可以提供类似 EPL 的业务质量。

（3）EPLAN（以太网专用局域网）。EPLAN 至少具有两个业务接入点。不同用户不需要共享 SDH 带宽，因此具有严格的带宽保障和用户隔离，不需要采用其他的 QoS 机制和安全机制。由于具有多个节点，因此需要基于 MAC 地址进行数据转发并进行 MAC 地址学习。

（4）EVPLAN（以太网虚拟专用局域网）。EVPLAN 与 EPLAN 的主要区别是不同的用户需要共享 SDH 带宽。因此需要使用 VLAN ID 或其他机制来区分不同用户的数据。如果需要对不同用户提供不同质量的服务，则需要采用相应的 QoS 机制。

2. 以太网板的工作原理

以基于 SDH 的 MSTP 基本功能模型（见图 ZY3201604002-2）为例。

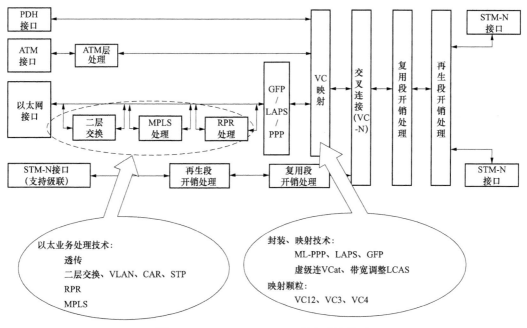

图 ZY3201604002-2 MSTP 基本功能模型

从图 ZY3201604002-2 中可以看出，以太网板实现的是以太网接口到 VC 映射的诸多功能，当完成 VC 映射后，SDH 设备对于以太网业务的处理将与对 PDH 业务（如 E1、E3 等）处理方法相同。

为了能够实现 EPL、EPLAN、EVPL、EVPLAL 4 种业务，以太网板一般具有外部端口和内部端口。外部端口就是以太网板上的实际以太网端口，内部端口是虚拟端口，用于和 SDH 内部的 VC 相连接从而实现以太网数据在 SDH 网络上的传送。通过灵活设置外部端口和内部端口的连接关系、内部端口和 VC 之间的连接关系，同时结合标签、QoS 等技术，即可以方便地实现上述业务。以具有 4 个外部端口、8 个内部端口的以太网板为例，EPL、EPLAN、EVPL 业务连接示意如图 ZY3201604002-3 所示，EVPLAN 业务可以认为是 EPLAN 和 EVPL 的结合，不进行展开描述。

需要注意的是，图 ZY3201604002-3 仅供理解以太网配置原理时使用。

3. SDH 网络中以太网板的时隙

SDH 的以太网板是通过内部端口连接 VC 的，为了实现以太网带宽的控制，以太网板具有时隙概念，以太网板的每个时隙和一条 VC 时隙相联，以太网板的每个内部端口可以连接多个以太网板时隙，从而实现了对 VC 时隙的捆绑，满足各种以太网业务的带宽需要。

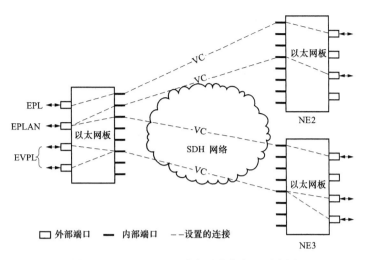

图 ZY3201604002-3　以太网业务实现示意图

4. SDH 网络中以太网板的 VLAN/MPLS 标签

SDH 网络中，一般存在三种 VLAN/MPLS 标签：用户设备发过来的以太网信息中含有的 VLAN/MPLS 标签，外部端口设置的 VLAN/MPLS 标签，内部端口设置的 VLAN/MPLS 标签。其中，用户设备发过来的以太网信息中含有的 VLAN/MPLS 标签的作用是在用户设备之间进行数据的标识隔离；内、外部端口设置的 VLAN/MPLS 标签的作用是在 SDH 网络中进行传输数据的标识隔离。比如 EVPL 业务，每个外部端口接收用户数据后，要打上 VLAN/MPLS 标签再和一个内部端口连接后，共享一条内部通道传送业务，在出口侧的外部端口再剥离标签将信号送出。这里的外部端口所打上的标签就保证了这些用户业务数据之间的隔离。

理解了以上的几个 SDH 上的以太网技术实现细节，还需要结合以太网的其他知识，才能更好的理解和配置 SDH 网络的以太网业务。下面以华为设备为例进行以太网业务配置的描述。

二、SDH 以太网配置的基本步骤

从上面描述可以看出，SDH 以太网业务配置可分为 SDH 侧业务配置和以太网侧业务配置两个部分。SDH 侧业务主要实现以太网板时隙和 VC 时隙的连接、VC 的通道建立，可以提供点到点的传输通道，其配置方法与 E1 业务配置方法类似。以太网侧的业务配置是完成内部端口对以太网时隙的捆绑连接、内部端口（VCTRUNK 口）属性设置、外部端口（PORT 口）属性设置、内外端口间的连接和相关协议的配置。不同类型以太网业务的 SDH 侧业务配置方法基本一致，区别主要在于以太网侧业务配置操作方法不同。

（一）SDH 侧业务配置

配置 SDH 侧业务的过程，可以看作是线路到支路的上下业务，也可看作是线路时隙和以太网板内部时隙的穿通业务，与 2M 业务配置一样，也有路径配置法和 SDH 层配置法。配置 SDH 侧业务的一般过程如下：

（1）确定源/宿网元以太网板时隙须使用的 VC 数量和级别，分配相应的以太网板时隙并连接。

（2）配置 VC 的 SDH 传递业务，可以使用路径配置法或 SDH 层配置法方法。

（二）以太网侧业务配置

以太网侧业务处理是 SDH 实现不同种类以太网业务传送的关键过程，根据不同的业务类型，需要配置的参数和协议也不同。常用的配置过程如下：

（1）配置内部端口和以太网板时隙的捆绑和连接。内部端口捆绑的以太网板时隙是根据以太网业务带宽要求设定的，捆绑对应的 VC 数量越多或 VC 颗粒越大，相应的以太网业务的实际可用带宽越大。

（2）配置内部、外部端口之间的连接关系。

（3）配置源网元、宿网元以太网板内部、外部端口的各项属性参数。

三、SDH 以太网业务配置实例

下面在华为设备上演示最常见的 EPL 业务和 EPLAN 业务的创建过程，通过此示例可以掌握不同

556

类型以太网业务的一般配置步骤,完成实际工作中以太网业务的配置过程。

假设网络拓扑如图 ZY3201604002-4 所示,为 2.5G 两纤单向通道保护环,主环方向为逆时针方向,网元添加、单板配置、光纤连接、网络保护方式等已经设置完成。各站设备面板图如图 ZY3201604002-5 所示。

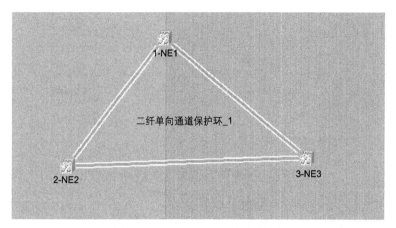

图 ZY3201604002-4 网络拓扑图

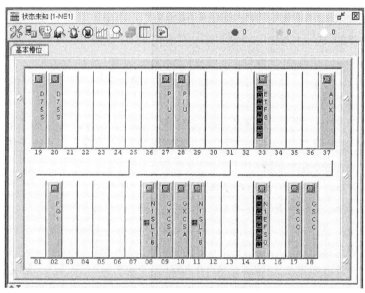

图 ZY3201604002-5 设备面板图

(一)EPL 业务配置

EPL(以太网专线)业务是点到点的业务形式,即常说的透传业务。本例中配置一条 1-NE1 第 15 槽以太网板 PORT1 口到 2-NE2 第 15 槽以太网板 PORT1 口带宽为 2M 的以太网业务,用于 PC 互联。

1. SDH 侧业务配置

以下按照路径配置法为例,描述配置 1-NE1 以太网板到 2-NE2 以太网板的 SDH 侧业务的过程。SDH 侧业务配置过程和 2M 业务配置过程类似,按先创建服务路径再创建 2M 路径的操作顺序进行。

(1)在主视图主菜单栏中选中"路径"菜单,在下拉菜单中单击"SDH 路径创建"命令进入"SDH 路径创建"视图。

(2)路径参数设置。在"SDH 路径创建"视图中的"方向"下拉表中选择"双向",在"级别"下拉表中选择"VC12","资源使用策略"和"路径优先策略"均采取默认设置,"计算路由"栏中选中"自动计算"复选框。

(3)源端口选择。双击 1-NE1,弹出设备面板图,在"基本槽位"一栏中单击选中 15 槽位 N1EFS0,此时"端口"默认为"1","高阶"默认为"4","低阶"时隙默认为"1"("低阶"时隙可任意选择,这里选择第 1 个时隙)。点击[确定]按钮,完成源端口的选择,如图 ZY3201604002-6 所示。

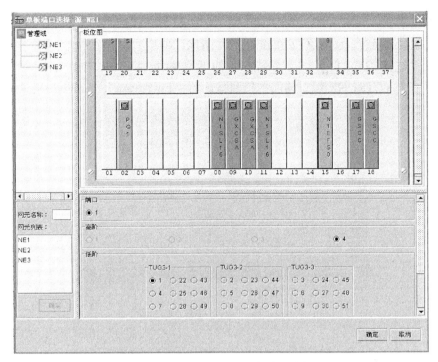

图 ZY3201604002-6　业务端口选择

（4）宿端口选择。双击 2-NE2，做同样选择完成"宿端口"的选择。路由信息会立即体现在左侧"路由信息"一栏中。在网元图标之间会出现不同颜色的箭头表示主用业务方向和备用业务方向。

（5）数据下发。选中左下方的"激活"复选框，并单击左下角的［应用］按钮。出现操作成功的提示说明 1-NE1 到 2-NE2 的以太网业务 SDH 侧业务配置完成。

用 SDH 层配置法配置以太网的 SDH 侧业务，和 2M 业务的 SDH 层配置法类似，仅仅是板件选择不同，可以参考模块 ZY3201604001（2M 业务配置）操作。

2. 以太网侧业务配置

配置以太网侧业务配置之前，先了解一下端口属性的相关定义。端口属性一般有"Access"、"Tag Aware"和"Hybrid"3 种方式：

（1）Tag Aware。对于这种方式的端口接收和发送的报文都是带 VLAN 标签的，如果接收的帧带 VLAN 标签则直接转发，并丢弃不带 VLAN 标签的信息帧。如果明确知道用户设备发送的数据是带 VLAN 标签的，外部端口选择此属性。

（2）Access。这种方式的端口接收和发送的报文都是不带 VLAN 标签的。如果这种端口进来的帧带 VLAN 标签就丢弃，收到不带 VLAN 标签的帧就加上本端口的默认 VLAN ID 进行发送。如果明确知道用户设备发送的数据是不带 VLAN 标签的（如 PC、二层交换机），外部端口选择此属性。

（3）Hybrid（混合型）。这种方式的端口属性是 Tag Aware 和 Access 的组合，有无 VLAN 标签的帧均允许接收和发送。接收时，如果帧不带 VLAN 标签，就为它加上本端口的默认 VLAN ID；发送时，如果帧的 VLAN ID 和端口的默认 VLAN ID 一致，则把 VLAN ID 去掉再发送出去，否则直接发送。这种端口组网连接的设备相对灵活，但是这种端口的微码处理效率却因此而降低了，所以这种属性的端口较少使用。

对于外部端口，可以根据用户配成 Tag Aware 方式或 Access 方式，对于内部端口一般设置为 Tag Aware 方式。

配置以太网侧业务包括配置内外部端口挂接和端口属性设置等参数，以下是具体操作步骤。

（1）在主视图中选中 1-NE1 单击右键，在弹出快捷菜单中选择"网元管理器"命令，进入网元管理器页面。

（2）创建 EPL 业务。在网元 1-NE1 的单板栏中选中"15-N1EFS0"单板，在功能树文件夹列表中逐级打开"配置"、"以太网业务"、"以太网专线业务"文件夹，点击［新建］按钮，弹出"新建以太

网专线业务"对话框。

（3）EPL 业务参数设置。如图 ZY3201604002-7 所示，在"方向"的下拉表中选择"双向"，在"源端口"的下拉表中选择"PORT1"，在"宿端口"的下拉表中选择"VCTRUNK1"，"端口属性"框中的"TAG 标识"中，VCTRUNK 端口的属性按照默认的"Tag Aware"，PORT 口的选择"Access"。

图 ZY3201604002-7　EPL 业务参数设置

（4）通道绑定配置。点击［配置］按钮，弹出"绑定通道配置"对话框，如图 ZY3201604002-8 所示。在"可配置端口"下拉表中选择"VCTRUNK1"，在"级别"下拉表中选择"VC12-xv"，在"方向"下拉表中选择"双向"，"可选时隙"选择在配置 SDH 侧业务时所选的以太网板的低阶端口号，此处选择"VC12-1"然后点击［>>］按钮将其选到右侧"已选绑定通道"窗口。点击［确定］按钮，确认修改正确后返回到"新建以太网专线业务"对话框界面，点击［确定］按钮，即完成了 1-NE1 的以太网侧的业务配置。

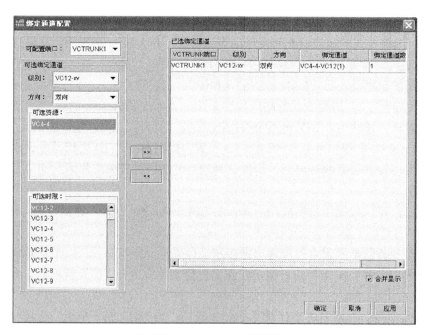

图 ZY3201604002-8　带宽绑定

（5）根据以上步骤对 2-NE2 进行同样操作，完成 2-NE2 以太网单板带宽绑定。这样就完成了 1-NE1 到 2-NE2 以太网板第一个口的 EPL 业务配置。

3. EPL 业务验证

（1）可以通过查看网管告警信息，确认以太网业务配置情况，业务配置正确时网元是没有 AIS 类告警的。

（2）以太网单板具有"以太网测试"功能时，可以在网管上使用该项功能进行以太网业务测试。在主视图中选中 1-NE1 单击右键，在弹出快捷菜单中选择"网元管理器"命令，进入网元管理器页面，在网元 1-NE1 的单板栏中选中"15-N1EFS0"单板，在功能树文件夹列表中逐级打开"配置"、"以太网维护"、"以太网测试"文件夹。在"以太网测试列表"中选择相应的以太网内部端口"VCTRUNK"，在"发送模式"下拉表中选择"continue 模式"，点击［应用］按钮。观察"发送测试帧个数"与"收到的应答测试帧个数器"的数值，业务配置正确时，观察"发送测试帧个数"与"收到的应答测试帧个数器"的数值是基本一致的（允许有轻微的偏差），如图 ZY3201604002-9 所示。

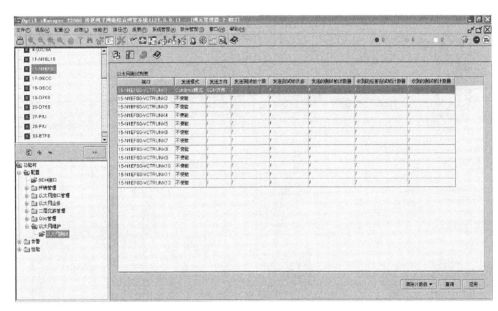

图 ZY3201604002-9 以太网业务测试

（3）使用 Ping 命令初步验证以太网业务，在业务的源、宿两端，分别通过交叉网线连接以太网单板端口与计算机。设置两台计算机的 IP 地址，并确保它们的 IP 地址在同一网段内。在其中一台计算机上执行命令 Ping x.x.x.x -n 60，Ping 的目的地址设置为另一台计算机，如果没有丢包，证明业务通道可用（对于 Port+VLAN 的业务，验证之前需将与计算机相连接的以太网板的外部端口的端口类型设置为"Access"）。

（二）EPLAN 业务配置

EPLAN 业务是一点到多点的业务形式，即常说的汇聚型业务。主要用于星型业务，可节约汇聚站点以太网板的 PORT 端口。

下面用上例中的网络，开通 1-NE1 到 2-NE2 和 3-NE3 各一条带宽为 2M 的以太网业务，在 1-NE1 共用 PORT1 口，在 2-NE2 和 3-NE3 均用 PORT1 口，也用于 PC 互联。

1. SDH 侧业务配置

SDH 侧业务配置方法和配置 EPL 时的一样，但需要从 1-NE1 到 2-NE2 和 3-NE3 各创建一条 2M 通道。由于线路时隙、以太网板内部时隙和内部端口是不可重复利用的，所以 1-NE1 到 2-NE2 用第 1 个时隙，1-NE1 到 3-NE3 用第 2 个时隙。1-NE1 的 VCTRUNK1 对 2-NE2 的 VCTRUNK1，1-NE1 的 VCTRUNK2 对 3-NE3 的 VCTRUNK1。

2. 以太网侧配置

EPLAN 业务以太网侧需要配置以太网单板的带宽绑定、端口属性设置、内外部端口挂接和添加

VLAN 过滤表等。

（1）在主视图中选中 1-NE1 单击右键，在弹出快捷菜单中选择"网元管理器"命令，进入"网元管理器-1-NE1"页面。在单板栏中选中"15-N1EFS0"单板，在功能树文件夹列表中逐级打开"配置"、"以太网业务"、"以太网 LAN 业务"文件夹，点击［新建］按钮，弹出"创建以太网 LAN 业务"对话框。

（2）EPLAN 业务参数设置。在弹出的"创建以太网 LAN 业务"对话框中，"VB 名称"输入框输入 VB 名称。VB 名称为随意设置，一般写明本条业务的用途，这里命名为"EVPLAN 业务"。

（3）VB 挂接端口配置。点击［配置挂接端口］按钮，弹出"VB 挂接端口配置"对话框，如图 ZY3201604002-10 所示。在对话框中的"可选挂接端口"栏内选中 PORT1、VCTRUNK1 和 VCTRUNK2，分别通过单击［>>］按钮选到"已选挂接端口"栏中。点击［确定］按钮，返回到"创建以太网 LAN 业务"对话框界面。

汇聚型业务是共用 PORT 端口，而对于 VCTRUNK 端口有几个站点汇聚就需要挂接几个。1-NE1 对 2-NE2 和 3-NE3 都要开通业务，所以 1-NE1 有两个业务方向，必须使用两个 VCTRUNK。

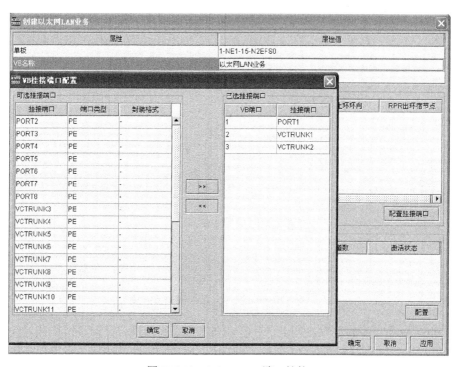

图 ZY3201604002-10　端口挂接

（4）绑定通道配置。点击［配置］按钮，弹出"绑定通道配置"对话框（如图 ZY3201604002-11 所示）。在"可配置端口"下拉表中选择"VCTRUNK1"，在"级别"下拉表中选择"VC12-xv"，在"方向"下拉表选择"双向"，"可选时隙"选择 "VC12-2"并单击［>>］按钮将其选到右侧"已选绑定通道"窗口。更改"可配置端口"为"VCTRUNK2"，并将"VC12-2"选到"已选绑定通道"窗口（单个 VCTRUNK 可绑定带宽是任意的，这里绑定了一个 2M 时隙，带宽即为 2M。若需 10M 带宽，可将 5 个 2M 时隙绑定到一个 VCTRUNK 中，同时必须保证这 5 个 2M 时隙的 SDH 侧业务已配置）。

（5）点击［确定］按钮并确认修改正确，返回到"创建以太网 LAN 业务"对话框界面。点击［确定］按钮即完成了端口挂接和通道绑定配置。

（6）添加 VLAN 过滤表。在"以太网 LAN 业务"界面中，点击"VLAN 过滤表"标签，单击［新建］按钮，弹出"创建 VLAN"对话框（见图 ZY3201604002-12）。在"VLAN ID"输入框中输入 VLAN ID，这里采取默认"1"，并将 PORT1、VCTRUNK1 和 VCTRUNK2 通过［>>］按钮选到"已选转发端口"栏中（表示 VLAN ID 为 1 的信息在这三个端口中可互相转发）。点击［确定］提示操作成功后，在下边窗口中就会出现一条"VLANID"为"1"的过滤表。

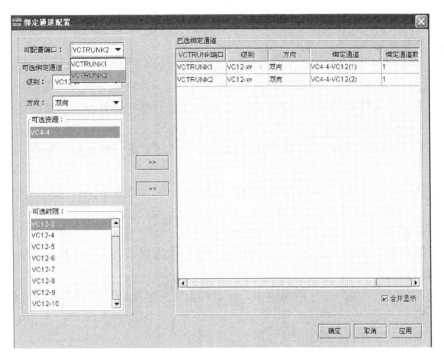

图 ZY3201604002-11　绑定通道配置

图 ZY3201604002-12　"VLAN 过滤表"添加

　　(7) 外部端口属性设置。在"网元管理器-1-NE1"视图中选择"15-N2EFS0",在功能树文件夹列表中逐级打开"配置"、"以太网业务接口管理"、"以太网接口"文件夹。在右侧视图中选择"外部端口"单选按钮,单击"基本属性"标签,根据实际情况可设置相应 PORT 的"工作模式",在此默认值为"自协商"。单击"TAG 属性"标签,在 PORT1 的"TAG 标识"的下拉表中选择"Access","缺省VLANID"选用默认的"1",其他选项取默认值,点击 [应用] 按钮。到此 1-NE1 网元的以太网侧业务配置完成。

　　(8) 2-NE2 和 3-NE3 的设置与 1-NE1 的设置大致相同。由于 2-NE2 和 3-NE3 只是对 1-NE1 有业务,所以只有一个业务方向,只用一个 VCTRUNK 即可。2-NE2 带宽绑定时选择"VC12-1",3-NE3带宽绑定时选择"VC12-2";端口属性同样设置为"Access"。"VLAN 过滤表"中的 VLANID 必须和1-NE1 保持一致。

　　3. EPLAN 业务验证

　　EPLAN 业务的验证方法与 EPL 的一样,详细操作请参考本模块"EPL 业务验证"部分。

四、以太网业务的删除实例

（一）SDH 侧业务删除

SDH 侧业务删除可参考模块 ZY3201604001"SDH 2M 业务配置"中 2M 业务的删除方法进行。

在删除了 SDH 侧业务之后，以太网业务已经为不可用了，但在以太网侧，端口挂接、带宽绑定及 VLAN 过滤表还存在，还需将这些配置进行删除，这些操作只需在业务源、宿站点进行。

（二）EPL 以太网侧业务删除

（1）在主视图中右键单击网元 1-NE1 弹出快捷菜单，选择"网元管理器"命令，进入"网元管理器-1-NE1"视图。

（2）选择左上"1-NE1"单板列表中的"15-N1EFS0"，在功能树文件夹列表中逐级打开"配置"、"以太网业务"、"以太网专线业务"文件夹。

（3）在窗口可看到一条"业务类型"为"EPL"、"方向"为"双向"、"源端口"为"PORT1"、"宿端口"为"VCTRUNK1"的以太网业务。选中本条业务，单击窗口右下的［删除］按钮，根据提示操作后删除操作成功。

（4）对业务宿网元 2-NE2 进行相同操作，即可将宿网元的端口挂接和带宽绑定删除，至此完成 EPL 业务的删除。

（三）EPLAN 以太网侧业务删除

（1）进入"网元管理器-1-NE1"中，在功能树文件夹列表中逐级打开"配置"、"以太网业务"、"以太网 LAN 业务"。

（2）在右侧窗口的"VB 挂接端口"项中可看到"挂接端口"下有 PORT1、VCTRUNK1 和 VCTRUNK2 三个端口，即为创建的 EPLAN 业务 VB 挂接端口信息。

（3）选择"VLAN 过滤表"，找到"转发物理端口"为"PORT1，VCTRUNK（1-2）"的过滤表，选中后单击［删除］按钮，确认后删除操作成功。只有完全删除 VLAN 过滤表后才能删除 EPLAN 业务。

（4）点击"VB 挂接端口"标签，选中挂接端口为"PORT1、VCTRUNK1 和 VCTRUNK2"中的任意一项业务，点击窗口右下的［删除］按钮，确认后删除操作成功。至此 1-NE1 侧的 EVPLAN 业务就删除成功了。

（5）对 2-NE2 和 3-NE3 操作与 1-NE1 相同。

（四）业务删除验证

以太网删除后，需对网元进行查询验证，以保证所占用的时隙已经释放，具体验证方法请参考模块 ZY3201604001"2M 业务配置"中的"业务删除成功确认"部分。

【思考与练习】

1. 以太网业务分哪几种？

2. 以太网点到点 EPL 业务配置过程有哪些步骤？

3. 删除 EPL 业务和删除 EVPLAN 业务有什么不同？

模块 3 高次群业务配置（ZY3201604003）

【模块描述】 本模块介绍了 SDH 设备高次群业务的配置，包含实际组网中 E3/T3、E4 等高次群业务路径配置方法和 SDH 层配置方法。通过概念介绍、配置实例、界面窗口示意，掌握 SDH 网络高次群业务的开通、删除的方法和技能。

【正文】

一、高次群的基本概念

高次群是 PDH 体系中的高速信号。同 SDH 体系一样，PDH 体系中的高速信号也是由低速信号复用而来，比如欧洲标准中一次群的速率为 E1（2Mbit/s），通过逐级复用，可形成二次群 E2（8Mbit/s）、三次群 E3（34Mbit/s）、四次群 E4（139Mbit/s）等高次群。

在 ITU-T 规范的 SDH 复用路线中，SDH 并不支持高次群业务进行解复用得到低次群或一次群业务，所以对于 SDH 设备来说，处理高次群业务和处理一次群业务的方法一样，都是作为完整的、不可分割的业务进行处理，仅仅是适配时选择较大的虚容器即可。

二、高次群配置的基本步骤

高次群业务和与 2M 业务的配置基本步骤相同，同样有路径配置法和单站业务配置法（SDH 层配置法）两种方法，具体如下：

（一）路径配置法

（1）首先设置网络保护方式。

（2）创建 2M 业务所有涉及网元之间的 VC4 服务层路径。

（3）选择源宿网元的 2M 板端口，选择 VC4 服务路径，系统将自动完成业务创建工作。

（4）业务验证。.

（二）单站业务配置法

（1）根据源端口、宿端口、线路时隙、组网方式设计业务路由时隙图。

（2）根据业务路由时隙图对单站逐个配置业务。

（3）业务验证。

三、配置实例

下面以华为设备为例演示高次群业务的创建过程。

假设组网图如图 ZY3201604003-1 所示，为 2.5G 的两纤单向通道保护环，网元添加、单板配置、光纤连接、网络保护方式已经设置完成，单站配置图和图 ZY3201604003-2 所示。如现要创建一条从 1-NE1 到 2-NE2 的 E3 业务。

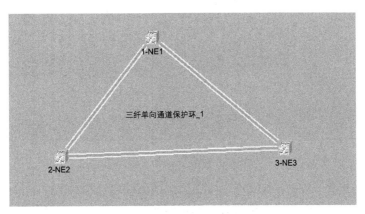

图 ZY3201604003-1　网络拓扑图

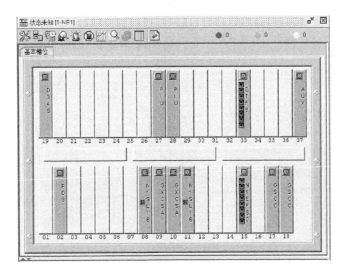

图 ZY3201604003-2　单站配置面板图

（一）路径创建法创建 E3 业务

（1）在主视图的主菜单中单击"路径"菜单，在下拉菜单中单击"SDH 路径创建"命令，进入路径创建视图。

（2）创建服务路径。创建各网元间的"VC4 服务层路径"。

（3）创建 VC3 路径。在主视图主菜单栏中单击"路径"菜单，在下拉菜单中单击"SDH 路径创建"命令进入路径创建视图。在"方向"下拉表中选择"双向"，在"级别"下拉表中选择"VC3"，"资源使用策略"和"路径优先策略"均采取默认设置。"计算路由栏"中选中"自动计算"复选框。注意，这一步是和 2M 配置有所不同的，2M 选择的是 VC12 路径。

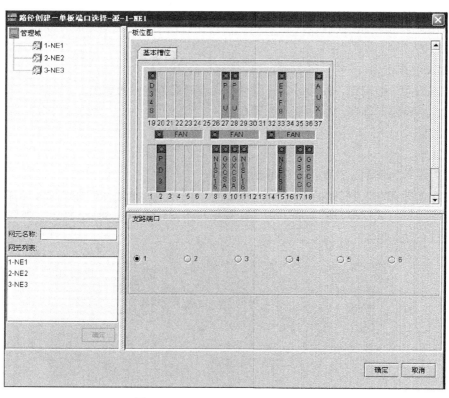

图 ZY3201604003-3　业务端口选择

（4）源、宿端端口选择。双击 1-NE1 图标，在弹出的源端口选择对话框中单击 2 槽位 PD3，在"支路端口"栏中选中"1"的单选按钮（见图 ZY3201604003-3）。点击［确定］完成源端口选择。用同样的方法，完成 2-NE2 的宿端口选择。注意，这一步是和 2M 配置有所不同的，2M 选择的是 PQ1 板件的端口。

（5）选择完源宿端口后，网管上自动显示业务路由（见图 ZY3201604003-4）。

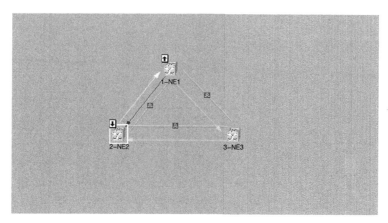

图 ZY3201604003-4　路由信息

（6）选中左下方的"激活"复选框，并点击［应用］按钮，根据提示完成 E3 业务配置。

（7）业务配置成功确认。确认方法同 2M 业务确认，不再赘述。

（二）单站功能配置法创建 E3 业务

使用单站配置功能进行 E3 业务配置和 2M 业务配置步骤类似，不同点在于业务级别为"VC3"、板件选择 PD3，具体的配置步骤可参考模块 ZY3201604001"SDH 2M 业务配置"中的描述。

四、高次群业务的删除

高次群业务删除也分为从路径删除和从单站业务删除两种方式，具体操作可参考模块 ZY3201604001"SDH 2M 业务配置"中的描述。

【思考与练习】

1. 高次群业务指的是什么业务？

2. 高次群业务配置与 2M 业务有哪些不同？

3. 使用单站配置法，进行高次群业务的实际配置。

模块 4　穿通业务配置（ZY3201604004）

【模块描述】 本模块介绍了 SDH 设备穿通业务的配置，包含实际组网中单网元上 E1、E3/T3、E4 等业务穿通业务 SDH 层配置方法。通过概念介绍、配置实例、界面窗口示意，熟悉 SDH 网元穿通业务的开通、删除的方法和技能。

【正文】

一、基本概念

穿通业务是指时隙从站点一侧线路端口进入交叉单元，经过交叉单元的处理后，从另一侧线路端口送出一种业务形式，在此过程中不改变时隙的 VC 级别。穿通业务一般只是一条完整业务路径中的一部分，很少单独使用。

穿通业务的实现一般会用到两种交叉连接方式，如图 ZY3201604004-1 所示。空分交叉不改变 VC 的序号，能够满足大部分的业务连接需求，是最常用的一种交叉连接方式。时分交叉改变了 VC 的序号，一般只有在 SDH 网络中时隙资源已经匮乏时才会使用。时分交叉实现起来较为复杂，成本高，所以设备厂家的交叉单元中一般只有部分交叉资源支持时分交叉，甚至低端设备的交叉单元不支持时分交叉。

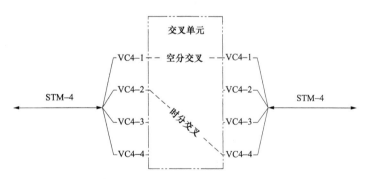

图 ZY3201604004-1　交叉示意图

在 SDH 的业务配置中，除了源宿网元，此业务经过的网上其他网元进行的都是穿通操作，但穿通业务配置较为简单。用路径法配置业务时，穿通业务是系统自动完成的，在 SDH 层配置方法配置业务时，需要对业务经过网元进行穿通业务配置。下面将描述用 SDH 层配置方法进行穿通业务的配置和删除的方法。

二、穿通业务配置基本步骤

（1）在穿通业务所在网元上，选择源网元通过线路送来的业务级别、时隙序号。

（2）在穿通业务所在网元上，选择宿网元通过线路接收的业务级别、时隙序号。

（3）在穿通业务所在网元上完成交叉连接。

（4）业务验证。

三、配置举例

下面以华为设备为例演示穿通业务的创建过程。

如图 ZY3201604004-2 和图 ZY3201604004-3 所示，假设此网络的网元添加、单板配置、光纤连接、网络保护方式等这些基本条件已经设置完成，要求配置第一个 VC4 第 10 个 VC12 时隙在 2-NE2 的穿通业务。光纤连接关系表如表 ZY3201604004-1 所示。

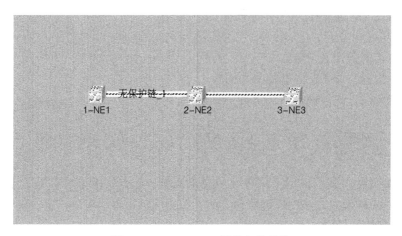

图 ZY3201604004-2 链状拓扑结构

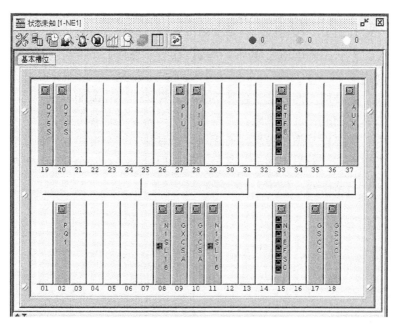

图 ZY3201604004-3 单站配置面板图

表 ZY3201604004-1   光 纤 连 接 关 系 表

序号	源网元	源端口	宿网元	宿端口
1	1-NE1	11 槽	2-NE2	8 槽
2	2-NE2	11 槽	3-NE3	8 槽

配置步骤如下：

（1）在主视图中选中 2-NE2，单击右键在弹出快捷菜单中选择"业务配置"命令，进入"2-NE2 的 SDH 业务配置"视图，点击下方［新建］按钮，弹出"新建 SDH 业务"对话框。

（2）参数配置。在对话框中"等级"下拉表中选择"VC12"，在"方向"下拉表中选择"双向"，在"源板位"下拉表中选择"8-N1SL16-1（SDH-1）"，在"源VC4"下拉表中选择"VC4-1"，在"源时隙范围"文本输入框中输入"10"，在"宿板位"下拉表中选择"11-N1SL16-1（SDH-1）"，在"宿VC4"下拉表中选择"VC4-1"，在"宿时隙范围"文本输入框中输入键入"10"，在"立即激活"下拉表中选"是"。

图 ZY3201604004-4　穿通业务配置

（3）数据下发。单击［确定］，完成穿通业务配置。

（4）业务验证。在主视图中右键单击网元 NE2，选择"业务配置"选项，在"交叉连接"窗口若能看到"等级"为"VC12"、"源板位"为"8-N1SL16-1（SDH-1）"、"源时隙/通道"为"VC4:1:10"、"宿板位"为"11-N1SL16-1（SDH-1）"、"宿时隙/通道"为"VC4:1:10"、"激活状态"为"激活"的这样一条业务，表明所穿通业务创建成功。

由于穿通业务只是一条完整业务路径中的一部分，所以穿通业务的也可在完整业务路径验证中得到验证。

四、穿通业务的删除

穿通业务的删除是配置的逆过程，操作可参考模块 ZY3201604001"2M 业务配置"中的"SDH 层删除法"中的描述。

五、注意事项

（1）源网元通过线路送来的业务级别、时隙序号，在穿通业务所在网元上的进入线路侧不会变化，注意选择的正确性，因为光缆不做任何业务处理。宿网元的也一样。

（2）如无特殊需要，尽量少用时分交方式。

【思考与练习】

1. 什么叫穿通业务？

2. 为什么要尽量少用时分交叉？

3. 穿通业务配置时进入时隙由什么决定，与送出时隙是否需保持相同？

第六十五章　SDH 故障处理

模块 1　板卡故障处理（ZY3201605001）

【模块描述】本模块介绍了 SDH 设备板卡故障的定位和处理，包含 SDH 设备主控、交叉、电源、时钟、线路和支路等板卡常见故障的现象描述和故障定位原则。通过故障定位、处理方法介绍、案例分析，掌握 SDH 设备板卡故障的处理方法。

【正文】

一、SDH 故障的概况

SDH 故障往往会导致部分或全部业务中断、业务质量下降、网络安全级别降低等后果，严重时会造成较大的经济损失和社会影响。

SDH 故障一般可以分为硬件故障、软件故障和外围设备故障 3 大类。硬件故障主要指 SDH 设备的板卡、子架发生了硬件损坏。软件故障主要是指板卡的系统软件损坏或设置的数据不当。外围设备故障主要是指和 SDH 设备对接的设备发生了故障，如线路板连接的光缆中断、给 SDH 供电的电源故障、支路板连接的线缆断裂等。严格地说，外围设备故障不属于 SDH 故障，但在实际应用中，这类外围设备的故障往往可能导致 SDH 业务中断，而且此类故障的排除也往往需要 SDH 系统进行配合，所以在这里将外围设备故障也纳入 SDH 故障范畴。

SDH 故障排除的关键是准确地定位故障点，一般可以参照以下原则进行逐步操作：

（1）先恢复，后排除。出现业务故障后，先用其他资源（如设备上的其他通道、其他设备的通道）进行业务恢复，再进行故障的。

（2）先易后难。遇到较为复杂的故障时，先从简单的操作或配置着手排除，再转向复杂部分的分析排除。

（3）先外部，后传输。先排除外围设备故障，再排除传输设备故障。

（4）先软件，后硬件。先排除设置错误、系统软件损坏的故障，如果排除了软件故障，基本就可以认定为是硬件故障。

（5）先网络，后网元。先全网查询有哪些故障现象，通过全网的故障现象综合判断，逐步缩小故障范围到单个网元，再排除相关网元的故障。

（6）先高速，后低速。高速信号故障会引起所承载的低速信号的故障，因此，在故障排除时应先排除高速信号的故障，高速信号故障排除后低速信号故障现象往往就会自动消失。

（7）先高级，后低级。高级别告警常常会关联引发低级别告警，所以在分析告警时先分析高级别的告警，然后再分析低级别的告警。往往引起高级别告警的故障排除后，低级别告警自动消除。

SDH 故障排除是一项复杂的工作，应综合考虑各方面因素，灵活运用上述原则进行快速处理。平时也应注意多积累此方面的案例并加以分析总结，提高故障处理的能力。

二、板卡故障的概况

板卡故障是一种常见的 SDH 故障。SDH 设备由不同的板卡相互配合而工作，任意一种板卡故障都有可能引起 SDH 系统的故障。不同板件的故障可能导致故障范围的不同，比如关键单板（电源板、交叉板、时钟板等）故障将影响本网元的所有业务，线路板件或支路板件出现故障将影响本板所承载的所有业务。

为了防止板卡故障而导致的业务中断或业务质量下降，SDH 设备做了完善的设计，比如采取关键单板的热备份、环网保护、支路板件 1:N 保护等措施，可极大地提高 SDH 设备的安全性。虽然 SDH

的这些设计能降低因板卡故障引起的 SDH 网络故障，但板卡故障后 SDH 设备的安全级别会降低，如再出现备用板卡故障将不可避免地导致业务中断或业务质量下降。

三、板卡故障定位思路及方法

不同板卡的故障会导致不同的故障现象，而板卡的不同故障也会产生不同的故障现象。定位板卡故障可以针对故障现象结合告警信息进行分析，查出故障原因进而予以排除。定位板卡故障，需要维护人员熟悉板卡的功能特性以及在网络中的作用，才能作出正确的分析判断。

四、常见板卡故障类型及处理方法

板卡的故障类型一般分为硬件故障、软件故障和外围设备故障三类，根据不同板件，这三类故障类型引发的故障现象也不同。

（一）主控板故障现象及处理方法

故障现象一：业务未中断，但网元无法远程登录，无法在网管远程对网元进行操作。

处理方法：用网管直接连接故障网元主控板进行登录。若能登录，查看主控板软件是否完好，若有部分软件丢失可重新下载相应软件。如软件文件完好但仍不能远程登录，将主控板掉电重启。如仍无法解决，判断为硬件故障，更换主控板。如在本站不能登录网元，直接判断为硬件故障，更换主控板。

故障现象二：网管连接不到任何网元。

处理方法：检查网管配置，查看网管计算机的 IP 地址和其他参数设置是否和网关网元相匹配。如无问题，则把网管与其他网元或计算机相连，如能通信，则表明网管系统正常。如网管配置检查无问题而故障依旧，软复位网关网元主控板。软复位主控板后如故障依旧，则将主控板拔出后再插回设备机框。重启后如故障仍然存在，则可以判断是主控板硬件故障，更换主控板。

（二）交叉板故障处理

故障现象一：单板不在位。

处理方法：首先排除硬件安装故障。检查交叉板是否插紧，是否与子架母板接触良好。若硬件安装正常但故障现象依然存在，可将板件更换到备用槽位，更换槽位后如交叉板仍不在位，可判断为交叉板硬件故障，更换交叉板。

若更换槽位后单板正常，可判断为子架母板问题（如母板倒针、断针等），转入处理子架母板问题。

故障现象二：单板在位，但经过此交叉板的业务中断。

处理方法：

（1）首先排除业务配置错误。重新配置业务后，如故障消失，说明交叉板正常。

（2）如业务配置正确而故障仍然存在，重新加载单板软件。

（3）如重新加载单板软件后故障仍存在，可判断为硬件故障，更换交叉板。

（三）电源板故障处理

故障现象：设备掉电，业务中断。

处理方法：首先排除或处理外部故障（电源系统故障、电源系统和电源板的连接故障）。可测量电源柜输出端子到 SDH 设备所在机柜电源分配盘电压是否正常，如不正常就进行处理。如排除外部故障后故障仍然存在，用完好的电源板替换疑似故障板件，设备若能启动则判断为硬件故障，更换电源板。如替换完好的电源板后故障仍存在，判断为母板或其他板件故障，转入处理母板和其他板件故障处理。

将所有单板拔出查看母板是否有倒针，若有倒针需进行处理或更换母板。若无倒针需将单板逐一插回机框，定位是否有某一块单板出现短路。若全部板件均完好而故障依旧，则更换设备子架。

（四）时钟板故障处理

故障现象：单板跟踪不到时钟。

处理方法：排除时钟配置错误。重新配置时钟，如故障排除，说明时钟配置正确。如时钟配置正确而故障仍然存在，复位时钟板。复位时钟板后如故障仍在，拔插时钟板。拔插时钟板后故障依旧，可以判断为单板硬件故障，更换时钟板。

ZY3201605001

（五）线路板故障处理

故障现象：出现 R-LOS 告警，业务中断。

处理方法：排除光缆及对端设备原因。使用光功率计测试对端发送过来的光，如光功率正常，说明对端设备与光缆都正常。如测试不到光，则排查是否是光缆中断或者是对端设备发送故障，然后进行相关的处理。如果光缆与对端设备正常，则对疑似故障光板进行复位。光板复位后如果故障现象消失，说明故障是由光板软件吊死引起的。光板复位后告警还存在，则更换槽位，如果告警消失说明槽位存在故障。如果更换槽位后故障仍存在，则说明光板故障，更换单板。

（六）支路板故障处理

故障现象一：支路端口出现 T-ALOS 告警，2M 业务中断。

处理方法：首先排除外部硬件故障。可在 DDF 侧将相应支路端口进行硬件自环，若 LOS 告警不消失，查看 2M 端子是否插牢或有虚焊。若插接和焊接没问题，拔插支路板。支路板复位后，若故障仍存在，复位交叉板。复位交叉板后故障仍存在，更换支路板槽位并重新配置业务。更换支路槽位后故障仍存在，说明支路板故障，更换支路板。

故障现象二：支路端口出现 TU-AIS 告警，2M 业务中断。

处理方法：检查有无高级别告警，如有，先排除。检查业务路径是否完整，若业务路径不完整，对缺失业务进行添加。若业务路径完好，则查看网络是否发生了保护倒换动作。若发生了保护倒换，查看 2M 业务保护路径是否完好，若保护路径不完整，则对缺失部分进行添加。若保护路径完整，检查本站交叉板是否有故障。若交叉板无故障，更换支路板槽位或替换支路板，直到排除故障。

五、案例

案例 1：A 站和 B 站为通过 STM-16 光口以链状拓扑相连，某日 A 站光口上报 RDI 告警，而且业务全部中断。

1. 故障分析

RDI 是个对告告警，提示对端收光失败。在网管查看 B 站相应光口，发现有 LOS 告警，可断定故障出现在 A 站发送模块到 B 站接收模块之间。

处理过程：

（1）在 A 站将光口收发自环，发现光口无告警。同样在 B 站将光口收发自环，光口也无告警，说明两站点光板无故障。故障应出现在光缆。

（2）用 OTDR 对光缆纤芯进行测试，发现原 A 站发往 B 站的光缆纤芯出现中断，找到故障原因。

（3）将中断纤芯重新熔接后故障解决，业务恢复。

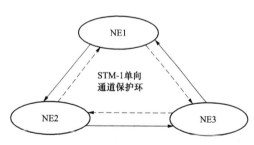

图 ZY3201605001-1　STM-1 单向通道保护环

2. 故障总结

如光板上报 RDI 对告类告警时，可以结合对端站的告警信息快速地对故障进行分析及初步定位。

案例 2：NE1、NE2 和 NE3 三个站点以 STM-1 速率相连组成环状拓扑结构，配置为两纤单向通道保护环，主环方向为逆时针。三个站点之间均有业务。NE1 为网关网元，某天 NE2 站点在网管无法登录，且 NE2 和 NE3 有业务倒换指示，三个站点再无其他任何告警。STM-1 单向通道保护环如图 ZY3201605001-1 所示。

1. 故障分析

（1）业务发生倒换指示但没有 LOS 告警，说明可能是板件故障。

（2）NE2 无法登录，可能是 NE2 到 NE1 方向光板的 ECC 通道禁止，需到 NE2 现场处理。

2. 故障处理

（1）到 NE2 现场登录到 NE2，查询告警信息，查询得知 NE1 方向光板的 ECC 状态正常。

（2）查询主控软件状态，发现主控软件状态异常。

（3）重新加载主控软件，重启后故障恢复。

3. 故障总结

单板软件异常会引起异常告警现象，处理此类故障时应先处理其他告警现象。如本例中的 NE2 无法远程登录，处理时先解决登录故障就可能会找到其他故障原因。

【思考与练习】

1. SDH 网络故障定位原则是什么？

2. 怎样处理光口板出现 LOS 告警？

3. 怎样处理支路板出现 AIS 告警？

4. 常见的 SDH 板卡故障有哪些？如何处理？

模块 2　网元失联故障处理（ZY3201605002）

【模块描述】本模块介绍了 SDH 设备网元失联故障处理，包含 SDH 设备网元脱离网管管理故障现象的描述以及根据相应告警信息的分析来定位故障点。通过故障定位、处理方法介绍、案例分析，掌握 SDH 设备网元失联的故障处理方法。

【正文】

一、网元失联故障概述

网管要对网络设备进行管理，必须要和被管理的网元进行通信。根据 ITU-T 的相关规范，非网关网元通过光路连接网关网元，网管系统通过连接网关网元实现对整个 SDH 网络的统一管理。其中，网管和网关网元通过 TCP/IP 协议通信，非网关网元和网关网元通过 ECC 通道通信。ECC 即嵌入式控制通路，是一种网元间通信的协议，是通过 DCC 字节来传递的。

网元失联是指此网元已经和网管失去了联系。网元失联时，该网元的网络数据将得不到上报和转发，网管将无法对该网元进行管理。若是网关网元出现失联故障，则网管将失去对整个网络的管理。虽然网络脱管后业务不受影响，但此时维护人员无法得知网络的运行状态，出现紧急事件时也无法进行及时处理，带来的故障隐患不容小觑。

二、网元失联故障定位思路及方法

处理网元失联故障，可以从通信链路、主控板、网管系统三个方面着手，逐段排查故障。

（一）网关网元失联故障处理方法

（1）排除网管计算机与网关网元的硬件连接故障。网管计算机与网关网元之间通过以太网连接。如果硬件连接成功的话，网管计算机的网卡状态应为"已连接"。如果不是，应排除网线、网卡的故障。如仍未解决，判断为网关网元主控板网口故障，更换主控板。

（2）排除网管计算机与网元的软件连接故障。查看网元的 IP 地址和网管 IP 地址是否在同一网段内，若不在，需设置成同一网段。

（3）排除主控板故障。参考模块 ZY3201605001"板卡故障处理"中的"主控板故障处理"部分。

（4）排除网管系统故障。依次重装网管软件、重装操作系统、更换网管硬件，直至故障排除。

（二）非网关网元失联故障

（1）排除非网关网元与网关网元光路连接故障。查看光路是否异常，相应光口是否有 LOS、RDI 告警。若有，则可能为光板或光缆问题，转入排除光板或光缆故障。

（2）排除非网关网元与网关网元 ECC 通道故障。查询相应 ECC 端口是否为禁止状态，若是禁止，需进行使能操作。

（3）排除主控板故障。参考模块 ZY3201605001"板卡故障处理"中的"主控板故障处理"部分。

【案例】

案例1：某日网络上所有的网元忽然脱管，所有网元均不能登录。

1. 故障分析

网络中所有网元全部脱管，很可能是网关网元和网管电脑之间的通信出现了故障。

2. 故障处理

（1）查看网管电脑和网关网元的 IP 设置，均为 129.9.X.X 网段。

（2）在网管电脑上用"Ping"命令对网关网元进行 Ping 测试，发现网络不通。

（3）查看连接网线，发现网线有断裂处，重新制作一条网线替换掉原有网线，故障排除。

3. 故障总结

网管电脑与网关网元使用 TCP/IP 协议通信，可将网关网元主控板上 ETH 口看作计算机的网口。网管电脑和网关网元之间的连接设置需满足局域网的连接关系。

案例 2：某环网中一非网关网元忽然变为不可登录，查询网管后发现网络有倒换保护告警且下游站点相应光口有 LOS 告警，上游站点无告警。

1. 故障分析

其余网元能够正常登录，说明网管、网关网元均无故障。下游站点有 LOS 告警，说明到下游站点的光路中断，通往下游的 ECC 通道也随之中断。上游站点无告警，说明上游光路未中断，但网管不能登录，说明通往上游的 ECC 通道也有问题，上下游的 ECC 链路全部中断造成了本站点无法在网管登录。

2. 故障处理

（1）使用 OTDR 仪表测试到下游的光缆，确认光缆中断并排除故障。

（2）光缆正常后，到下游的 ECC 链路已经恢复，网元已能顺利登录。

（3）查询连接上游站光口的 ECC 状态，发现为禁止，使能后故障排除。

3. 故障总结

非网关网元与网管电脑之间的通信是靠网关网元转发的，而网关网元和非网关网元之间是靠 ECC 链路进行通信的，ECC 链路信息是靠 SDH 帧结构中的 DCC 字节进行传送的。所以，如果 SDH 设备不能正常接收 SDH 帧，就会发生 ECC 不通故障。ECC 链路也支持手工禁止和使能功能，正常情况下都需要设置为"使能"。

案例 3：某网络在调测中发现网关网元配置有错误，所以把网关网元进行删除，重建网关网元后，发现其他网元均登录不上。

1. 故障分析

因为 SDH 传输网络与网管的通信是通过网关网元进行的，所以要与某一传输网络通信，首先要创建好网关网元，其他非网关网元一定要从属于某一网关网元才能和网管进行通信。当把网关网元删除后再新建，原来的从属关系就发生了改变（即非网关网元的所属网关已变成未配置）。

2. 故障处理

在网管主菜单中选择"系统管理"菜单，在下拉菜单中选"DCN 管理"命令，进入"DCN 管理"窗口。在"网元"标签下，把其他网元所属的网关进行相应的设置，故障解决。

3. 故障总结

非网关网元和网管的通信是经过网关网元转发的，所以非网关网元必须要配置其所从属的网关网元才能被正常管理。

【思考与练习】

1. 网管电脑和网关网元之间如何相连，网关网元和非网关网元之间如何相连？

2. 非网关网元失联故障如何处理？

模块 3 2M 失联故障处理（ZY3201605003）

【模块描述】本模块介绍了 2M 业务故障的定位和处理，包含 SDH 设备 2M 业务常见故障现象的描述以及根据相应告警信息的分析来定位故障点。通过故障定位、处理方法介绍、案例分析，掌握对 SDH 设备 2M 业务故障的处理方法。

【正文】

一、2M 失联故障概述

由于 2M 业务是 SDH 最重要的业务之一，应用数量相当多，所以 2M 失联故障发生的概率较高。SDH 设备的 2M 接口由同轴电缆引至 DDF 单元，为其他设备提供 2M 通道端口。若 2M 业务失联，则该端口下挂设备的业务将中断。一般 2M 承载的用户业务都是重要业务，如继电保护、远动信息、调度交换机互联、调度电话的 PCM 延伸等，如果承载这些用户业务的 2M 发生故障，很可能影响电网的安全运行，产生巨大的经济损失和社会影响。

二、2M 失联故障定位的基本思路及方法

当一条 2M 业务出现故障时，大致可以从 SDH 侧、用户侧和接地三个主要方面对故障进行分析定位，逐段排查故障。SDH 侧和用户侧一般以 DDF 为界。故障排除方法主要使用告警分析法、逐段环回法和替代法。

（一）排除 SDH 侧业务故障

（1）2M 业务在 SDH 侧开通正常时，在未接入用户设备的情况下该端口应有 LOS（信号丢失）告警，而无 AIS（业务配置错）告警。如有 AIS 告警，则需排除业务配置错误故障。

（2）检查该端口在 DDF 单元上与用户设备连接是否正确。

（3）若连接没有问题，但 2M 信号还是失联，则在 DDF 侧将传输侧信号自环，在网管上查看相应端口 LOS 告警是否消失，若消失，表明传输侧没问题，转入排除用户侧业务故障。

（4）LOS 告警若不消失，确定用户接口码型与传输侧接口是否一致，并排除中继线的线序接错、焊接问题、线缆断裂等线缆故障。

（5）上述问题排除后若 LOS 告警仍然存在，需查看 2M 接口板和业务板，如果有问题，则更换完好的板件进行处理。

（6）若故障仍未排除，可以依次更换交叉板、母板，直至故障排除。

（二）排除用户侧业务故障

（1）用户侧 2M 端口接口类型（平衡或非平衡）要与传输侧接口一致。

（2）用户侧 2M 端口发信号接传输侧的收信号，传输侧的发信号接用户侧的收信号，收发不能接反。

（三）排除接地故障

接地不当也有可能是产生故障的原因，所以在排查故障时需注意检查 DDF 单元、ODF 单元、SDH 设备各自接地是否良好且共地。

【案例】

案例 1：某机房内一台 PCM 设备从同机房内一台 SDH 设备引入 1 个 2M 业务，某日这个 2M 时隙忽然中断，网管上相应支路端口上报 LOS 告警，无 AIS 告警。

1. 故障分析

有 LOS 告警而无 AIS 告警，说明 2M 端口配置数据没有问题，应为 SDH 和 PCM 连接通道故障。

2. 故障处理

（1）在 DDF 上将这条电路的端口分别向 SDH 侧和 PCM 侧自环。

（2）在 SDH 网管查看本 2M 端口告警，发现自环后告警消失，说明传输侧正常。

（3）在 PCM 网管或 PCM 的 2M 板上查看 2M 端口告警，发现自环后告警未消失。判断故障位于 PCM 到 DDF 侧。

（4）进一步查看交换侧相应 2M 端口中继线接头，发现 2M 接头的发芯有虚焊现象。将发芯重新焊接后恢复 2M 对接，设备恢复正常。

3. 故障总结

SDH 设备 2M 时隙是使用中继线缆由支路板上引出的，并将中继线缆布放到数字配线架上与其他设备对接。在配线架处需要制作相应的 2M 端子，在制作过程中就会由于人为原因引发故障点。

案例 2：某日对其中一站进行扩容，要在其第 3 板位插入一块支路板，增加 2M 接口。从网管下发配置成功，但是有 WRG_BDTYPEE 告警上报，即有单板类型错误，配置的 2M 业务不通。

1. 故障分析

由于上报单板类型错误，所以可能是由于单板软件和主机软件之间的配套问题，或者由于单板故障引起。

2. 故障处理

（1）首先查看主机版本、单板软件版本是否配套，核对版本配套表发现各版本配套正常。

（2）更换相同型号支路板后问题依旧，将单板更换槽位。

（3）更换槽位后单板能正常开工，说明原槽位应该存在问题，可能是母板故障或者是单板和母板失配的原因。

（4）检查原槽位处母板和单板接口是否有倒针或者歪针现象，经检查并无倒针。

（5）检查单板插入情况，发现单板拉手条稍微高于相邻单板，应该是单板并未完全插入。

（6）用力将单板完全推入槽位，再查实际插板情况，WRG_BDTYPE 告警消失，业务开通正常。

3. 故障总结

在插入单板的时候，不要强行用力插入，避免出现倒针。另外，也要注意观察单板有没有插到位，可以通过观察插入单板的拉手条和其他单板的拉手条是否在同一平面上进行判断。

【思考与练习】

1. 2M 业务失联原因有哪三个方面？

2. 若 2M 端口有 LOS 告警，应如何处理？

模块 4 以太网业务故障处理 （ZY3201605004）

【模块描述】本模块介绍了以太网业务故障的定位和处理，包含 SDH 设备以太网业务常见故障现象的描述以及根据相应告警信息的分析来定位故障点。通过故障定位、处理方法介绍、案例分析，掌握 SDH 设备以太网业务故障的处理方法。

【正文】

一、以太网业务故障概述

以太网业务已经成为 SDH 的重要常见业务，发生故障的概率也随之增加。以太网业务故障将影响到本业务传递的用户业务中断。一般来说，SDH 上的以太网业务是提供给数据网络主用通道使用的，数据网上承载着大量不同类型的用户业务。当一条以太网业务故障时，往往影响这条链路上数据网承载的所有用户业务，影响面很大。另外，以太网业务承载的业务越来越重要，比如调度数据网、电能采集、故障录播等。承载这些业务的以太网如果发生故障，会造成严重的后果，比如影响电网的安全运行、造成经济损失等。

二、以太网业务故障定位的基本思路及方法

要排除以太网故障，首先要了解 SDH 网络上以太网实现的工作原理，这部分详细内容可以参考模块 ZY3201604002 "SDH 以太网业务的配置"。大体说来，SDH 是通过以太网板实现以太网业务的，以太网板的功能是将以太网帧进行相应处理后，转换成标准的 SDH 帧结构在 SDH 网络上进行传输，也就是 SDH 网络中的以太网业务可分为 SDH 侧处理和以太网侧处理两部分。以太网故障处理首先需要定位到 SDH 侧故障、以太网侧故障和外围设备故障，再进行相应的处理。处理以太网故障，需要灵活地使用告警分析法、逐段环回法、替换法等方法，以下是常见的处理步骤。

1. 排除 SDH 侧故障

如果 SDH 侧发生故障，在网管中可以观察到以太网业务所占用的时隙一般有 AIS 告警。若有 AIS 告警，说明 SDH 提供给以太网使用的时隙工作不正常，需进行排除。AIS 告警可能是由光板故障、光缆故障、交叉板故障等引起的，这些故障一般会引起这条路径上的所有业务 AIS 告警，而且会有高级别告警产生。

如果仅仅是以太网所占用的时隙产生 AIS 告警，这些告警一般是由业务配置错误引起的，需要排除。以太网板的时隙配置和 2M 的配置基本相同，但以太网板有时隙概念，配置时需要遵循以太网板的时隙配置原则，具体可以参考相应厂家的说明书。

有些设备支持以太网业务测试，可以快速排除 SDH 侧故障。它从本站的 VCTRUNK 发送测试帧到对端 VCTRUNK，并在对端的 VCTUNK 环回后检测收发字节是否一致。如果字节一致，则只需要确认时隙绑定正确，就可以确认 SDH 侧没有问题。

2. 排除外围设备故障

外围设备包括外围设备到以太网板的连接线路和外围设备本身两部分。连接线路一般由配线架、尾纤、网线等构成，一般可用替换法排除（配线架可以替换端口）。外围设备种类很多，不同类型外围设备的故障排除通用方法是：让外围设备使用相同的端口，用非故障以太网通道或其他以太网通道与对端设备连接，如果通信正常，则可以排除外围设备本身问题。

另外还要排除外部设备和以太网板的匹配问题。比如单模和多模不能匹配，10M 和 100M 不能匹配，半双工和全双工不能匹配等，出现匹配问题需要更换匹配的板件或者更改双方的参数设置。

3. 排除以太网侧故障

由于以太网侧业务配置较为复杂，容易出现配置错误的情况。不同的以太网类型业务（EPL、EPLAN、EVPL、EVPLAN）需要设定的参数不同，需要逐段、逐个参数进行检查，排除由设置错误引起的故障。

检查内部端口和外部端口的连接设置是否正确，如有错误，重新设置排除故障。

检查内部端口的属性设置，如有错误，重新设置排除故障。

检查外部端口的属性设置，如有错误，重新设置排除故障。注意，外部端口连接的是外围用户设备，参数的设置需要根据用户设备的设定进行，比如半双工/全双工、速率、最大帧长等。

检查数据的过滤模式是否正确，如有错误，重新设置排除故障。

4. 排除以太网板硬件故障

如果以上操作完成，故障仍然存在，基本可以定位为板件硬件故障，更换板件排除故障。

总的来说，以太网故障的排除比较困难，处理时间较长，需要维护人员有良好的 SDH 基础和以太网基础，很多以太网故障往往是由于兼容性或者以太网协议设置错误引起的，并不是 SDH 以太网业务通道的问题。这样就需要维护人员在平时工作中养成日志记录的习惯，多分析、多统计、多归纳总结，找到故障产生的共同点，提高故障排除的能力。

【案例】

某一环形组网结构如图 ZY3201605004-1 所示，需要配置 NE2 和 NE3 分别到 NE1 的 EPLAN 以太网业务，并将原有承载在公网上的业务割接为承载在这张自建 SDH 网上，配置完成业务割接后发现业务中断。

1. 故障分析

原来业务承载在公网上正常，基本可判断外围设备无故障，先从 SDH 侧和以太网侧进行故障排除。

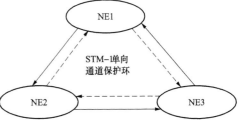

图 ZY3201605004-1　环形组网结构

2. 故障处理

（1）查询 SDH 侧 AIS 告警情况，发现业务无告警，排除 SDH 侧故障。

（2）根据 EPLAN 业务特点，检查内部端口和外部端口的连接设置，VB 挂接没有问题。

（3）根据 EPLAN 业务特点，检查内部端口属性，均为 Tag Aware，没有问题。

（4）咨询用户业务业务模式，确认外部设备没有启用 VLAN，检查外部端口属性，均为 Access，没有问题。

（5）进一步检查默认的 VLAN ID，发现 NE1 中外部端口默认 VLAN_ID 为 100，NE2、NE3 中外部端口默认 VLAN_ID 为 1，将 NE1 默认 VLAN_ID 修改为 1，故障排除，用户业务恢复。

3. 故障总结

从以上案例可以看出，排除以太网业务故障一定要对 SDH 处理以太网业务的工作原理很熟悉。外部端口模式为 Access 时，系统会加上 VLAN 标签，VLAN_ID 使用默认值（可人工修改），对端网元的外部端口在出端口时检测 VLAN_ID 是否与本默认 VLAN ID 一致，若一致就去除 VLAN 标签进行发送，若不一致就会将信号丢弃。另外还可以看出，业务割接等操作，一定要严格按照规范进行实施，比如在本案例中，工程人员在没有确认业务通道已经完好的情况下，中断客户业务进行割接操作，导致业务中断时间增长，造成一定的损失。

【思考与练习】

1. 为什么说以太网业务故障会造成严重的后果？

2. 排除以太网故障时，常见的步骤是什么？

3. 排除以太网故障需要具备哪两方面的技术基础？

第六十六章 SDH 配置备份及恢复

模块 1 SDH 配置备份 (ZY3201606001)

【模块描述】本模块介绍了 SDH 设备配置数据的备份保存，包含典型设备网管系统中网元脚本及数据库备份方法。通过概念方法介绍、操作举例、界面窗口示意，掌握 SDH 网元数据备份的操作步骤及注意事项。

【正文】

一、基本概念

SDH 网络在实际运行过程中，设备和网管都有可能损坏而导致配置数据的丢失，为了保障网络安全，就需要对配置数据进行备份。另外，网络运行时经常要进行业务新建、站点新增、网络优化和故障处理等操作，也需要对配置数据及时进行备份。有了备份的配置数据，可以快速将网络配置数据恢复到最近的备份状态，尽可能减少业务中断时间和损失。

一般来说，配置数据是网管通过主控板加载到具体的业务板件（包括交叉板）上的，业务板件按照设定的配置数据进行工作，所以配置数据可以存在于业务板、主控板和网管上。其中，业务板上的配置数据是在运行配置数据，主控板和网管侧的都是备份数据。SDH 设备可在一定周期内把对业务板件配置的数据自动保存于主控板上的掉电不丢失库中，用于设备重启后数据的重新加载。这种备份方式所形成的数据仅包含单站网元侧数据，不可查看也无法转移。为了增加主控板上配置数据的安全性，一些厂家也支持主控板热备份。为了增加网管侧配置数据的安全性，网管一般支持配置数据的导出冷备份和在线/异地双机热备份。目前配置数据的备份和恢复一般主要针对网管侧数据的操作，本章内容主要描述网管侧配置数据的备份与恢复。

二、SDH 数据备份的方法

网管侧配置数据可分为网络层数据和网元层数据，其中，网络层数据主要包括光口连接关系、网络保护方式、路径路由信息等，网元层数据主要包括单板配置信息、业务配置、光口使用情况等。

对于在线/异地双机热备份的网管系统，网管侧配置数据的备份和恢复是同步软件自动完成的。冷备份方法是将网管侧数据以文件形式输出并妥善保存。当然，对于在线/异地双机热备份的网管系统，也可以增加冷备份的操作，进一步加强配置数据的安全性。

三、SDH 数据备份的步骤

下面以华为设备为例，进行 SDH 配置数据的备份操作。华为设备对网管侧数据的备份有三种方法：MO 文件备份法、数据库备份法和脚本导出法。

（1）MO 文件备份法。备份时只需运行网管系统数据库程序即可，不需运行网管软件。MO 文件备份后生成的是一系列的文件，备份的数据包含全网所有的配置数据。MO 文件备份法用时较长但生成文件所占空间较小，备份的文件只能在相同版本的网管系统中进行恢复操作。

（2）数据库备份法。数据库备份法和 MO 文件备份法基本相同，不同的仅仅是数据库备份用时较短但生成文件所占空间较大。

（3）脚本导出法。备份时需要完整运行网管软件，每个站点配置数据生成一个 txt 文件。备份的数据不包含告警信息、以太网侧业务信息（所以用导出脚本进行数据恢复后需立即进行全网站点上载操作，从设备上读取告警信息和以太网侧业务信息，保证网管侧数据与网元侧数据同步）。脚本导出法用时较短，生成文件所占空间最小，且备份的配置数据文件对于网管版本可以向下兼容，比如低版本的网管系统中备份的数据，可以在高版本的网管系统中进行恢复操作。

根据不同的应用场合，可以对以上三种备份方法进行组合使用，以达到对配置数据最全面备份的目的。下面对这三种方法逐一进行描述。

（一）MO 文件备份法和数据库备份法

MO 文件备份法和数据库备份法实际上是用数据库管理工具进行操作的，具体步骤如下：

（1）运行 T2000DM 软件。在 X:\T2000\server\database（X 指 T2000 软件安装的目录盘，下同）目录下，找到文件"T2000DM.exe"。双击运行"T2000DM.exe"，弹出"数据库管理工具"对话框。

（2）在"数据库管理工具"左边框内单击"T2000DBServer"，弹出"请输入密码"对话框。在"用户名"文本框中输入"sa"，"密码"文本框中为空，点击［确定］按钮，进入"数据库管理工具"界面。在界面中可看到"备份恢复"、"数据库维护"、"配置数据库服务器"三个页面标签。在"备份恢复"页面标签内有［备份 MO］、［恢复 MO］、［备份数据库］、［恢复数据库］四个按钮，如图 ZY3201606001-1 所示。

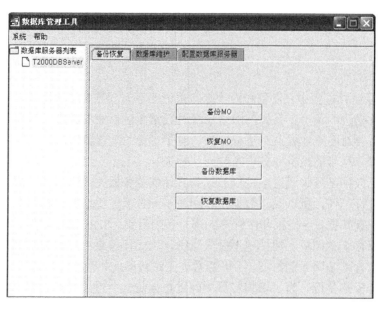

图 ZY3201606001-1　数据库管理工具

（3）如进行 MO 文件备份法备份数据，就点击［备份 MO］按钮，弹出"MO 备份说明"对话框，MO 文件默认保存路径为 X:\T2000\server\database\dbbackup，点击［ … ］按钮，可改变 MO 备份的路径，如图 ZY3201606001-2 所示。

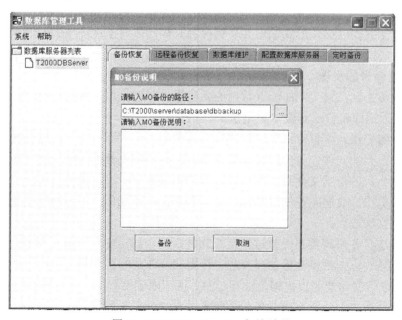

图 ZY3201606001-2　MO 备份说明

（4）点击［备份］按钮，弹出"备份 MO"对话框，备份完成后在提示框最底部会显示备份文件的存放路径以及备份文件名称（MO 文件备份法生成的是一个文件夹，文件夹的名称自动按照"年月日时分秒"来命名，备份的文件后缀为".DAT"）。

如使用数据库备份法备份数据，就要点击［备份数据库］按钮，后续操作步骤与 MO 文件备份法相同，但数据库备份法生成的文件后缀为".BAK"。

（二）脚本导出法

（1）运行网管软件。运行 T2000 网管软件，具体操作方法参考模块 ZY3201607001（添加网元）中"运行网管软件"的描述。

（2）选择操作类型。在网管主视图主菜单中单击 "系统管理"菜单，在下拉菜单中选择"脚本导入导出"命令，进入"脚本导入导出"界面，在"脚本文件类型"下拉表中选择"全网配置文件"，选中"导出"单选按钮，如图 ZY3201606001-3 所示。

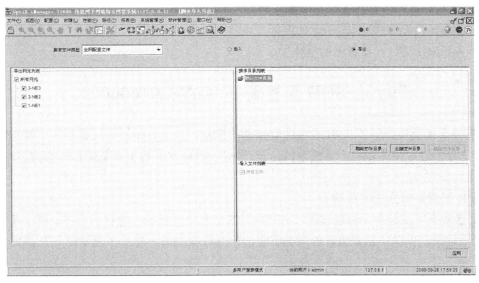

图 ZY3201606001-3　全网配置文件导出

（3）创建备份文件目录。点击［创建文件目录］，弹出"输入"对话框，在"请输入新建目录名"文本框输入文件名（默认新建目录名为："年-月-日_时-分-秒"形式），点击［确认］按钮后在"操作目录列表"内新增了一个文件夹。选中该文件夹，单击右下角的［应用］按钮，弹出"确认"提示框，单击［确认］按钮后即开始对配置数据进行导出脚本备份，如图 ZY3201606001-4 所示。从视图可以看出，脚本导出法可以单独支持部分站点的配置数据备份。

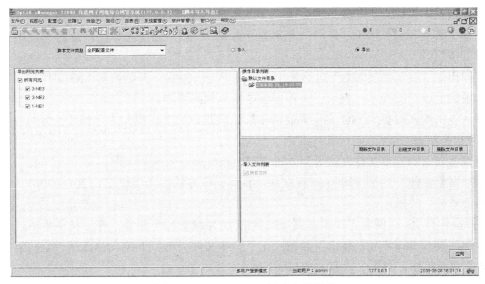

图 ZY3201606001-4　创建文件目录

（4）导出成功后，弹出"操作结果"提示框，提示框提示"操作成功"并显示导出数据保存的路径，默认为：X:\T2000\server\script，文件后缀为".TXT"。

四、数据备份的注意事项

（1）在备份前应进行网元侧和网管侧数据的同步操作，以保证所备份数据为最新的网络数据。

（2）备份前需要检查是否有网元脱管，脱管网元无法保证网管侧数据和网元侧数据一致，排除网元脱管故障后才能进行网管侧数据备份。

（3）对 SDH 网络进行行业务配置、扩容优化前后均需要进行备份操作，前面的备份是防止业务配置操作失败后能及时恢复，后面的备份是为了及时备份最新网络配置数据。

（4）设备本身在经过一定周期后也能自动备份数据（这个时间各个厂家不尽相同，比如华为设备为 30min），但自动备份不能替代手工的定期备份网管侧数据。

【思考与练习】

1. SDH 配置数据一般存在于哪几个地方？

2. 进行数据备份有哪些注意事项？

3. 用脚本导出法进行一次备份的操作。

模块 2 SDH 配置恢复（ZY3201606002）

【模块描述】本模块介绍了 SDH 设备配置数据的恢复，包含典型设备网管系统中网元脚本及数据库备份恢复方法。通过操作举例、界面窗口示意，掌握 SDH 网元数据恢复的操作步骤及注意事项。

【正文】

一、SDH 配置数据恢复的目的

SDH 配置数据恢复是备份的逆过程，同时数据恢复也是数据备份的目的所在。通过备份和恢复两个操作的灵活运用，可以尽量避免各种情况引起的配置数据丢失，尽快恢复网络，从而提高网络的安全性。

二、SDH 配置数据恢复的步骤

SDH 数据恢复需要两个步骤。第一步恢复网管侧数据，将备份的配置数据恢复到网管上。第二步恢复设备侧数据，将已恢复的网管数据下发到 SDH 设备上，使 SDH 设备工作于备份时的状态。

三、恢复网管侧数据的方法与操作步骤

以华为设备为例，恢复网管侧数据也有 MO 文件恢复法、数据库恢复法和脚本导入法。

（一）MO 文件恢复法和数据库恢复法

（1）将准备恢复的 MO 文件夹拷贝到 X:\T2000\server\database\dbbackup 目录下。

（2）运行数据库管理工具 T2000DM.exe，键入用户名和密码，进入主界面。

（3）选择［恢复 MO］按钮，弹出"选择备份的 MO"对话框，选择要恢复的 MO 数据文件夹，点击［恢复］按钮。

（4）在弹出的"确认恢复 MO"对话框中点击［确定］按钮，开始恢复 MO 文件。

（5）出现恢复成功的提示，表示已将备份数据恢复到网管中。

数据库恢复法操作可参照 MO 文件恢复法进行，只是在第 3 步操作中选择［恢复数据库］按钮。

（二）脚本导入法

（1）将准备导入的脚本文件夹拷贝到本机 X:\T2000\server\script 目录下。

（2）运行网管软件。运行 T2000 网管软件，具体操作方法参考模块 ZY3201607001（添加网元）中"运行网管软件"的描述。

（3）选择操作类型。在网管主视图主菜单中单击 "系统管理"菜单，在下拉菜单中选择"脚本导入导出"命令，进入"脚本导入导出"界面，在"脚本文件类型"下拉表中选择"全网配置文件"，选中"导入"单选按钮，如图 ZY3201606002-1 所示。

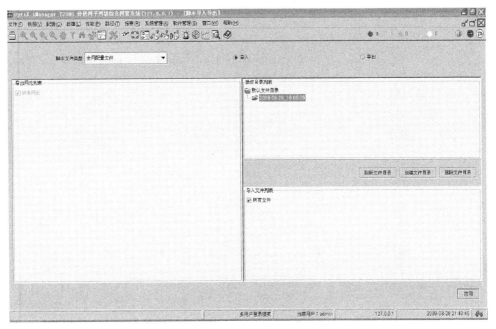

图 ZY3201606002-1 全网配置文件导入

（4）在操作目录列表中选中要恢复数据的文件夹，点击右下角的［应用］按钮，弹出"确认"提示框，如图 ZY3201606002-2 所示。

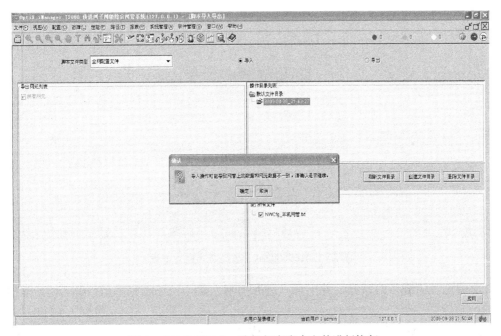

图 ZY3201606002-2 选择相应脚本文件进行恢复

（5）点击［确认］按钮，此时会弹出"再次确认"对话框，点击［确认］按钮后弹出"导入全网配置文件"对话框，并出现操作进度条。等待进度为 100%后会提示操作成功，表示已将备份数据恢复到网管中。

四、恢复设备侧数据的操作步骤

（1）进入网元管理器。在 T2000 网管主视图主菜单中点击"配置"，在弹出的下拉菜单中选择"配置数据管理"命令，进入"配置数据管理"窗口，如图 ZY3201606002-3 所示。

（2）网元下载。在窗口左侧网元列表中选中需要下载网元的复选框，点击［>>］按钮将网元选到右侧"配置数据管理列表"中。在列表中选中相应网元，单击［下载］按钮，弹出"确认"提示框，点击［确定］按钮，弹出"再次确认"提示框后再点击［确定］。

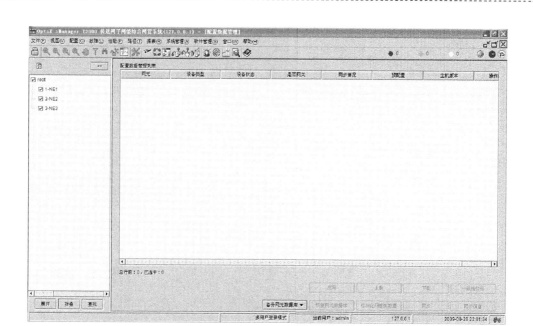

图 ZY3201606002-3　配置数据管理

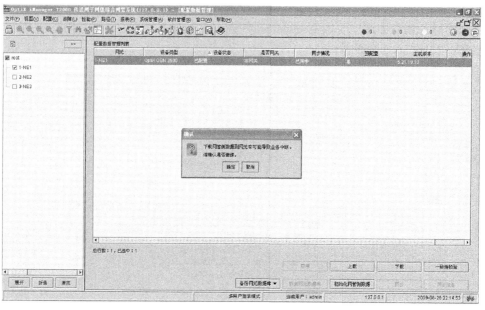

图 ZY3201606002-4　选择网元进行下载

（3）此时弹出"下载"对话框，并出现"进度提示"条。当进度完成至 100%时，弹出"操作结果"对话框。

（4）如提示"操作成功"，表示网元数据恢复成功。如提示"操作部分成功"，则点击［详细信息］按钮，根据提示信息解决出现的问题，再从第二步开始重新操作直至下载成功。

五、注意事项

SDH 数据恢复是一个非常危险的操作，数据下发后设备上运行的业务将会被替换掉。即使备份数据和当前网元数据一致，也会由于设备重启而使业务发生片刻中断。而且 SDH 数据恢复往往是针对全网进行的，业务中断的影响面很大，所以做数据恢复操作一定要慎重，要严格按照相关管理规范来实施。恢复的注意事项如下：

（1）保证所选备份数据中的设备硬件配置、光纤连接关系与当前网络相同，否则将导致下载失败或下载后业务不通。

（2）用 MO 文件恢复法和数据库恢复法进行网管侧数据恢复时，要求备份时所用的网管版本和进行恢复操作的网管版本保持一致，否则无法恢复。

（3）用不同的数据备份法备份的数据也只能通过相应的数据恢复法进行恢复，比如 MO 文件备份法备份的数据无法用数据库恢复法进行恢复。

（4）恢复设备侧数据进行数据下载时，要保证相关网元未脱管，否则下载失败。

（5）下载过程结束后设备会有一个重新启动的过程，在这段时间内业务将中断。

【思考与练习】

1. SDH 数据恢复分为哪两步？

2. 可以用 MO 文件恢复法恢复脚本导出法备份的数据吗？

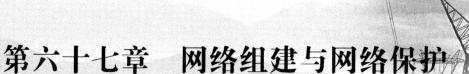
第六十七章　网络组建与网络保护

模块 1　添加网元（ZY3201607001）

【模块描述】本模块介绍了在网管上创建 SDH 网元，包含 SDH 设备 ID 设置、类型选择、名称描述、网关设置、登录账号等操作方法。通过软件举例介绍、界面窗口示意，掌握在 SDH 网管上创建网元的方法。

【正文】

SDH 网管系统一般由客户端和服务器端两部分组成，网管侧网络数据存放于服务器端，客户端是操作维护终端。网管对网元的操作，是通过客户端先配置修改服务器端网络数据，再由服务器下发到网元侧实现的，这就要求服务器侧必须有网元侧的相关信息数据，比如网络拓扑、网元参数、光纤连接关系、业务配置数据等。

网管获取网元侧的数据途径有两种，一种是手工添加，另一种是通过网管通道上载。根据 ITU-T 相关规范，完整的网管通道包含两段：网管系统连接网关网元的以太网通道、非网关网元连接网关网元的 ECC 通道。与网管系统相连的网元称为网关网元，其他网元称为非网关网元，非网关网元与网管系统的通信是通过网关网元转发的。需要说明的是，网关网元和非网关网元仅仅是为了网管通信进行人为设置的网管通道路由信息，网元本身并没有区别。

在网管系统上添加网元时需先添加网关网元，再添加非网关网元。网元添加完成后，网管通道也相应的建立完毕，其他数据就可以采用上载的方式进行了。目前也有部分厂家 SDH 网管支持只手工添加网关网元，其他网络信息均可以自动上载的方式。

下面以华为设备为例，介绍网关网元和非网关网元的添加方法及步骤。

一、运行网管软件

网管系统有两种安装模式，一种是服务器端和客户端安装于同一台电脑上，另一种是服务器端和客户端安装于两台联网电脑上，分别介绍如下。

1. 服务器端和客户端安装于同一台电脑

（1）运行"T2000Server"，运行结束后会弹出"用户登录"对话框。在"用户名"输入框中输入用户名"admin"，在"密码"输入框中输入默认密码"T2000"，"服务器"默认为"local"，点击［登录］按钮。

（2）在出现的系统监控客户端进程表中，有 10 个进程，等这 10 个进程的"进程状态"都为"运行"时，服务器端启动完成，可最小化窗口并运行客户端。

（3）运行"T2000Client"客户端软件，在弹出的"用户登录"对话框中的"用户名"输入框中输入"admin"，在"密码"输入框中输入"T2000"，"服务器"默认为"local"，点击［登录］按钮，等运行结束后网管软件即启动成功。

2. 服务器端和客户端安装于不同电脑上，但两台电脑可通过网络互相通信

（1）运行"T2000Client"，在弹出的"用户登录"对话框界面中输入用户名和密码。

（2）点击"服务器"输入框右侧的［▦］按钮，弹出"设置"对话框，如图 ZY3201607001-1 所示。

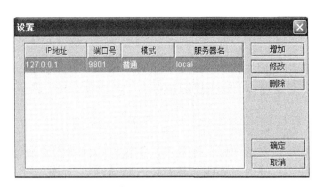

图 ZY3201607001-1　服务器地址设置

（3）点击［增加］按钮，弹出新的"设置"对话框。在"IP 地址"输入框输入服务器端所在电脑的 IP 地址，"端口号"和"模式"输入框采用默认选项，"服务器名"输入框可输入服务器的名字（如输入"上海"）。若服务器 IP 地址为 192.168.0.220，则输入后如图 ZY3201607001-2 所示。

图 ZY3201607001-2　添加新的服务器端 IP 地址

（4）点击［确定］按钮，可以看到新的服务器端 IP 地址已添加好，如图 ZY3201607001-3 所示。

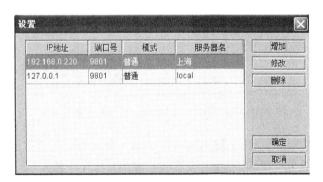

图 ZY3201607001-3　服务器端 IP 地址添加成功

（5）点击［确定］按钮，保存所作的设置修改并关闭"设置"对话框。

（6）此时可看到"用户登录"对话框中的"服务器"输入框中可选择到刚才添加的"上海"服务器，如图 ZY3201607001-4 所示。

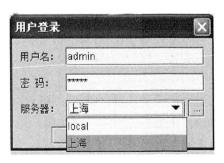

图 ZY3201607001-4　选择异地服务器进行登录

（7）点击［登录］按钮，即可登录到服务器端并成功运行网管软件。

3. 客户端密码修改

在客户端登录完成后在主视图主菜单中点击"文件"菜单，在下拉菜单中单击"修改用户口令"命令，弹出"设置新口令"对话窗框。输入"旧口令"、"新口令"和"确认新口令"。单击［确定］即完成客户端密码的修改。

二、网关网元创建

（1）在主视图任意位置单击右键弹出快捷菜单，把鼠标指针移到快捷菜单中"新建"上，在级联菜单中单击"拓扑对象"命令，弹出"创建拓扑对象"对话框。

（2）网关网元类型选择。根据实际网元类型，在对象类型树中选择相应的网元类型，以新建华为 Optix OSN3500 为例：在"对象类型"树中选择"OSN 系列"、"Optix OSN3500"，右边弹出网元属性参数设置表，如图 ZY3201607001-5 所示。

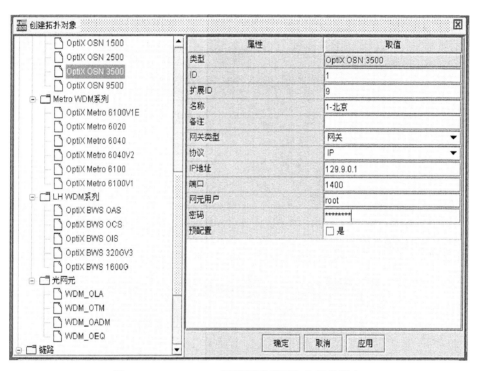

图 ZY3201607001-5 网关网元类型和参数设置表

（3）网关网元基本参数设置。"ID"输入文本框中输入网元 ID 号，"扩展 ID" 输入文本框中默认为 9（如果人工设置了扩展 ID，就要填人工设置的扩展 ID 号），"名称"输入文本框中填写本网元名称（一般采用"ID-地名"的命名方式）。在"网关类型"下拉表中选择"网关"，此时下一行的设置栏中会展开 IP 地址栏，一般选默认值，不需要修改。在"网元用户"输入框中输入用户名"root"，在"密码"框中输入密码"password"，"预配置"复选框默认为空。若该网元配置的数据不需下发到设备侧，可选中"预配置"复选框，弹出"主机版本"选默认值无需修改，然后在网管上可以对网元进行虚拟配置。

（4）网关网元位置选择。单击［确定］按钮，鼠标指针变为十字光标。拖动鼠标，在主视图上选择网元放置的位置，单击鼠标左键，就会在该位置生成网元，网关网元到此添加完成（正确创建的网元在网管上显示为绿色，如创建网元有误或网管与该网元通信不正常时，网元显示为灰色）。

三、非网关网元创建

（1）在主视图任意位置单击右键弹出快捷菜单，把鼠标指针移到快捷菜单中"新建"上，在级联菜单中单击"拓扑对象"命令，弹出"创建拓扑对象"对话框，如图 ZY3201607001-6 所示。

（2）网元类型选择。在"对象类型"树中选择"OSN 系列"、"Optix OSN3500"，右边弹出网元属性参数设置表。

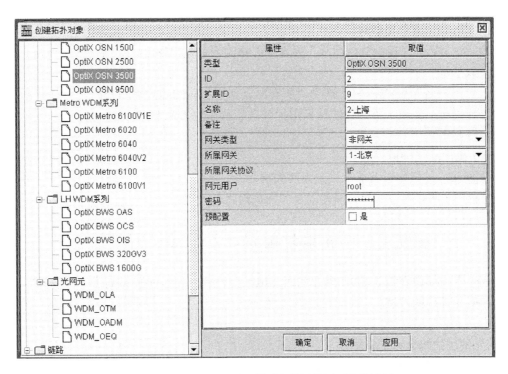

图 ZY3201607001-6 网元类型和非网关网元参数设置

（3）非网关网元基本参数设置。"ID"输入文本框中输入网元 ID 号，"扩展 ID" 输入文本框中默认为 9（如果人工设置了扩展 ID，就要填人工设置的扩展 ID 号），"名称"输入文本框中填写本网元名称（一般采用"ID-地名"的命名方式），在"网关类型"下拉表中选择"非网关"，在"所属网关"的下拉表中选择本网元所属的网关网元；在"网元用户"输入框中输入用户名"root"，在"密码"框中输入密码"password"，"预配置"复选框默认为空，如图 ZY3201607001-6 所示。

（4）非网关网元位置选择。单击［确定］按钮，鼠标指针变为十字光标。拖动鼠标，在主视图上选择网元放置的位置，单击鼠标左键，就会在该位置生成网元，网元添加完成（正确创建的网元在网管上显示为绿色，如创建网元有误或网管与该网元通信不正常时，网元显示为灰色）。

（5）也可以通过网管软件自带的设备搜索功能批量创建非网关网元。

1）在主视图主菜单中选择"文件"，在下拉菜单中选择"设备搜索"，弹出"设备搜索"窗口。

2）单击［增加］按钮，弹出"搜索域输入"对话框，如图 ZY3201607001-7 所示。

3）选择地址类型为"网关网元 IP 地址"或"NSAP 地址"或"网关网元所在 IP 网段"，输入"搜索地址"，单击［确定］按钮。

图 ZY3201607001-7 增加搜索条件

588

4）单击［开始搜索］按钮进行网元搜索。

5）搜索完毕后，在"搜索到的网元"列表中选择尚未创建的网元。单击［创建网元］按钮，弹出"创建网元"对话框。

6）输入"用户名"和"密码"，选中"所有网元使用相同的用户名和密码"同时创建多个网元。

7）单击［确定］按钮。被创建的网元图标就会显示在主拓扑中。

【思考与练习】

1. 如何正确启动 T2000 网管？

2. SDH 网络中的低端设备能否设置为网关网元？

3. 实际操作在网管上添加网关网元以及非网关网元的过程。

模块 2　网元地址配置（ZY3201607002）

【模块描述】本模块介绍了 SDH 网元的网元地址的设置。通过配置原则讲解、设置方法介绍，掌握设置 SDH 网元地址的方法。

【正文】

一、网元地址的概念和配置原则

为了能够进行有效的网络管理，任何 SDH 网元在网络中都要有唯一的地址作为标识。有了网元地址，网管才能识别上报的信息是属于哪个网元的，同样网管下发的命令才能正确地到达相应的网元。

网元地址的配置一般要遵循以下的原则：

（1）每个网元只能有唯一的一个网元地址。

（2）同一台网管管理的网络中，不能把多个网元设置为同一个网元地址。

（3）在 SDH 网络建设初期应同步考虑规划网元地址。比如相同类型的设备分配为同一段可用网元地址，或者根据行政区域、设备级别进行划分。网元地址使用情况需及时记录并更新，防止扩容时错误地分配了已用的网元地址。

二、网元地址的设置方法

每个厂家的网元地址的定义和设置方法是不同的，下面以华为设备为例进行描述。

华为设备的网元地址是由 ID 号确定的，设置网元地址，也就是设置网元的 ID 号。华为设备支持硬件拨码或软件设置两种 ID 号的配置方法。

1. 硬件拨码设置 ID 号

华为设备拨码开关都设计在主控板上，由一排或两排二进制拨码组成。当右手拿拉手条时，右下侧拨码为最低位，左上侧拨码为最高位，拨码向上拨代表本位数值为"1"，向下拨代表本位数值为"0"。将规划好的 ID 号换算成二进制，再将拨码按照换算后的数值进行拨"0"或"1"，拨好后插回机框等主控板复位开工后新的 ID 号就生效了。

2. 软件设置 ID 号

软件设置 ID 号需要主控板支持，需要用华为 Optix Navigator 软件进行设置，键入命令":cm-set-neid:0x9XXXX"，其中"XXXX"表示十六进制的 ID 号。设置后主控板将自动复位，复位开工后 ID 号即设置成功。

三、华为网元 IP 地址的概念和设置方法

网管和主控板是通过以太网协议进行通信的，以太网通信的双方必须设置 IP 地址、子网掩码和默认网关等信息。这样，网管计算机网卡和网关网元的主控板配置口均需要做相应的设置。为了描述方便，下面用网管 IP 地址表示网管计算机网卡 IP 地址，用网元 IP 地址表示网关网元主控板的配置口 IP 地址。

为了方便起见，华为设备在出厂时都会有一个默认的 ID，而网元 IP 地址是根据 ID 号进行换算得出的，并随着 ID 号设置不同随时更新。两者换算关系如下：将 ID 号换算为二进制，在高位补 0 凑足 16 位后得出数值为 X，网元 IP 地址默认为 129.9.Y.Z，其中 Y 为 X 的高 8 位换算成十进制的数值，Z

为 X 的低 8 位换算成十进制的数值。比如某个网元的 ID 号为 566，换算成二进制后凑足 16 位后为 0000001000110110，高 8 位（00000010）换算成十进制的数值为 2，低 8 位（00110110）换算成十进制的数值为 54，此网元 IP 地址默认 129.9.2.54。

在网管和网关网元用网线直连的时候，因为网元有了默认 IP，只需要将网管的 IP 地址和网元 IP 地址设置在同一网段即可，无需再设置默认网关。如果网管和网关网元通过 DCN 通道连接，则需要按照 DCN 网络分配的 IP 地址分别设置网管 IP 地址和网元 IP 地址，此时就需要更改网元的默认 IP 地址了。

更改网元的默认 IP 地址需要使用华为 Optix Navigator 软件进行设置，具体命令如下：

（1）设置 IP 地址：":cm-set-ip:XX.XX.XX.XX"，其中"XX.XX.XX.XX"表示 IP 地址（十进制）。

（2）设置子网掩码：":cm-set-submask:YY.YY.YY.YY"，其中"YY.YY.YY.YY"表示子网掩码（十进制）。

（3）设置默认网关：":cm-set-gateway:ZZ.ZZ.ZZ.ZZ"，其中"ZZ.ZZ.ZZ.ZZ"表示默认网关（十进制）。

更改网元的默认 IP 地址后，网元 IP 地址将不再跟随 ID 号进行变化，建议在文档中进行记录，以免遗忘。如果人工设置的 IP 地址遗忘，则只能通过其他相连网元，以 ECC 通信的方式登录到该网元上，通过网管系统查询获得 IP 地址。或者将电脑 IP 地址设置 129.9.X.X 网段，并使用网线将电脑和该设备直接相连，运行"Optix Navigator"软件，在"NE IP Address"文本框内可自动查询到网元的 IP 地址。

【思考与练习】

1. 网元地址的作用是什么？

2. 网元地址的配置有哪些原则？

模块 3　网络保护方式设定（ZY3201607003）

【模块描述】本模块介绍了网络保护方式的设定，包含网络中两纤单向通道保护环、两纤双向复用段保护环、1+1 保护环、无保护链等保护方式设定步骤。通过操作步骤介绍、界面窗口示意，掌握在 SDH 网络中设定保护方式的方法。

【正文】

在 SDH 网络中，网元在网管上按实际光纤连接关系进行连接就形成了网络拓扑。网络拓扑设置保护类型后就形成了保护网，如两纤单向通道保护环、两纤双向复用段共享保护环、1+1 保护环、无保护链等。各种网络保护方式的设定是根据实际资源情况和业务需求来确定的。

（1）两纤单向通道保护环网。光缆资源满足网络成环的条件，业务级别为 STM-1 及以上。两纤单向通道保护环是 1+1 业务保护方式，采用"首端桥接，末端倒换"结构。相比复用段保护环，通道保护倒换无需协议参与，倒换时间快，但是网络带宽利用率较低。适用于网络对业务容量要求较低，大部分业务为集中性业务的网络。

（2）两纤双向复用段共享保护环网。光缆资源满足网络成环的条件，业务级别为 STM-4 及以上。利用网络后一半时隙保护前一半时隙，例如：STM-4 的网络中，采用东向光板的 3 号～4 号 VC4 保护西向光板的 1 号～2 号 VC4。复用段保护环需要运行复用段协议（ASP）才能实现保护，网络带宽利用率高，所以适用于业务容量需求大或分散业务较多的网络。

（3）1+1 保护环网。又称其为复用段线性保护 1+1。适用于网元与网元两点间有两个不同路由的光缆资源的情况下使用，相当于两点组成环。网元在源端双发业务，宿端选收业务，从而实现对重要业务的保护。

（4）无保护链。在不需要对链上业务进行保护时，可以配置成无保护链。

各种保护方式的基础知识可以参考模块 ZY3200303002"网络保护机理"。

下面以华为为例，介绍这些常用保护方式的设置方法。

假设 1-NE1、2-NE2、3-NE3 三套设备类型为华为 Optix OSN 3500，网元的基本配置如下：STM-16

线路板 2 块，PQ1 支路板 1 块，GXCS 交叉板 1 块，EFS 以太网板 1 块，GSCC 主控板 1 块，网元添加与单板配置在网管上已经完成。

一、创建两纤单向通道保护环

（1）创建网络拓扑。在网管主视图中将三个网元光口按实际环网拓扑依次连接好光纤。

（2）进入保护视图。在主视图主菜单中点击"配置"菜单，在下拉菜单中单击"保护视图"命令，进入保护视图界面。

（3）保护子网类型选择。在保护视图空白处点击右键弹出快捷菜单，把鼠标指针移到快捷菜单中"SDH 保护子网创建"上，在弹出的级联菜单中单击选择"二纤单向通道保护环"，如图 ZY3201607003-1 所示。

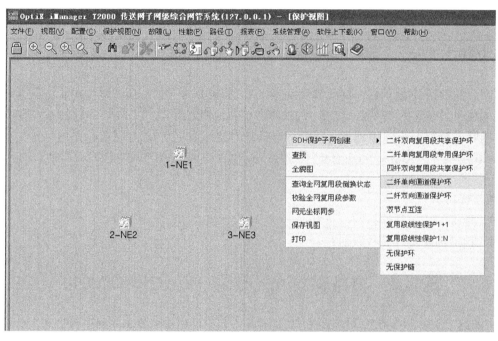

图 ZY3201607003-1　保护子网类型选择

（4）节点选择。左侧弹出"二纤单向通道保护环创建向导"对话框，"名称"一般采取默认值，在"容量级别"下拉表中选择与光口级别相同的选项，这里选择"STM-16"，然后按环的方向依次双击网元 1-NE1、2-NE2、3-NE3，"节点属性"默认为"PP 节点"，如图 ZY3201607003-2 所示。

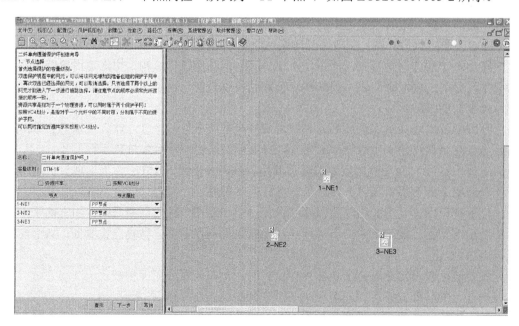

图 ZY3201607003-2　设置保护子网属性

（5）链路选择。单击创建向导左下方的［下一步］按钮，进入下一页面，单击［完成］按钮，弹出"操作结果"提示框提示"保护创建成功"。至此，"两纤单向通道保护环"保护子网创建完成。

两纤单向通道保护环创建成功后，保护子网在保护视图中显示为绿色线条。

二、创建两纤双向复用段共享保护环

（1）重复创建二纤单向通道保护环中的第1步、第2步。

（2）保护子网类型选择。在保护视图空白处点击右键弹出快捷菜单，把鼠标指针移到快捷菜单中"SDH保护子网创建"上，在弹出的级联菜单中单击选择"二纤双向复用段共享保护环"。

（3）节点选择。左侧弹出"二纤双向复用段共享保护环创建向导"对话框，"名称"采取默认值，在"容量级别"下拉表中选择"STM-16"，然后按环的方向依次单击网元，"节点属性"为默认值"MSP节点"。

（4）链路选择。单击创建向导下方的［下一步］按钮，进入下一页面，单击［完成］按钮，弹出"操作结果"提示框提示"保护创建成功"。至此，"二纤双向复用段共享保护环"保护子网创建完成。

两纤双向复用段共享保护环创建成功后，保护子网在保护视图中显示为蓝色线条。

三、创建四纤双向复用段保护环

四纤环需要每台SDH设备提供4个光口，分别对应两个方向，即每个方向有2个光口。

（1）创建线缆连接。按照规划进行光口连接，此时相邻两台设备间就有两路光缆连接，如图ZY3201607003-3所示。

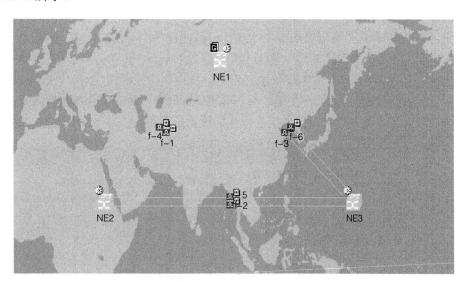

图 ZY3201607003-3 四纤光缆连接

（2）进入保护视图。在主视图主菜单中点击"配置"菜单，在下拉菜单中单击"保护视图"命令，进入保护视图界面。

（3）保护子网类型选择。在保护视图空白处点击右键弹出快捷菜单，把鼠标指针移到快捷菜单中"SDH保护子网创建"上，在弹出的级联菜单中单击选择"四纤双向复用段共享保护环"。

（4）节点选择。左侧弹出"四纤双向复用段共享保护环创建向导"对话框，"名称"采取默认值，在"容量级别"下拉表中选择"STM-16"，然后按环的方向依次单击网元。

（5）链路选择。单击创建向导下方的［下一步］按钮，进入下一页面，单击［完成］按钮，弹出"操作结果"提示框提示"保护创建成功"。至此，"四纤双向复用段共享保护环"保护子网创建完成。

四纤双向复用段共享保护环创建成功后，保护子网在保护视图中显示为双蓝色线条，如图ZY3201607003-4所示。

模块3

ZY3201607003

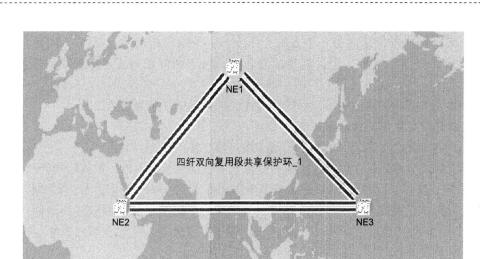

图 ZY3201607003-4　四纤双向复用段保护环创建

四、创建 1+1 保护环

（1）创建网络拓扑。在网管主视图中将 NE1 和 NE2 用两条光纤进行连接（此时需要在设备上将 NE1 连接 NE3 的光缆切换到连接 NE2）。

（2）进入保护视图。在主视图主菜单中点击"配置"菜单，在下拉菜单中单击"保护视图"命令，进入保护视图界面。

（3）保护子网类型选择。在保护视图空白处点击右键弹出快捷菜单，把鼠标指针移到快捷菜单中"SDH 保护子网创建"上，在弹出的级联菜单中单击选择"复用段线性保护 1+1"。

（4）节点选择。左侧弹出"复用段线性 1+1 保护链创建向导"对话框，在"容量级别"下拉表中选择"STM-16"，选中"恢复模式"栏中"恢复式"的单选按钮（"恢复式"是指故障恢复正常后，业务自动倒换恢复到工作通道上。"非恢复式"与之相反）。选中"保护模式"栏中"单端倒换"的单选按钮（"单端倒换"是指倒换发生在故障产生端，另一端不进行倒换，从而使业务得到保护。"双端倒换"是指无论是哪端产生故障，两端都同时发生倒换，从而使业务得到保护），如图 ZY3201607003-5 所示。

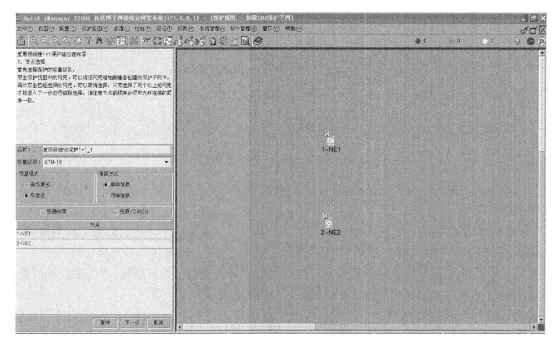

图 ZY3201607003-5　设置保护属性

（5）链路选择。单击创建向导左下方的［下一步］按钮，进入下一页面，单击［完成］按钮，弹出"操作结果"提示框提示"保护创建成功"。至此，"复用段线性保护 1+1"保护子网创建完成。

1+1 线性复用段保护创建成功后，保护子网在保护视图中显示为蓝色的点划线，点击"*"号线条展开后，蓝色点划线为工作通道，淡蓝色的点划线为保护通道，如图 ZY3201607003-6 所示。

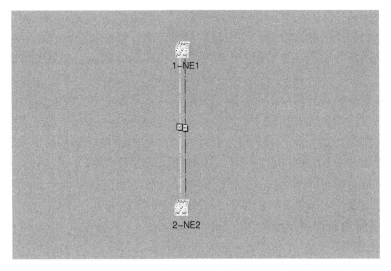

图 ZY3201607003-6　1+1 环的保护子网

五、创建无保护链

（1）创建网络拓扑。

（2）进入保护视图。在主视图主菜单中点击"配置"菜单，在下拉菜单中单击"保护视图"命令，进入保护视图界面。

（3）保护子网类型选择。在保护视图空白处点击右键弹出快捷菜单，把鼠标指针移到快捷菜单中"SDH 保护子网创建"上，在弹出的级联菜单中单击选择"无保护链"。

（4）节点选择。在"容量级别"下拉表中选择"STM-16"，按链的方向依次点击网元。

（5）链路选择。单击创建向导下方的［下一步］按钮，进入下一页面，单击［完成］按钮，弹出"操作结果"提示框提示"保护创建成功"。至此，"无保护链"保护子网创建完成。

无保护链创建成功后，保护子网在网管保护视图中显示为黑色的虚线。

【思考与练习】

1. 实际操作创建一个两纤单向通道保护环。

2. 实际操作创建两纤双向复用段共享保护环。

模块 4　时钟配置（ZY3201607004）

【模块描述】本模块介绍了 SDH 网络中的时钟配置，包含网络中环形、树形、链型等拓扑时钟跟踪设置方法和原则。通过配置实例、界面窗口示意，掌握 SDH 网络中时钟跟踪配置的方法。

【正文】

一、基本概念

同步是保证 SDH 网络通信质量的关键因素，其重要特征之　就是失步时业务质量会受损甚至中断。选择合适的同步方法并进行相应的时钟配置，是保证 SDH 网同步的重要手段。

二、配置方法及原则

为了达到 SDH 网络同步的目的，必须要有一个高精度的时钟源供全网使用，或者是多个同步的高精度时钟源。SDH 网络设备可使用的时钟源一般有外部时钟、线路时钟、支路时钟和设备自振荡晶体时钟。一般来说，外部时钟一般为 BITS、高级局设备时钟等，精度较高，设备自振荡晶体时钟精度较低，线路时钟和支路时钟精度和对端站点使用时钟的精度基本相同，但会有劣化。由于支路时钟在支路业务适配时的指针调整，会有较大损伤，如不经过特殊的技术处理，劣化较为严重，一般很少使用。所以 SDH 设备时钟源的优先级一般是外部时钟、线路时钟、设备自振荡晶体时钟。

有了高精度的时钟源，还要选择合适的同步方式才能保证 SDH 网的同步。一般小型 SDH 网络可采取主从同步法，大型 SDH 网可采用混合同步法（伪同步+主从同步），以避免某些站点跟踪路由过长而造成时钟精度下降。

时钟配置原则是根据不同的网络，设计合适的同步方式，并在每个站点设计不同时钟源的跟踪优先级，尽最大努力使得网络出现各种故障时，整个网络仍然保持同步，并且时钟级别是可以使用的最高时钟精度的时钟。

时钟的设置操作本身是比较简单的，只需要根据设计的结果在每个站设定不同时钟源的跟踪优先级即可。关键是如何设计同步方式和每个站的时钟源优先级列表，以达到最好的同步效果，这是比较复杂的，特别是大型网络更是如此。有关时钟和同步的基础知识可以参考模块 ZY3200304001 "SDH 网的同步方式"和模块 ZY3200304002 "SDH 网络时钟保护倒换原理"。

现在也有设备支持智能时钟系统，无需手工设置，系统自动选择最合理的时钟同步方式，大大简化了人工设计的困难，减少了因为时钟同步原因导致的网络故障。

三、华为 SDH 设备时钟配置步骤

（一）设置时钟优先级表

网络拓扑如图 ZY3201607004-1 所示，为 2.5G 两纤单向通道保护环，主环方向为逆时针方向。网元添加、单板配置、光纤连接、网络保护方式等已经设置完成，时钟未配置。各站设备面板图如图 ZY3201607004-2 所示。

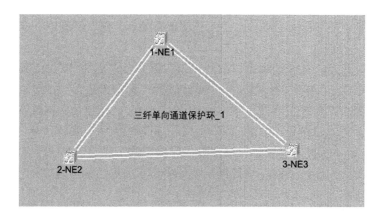

图 ZY3201607004-1 网络拓扑图

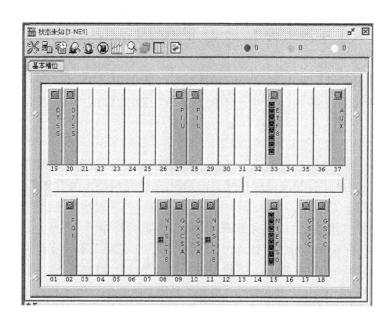

图 ZY3201607004-2 单站面板图

　　假设 2-NE2 为 8 槽位光板和 1-NE1 相连，3-NE3 为 11 槽位光板和 1-NE1 相连，要求将 1-NE1 的内部时钟源设为主时钟，2-NE2 和 3-NE3 分别跟踪 1-NE1 方向的线路时钟。

　　（1）1-NE1 时钟设置。在主视图中选中 1-NE1 单击右键，在弹出快捷菜单中选择"网元管理器"命令，进入"网元管理器-1-NE1"窗口。在窗口左侧功能树文件夹列表中逐级打开"配置"、"时钟"、"时钟优先级表"文件夹，在"系统时钟源优先级表"标签下系统默认网元的时钟为"内部时钟"，故 1-NE1 无需设置。

　　（2）2-NE2 增加时钟源设置。在主视图中选中 2-NE2 单击右键，在弹出快捷菜单中选择"网元管理器"命令，进入"网元管理器-2-NE2"页面。在页面左侧功能树文件夹列表中逐级打开"配置"、"时钟"、"时钟优先级表"文件夹，在"系统时钟源优先级表"标签下点击［新建］按钮，在弹出的"增加时钟源"对话框中选择"8-N1SL16-1（SDH-1）"，如图 ZY3201607004-3 所示。

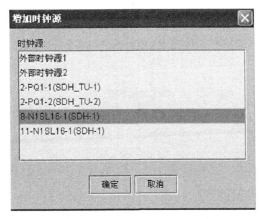

图 ZY3201607004-3　选择线路时钟

　　（3）点击［确定］按钮，则在"系统时钟优先级表"标签的窗口中会新增一个"8-N1SL16-1（SDH-1）"的时钟源，并位于最上方，表明优先级最高，内部时钟源位于下方，优先级次之。

　　（4）下发数据。点击窗口右下角的［应用］按钮，将配置数据下发到网元。2-NE2 时钟优先级别设置完成。

　　（5）3-NE3 增加时钟源设置。对 3-NE3 增加时钟源设置步骤同 2-NE2，不同的只是选择"增加时钟源"时选择"11-N1SL16-1（SDH-1）"。

　　（二）时钟跟踪关系

　　在主视图主菜单中选择"配置"菜单，在下拉菜单选择"时钟视图"命令，由于时钟关系已经发生变化，因此在进入"时钟视图"窗口会弹出提示框，点击［是］按钮，系统自动进行时钟跟踪关系刷新，并在"时钟视图"窗口中出现新的时钟跟踪关系图，箭头所指的方向为时钟传递的方向，如图 ZY3201607004-4 所示。

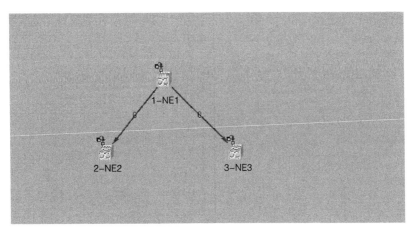

图 ZY3201607004-4　时钟跟踪图

596

（三）设置时钟保护

为避免网元跟踪低级别的时钟源，在环形网络中需要配置时钟保护。时钟保护设置的关键是全网所有参与动作的网元都要启动 SSM 协议（同步状态信息）。启动 SSM 协议，网元就可以提取时钟质量信息，判断当前时钟源质量是否发生变化，从而决定是否需要倒换到其他时钟源实现时钟保护。

下面以华为 T2000 网管为例，介绍启用 SSM 协议进行时钟保护的配置方法。

假设 1-NE1、2-NE2、3-NE3 三个网元，1-NE1 的 11 槽位光板和 2-NE2 的 8 槽位相连，2-NE2 的 11 槽位光板和 3-NE3 的 8 槽位相连，3-NE3 的 11 槽位光板和 1-NE1 的 8 槽位相连，组成两纤双向复用段保护环。规划 1-NE1 为内部时钟源，2-NE2 和 3-NE3 分别跟踪从 1-NE1 过来的线路时钟。

（1）NE1 时钟设置。参考本模块中设置时钟优先级表设置方法，设置 1-NE1 为内部时钟源。启动 1-NE1 的 SSM 协议：在主视图中选中 1-NE1 网元单击右键，在弹出的快捷菜单选择"网元管理器"命令，进入"网元管理器-1-NE1"页面。在功能树文件夹列表中逐级打开"配置"、"时钟"、"时钟子网设置"文件夹，弹出"时钟子网设置"对话框。"时钟子网设置"栏中"所属子网"取默认值"0"，选中"启动标准 SSM 协议"单选按钮，如图 ZY3201607004-5 所示。点击窗口右下角的［应用］按钮，将配置数据下发到网元。

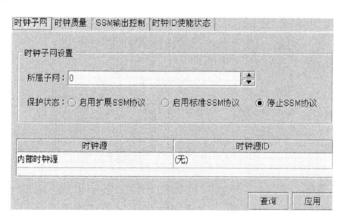

图 ZY3201607004-5　时钟子网设置

（2）2-NE2 时钟源优先级别设置。在主视图中选中 2-NE2 单击右键，在弹出快捷菜单中选择"网元管理器"命令，进入"网元管理器-2-NE2"页面。在页面左侧功能树文件夹列表中逐级打开"配置"、"时钟"、"时钟优先级表"文件夹，在"系统时钟源优先级表"标签下点击［新建］按钮，设置 2-ME2 的时钟源优先级别为：8 槽位光板/11 槽位光板/内部时钟源；2-NE2 的 SSM 协议启动方法与 1-NE1 的相同。

（3）3-NE3 时钟源优先级别设置。3-NE3 时钟优先级表操作方法与 2-NE2 的相同，只是优先级别不同，其优先级别为：11 槽位光板/8 槽位光板/内部时钟源；3-NE3 的 SSM 协议启动方法与 1-NE1 的相同。

（4）以上时钟优先级别设置完成后，在"时钟视图"中可以查看到时钟跟踪关系以及优先级别，如图 ZY3201607004-6 所示。

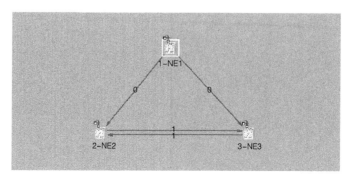

图 ZY3201607004-6　时钟跟踪关系图

（四）时钟同步状态查询

时钟配置完成后，在主视图主菜单中选择"配置"菜单，在下拉菜单选择"时钟视图"命令进入时钟视图界面，在时钟视图界面的空白处单击右键，在弹出的快捷菜单选择"全网时钟同步状态查询"命令来查询时钟跟踪状态，以确认各个网元时钟跟踪状态是否正确，如图 ZY3201607004-7 所示。

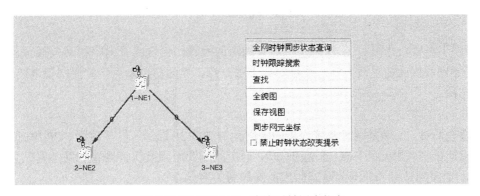

图 ZY3201607004-7　查询时钟同步状态

（五）SDH 外部时钟设置

SDH 设备除了能跟踪线路时钟外，还能跟踪由定时设备提供的外部时钟，且可向其他设备输出本身的时钟。所以在 SDH 设备上有一块单板可提供时钟的输入和输出口。SDH 定义输入和输出时钟有 2Mbit/s 和 2M Hz 两种模式，故在对外部时钟进行设置时只需要根据需要选择相应的模式即可。

（1）假设规划 NE1 跟踪外部时钟。可在图 ZY3201607004-3 中选择"外部时钟源 1"或"外部时钟源 2"，并在列表中更改外部时钟源类型，如图 ZY3201607004-8 所示。外部时钟源 1 和 2 分别对应一个时钟输入口，根据选择来确定接入的接口进行时钟线连接即可。

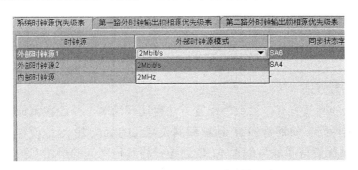

图 ZY3201607004-8　外部时钟源模式选择

（2）假设规划 NE1 提供本身的时钟源给其他设备使用，即输出外部时钟源。可进入"网元管理器-1-NE1"页面。在页面左侧功能树文件夹列表中逐级打开"配置"、"时钟"选项，并选择"外时钟源输出锁相源"，在视图右侧选择"2M 锁相源外部源属性"标签，如图 ZY3201607004-9 所示，选择外部源输出模式。由图 ZY3201607004-9 可知本类型 SDH 设备可提供 2 路外部时钟源输出，这 2 路外部时钟源对应着设备板卡上的两个端口，根据所选外部源的 1 或 2 来选择外部端口进行时钟线连接。

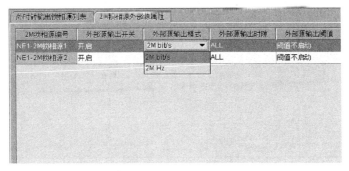

图 ZY3201607004-9　外部源输出模式选择

模块 4

ZY3201607004

【思考与练习】

1. 时钟配置的关键点是设计还是操作？
2. 实际操作一次时钟的配置。

模块 5　网管通道配置（ZY3201607005）

【模块描述】本模块介绍了 SDH 网络上网管通道的配置，包含网管电脑和网关网元之间通信方法和 DCN 视图下网关网元的更改方法。通过配置方法介绍、界面窗口示意，掌握网管电脑和 SDH 网络连接配置的方法。

【正文】

网管通道有两种，一种是网管系统连接网关网元的 TCP/IP 通道（以下简称 TCP/IP 通道），另一种是非网关网元连接网关网元的 ECC 通道。TCP/IP 通道的配置原则是保证网管和网关网元之间 IP 可达，ECC 通道的配置原则是每个非网关网元选择正确的网关网元。

SDH 网管对网络进行管理常见的方式有两种：一种是网管可以与 SDH 网络网关网元通过网线直接通信的，即本地网管。另一种是网管通过 DCN 通道连接需要管理的 SDH 网络网关网元从而实现对 SDH 网络进行管理，即异地网管，如图 ZY3201607005-1 所示。下面以华为设备为例进行描述。

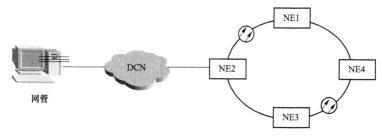

图 ZY3201607005-1　异地网管示意图

一、本地网管的配置方法

本地网管是最常见的网管方式，通道的配置方法也比较简单。一般在本地网管的模式下，网管系统本身不接入其他数据网络，将网管的 IP 地址和网关网元的默认 IP 地址设置为同一网段，两者即能通信，TCP/IP 通道也就配置好了。再配置 ECC 通道：将其他网元的所属网关网元选择为所设置的网关网元，整个网管通道配置就完成了。网元所属网关网元的配置方法如下：

（1）在 T2000 网管主视图主菜单中选择"系统管理"菜单，在下拉菜单中单击"DCN 管理"命令，进入"DCN 管理"窗口。

（2）在"网元"标签页面中，在网元"主用网关"栏的下拉表中选择网元所属的主用网关"2-NE2"，点击屏幕右下角的［应用］按钮完成网元所属网关设置，如图 ZY3201607005-2 所示。

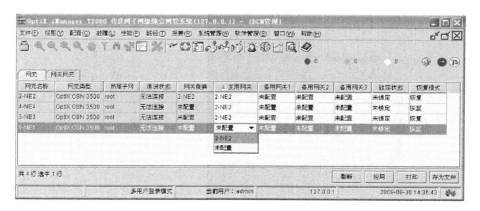

图 ZY3201607005-2　网元所属网关设置

二、异地网管的配置方法

异地网管和本地网管的配置方法区别在于 TCP/IP 通道设置不同，ECC 通道设置完全一样。由于经过DCN通道，网管IP地址和网关网元IP必须使用DCN分配的IP地址、子网掩码和默认网关，由 DCN 保证两者之间的 IP 可达。网关网元 IP 地址配置方法参见模块 ZY3201607002 "网元地址配置"。

三、本地网管方式主用，异地网管方式做备份的配置方法

为了提高大型网络的网管安全性，可以采用本地网管主用，异地网管做备份的配置方法，以避免光缆多处中断引起的远端网元脱管的故障。备份方式网管示意图如图 ZY3201607005-3 所示。

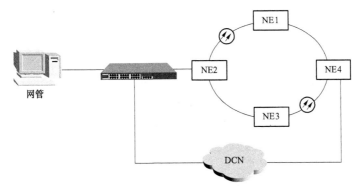

图 ZY3201607005-3　备份方式网管示意图

此种方法在网管上需要把 2-NE2 和 4-NE4 都设置成网关网元，2-NE2 的备用网关设置为"4-NE4"，4-NE4 的备用网关设置成"2-NE2"，使这两个网关网元在网管上形成主备关系。再设置其他网元的"主用网关"和"备用网关"分别为"2-NE2"和"4-NE4"。这样当其中任意一个网关网元通信故障或两处光缆同时中断时，网管还能对全网所有网元进行统一管理。配置方法如下：

（1）在 T2000 网管主视图主菜单中选择"系统管理"菜单，在下拉菜单中单击"DCN 管理"命令，进入"DCN 管理"窗口。

（2）主用网关设置。在"网元"标签页面中，在非网关网元"主用网关"栏的下拉表中选择网元所属的主用网关为"2-NE2"（网关网元的主用网关为本身，不需设置），如图 ZY3201607005-4 所示。

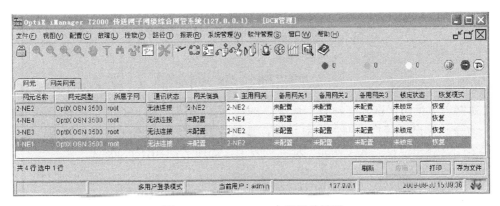

图 ZY3201607005-4　主用网关设置

（3）备用网关设置。在"网元"标签页面中，在"备用网关 1"栏的下拉表中选择网元的相应的备用网关，网关网元 2-NE2 的"备用网关 1"为"4-NE4"，网关网元 4-NE4 的"备用网关 1"为"2-NE2"（两网关网元互作主备），非网关网元的"备用网关 1"选择"4-NE4"如图 ZY3201607005-5 所示。

（4）点击屏幕右下角的［应用］按钮完成网元主备网关的设置。

通过以上的设置，可实现本地网管和异地网管之间的备份。

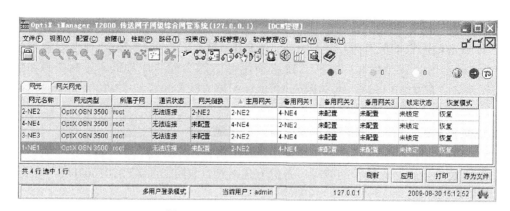

图 ZY3201607005-5 备用网关设置

四、更换网关网元的配置方法

实际工作中，往往会遇到更改网关网元的情况，比如网管中心搬迁，工程临时网管等。由于非网关网元是通过 ECC 通道和网关网元进行通信从而实现和网管的通信的，当网关网元发生变化后，网管如要对网络继续进行管理，就需要对非网关网元进行 ECC 通道的重新配置。

如图 ZY3201607005-6 所示，网管系统搬迁后，网关网元由原来的 1-NE1 改变为 2-NE2，如不需要删除现有的拓扑，就能完成监控任务，那么就需要在网管上做如下相应的更改。

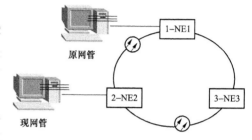

图 ZY3201607005-6 更换网关网元示意图

（1）在 T2000 网管主视图主菜单中选择"系统管理"菜单，在下拉菜单中单击"DCN 管理"命令，进入"DCN 管理"窗口。

（2）删除原有网关。单击"网关网元"标签，右键单击"网关名称"为"1-NE1"的所在行，在弹出快捷菜单中选择"删除网关"命令，经过提示确认后操作成功，此时可以看到 1-NE1 在网关网元列表中已经没有了，如图 ZY3201607005-7 所示。

图 ZY3201607005-7 删除原网关网元

（3）转换网关。单击"网元"标签，选中"2-NE2"，单击右键，在弹出的快捷菜单中选择"转换成网关"命令，弹出"转换成网关"对话框，参数取默认值，单击［确定］按钮，提示"转换成功"，此时 2-NE2 就出现在"网关网元"标签列表中，如图 ZY3201607005-8 所示。

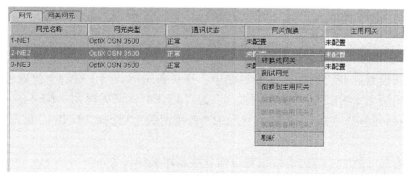

图 ZY3201607005-8 转换为网关网元

（4）非网关网元所属网关设置。在"网元"标签下，可以看到网元 2-NE2 的"主用网关"变成了"2-NE2"，而 1-NE1 和 3-NE3 的主用网关为"未配置"，在主用网关的下拉表中选中"2-NE2"更改为"2-NE2"，点击屏幕右下角的［应用］按钮，如图 ZY3201607005-9 所示。

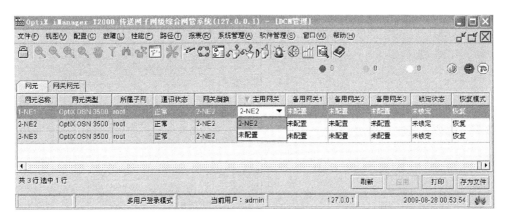

图 ZY3201607005-9　修改主用网关

（5）此时就已将 2-NE2 更改为网关网元，网管可通过 2-NE2 管理到这个网络了。

【思考与练习】

1. 网管通道的设置原则是什么？
2. 更改网关网元后，非网关网元需要设置什么？

第十七部分

PCM 调试与维护

第六十八章 PCM 设备的硬件系统

模块 1 PCM 设备的硬件结构（ZY3201701001）

【模块描述】本模块介绍了 PCM 设备硬件框架组成。通过设备介绍、图形示意，掌握 PCM 的硬件结构。

【正文】

一、PCM 设备的概念

PCM 设备是运用脉冲编码调制（Pulse Coding Modulation，PCM）技术，将模拟信号（如话音信号）经过抽样、量化和编码三个过程变换为数字信号再传给对方，对收到的数字信号经过再生、解码和低通滤波，把数字信号还原为原来的模拟信号的通信设备。

PCM 设备按时隙交叉功能分类，可分为带时隙交叉功能和不带时隙交叉功能两类。早期的一些 PCM 设备，或者是当前考虑到不同市场需求而设计的一些 PCM 设备，它们都不带时隙交叉功能，属于不带时隙交叉功能的 PCM 设备。目前，很多专网都使用带时隙交叉功能的 PCM 设备，如法国 SAGEM 公司生产的 FMX12 数字交叉连接设备等。

二、带时隙交叉功能的 PCM 设备的几种基本功能

（1）连接设备内部结构接口的转换；

（2）数据和信令的交叉连接；

（3）同步；

（4）设备与网络的监控和管理。

带时隙交叉功能的 PCM 系统功能方框图如图 ZY3201701001-1 所示。

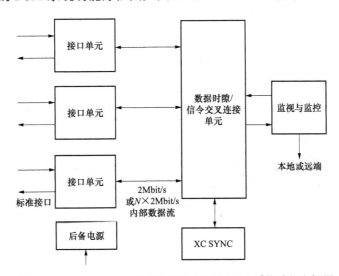

图 ZY3201701001-1 带时隙交叉功能的 PCM 系统功能方框图

三、FMX12 设备简介

本培训课程所有章节的实例都是以 FMX12（P4.3B）数字交叉连接设备为例来编写的。FMX12 设备是法国 SAGEM 集团公司生产的智能 PCM 终端和 DXC 设备，该设备具有集成化程度高、功耗低、接口丰富、配置灵活、可靠性高，网管功能强及系统组网灵活先进等优点。FMX12 设备是一种集终端复用，上下电路，交叉连接为一体的智能化多业务接入设备，具有强大的时隙交叉功能。交叉功能由

先进的高集成芯片完成，能完成 26×2Mbit/s 或 780×64kbit/s 业务的无阻全交叉连接，能够很好的满足组网的要求。

四、FMX12 设备的硬件结构

FMX12 设备机框如图 ZY3201701001-2 所示，可在 19 英寸或 M3 机架上安装，整个机框为 6+3U 前连接接入框，具体尺寸为：440（宽）mm×420（高）mm×270（深）mm。

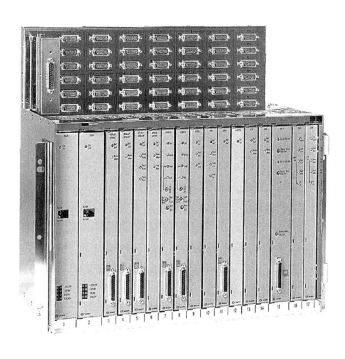

图 ZY3201701001-2　FMX12 设备机框图

FMX12 设备机框插槽示意图如图 ZY3201701001-3 所示，公用板只能各自插在固定的插槽位，槽位具体分配如下：

（1）CNVR 板——电源变换板，可插两块配成 1+1 备份（1、2 插槽互为备份）。

（2）GIE 板——管理接口板，只插一块（15 插槽）。

（3）COB 板——交叉连接同步板，可插两块配成 1+1 备份（16 插槽为主用、17 插槽为备用）。

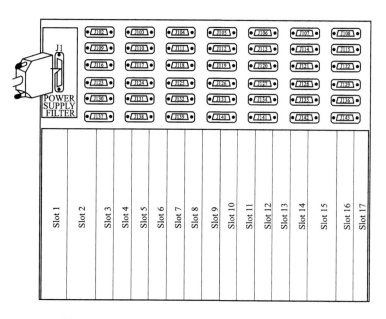

图 ZY3201701001-3　FMX12 设备机框插槽示意图

（4）接口板——插槽 3 至插槽 14 共 12 个插槽位未被分配，可以用来安装任何用户接口板或者空闲不用。其中，常用的接口板有 4×2048kbit/s 接口板（A2S 板）、V.24/V.28 板、6 路可编程音频接口板（6PAFC 板）、6 路用户板（Subscr 板）和 12 路交换板（Exch12 板）等。

FMX12 设备接口连线区域示意图如图 ZY3201701001-4 所示，电源滤波板用来接电源输入和主、次告警的输出。从第 3 槽到第 14 槽，每个插槽对应 3 个 26 芯插头，对应情况如下具体分配为：J102、J109 和 J116 对应插槽 3；J123、J130 和 J137 对应插槽 4；J103、J110 和 J117 对应插槽 5；J124、J131 和 J138 对应插槽 6；J104、J111 和 J118 对应插槽 7；J125、J132 和 J139 对应插槽 8；J105、J112 和 J119 对应插槽 9；J126、J133 和 J140 对应插槽 10；J106、J113 和 J120 对应插槽 11；J127、J134 和 J141 对应插槽 12；J107、J114 和 J121 对应插槽 13；J128、J135 和 J142 对应插槽 14。

另外，插头 J108、J115、J122 和 J129 对应 15 槽的 GIE 板，J115 和 J136 对应 16 槽的主用 COB 板，J115 和 J143 对应 17 槽的备用 COB 板。所有的外部连接都在机框前面进行，多层印制电路板在机框内提供所有信号之间的连接和板之间的连接。

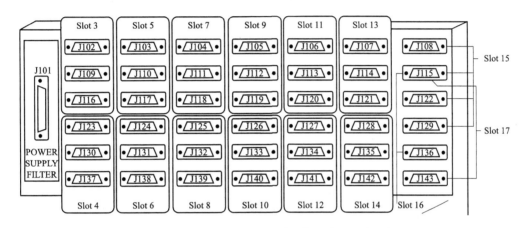

图 ZY3201701001-4　FMX12 设备接口连线区域示意图

【思考与练习】

1. 带时隙交叉功能的 PCM 设备一般都可以提供哪些基本功能？

2. FMX12 设备的管理接口板、交叉连接同步板和电源板应分别插在哪些槽位？

模块 2　PCM 设备板卡及其功能（ZY3201701002）

【模块描述】本模块介绍了 PCM 设备各板卡及其功能，包含公用板卡功能、各接口板卡接口参数和接口功能。通过功能介绍、框图示意，掌握 PCM 设备各种板卡的功能。

【正文】

一、PCM 设备常用板卡及功能

随着科技进步，电子设备集成化程度也越来越高。不同厂家生产的 PCM 设备的集成化程度不一样，模块结构也不相同，但接口板卡功能大同小异。常用的接口板卡有 2Mbit/s 板（有些厂家把它和定时单元、线路接口单元、控制单元和告警监控等单元集成在一块板卡上，叫作 2Mbit/s 群路板）、FXS 板、FXO 板、E/M 板和数据接口板等。各种板卡的功能分别是：

（1）2Mbit/s 接口板。它的功能是控制和协调各种接口板的通信，将各种话路或数据接口送来的信息汇集成帧送到对端设备，或者将对端送来的信息分接到每个话路或数据接口，对系统进行监测并提供告警信息。

（2）FXS 接口板。用户线模拟接口，在用户端使用，出口主要用于接普通模拟电话机。

（3）FXO 接口板。用户交换机模拟中继接口，主要用于接程控交换机，一般在局端使用，出口接交换机用户线。

（4）E/M 接口板，它又分 2W E/M 板和 4W E/M 板。

1）2W E/M 接口板。可用于 2 线音频或 2 线话带数据的传输，也可用于连接两台交换机的 2 线 EM 接口。

2）4W E/M 接口板。可用于 4 线音频或 4 线话带数据的传输，也可用于连接两台交换机的 4 线 EM 接口。

E/M 接口方式是一种话音和信号分开的信号系统，其话音通道是独立的透明通道，不论 E、M 线的状态如何，音频信号都能在 E/M 接口的话音通道中传输。在电力系统中，PCM 设备的音频 E/M 接口可以用来传输远动、继电保护等自动化信息，4W E/M 接口可以分别传一路远动信号的上行数据和一路远动信号的下行数据。

（5）数据接口板。随着电力通信系统的发展，越来越多的用户采用数据通道传输远动信号。根据数据信息传输速率和距离的不同，可使用不同种类的数据接口板来完成这些信息数据的传送。

二、FMX12 设备常用板卡及功能

FMX12 数字交叉连接设备的配置包括公用部分的交叉连接同步板（COB）、管理接口板（GIE）和电源变换板（CNVR）。另外还包括用户接口板，常用的接口板有 A2S 板（4×2Mbit/s 板）、V.24/V.28 数据接口板、6PAFC 板（E/M 板）、Subscr 板（FXS 板）和 Exch12 板（FXO 板）。各种板卡的功能分别是：

1. 交叉连接同步板（COB 板）

交叉连接同步板的功能有：

（1）数据和信令的交叉连接，由时分接线器完成数据流的交叉连接，其能力为 26×2Mbit/s 或 780×64bit/s 业务的无阻全交叉连接。

（2）为设备提供同步。可以提供外部同步输入、内部振荡器和从 2048kbit/s G.703/G.704 支路或复接信号中提取时钟等备用同步定时源，锁定在活动同步源上的 2048kHz 外部信号由 FMX12 设备连续生成。一旦检测出有源时钟源的故障状况，设备将自动转换至下一个可用的时钟源。

2. 管理接口板（GIE 板）

管理接口板的功能有配置管理、性能管理、故障和误码管理、安全管理、维护管理和接口管理。

配置管理包括所有设备对正常操作的基本功能，它包括设备基本参数配置，如时钟源和系统参数的选择和复位功能；物理配置包含硬件插板及功能的输入、添加和删除；逻辑配置包括处理接口激活与交叉连接选择。

性能管理包括误码性能的检测。

故障与误码管理包括故障和误码检测、告警解除和管理接口相应动作，包括告警的指示、LED 显示及向远端管理系统的报告。

安全管理包括配置数据的保护和备份，故障后的恢复、公用设备单元的插入与拆除。

维护管理功能提供远端状态监控，环回控制和远端控制单元的处理。

接口管理提供本端终端操作、公用设备单元 LED 显示和中央管理接口的所有功能。

管理接口板功能方框示意图如图 ZY3201701002-1 所示。

3. 电源变换板（CNVR 板）

电源变换板可配成一块或者配成两块互为备份。它们从一个 48V DC 电源上为各个单元和分机线路 FXS 接口（48V）或 ISDN 网（96V）提供 +5V 和 −5V 的直流电压。

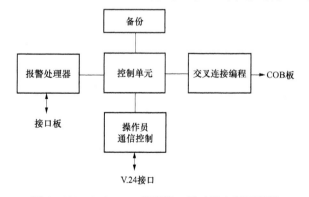

图 ZY3201701002-1　管理接口板功能方框示意图

4. A2S 板（4×2M 板）

A2S 板支持 4 个符合 ITU-T G.703 和 G.704 标准的 2Mbit/sHDB3 接口。它提供传输性能监控，向通用设备单元提供误码块（2Mbit/s 速率的 2048-bit 组）信息。输入阻抗为 120Ω 平衡或 75Ω 非平衡（跳针可选）。

A2S 板卡提供下列操作模式：

（1）I.431 用于连接 30 个（包括 29 个有用的信道）B+D ISDN 设备；

（2）G.732 用于连接国内或国际链路上的数字 PABX；

（3）G.736-G.704 用于不使用时隙 16 的传输设备；

（4）TR2G 用于公用 PCM 线路网络（法国电信传输）。

5. V.24/V.28 数据接口板

V.24/V.28 板提供 4 个独立的标准的 DCE 或 DTE 接口，用来连接 1200bit/s～64kbit/s 同步终端，也可以连接 50～38 400bit/s 异步终端。

4 个独立的 V.24/V.28 接口可用于点对点用户，每块板可占用 4 个时隙，即每个接口占用一个时隙，也可根据传输速率把 1 个、2 个或者 3 个以上的链路并入一个时隙。

6. 6PAFC 板（E/M 板）

6PAFC 板可提供 6 个 2 线/4 线音频和 E/M 通道。

（1）4 线模拟接口方式时，4 线端口电平为：额定发送（输入），−14dB；额定接收（输出），+4dB。电平调节范围为：发送（输入）端口，−0.5～−16dBr；接收（输出）端口，+7～−8.5dBr，以 0.5dB 为步长可调。

（2）2 线模拟接口方式时，2 线端口电平为：额定发送（输入），13dB；额定接收（输出），4dB。电平调节范围为：发送输入，+2.5～−13dBr；接收（输出）端口，−2.0～−17.5dBr，以 0.5dB 为步长可调。

7. Subscr 板（FXS 板）

Subscr 板支持 6 个独立的接口、可连接具有 FXS 接口数据终端、3 级传真机以及音频调制解调器。每个接口均为 2 线型接口，带有标准 48V 电源和回路断开信令。此板有两种操作模式，一种是交换机分机延伸方式，它提供一个通过 2Mbit/s 连接的交换机接入用户终端，要求在远端使用交换板（如 Exch12）。另一种为热线方式，提供两个分机之间的直接连接，它要求远端使用用户板（Subscr）。

电平范围：发送为 0～−5dBr，接收为−2～−7.5dBr，以 0.5dB 为步长可调。

8. Exch12 板（FXO 板）

Exch12 板支持 12 个独立的可提供与带有标准 FXO 接口的专用自动小交换机连接的接口。每个接口均为 2 线型接口，带有标准 48V 直流电源和回路断开信令。当与用户板结合使用时，此交换板可提供交换机与延伸电话之间的连接。

电平范围：发送为−2～−7.5dBr，接收为 0～−5dBr，以 0.5dB 为步长可调。

【思考与练习】

1. 2Mbit/s 接口板的基本功能是什么？

2. FMX12 设备的交叉连接同步板（COB 板），管理接口板（GIE 板）的功能有哪些？

3. 6PAFC 板、Subscr 板和 Exch12 板的电平可调节范围分别是多少？

4. Subscr 板有哪几种操作模式？

模块 3　PCM 设备板卡的配置（ZY3201701003）

【模块描述】本模块介绍了 PCM 设备板卡硬件配置和软件配置。通过操作方法介绍、界面窗口示意，掌握常用的硬件跳线和板卡参数的设置方法。

【正文】

一、PCM 设备板卡配置

为了适应用户的需求，很多 PCM 设备的板卡上都设计有可供 2Mbit/s 接口阻抗、时钟类型（主时钟和从时钟）和软件版本等选择的小跳线。在设备调试之前，可先可根据电路的具体要求，对设备各种板卡的跳线做必要的跳接处理。

1. 2Mbit/s 接口板的配置

硬件方面，需要选择 2Mbit/s 接口输入阻抗（120Ω 平衡和 75Ω 非平衡）的物理跳线。软件配置上，除了与硬件跳线相匹配的阻抗选择外，有些 PCM 设备还有 2Mbit/s 接口运行状态（是否激活）、接口标准和接口名称等参数设置。

2. 2W/4W E/M 接口板的配置

选择适当的接口方式（2W 或 4W），输入电平以及输出电平。

3. 用户接口板（FXS）的配置

选择输入电平和输出电平，有些 PCM 设备的用户接口板还有线路阻抗、输入阻抗和工作方式（用户延伸方式或用户热线方式）的选择。

4. 交换接口板卡（FXO）的配置

选择输入电平、输出电平、线路阻抗和输入阻抗。

5. 数据接口板卡的配置

根据实际情况选择数据的传输方式（同步或异步）、传输速率、内部交换电路、流量控制和字符格式（长度、停止位和奇偶校验）等。

FMX12 设备的 A2S 板在调试前需要进行的跳线选择处理。

A2S 板的 2Mbit/s 接口的输入阻抗有 120Ω 平衡和 75Ω 非平衡方式可供选择。A2S 板上的 4 个输入阻抗选择开关是 S1～S4，开关出厂默认的是"off"状态，表示 4 个 2Mbit/s 接口的输入阻抗都为 120Ω。当开关 S1～S4 中的某位开关置"on"状态时，表示相应的 2Mbit/s 接口的输入阻抗为 75Ω。另外，A2S 板上还有版本选择跳线 J301，跳线出厂默认位 1–2 相连（4.1c 版本），如果是 2–3 相连，表示工作在 4.3 版本状态下。在设备调试之前，注意先选择好 A2S 板的输入阻抗和版本。否则，以后如果想修改其中任意一项，都需要拔出板卡调整，造成板卡拔出期间所有经过此 A2S 板卡的业务都会中断。

二、登录和退出 FMX12 设备操作系统的方法

在介绍 FMX12 设备板卡的具体配置方法以前，先介绍一下登录和退出设备操作系统的方法。首先在电脑上安装 FMX12 设备的调试软件，然后用调试线缆正确地连接本地终端（RS232 口）和 PCM 设备（GIE 板前面板 25 芯插头）。

双击调试软件 FMX-LT 图标，点击主菜单 Management network（网络管理）下拉菜单中的 Open network port（打开网络端口），如图 ZY3201701003-1 所示。

在画面显示"processing in progress"几秒钟后与设备连接成功，如图 ZY3201701003-2 所示，再次点击 Management network 下拉菜单中 Log on（登录），如图 ZY3201701003-3 所示，之后可以对设备进行数据配置操作。

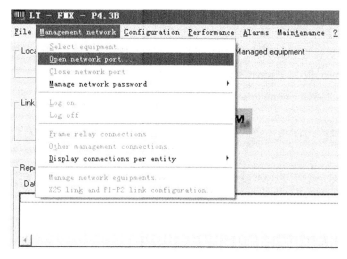

图 ZY3201701003-1 打开网络端口

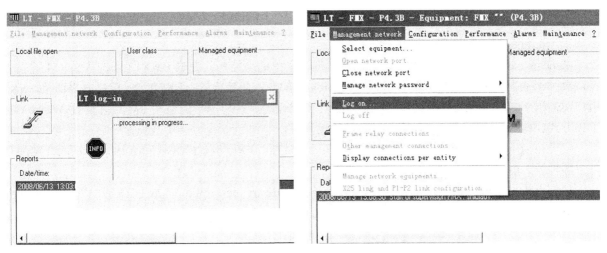

图 ZY3201701003-2　网络端口打开进程　　　　图 ZY3201701003-3　登录系统

当操作完成后须退出操作系统时，点击 Management network 下拉菜单中 Log off（中止），如图 ZY3201701003-4 所示。

然后在对话框中选择 Yes，如图 ZY3201701003-5 所示。

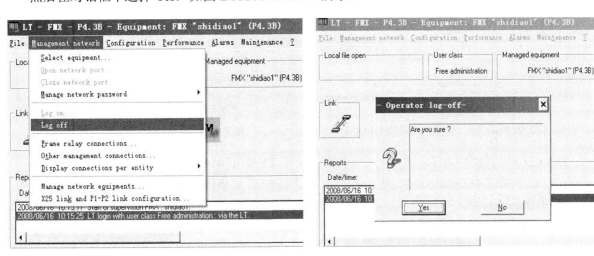

图 ZY3201701003-4　退出系统　　　　　　　图 ZY3201701003-5　退出系统确认

再次点击 Management network 下拉菜单中 Close network port（关闭网络端口），如图 ZY3201701003-6 所示。

点击 File（文件）下拉菜单中 Quit（退出）即可退出操作软件，如图 ZY3201701003-7 所示。

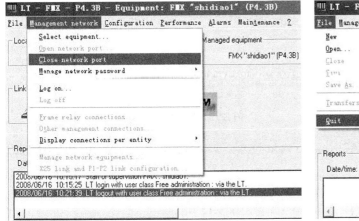
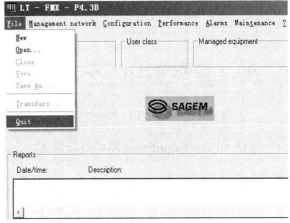

图 ZY3201701003-6　关闭网络端口　　　　　　图 ZY3201701003-7　退出操作软件

三、PCM 板卡的配置方法

1. Configuration（配置）下的操作

Manage hardware description（硬件描述管理）菜单的功能是：完成 FMX12 子框从 3～14 插槽上接口板的配置。A2S（4×2Mbit/s 接口板）2Mbit/s 口的输入阻抗设置；FXS/FXO 接口电平调整，FXS 用户延伸/用户热线设置；4W E/M 2W/4W 工作方式设置、接口电平调整和 EM 状态设置；V.24/V.28 工作方式、传输速率、控制状态等数据格式的设置等。

假设在 10～14 槽分别配置的是 V24/V28 板、E/M 板、FXO 板、FXS 板和 A2S 板，下面介绍的是以上各种板卡的配置方法。

首先点击 Configuration 下拉菜单中的 Manage hardware description，如图 ZY3201701003-8 和图 ZY3201701003-9 所示。

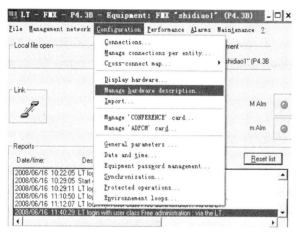

图 ZY3201701003-8　主菜单配置的下拉菜单

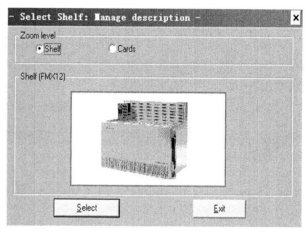

图 ZY3201701003-9　机框管理选项

点击 Cards（插板）选项，进入下一个界面，如图 ZY3201701003-10 所示。

（1）A2S 板（4×2Mbit/s 接口板）的配置。点击 14 插槽的位置，再点击 Select，显示如图 ZY3201701003-11 所示。

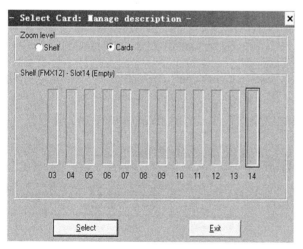
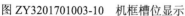

图 ZY3201701003-10　机框槽位显示

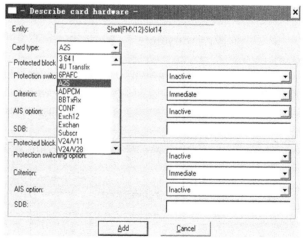

图 ZY3201701003-11　板块类型选项

选择 A2S，使 Card type 框中显示为 A2S，点击 Add 进入下一个界面，如图 ZY3201701003-12 所示。

点击 Yes，进入下一个界面，如图 ZY3201701003-13 所示。

点击图中 Ports 选项，进入下一个界面，如图 ZY3201701003-14 所示。

框选任意一个 2Mbit/s 口（如 Port1），点击 Select 进入下一个界面，如图 ZY3201701003-15 所示。

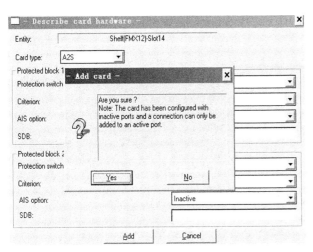

图 ZY3201701003-12　板卡槽位配置确认

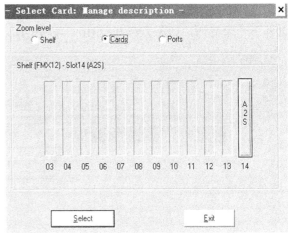

图 ZY3201701003-13　板卡槽位选择（A2S 板）

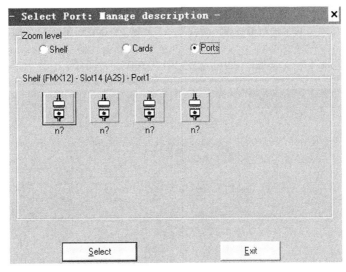

图 ZY3201701003-14　A2S 板卡端口选择

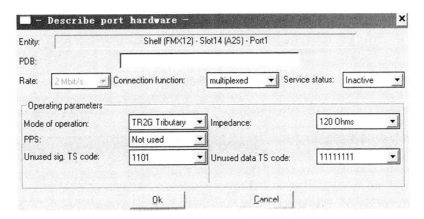

图 ZY3201701003-15　A2S 板卡端口描述

一般情况下需要修改地方有：

1）Connection function（连接功能）：Cross-connected（交叉连接）。

2）Service status（运行状态）：Active（激活）。

3）Impedance（阻抗）：75ohms。

点击 OK 进入下面对话框，如图 ZY3201701003-16 所示。

再点击 Yes，这样就完成了一个 2Mbit/s 接口设置，其余 2Mbit/s 口的配置方法相同。

（2）Subscr（用户接口）板的配置。同 A2S 板的配置方法类似。在如图 ZY3201701003-10 所示界面中选择 13 插槽，在如图 ZY3201701003-11 所示界面下选择 Subscr，点击 Add，再点击 Yes 确定，进入下一个界面，如图 ZY3201701003-17 所示。

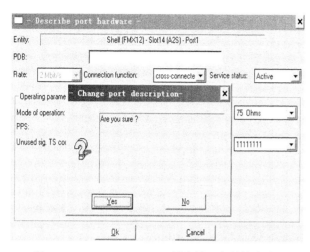

图 ZY3201701003-16　A2S 板卡端口参数修改确认

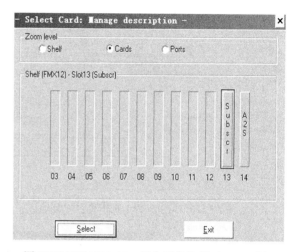

图 ZY3201701003-17　板卡槽位选择（Subscr 板）

点击图中 Ports，进入下一个界面，如图 ZY3201701003-18 所示。

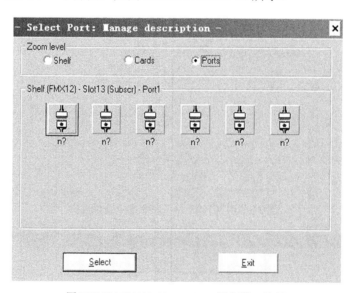

图 ZY3201701003-18　Subscr 板卡端口选择

框选任意一个接口（如 Port1），点击 Select，进入下一个界面，如图 ZY3201701003-19 所示。

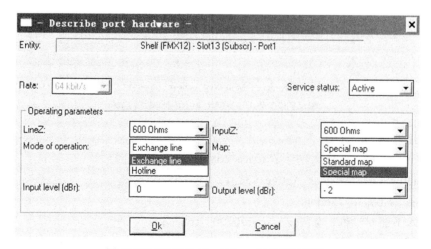

图 ZY3201701003-19　Subscr 板卡端口描述

根据实际情况，可供修改地方：

1）Service status（运行状态）：Active（激活）。

2）LineZ（线路阻抗）：600 ohms；InputZ（输入阻抗）：600 ohms。

3）Mode of opration（工作方式）：Exchang line（用户延伸）/Hotline（用户热线）。

4）Map（电平图）：在选择 Special map（特殊电平图）后，才能调整输入输出电平，如果没有特殊要求，也可不调整。

5）Input level（输入电平 dBr）：0～–5，0.5dB 步长可调。

6）Output level（输出电平 dBr）：–2～–7.5，0.5dB 步长可调。

设置完成后，点 OK，再点击 Yes，这样就完成了一个接口的设置，其余接口的配置方法相同。

（3）Exch12（12 路交换接口）板配置。同 A2S 板的配置方法类似。在如图 ZY3201701003-10 所示界面中选择 12 槽，在如图 ZY3201701003-11 所示界面下选择 Exch12，点击 Add，再点击 Yes，进入下一个界面，如图 ZY3201701003-20 所示。

点击图中 Ports，进入下一个界面，如图 ZY3201701003-21 所示。

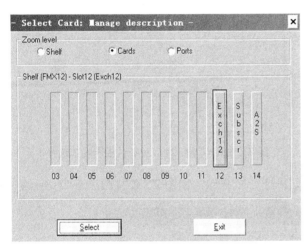

图 ZY3201701003-20　板卡槽位选择（Exch12 板）

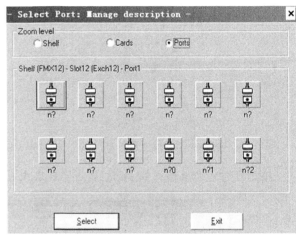

图 ZY3201701003-21　Exch12 板卡端口选择

框选任意一个接口（如 Port1），并点击 Select，进入下一个界面，如图 ZY3201701003-22 所示。

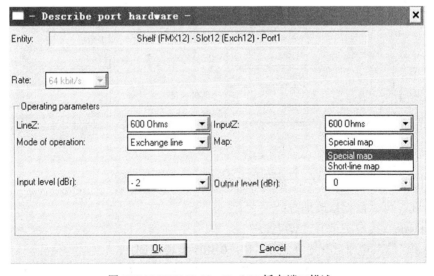

图 ZY3201701003-22　Exch12 板卡端口描述

根据实际情况，可供修改地方：

1）LineZ（线路阻抗）：600 ohms；InputZ（输入阻抗）：600 ohms。

2）Map（电平图）：在选择 Special map（特殊电平图）后，才能调整输入输出电平，如果没有特殊要求，也可不调整。

3）Input level〔输入电平 dBr〕：-2～-7.5，0.5dB 步长可调。

4）Output level〔输出电平 dBr〕：0～-5，0.5dB 步长可调。

设置完成后，点 OK，再点击 Yes，这样就完成了一个接口的设置，其余接口的配置方法相同。

（4）6PAFC（2W/4W E/M 接口）板配置。同 A2S 板的配置方法类似。在如图 ZY3201701003-10 所示界面中选择 11 槽，在如图 ZY3201701003-11 所示界面下选择 6PAFC，点击 Add，再点击 Yes，进入下一个界面，如图 ZY3201701003-23 所示。

点击图中 Ports，进入下一个界面，如图 ZY3201701003-24 所示。

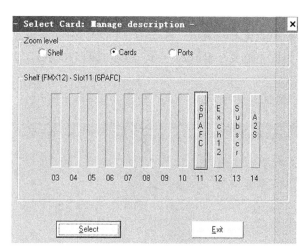

图 ZY3201701003-23　板卡槽位选择（6PAFC 板）

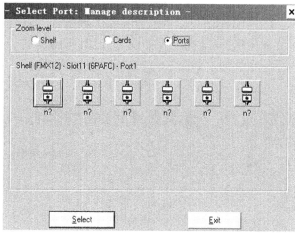

图 ZY3201701003-24　6PAFC 板卡端口选择

框选任意一个接口（如 Port1），并点击 Select，进入下一个界面，如图 ZY3201701003-25 所示。

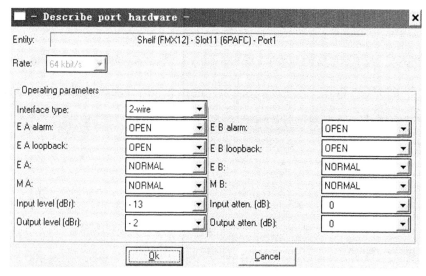

图 ZY3201701003-25　6PAFC 板卡端口描述

根据实际情况，可供需要修改地方：

1）Interface type（接口类型）：2W/4W。

2）Input level（输入电平 dBr）：+2.5～-13，0.5dB 步长可调。

3）Output level（输出电平 dBr）：-2～-17.5，0.5dB 步长可调。

设置完成后，点 OK，再点击 Yes，这样就完成了一个接口的设置，其余接口的配置方法相同。

（5）V.24/V.28 数据接口板配置。同 A2S 板的配置方法类似。在如图 ZY3201701003-11 所示界面中选择 10 槽，在如图 ZY3201701003-12 所示界面下选择 V24/V28，点击 Add，再点击 Yes，进入下一个界面，如图 ZY3201701003-26 所示。

点击图中 Ports，进入下一个界面，如图 ZY3201701003-27 所示。

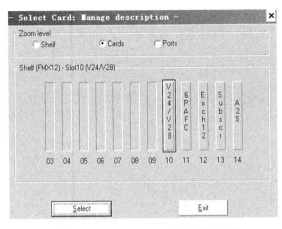

图 ZY3201701003-26 板卡槽位选择
（V.24/V.28 数据接口板）

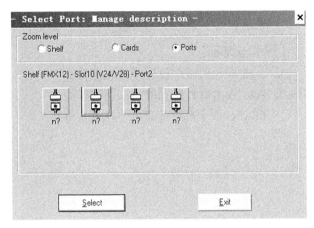

图 ZY3201701003-27 V.24/V.28 数据接口板卡端口选择

框选任意一个接口（如 Port2），并点击 Select，进入下一个界面，如图 ZY3201701003-28 所示。

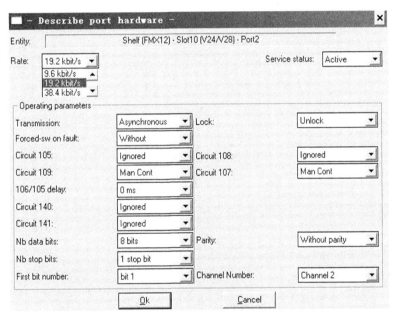

图 ZY3201701003-28 V.24/V.28 数据接口板卡端口描述

根据实际情况，可供需要修改地方：

1）Rate（传输速率）：0.6～38.4kbit/s（异步）；1.2～64kbit/s（同步）。

2）Service status（运行状态）：Active（激活）。

3）Transmission（传输方式）：Asynchronous（异步）/Synchronous（同步）。

4）Circuit 105（请求发送）：Managed（控制）/Ignored（忽略）。

5）Circuit 108（数据终端准备好）：Managed（控制）/Ignored（忽略）。

6）Circuit 109（数据信道接收线路信号检测）：Managed（控制）/Man cont（人工控制）。

7）Circuit 107（数据设备准备好）：Managed（控制）/Man cont（人工控制）。

8）Circuit 140（远端环回/维护测试）：Managed（控制）/Ignored（忽略）。

9）Circuit 141（本地环回）：Managed（控制）/Ignored（忽略）。

10）Nb data bits（数据比特数）：7bits/8bits。

11）Nb stop bits（数据停止位）：1bit/2bits。

12）Parity（奇偶校验）：Without parity（不用）/With parity（使用）。

13）Frist bit number（开始比特编号）：1（常用）。

14）Channel Number（通道编号）：1～4。

设置完成后，点 OK，再点击 Yes，这样就完成了一个接口的设置，其余接口的配置方法相同。

【思考与练习】

1．A2S 板卡的硬件设置应该注意什么？

2．A2S 板卡软件配置的方法是怎样的？

3．6PAFC 板卡软件配置的方法是怎样的？

模块 3

ZY3201701003

第六十九章 PCM 通道测试

模块 1 PCM 二线通道测试（ZY3201702001）

【模块描述】本模块介绍了 PCM 二线通道常用特性指标的测试，包含电平、频率特性等测试方法。通过测试流程介绍、图表示意，掌握正确使用 PCM 综合测试仪测试二线通道特性指标的方法。

【正文】

一、测试目的

为了保证 PCM 通信质量，测试的 PCM 话路特性指标必须符合国际电信联盟远程通信标准化组 ITU-T 的建议。所以，在日常维护中，要定期对 PCM 设备的话路特性指标进行测试，确保其指标合格。

二、测试前的准备工作

（1）了解被试设备现场情况及试验条件。测试现场的温度、湿度等条件要符合设备及仪表正常工作的条件。

（2）准备测试仪器、设备。准备 1 台话路特性测试仪、测试线、接地线以及 2 端 PCM 终端设备（带 FXS 接口和 FXO 接口）。

三、测试步骤及要求

（1）话路特性测试仪和两端 PCM 设备可靠接地（共地）。

（2）按图 ZY3201702001-1 所示，测试线的一头分别接话路特性测试仪的收、发接口，另一头分别接两端 PCM 设备对应的 FXS 接口和 FXO 接口。

（3）启动话路特性测试仪，选择要测试项目进行测试（如电平、电平特性、频率特性、量化失真和空闲噪声等指标）。

（4）根据仪表显示记录测试结果。

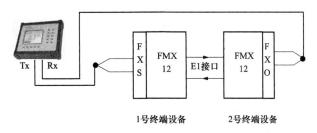

图 ZY3201702001-1 二线话路通道测试连线示意图

四、测试结果分析及测试报告编写

（1）测试结果分析。把每一项测试结果与标准参数比较，不合格的部分需对设备进行相应的调试。

（2）测试报告编写。将测试结果填入相应的测试表格中。测试报告的编写可参照表 ZY3201702001-1。

表 ZY3201702001-1　　　　　2W FXS 接口和 FXO 接口测试表

槽位号	接收电平（dB）	频率特性（dB）					电平特性（dB）					空闲噪声（dBm0p）	量化失真（dB）					
		300 Hz	600 Hz	2400 Hz	3000 Hz	3400 Hz	+3 dBm0	0 dBm0	−40 dBm0	−50 dBm0	−55 dBm0		−3 dBm0	−6 dBm0	−27 dBm0	−34 dBm0	−40 dBm0	−55 dBm0
接口 1																		

续表

槽位号	接收电平（dB）	频率特性（dB）					电平特性（dB）					空闲噪声（dBm0p）	量化失真（dB）					
		300 Hz	600 Hz	2400 Hz	3000 Hz	3400 Hz	+3 dBm0	0 dBm0	−40 dBm0	−50 dBm0	−55 dBm0		−3 dBm0	−6 dBm0	−27 dBm0	−34 dBm0	−40 dBm0	−55 dBm0
接口2																		
接口3																		
接口4																		
接口5																		
接口6																		

五、测试注意事项

（1）话路特性测试仪和 PCM 设备可靠接地（共地）。

（2）测试线插头无氧化及油污，保证测试线与话路特性测试仪和 PCM 设备可靠接触。

（3）保证测试现场的温度、湿度符合设备及仪表正常工作的条件。

以上 3 点都可能影响测试数据的准确性。

（4）测试前，注意看清楚接线排资料，将测试线连接到正确的位置。错误地将测试线连接到非被测的接口上，会造成正常运行电路中断。

六、FMX12 设备二线通道的测试方法

以前测试 FXO、FXS 的二线环路通道，需要外加电路才能实现。随着科技的进步，现在有很多话路特性测试仪采用了内置直流环路馈电电路和直流环路保持电路，不仅可测二/四线 E&M 接口，还可直接测 FXO 和 FXS 接口。内置直流环路馈电电路为 FXO 接口馈电，直流环路保持电路启动 FXS 接口，以保证二线环路通道的启动。

对二线话路通道进行 FXO（Exch12）–FXS（Subscr）测试时，必须先建立话音通道，才能通过仪表测试话路通道的各项指标，测试连线示意图如图 ZY3201702001-1 所示。

将 1 号和 2 号两端 FMX12 设备的二线电路数据配置好后，把仪表的 Rx 测试接头并接在 1 号 FMX12 设备的二线用户线上，同时将仪表的 Tx 测试接头并接在 2 号 FMX12 设备的二线用户线上。根据话路特性测试仪的使用说明，把仪表的接口类型、输入（输出）阻抗和相对电平等与被测设备保证一致，基准频率选择正确，把仪表的地与设备的地共地连接良好（以确保测试结果的准确。不接地或接地不良，经常会影响量化失真、空闲噪声等指标的测量），就可以开始测试了。用话路特性测试仪能十分方便地自动测试二线接口的常用指标，如传输电平、电平特性、频率特性、量化失真和空闲噪声等指标，并可在仪表上直接观看测试结果。有些话路特性测试仪还能分别选择电平、频率特性、电平特性、量化失真、空闲噪声等选项，使用标准模板分析结果，判定测试结果是否合格。

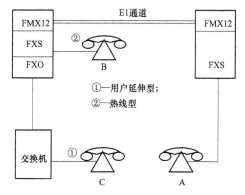

图 ZY3201702001-2 二线话路通道通话测试连线示意图

如果要对 FXS（Subscr）–FXS（Subscr）热线方式的二线通道进行测试，只要将图 ZY3201702001-1 中的 FXO 接口板换成 FXS 接口板，话路特性测试仪设置接口类型时注意将其中一边的 FXO 接口改为 FXS 接口即可。

另外，按照图 ZY3201702001-2 的方法将 3 台普通电话机分别连接到需要测试的二线用户接口上，可进行二线接口的振铃、通话测试，步骤如下：

（1）FXS–FXS 热线方式。电话机 A 摘机，电话机 B 振铃后，将电话机 B 提机，并确认话路通道连

通；反过来再试一次，确认电话机 A 也振铃。

（2）FXO–FXS 用户延伸方式。电话机 A 摘机，听到拨号音后，拨相应的号码呼通电话机 C，电话机 C 振铃后，将电话机 C 提机，并确认话路通道连通；反过来再试一次，确认电话机 A 也振铃。

【思考与练习】

1. 二线通道振铃、通话测试时，为何要对两个传输方向各进行一次？

2. 二线接口的常用指标有哪些？

模块 2　PCM 四线通道测试（ZY3201702002）

【模块描述】 本模块介绍了 PCM 四线通道常用特性指标的测试，包含电平、频率特性等测试方法。通过测试流程介绍、图表示意，掌握正确使用 PCM 综合测试仪测试四线通道特性指标的方法。

【正文】

一、测试目的

为了保证 PCM 通信质量，测试的 PCM 话路特性指标必须符合国际电信联盟远程通信标准化组 ITU-T 的建议。所以，在日常维护中，要定期对 PCM 设备的话路特性指标进行测试，确保其指标合格。

二、测试前的准备工作

（1）了解被试设备现场情况及试验条件。测试现场的温度、湿度等条件要符合设备及仪表正常工作的条件。

（2）准备测试仪器、设备。准备 1 台话路特性测试仪、测试线、接地线以及 2 端 PCM 终端设备（带 4W E/M 接口）。

三、测试步骤及要求

（1）话路特性测试仪和两端 PCM 设备可靠接地（共地）。

（2）按图 ZY3201702002-1 所示，测试线的一边分别接话路特性测试仪的收、发接口，另一边分别接两端 PCM 设备对应的 4W E/M 接口。

（3）启动话路特性测试仪，选择要测试项目进行测试（如电平、电平特性、频率特性、量化失真和空闲噪声等指标）。

（4）根据仪表显示记录测试结果。

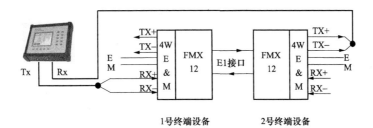

图 ZY3201702002-1　四线话路通道测试连线示意图 a

四、测试结果分析及测试报告编写

（1）测试结果分析。把每一项测试结果与标准参数比较，不合格的部分需对设备进行相应的调试。

（2）测试报告编写。将测试结果填入相应的测试表格中。测试报告的编写可参照表 ZY3201702002-1。

表 ZY3201702002-1　　　　　　　　　　　　4W E/M 接口测试表

槽位号	接收电平（dB）	频率特性（dB）					电平特性（dB）					空闲噪声（dBm0p）	量化失真（dB）					
		300 Hz	600 Hz	2400 Hz	3000 Hz	3400 Hz	+3 dBm0	0 dBm0	−40 dBm0	−50 dBm0	−55 dBm0		−3 dBm0	−6 dBm0	−27 dBm0	−34 dBm0	−40 dBm0	−55 dBm0
接口 1																		
接口 2																		

续表

槽位号	接收电平（dB）	频率特性（dB）					电平特性（dB）					空闲噪声（dBm0p）	量化失真（dB）					
		300 Hz	600 Hz	2400 Hz	3000 Hz	3400 Hz	+3 dBm0	0 dBm0	−40 dBm0	−50 dBm0	−55 dBm0		−3 dBm0	−6 dBm0	−27 dBm0	−34 dBm0	−40 dBm0	−55 dBm0
接口 3																		
接口 4																		
接口 5																		
接口 6																		

五、测试注意事项

（1）话路特性测试仪和 PCM 设备可靠接地（共地）。

（2）测试线插头无氧化及油污，保证测试线与话路特性测试仪和 PCM 设备可靠接触。

（3）保证测试现场的温度、湿度符合设备及仪表正常工作的条件。

以上 3 点都可能影响测试数据的准确性。

（4）测试前，注意看清楚接线排资料，将测试线连接到正确的位置。错误地将测试线连接到非被测的接口上，会造成正常运行电路中断。

六、FMX12 设备四线通道的测试方法

要对四线话路通道进行 4W E/M（6PAFC）–4W E/M（6PAFC）测试时，同样需要先建立四线通道，才能通过仪表测试话路通道的各项指标，测试连线示意图如图 ZY3201702002-1 所示。

把 1 号和 2 号两端 FMX12 设备的四线电路数据配置好，把仪表的地与设备的地共地连接良好，将仪表的 Rx 测试接头并接在 2 号 FMX12 设备的四线用户线的 Tx 上，同时将仪表的 Tx 测试接头并接在 1 号 FMX12 设备的四线用户线的 Rx 上。根据话路特性测试仪的使用说明，把仪表的接口类型、输入（输出）阻抗和相对电平等与被测设备保证一致就可以开始测试。用话路特性测试仪能十分方便地自动测试四线接口的常用指标，如传输电平、电平特性、频率特性、量化失真和空闲噪声等指标，并可在仪表上直接观看测试结果。还可以分别选择传输电平、频率特性、电平特性、量化失真、空闲噪声等选项，使用标准模板分析结果，判定测试结果合格与否。

第一次测试完成后，整个四线通道的测试实际上只完成了一半。还需要将测试连线按图 ZY3201702002-2 的方法连接起来再测试一次。把仪表的 Rx 测试接头并接在 1 号 FMX12 设备的四线用户线的 Tx 上，同时将仪表的 Tx 测试接头并接在 2 号 FMX12 设备的四线用户线的 Rx 上。

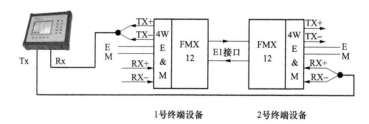

1号终端设备　　　　2号终端设备

图 ZY3201702002-2　四线话路通道测试连线示意图 b

【思考与练习】

1. 四线通道测试时，为何要对同一条电路两边接口的发送和接收都要测试一次？

2. 怎样测试四线通道？

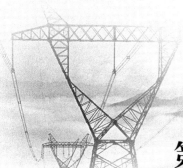

国家电网公司
生产技能人员职业能力培训专用教材

第七十章 PCM 设备故障 处理与数据恢复

模块 1 查看 PCM 告警信息 （ZY3201703001）

【模块描述】本模块介绍了 PCM 设备硬件告警查看和软件告警分析，包含硬件告警指示灯状态及软件告警信息。通过要点分析、图形示意，掌握通过软件或现场查看设备获知告警信息及分析告警类型的技能。

【正文】

一、查看 PCM 设备告警的目的

查看 PCM 设备告警的目的是为了监视和掌握设备的运行情况，及时发现和消除设备缺陷，预防事故发生，确保设备安全运行。

二、查看 PCM 设备告警的方法

巡视人员在巡视中一般通过看、听、摸、测的方法对设备进行检查。看是指观察设备告警灯的状态；听是指听设备有无异常噪声；摸是指通过触摸设备机框来判断设备的温度是否有过热等异常现象；测是指通过软件检测设备有无告警指示。

三、设备巡视的注意事项及危险点预控

（1）设备巡视的人员名单应经企业领导书面批准。

（2）设备巡视时，做到不漏巡、错巡，不断提高设备巡视质量，防止设备事故的发生。

（3）设备巡视时，不得进行与设备巡视无关的其他工作。

（4）巡视人员应按规定认真巡视检查设备，填写巡视表格。表格的内容应包含机房的温度、湿度检查、设备的外观及接地检查、板卡配置检查、同步性能检查、通话质量检查、四线环回检查、历史告警检查、被检设备名称、巡检人及巡检时间等项目。对设备异常状态和缺陷做到及时发现，及时处理，做好记录并按程序进行汇报。

（5）通过软件对设备进行检测时，不得对设备数据进行删改。

（6）在触摸设备检查时，防止发生电源开关误操作行为（电源开关有防误操作锁死开关的，要将开关置锁定状态）。

四、FMX12 设备公用板和常用接口板的面板示意图

当 FMX12 设备出现故障时，设备相应的板卡会做出相应的动作，包括告警的指示、LED 显示以及向远端管理系统的报告。图 ZY3201703001-1 为设备公用板及常用接口板的面板示意图。图中三种不同的图形分别表示三种不同颜色的 LED，其中，◕ 代表红灯，● 代表绿灯，◑ 代表黄灯。

图 ZY3201703001-1 中（a）是管理接口板（GIE）的面板示意图。当 GIE 板卡面板上的两个小开关置正常向上位置时情况下，FMX12 机框内任意板卡产生主要告警时，此板上面的主要告警红灯亮。任意板卡产生次要告警时，此板下面的次要告警红灯亮。设备工作正常时，两个红灯都不亮。

图 ZY3201703001-1 中（b）是交叉连接同步板（COB）的面板示意图。当设备正常工作时，只有最上面 3 个灯等亮（设备使用强制时钟时最上面 2 个灯亮）。"On"黄灯不亮，说明此板没运行。"Actv"绿灯不亮，说明设备工作在备用 COB 板上。如果时钟切换到备用时钟源上，主同步源时钟"Nom"黄灯灭，备用时钟"Stdby"黄灯亮。当设备时钟失步时，工作在内钟，最下面的"Int"黄

灯亮。

　　图 ZY3201703001-1 中（c）是电源变换板（CNVR）的面板示意图。此板没有输出电压时或者电源板开关关闭时，"Fail"告警红灯亮。电源板工作正常时应该是开关开启，"Fail"红灯不亮。

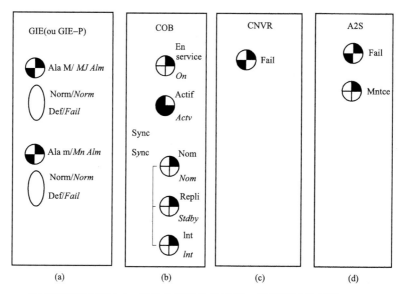

图 ZY3201703001-1　设备公用板及常用接口板的面板示意图（一）

（a）管理接口板（GIE）的面板示意图；（b）交叉连接同步板（COB）的面板示意图；

（c）电源变换板（CNVR）的面板示意图；（d）A2S 板（4×2Mbit/s 板）的面板示意图

　　图 ZY3201703001-1 中（d）是 A2S 板（4×2Mbit/s 板）的面板示意图。当主菜单 Alarms 下的 Fault parameter selection and disable 菜单中，按出厂默认的故障配置参数，凡是图 ZY3201703001-2 和图 ZY3201703001-3（Fault severity 选项为次要告警"Minor"或者为主要告警"Major"）中的任意一项或多项出现告警时，此板的"Fail"红灯亮。当此板卡上任意一个 2Mbit/s 端口或者和与此板相连的远端设备的 2Mbit/s 端口处于维护环回状态，此板的"Mntce"黄灯亮。

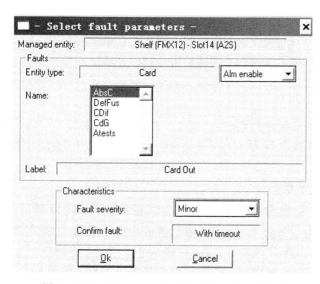

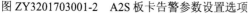

图 ZY3201703001-2　A2S 板卡告警参数设置选项

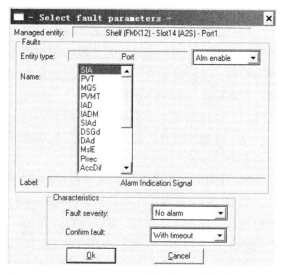

图 ZY3201703001-3　A2S 板卡端口告警参数设置选项

　　图 ZY3201703001-4 中（a）是 V.24/V.28 数据接口板的面板示意图。主菜单 Alarms 下的 Fault parameter selection and disable 菜单中，按出厂默认的 Cards 故障配置参数，凡是图 ZY3201703001-5（Fault severity 选项为次要告警"Minor"或者为主要告警"Major"）中的任意一项或多项出现告警时，此板的"Fail"红灯亮。此板任意接口做接口环回，"Test"绿灯和"Loop"黄灯亮。板上任意接口做设备环回，"Loop"黄灯亮。

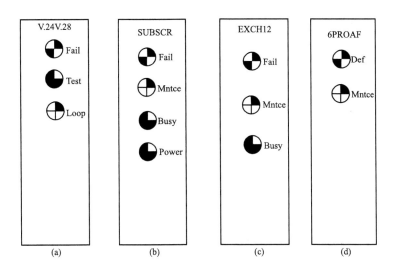

图 ZY3201703001-4　设备公用板及常用接口板的面板示意图（二）

（a）V.24/V.28 数据接口板的面板示意图；（b）Subscr 板的面板示意图；

（c）Exch12 板的面板示意图；（d）6PAFC 板的面板示意图

　　图 ZY3201703001-4 中（b）是 Subscr 板的面板示意图。主菜单 Alarms 下的 Fault parameter selection and disable 菜单中，按出厂默认的 Cards 故障配置参数，凡是图 ZY3201703001-6（Fault severity 选项为次要告警"Minor"或者为主要告警"Major"）中的任意一项或多项出现告警时，此板的"Fail"红灯亮。此板任意接口做环回操作，"Mntce"黄灯亮。此板任意端口处于摘机呼叫或者通话占用状态时，"Busy"绿灯亮。只要在机框中添加配置了此板，"Power"绿灯亮。

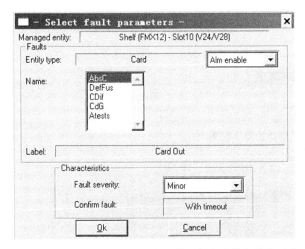 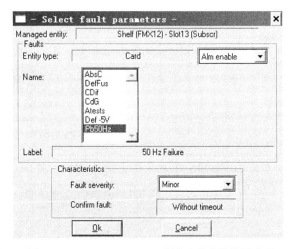

图 ZY3201703001-5　V.24/V.28 数据接口板卡告警参数设置选项　　　图 ZY3201703001-6　Subscr 板卡告警参数设置选项

　　图 ZY3201703001-4 中（c）是 Exch12 板的面板示意图。主菜单 Alarms 下的 Fault parameter selection and disable 菜单中，按出厂默认的 Cards 故障配置参数，凡是图 ZY3201703001-7（Fault severity 选项为次要告警"Minor"或者为主要告警"Major"）中的任意一项或多项出现告警时，此板的"Fail"红灯亮。此板任意接口做环回操作，"Mntce"黄灯亮。此板任意端口处于通话占用状态时，"Busy"绿灯亮。

　　图 ZY3201703001-4 中（d）是 6PAFC 板的面板示意图。主菜单 Alarms 下的 Fault parameter selection and disable 菜单中，按出厂默认的 Cards 故障配置参数，凡是图 ZY3201703001-8（Fault severity 选项为次要告警"Minor"或者为主要告警"Major"）中的任意一项或多项出现告警，以及 Ports 选项中的"DR"出现故障时，此板的"Fail"红灯亮。此板任意端口或者和与此板相连的远端设备的相应端口处于维护环回状态，"Mntce"黄灯亮。

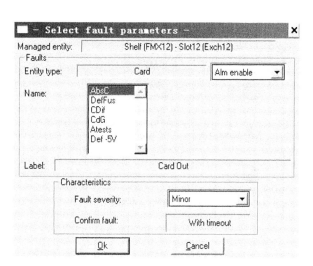 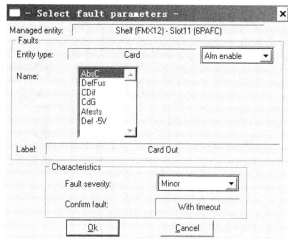

图 ZY3201703001-7　Exch12 板卡告警参数设置选项　　图 ZY3201703001-8　6PAFC 板卡告警参数设置选项

五、FMX12 设备告警查看的步骤

通过主菜单 Alarms 的下拉菜单选项 Display current fault（显示当前告警），除了可以查 Shelf 的告警外，也可通过点击 Cards 选项来查看机框中配置的所有用户接口板的告警状况。查看的具体步骤如下：

登录 FMX12 设备后，选择主菜单 Alarms 下拉菜单 Display current fault，如图 ZY3201703001-9 所示。

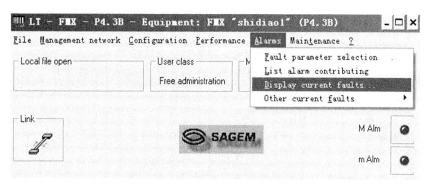

图 ZY3201703001-9　设备告警下拉菜单

点击 Display current fault 进入下一个界面，如图 ZY3201703001-10 所示。

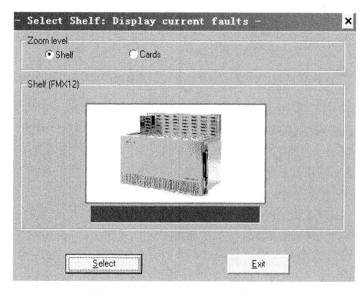

图 ZY3201703001-10　当前告警选项

　　如果 Shelf 的告警颜色框是红色或者黄色，说明设备有主要告警或者次要告警产生。首先查看设备机框的告警，点击 Shelf，进入下一个界面，如图 ZY3201703001-11 所示。

　　当前故障栏里显示的是 SynGen 告警（同步故障），通常需要检查设备提取时钟源的 2Mbit/s 口及相关的信道，造成此故障的原因大多为提供时钟的通道故障。

　　如果要查看设备的用户接口板，在图 ZY3201703001-10 中点击 Cards 进入下一个界面，如图 ZY3201703001-12 所示。

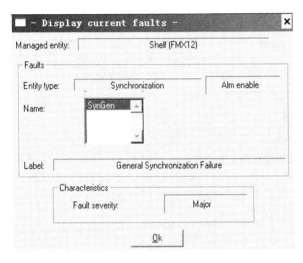
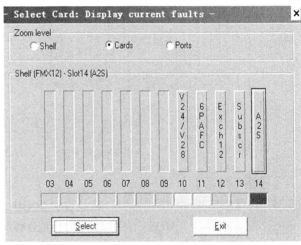

图 ZY3201703001-11　机框当前告警显示　　　　图 ZY3201703001-12　板卡当前告警显示

　　选择想要查看的板卡（如告警框有主要告警颜色红色的 A2S 板），点击 14 槽的 A2S 板，进入下一个界面，如图 ZY3201703001-13 所示。

　　故障栏显示 A2S 板没有告警，返回图 ZY3201703001-12，点击 14 槽的 A2S 板，再选中 Ports，进入下一个界面，如图 ZY3201703001-14 所示。

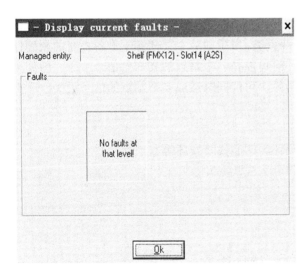
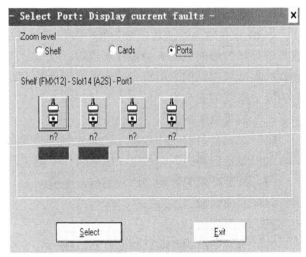

图 ZY3201703001-13　A2S 板卡当前告警显示　　　　图 ZY3201703001-14　A2S 板卡当前告警端口选项

　　选择告警框有告警颜色端口（如 Port1），进入下一个界面，如图 ZY3201703001-15 所示。

　　故障栏里的"MQS"告警表示 Port1 端口没有收到信号，信号丢失。造成此故障告警的原因大多为相应 2M 线与信道的 DDF 接触不好，或者信道不通等。故障栏里的"Plrec"告警一般和"MQS"告警是成对出现的，指接收到的无效周期。

　　要查看其他接口板的告警信息，重复上面的步骤即可。

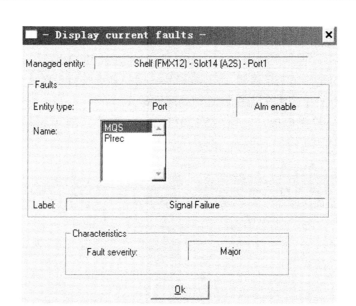

图 ZY3201703001-15　A2S 板卡端口当前告警显示

【思考与练习】

1. 管理接口板（GIE）告警灯亮是否说明 GIE 板出故障？

2. A2S 板产生"MQS"告警的原因主要有哪些？

模块 2　PCM 故障处理（ZY3201703002）

【模块描述】本模块介绍了 PCM 设备常见业务故障的处理方法，包含二线业务故障、四线业务故障和数据业务故障处理步骤和方法。通过故障分析、操作流程示意、案例介绍，掌握 PCM 常见业务故障的处理方法。

【正文】

一、故障的类型及危害

PCM 设备故障一般可以分为硬件故障和软件故障两大类，发生故障主要来源于设备自身的软硬件或外部环境的影响以及人为操作不当等。发生故障时，有可能是一个站点的某一条信号丢失，但如果是集控站或者主站的公用板卡的硬件或软件数据发生故障，可能同时造成多个站点的信号丢失，严重影响电力系统的安全生产。

二、故障发生的原因

（1）设备自身的硬件故障（比如板卡上的元器件损坏、印制线路损坏等）。

（2）设备自身的软件故障（比如软件不能正常工作，丢失数据）。

（3）外部环境的影响（比如温度、湿度）。

（4）人为误操作。

三、故障现象

（1）通信中断或者误码超过正常范围。

（2）设备告警指示灯亮。

（3）设备机框温度过热。

（4）设备有异常噪声。

四、FMX12 设备的故障处理

当 FMX12 设备的电路出现故障时，需要及时对涉及的站点设备进行检查，并对设备故障进行判断和处理。先观察设备里各种板卡的故障灯状态是否正常。当 FMX12 设备子框内的板卡出现故障时，首先反映到各自面板的 LED 上。除电源板和 COB 板的告警信号直接送到 GIE 板外，3～12 槽位置接口板的告警信号根据告警配置可以送或者不送到 GIE 板上（建议使用告警的出厂默认配置，将告警信息传到 GIE 板上）。如果板卡故障灯亮，可根据这些板卡对设备正常运行的影响程度，分先后进行故障检查。

在外接-48V 直流电源正常的情况下，首先查看电源板面板上的告警指示灯状态。正常情况下故障告警灯 Fail 灯（红色）应该熄灭。如果 Fail 灯亮，检查电源开关是否放在 ON 的位置上（包括机顶电源分配单元），如果电源开关放在 OFF 关闭状态，打开开关即可。如果 Fail 灯还亮，在电源面板测试端口+5V，-5V，+53V，-53V 检测电压是否正常，如果不正常，更换电源板；如果正常，需检查 FMX12 设备子框到机顶电源分配单元之间的电源线、电源分配单元等，找出故障点并排除。

在电源板工作正常的情况下，利用 FMX12 设备操作软件 Alarms 菜单中的 Display current faults（现实告警显示）选项和 Maintenance 菜单中的 Test control（测试控制）选项，根据故障栏里的告警提示，可对有告警故障的板卡进行详细分析，帮助确定故障点并予以排除。

FMX12 设备相框和几种常用接口板的常见故障及处理方法见表 ZY3201703002-1。

表 ZY3201703002-1　　FMX12 设备机框和几种常用接口板的常见故障及处理方法

板子类型	板子和端口常见故障名称		参考处理方法
	缩写	含　义	
Exch12 板	AbsC	Card Out	更换板卡
	DefFus	Fuse Fault	更换板子（不能自行更换保险）
	CDif	Card Different	板卡种类配置有误，重配数据
	Atests	Selftest	更换板卡
	Def -5V	- 5 V Failure	更换板卡
	DR	Network Fault	检查电路经过的 2M 电路是否中断及转接点 TS 是否正确
	DLp	local extension failure	检查远端设备相应端口
A2S 板	AbsC	Card Out	更换板卡
	DefFus	Fuse Fault	更换板卡
	CDif	Card Different	板卡种类配置有误，重配数据
	Atests	Selftest	更换板卡
	SIA	Alarm Indication Signal	检查远端设备相应 2M 端口线缆的接收部分
	MQS	Signal Failure	检查 2M 端口线缆的接收部分
	IAD	Remote Alarm Indication	检查远端设备相应 2M 端口线缆的发送部分
	SIAd	Remote Alarm Indication Signal	检查 2M 端口线缆的发送部分
	AccDif	Different Port	2M 端口阻抗的硬件开关选择与软件配置的阻抗不同，调整
6PAFC 板	AbsC	Card Out	更换板卡
	DefFus	Fuse Fault	更换板子（不能自行更换保险）
	CDif	Card Different	板卡种类配置有误，重配数据
	Atests	Selftest	更换板卡
	Def -5V	- 5V Failure	更换板卡
	DR	Network Fault	检查电路经过的 2M 电路是否中断及转接点 TS 是否正确
Subscr 板	AbsC	Card Out	更换板卡
	DefFus	Fuse Fault	更换板子（不能自行更换保险）
	CDif	Card Different	板卡种类配置有误，重配数据
	Atests	Selftest	更换板卡

续表

板子类型	板子和端口常见故障名称		参考处理方法
	缩写	含　义	
Subscr 板	Def −5V	− 5V Failure	更换板卡
	DR	Network Fault	检查电路经过的 2M 电路是否中断及转接点 TS 是否正确
	DLp	local extension failure	检查远端设备相应端口
	DefTer	earth to line failure	检查外线、更换端口确认或更换板卡
V.24/V.28 板	AbsC	Card Out	更换板卡
	DefFus	Fuse Fault	更换板子（不能自行更换保险）
	CDif	Card Different	板卡种类配置有误，重配数据
	Atests	Selftest	更换板卡
	DefDeb	rate adaption fault	端口速率与外线速率不匹配，调整
	V110	V.110 frame alignment loss	检查数据设备或数据设备到本端设备之间的链路

可利用 FMX12 设备操作软件的告警显示菜单来检查设备故障，其操作流程可参考图 ZY3201703002-1 进行。

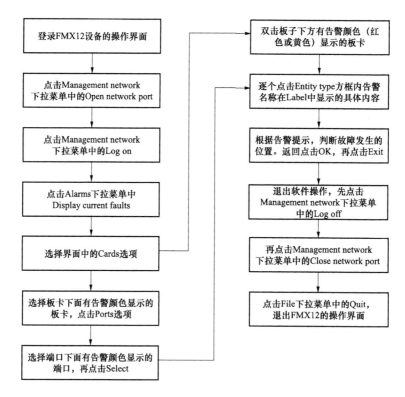

图 ZY3201703002-1　设备故障检查操作流程

如果上述的告警查询方法还不能准确判断故障位置，需结合维护操作，进行综合分析，判断出故障点。假设有一条 RTU 业务中断，而 FMX12 设备没显示任何告警，维护的操作流程可参考图 ZY3201703002-2 进行。

其他接口板故障的处理方法与上述方法类似，可参考图 ZY3201703002-1 和图 ZY3201703002-2 综合分析判断。

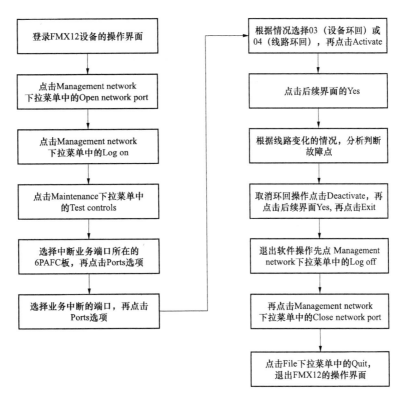

图 ZY3201703002-2　远动信号故障维护操作流程

【案例】

在某变电站（A 站）电路割接过程中，发现一条由 A 站对主站（B 站）的四线 RTU 电路不通，而两站的 FMX12 设备都没有告警灯亮。经检测，B 站发过去的信号在 A 站相应接口的四线"Rx/OUT"端口处没有接收到，却在四线"Tx/IN"端口处收到有信号。

（1）工程人员通过网管登录 B 站的 FMX12 设备，删掉相应电路的时隙，A 站相应电路"Tx/IN"端口处没有信号了，说明这条电路的时隙配置没有问题。

（2）进入维护菜单，对 B 站设备的相应接口做一个线路环回，测得 B 站设备的信号自发自收没有问题。

（3）登录 A 站 FMX12 设备，进入维护菜单，对相应接口做一个设备环回，由 B 站设备发出去的信号在 B 站设备相应接口的"Rx/OUT"端口处没有接收到，说明故障在 A 站一侧，而且是在设备部分，而非外线部分。

（4）检查 A 站相应板卡接口的参数配置，发现本应配置为四线方式的接口类型选项中，错误地配置为二线方式。接口类型改为四线方式后，RTU 信号收发正常，故障排除。

【思考与练习】

1. PCM 设备故障一般分为哪几类？

2. 维护操作的大致流程是怎样的？

3. 如果一条远动信号的电路出现故障，怎样判断故障点？

模块 3　PCM 配置的备份（ZY3201703003）

【模块描述】本模块介绍了 PCM 设备配置数据的备份内容和备份方法。通过配置步骤介绍、界面窗口示意，掌握 PCM 设备配置数据备份的方法。

【正文】

一、PCM 设备配置备份的概念和必要性

PCM 设备配置备份是指对 PCM 设备在某一个时间点上的所有数据进行的一个完全拷贝。通常情况下，重要站点 PCM 设备的数据量较大，配置也相对复杂。如果数据因意外情况丢失后，要完整而准确地重新配置数据，难度大、耗时长，会极大地影响通信的恢复速度。为了防止 PCM 设备的配置数据意外丢失，设备调试开通前，应先对存储数据的板卡的硬件（很多智能 PCM 设备都有对数据存储器进行数据保存和释放的跳线）做正确的连通选择外，在调试完成后，还应该做好 PCM 设备所有配置数据的备份工作。这样，一旦发现是因 PCM 数据丢失造成的通信中断，可以利用备份的数据恢复配置，很快地恢复通信。

二、FMX12 设备配置备份的方法

首先可根据要求对设备的硬件部分进行备份，比如在第 2 插槽插入互为备份的电源变换板，在 17 插槽插入备用的交叉连接同步板（COB 板）。然后对管理接口板（GIE 板）上的电池做正确的连通选择，对设备的配置数据进行备份。

打开 FMX12 设备操作软件，点击主菜单 Management network 下拉菜单中的 Open network port，然后点击 Log on，登录 FMX12 设备后，选择 File 下拉菜单中的 Transfers（传输）功能，如图 ZY3201703003-1 所示。

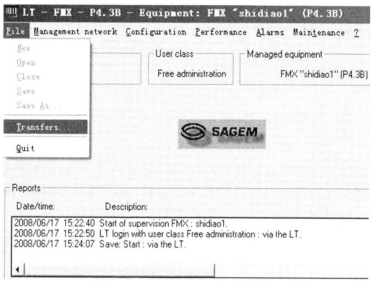

图 ZY3201703003-1　设备操作软件文件下拉菜单

点击 Transfers，进入下一个界面，如图 ZY3201703003-2 所示。

图 ZY3201703003-2　传送内容选项

选中 SAVE，然后对所需存储的数据种类进行打勾选择。一般使用默认选项，全部选择。再点击 Select 进入下一个界面，如图 ZY3201703003-3 所示。

选择适当的路径，把设备当前配置存储在计算机某个文件名下或者磁盘中。注意文件名（长度不超过 8 个字符）不能与和其他站点设备已存储的文件名一样，否则会覆盖其他站点设备的数据。如果前期已保存过该设备数据，只需选中相应站名覆盖即可。点击"确定"进入下一个界面，如图 ZY3201703003-4 所示。

图 ZY3201703003-3　存储路径及文件名

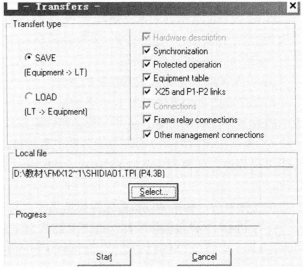

图 ZY3201703003-4　确认存储路径及文件名

点击 Start，进入下一个界面，询问是否确认需要保存数据，如图 ZY3201703003-5 所示。

点击 Yes，设备的配置数据开始存储备份，几十秒钟后（数据量大小不同，存盘时间长短也有所不同），进入下一个界面，如图 ZY3201703003-6 所示。

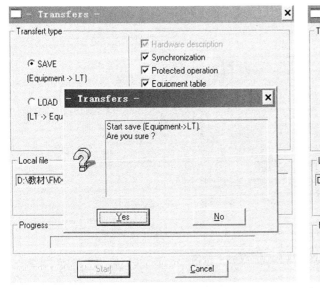

图 ZY3201703003-5　确认数据保存

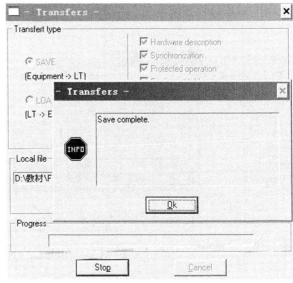

图 ZY3201703003-6　数据存储完毕提示

这时数据备份工作完成，点击 OK。这样，该 PCM 设备的配置数据就完全备份下来了。

【思考与练习】

1. PCM 设备配置为何需要及时备份数据？

2. FMX12 设备数据备份的过程是怎样的？

ZY3201703004

模块 4

模块 4　PCM 配置的恢复（ZY3201703004）

【**模块描述**】本模块介绍了 PCM 设备配置数据的恢复。通过配置步骤介绍、界面窗口示意，掌握 PCM 设备配置数据恢复的方法。

【**正文**】

一、PCM 设备配置数据恢复的概念

PCM 设备配置数据的恢复是指当 PCM 设备的数据因异常情况出错或丢失后，把 PCM 设备的数据恢复到某一个时间点上的过程。采取数据导入的方法，可快速而准确地恢复 PCM 设备的配置数据，把对通信的影响降到最低限度。

二、FMX12 设备配置数据恢复的方法

在硬件方面，如果是 GIE 板出现故障，在带电的情况下拔出 GIE 板，插入新的 GIE 板后，COB 板中的数据会自动导入 GIE 板中，设备可恢复正常运行。在设备有备用 COB 板的情况下，如果只有一块 COB 板出现故障，不会影响设备的正常运行，但需要及时把故障板卡更换下来。如果两块 COB 板都出现故障，更换两块新的 COB 板，GIE 板中的数据会自动导入新的 COB 板里，恢复设备正常运行。

在软件方面，如果是设备的配置数据丢失，按下面的方法操作可恢复数据。

打开 FMX12 设备操作软件，点击主菜单 Management network 下拉菜单中的 Open network port，再点击 Log on，登录 FMX12 设备后，选择 File 下拉菜单中的 Transfers（传输）功能，如图 ZY3201703004-1 所示。

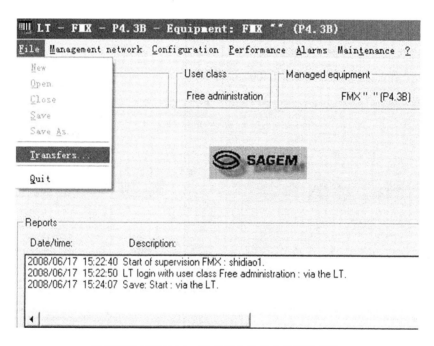

图 ZY3201703004-1　设备操作软件文件下拉菜单

点击 Transfers，进入下一个界面，如图 ZY3201703004-2 所示。

选中 LOAD，点击 Select 进入下一个界面，如图 ZY3201703004-3 所示。

选择适当的路径，选中存储在计算机某个文件名下或者磁盘中该设备的配置文件，点击"确定"进入下一个界面，如图 ZY3201703004-4 所示。

点击 Start，进入下一个界面，如图 ZY3201703004-5 所示。

点击 Yes，进入下一个界面，如图 ZY3201703004-6 所示。

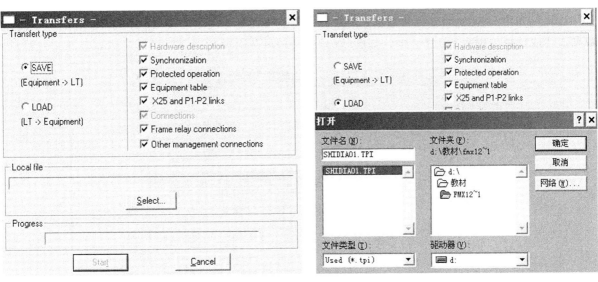

图 ZY3201703004-2　传送内容选项　　　　图 ZY3201703004-3　导入的文件名及路径

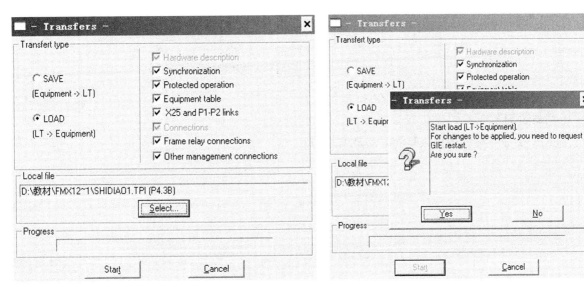

图 ZY3201703004-4　确认导入的文件名及路径　　　　图 ZY3201703004-5　确认数据导入

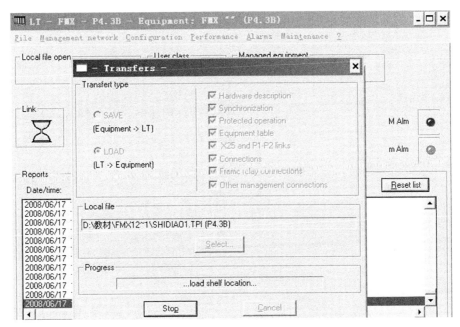

图 ZY3201703004-6　数据导入进程

计算机开始向 PCM 设备上传数据，此过程大约需要几分钟（数据量大小不同，上传时间不同），数据上传成功后，出现下一个界面，如图 ZY3201703004-7 所示。

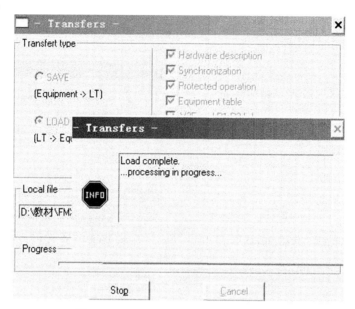

图 ZY3201703004-7　数据导入完毕提示

到此，该 PCM 设备的配置数据完全恢复。

【思考与练习】

1. FMX12 设备配置数据恢复的方法是怎样的？

第七十一章　PCM 设备业务配置

模块 1　二线业务的配置（ZY3201704001）

【模块描述】本模块介绍了二线业务的配置，包含二线业务时隙交叉连接方法。通过配置方法介绍、界面窗口示例，掌握正确开通 PCM 二线业务的方法。

【正文】

一、二线业务的配置

二线业务主要是指二线话路，二线话路接口主要包括 FXO 接口和 FXS 接口。

1. 二线业务接口参数的配置

根据实际情况选择接口类型（FXO 接口或 FXS 接口），配置输入电平、输出电平、线路阻抗和输入阻抗等接口参数。

2. 二线业务时隙的配置

（1）输入电路名称。

（2）选择需要连接的二线业务接口。

（3）选择需要连接的 2Mbit/s 接口的时隙。

二、FMX12 设备二线业务板的工作方式

常用的二线板业务板有 6 路的用户接口板 Subscr 和 12 路的交换接口板 Exch12。其中，Subscr 板有 Exchang line（用户延伸）和 Hotline（用户热线）两种工作方式，所以 PCM 二线业务的配置包括 Subscr（FXS）连接到 Exch12（FXO）用户延伸方式的配置和 Subscr 接口连接到 Subscr 接口用户热线的配置两种方式。

三、FXS—FXS（用户热线）业务的配置方法

假设要把第 13 槽 Subscr 板的第 1 个接口分配到第 14 槽 A2S 板的第 1 个 2Mbit/s 口的第 1 个时隙上去，配置方法如下：

1. 修改 Subscr 板接口的工作方式

登录 PCM 设备后，首先进入设备的硬件描述管理菜单（Manage hardware description），选择需要配置的 Subscr 板的相应接口，把工作参数选项里的工作方式由默认的 Exchang line（用户延伸）方式修改为 Hotline（用户热线）方式，配置界面如图 ZY3201701003-19 所示。

2. 时隙连接

在 Configuration 下拉菜单中选择 Connections，进入接口的时隙连接配置功能，如图 ZY3201704001-1 所示。

点击 Connections，进入下一个界面，如图 ZY3201704001-2 所示。

点击 Add，进入下一个界面，如图 ZY3201704001-3 所示。

填写电路的连接名称，需要修改地方：Name（名称），例如 1301。

在 Name 方框中写入不超过 12 个字符长度的连接名，为了方便检查，一般习惯用 4 位数字来表示所要配置的某个端口，其中前两位数字表示板卡所在的槽位，后两位数字表示接口的路序。比如在这里输入 1301，表示的是第 13 槽的第 1 路。

（1）选择用户板卡的端口。点击 Select end No.1 进入下一个界面，如图 ZY3201704001-4 所示。

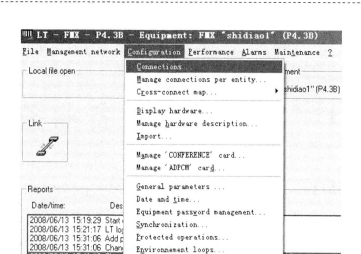

图 ZY3201704001-1　主菜单配置的下拉菜单

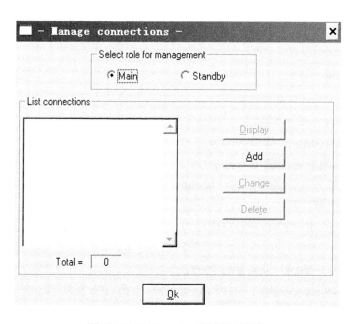

图 ZY3201704001-2　连接管理菜单

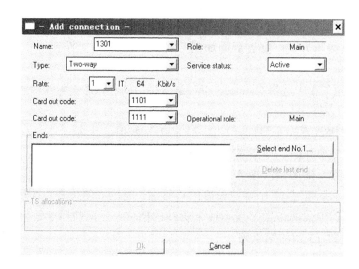

图 ZY3201704001-3　添加连接配置菜单

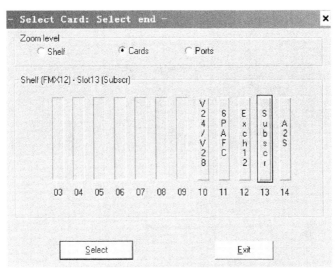

图 ZY3201704001-4　选择需要配置的 Subscr 板卡

选择第 13 槽位置 Subscr 用户接口板，选中 Ports 项进入下一个界面，如图 ZY3201704001-5 所示。

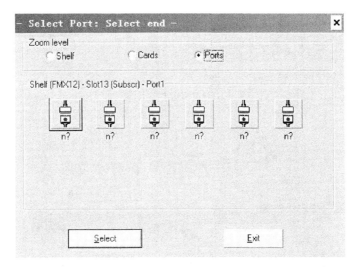

图 ZY3201704001-5　选择需要配置的 Subscr 板卡的端口

选择需要配置的接口（例如 Port1），点击 Select 进入下一个界面，如图 ZY3201704001-6 所示。

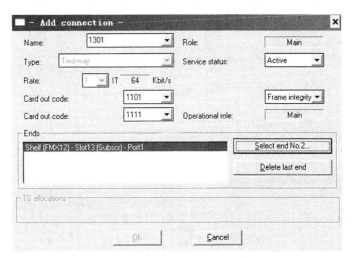

图 ZY3201704001-6　添加连接配置菜单

（2）选择 A2S 板卡接口的时隙。点击 Select end No.2 进入下一个界面，如图 ZY3201704001-7 所示。

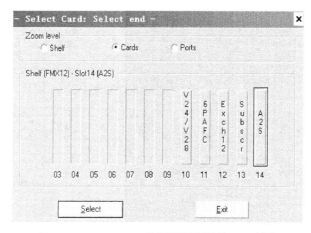

图 ZY3201704001-7　选择需要配置的 A2S 板卡

选择第 14 槽位置 A2S 接口板，再选中 Ports 进入下一个界面，如图 ZY3201704001-8 所示。

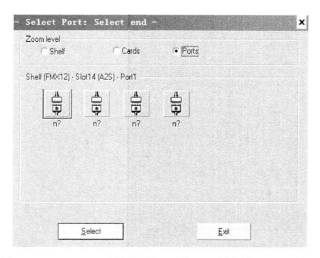

图 ZY3201704001-8　选择需要配置的 A2S 板卡的 2Mbit/s 端口

选择要连接的端口（例如 Port1），点击 Select 进入时隙分配的界面，如图 ZY3201704001-9 所示。

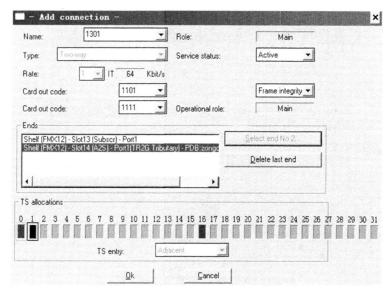

图 ZY3201704001-9　选择需要连接的 2Mbit/s 端口时隙

　　TS0 和 TS16 两个时隙是被固定占用的，时隙对应的小方格为红色。其余的 TS1～TS15 和 TS17～TS31 共 30 个时隙，深灰色的小方格表示时隙被占用，浅灰色小方格表示时隙空闲可用。点黑这个连接所想占用的任意空闲时隙小方格（例如1），点击 OK 进入下一个界面，如图 ZY3201704001-10 所示。

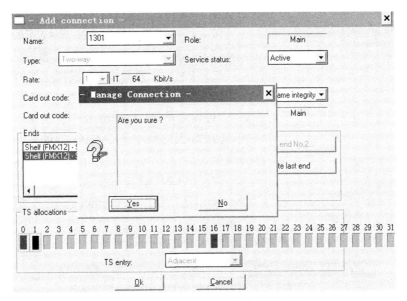

图 ZY3201704001-10　确认连接配置

　　点击 Yes，进入下一个界面，如图 ZY3201704001-11 所示。

　　连接列表里显示有了 1301 这一项，说明这一条电路的时隙连接配置操作成功。以上操作是把第 13 槽 Subscr 板的第 1 个接口分配到第 14 槽 A2S 板的第 1 个 2Mbit/s 口的第 1 个时隙上。其余连接操作可重复以上步骤。

　　如果把另一个站点 PCM 设备的 Subscr 板的某一个接口按上面同样的方法配置到相应 2Mbit/口的同一个时隙 TS1 上，这样就完成了一条 FXS-FXS（用户热线）业务的配置。

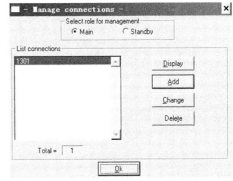

图 ZY3201704001-11　返回连接管理菜单

四、FXS-FXO（用户延伸）业务的配置方法

　　先把 Subscr 板和 Exch12 板的工作方式都配置为 Exchang line（用户延伸）方式，其余的步骤和 FXS-FXS（用户热线）业务的配置方法一样。接交换机模拟中继接口一侧的设备配置 Exch12 板的端口，接用户线模拟接口一侧的设备配置 Subscr 板的端口即可。

【思考与练习】

　　1. 如何配置用户延伸的业务？

　　2. 要完成热线用户的配置，除了时隙连接配置外还应该注意什么？

模块 2　2/4W 模拟业务的配置（ZY3201704002）

　　【模块描述】本模块介绍了 2/4W 线业务的配置，包含 2/4W 线业务时隙交叉连接方法。通过配置方法介绍、界面窗口示例，掌握正确开通 PCM 2/4W 线业务的方法。

　　【正文】

一、2/4W 模拟业务的配置

　　2/4W 模拟业务主要是指 2W E/M 接口和 4W E/M 接口。2/4W E/M 模拟中继接口是局间模拟中继接口，可用于局间交换机或 PCM 终端设备之间的音频转接，也可作为透明的话路通道使用。在电力系统中，4W E/M 接口可以同时分别传送一路远动信号的上行数据和一路远动信号的下行数据。

1. 2/4W E/M 模拟中继接口参数的配置

根据实际情况选择接口方式（2W 或 4W）、输入电平及输出电平。

2. 2/4W 模拟业务时隙的配置

（1）输入电路名称。

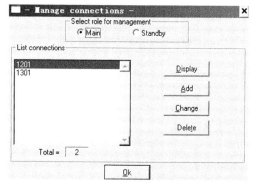

图 ZY3201704002-1　连接管理菜单

（2）选择需要连接的 2W 或 4W E/M 接口。

（3）选择需要连接的 2Mbit/s 接口的时隙。

二、FMX12 设备 2/4W 模拟业务的配置

6PAFC（2/4W E/M 接口）是 6 路可编程音频接口板（E/M 板），假设要把第 11 槽 6PAFC 板的第 1 个接口分配到了第 14 槽 A2S 板的第 1 个 2Mbit/s 口的第 8 个时隙上去，配置方法如下：

登录 PCM 设备，在 Configuration 下拉菜单中选择 Connections，点击 Connections，进入如图 ZY3201704002-1 所示的界面。

点击 Add，进入下一个界面，如图 ZY3201704002-2 所示。

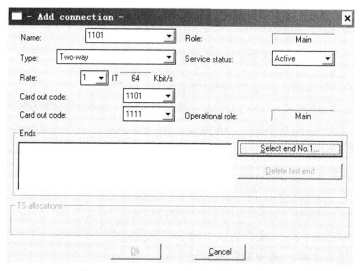

图 ZY3201704002-2　添加连接配置菜单

在 Name 方框中写入不超过 12 个字符长度的连接名，为了方便检查，一般用 4 位数字来表示所要配置的某个端口，其中前两位数字表示板卡所在的槽位，后两位数字表示接口的路序。比如在这里输入 1101，表示的是第 11 槽的第 1 路。

点击 Select end No.1 进入下一个界面，如图 ZY3201704002-3 所示。

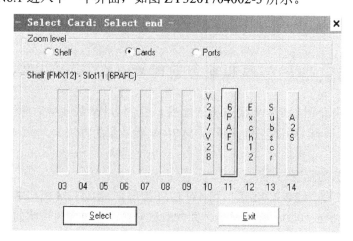

图 ZY3201704002-3　选择需要配置的 6PAFC 板卡

选择第 11 槽位置 6PAFC 接口板，再选中 Ports 进入下一个界面，如图 ZY3201704002-4 所示。

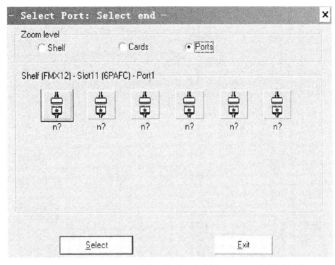

图 ZY3201704002-4　选择需要配置的 6PAFC 板卡的端口

选择对应接口（例如 Port1），点击 Select 进入下一个界面，如图 ZY3201704002-5 所示。

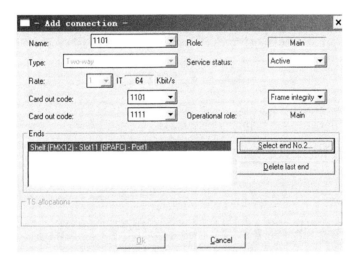

图 ZY3201704002-5　添加连接配置菜单

点击 Select end No.2 进入下一个界面，如图 ZY3201704002-6 所示。

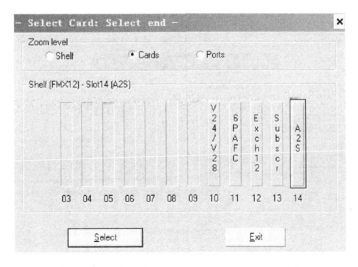

图 ZY3201704002-6　选择需要配置的 A2S 板卡

选择第 14 槽位置 A2S 接口板，再选中 Ports 进入下一个界面，如图 ZY3201704002-7 所示。

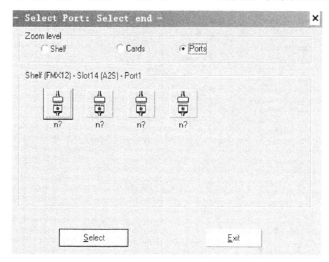

图 ZY3201704002-7　选择需要配置的 A2S 板卡的 2Mbit/s 端口

选择要连接的 2Mbit/s 口（例如 Port1），点击 Select 进入时隙分配的界面，如图 ZY3201704002-8 所示。点黑这个连接所想占用的任意空闲时隙小方格（例如 8），点击 OK 进入下一个界面，如图 ZY3201704002-9 所示。

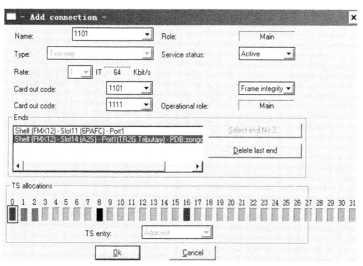

图 ZY3201704002-8　选择需要连接的 2Mbit/s 端口时隙

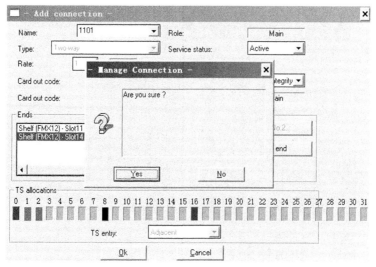

图 ZY3201704002-9　确认连接配置

点击 Yes，进入下一个界面，如图 ZY3201704002-10 所示。

连接列表里显示有了 1101 这一项，说明这一条电路的时隙连接配置操作成功。以上操作是把第 11 槽 6PAFC 板的第 1 个接口分配到了第 14 槽 A2S 板的第 1 个 2Mbit/s 口的第 8 个时隙上。如果把另外一个站点 PCM 设备的 6PAFC 板的某一个接口，按上面同样的方法配置到相应 2Mbit/s 口的同一个时隙 TS8 上，这样就完成了一条 2/4W 模拟业务的配置。

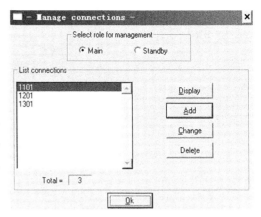

图 ZY3201704002-10　返回连接管理菜单

【思考与练习】

1. 2/4W 模拟业务的配置方法是怎样的？

模块 3　数字业务的配置（ZY3201704003）

【模块描述】本模块介绍了数据业务的配置，包含数据业务时隙交叉连接方法。通过配置实例介绍、界面窗口示例，掌握正确开通 PCM 数据业务的方法。

【正文】

一、数字业务的配置

随着电力通信系统的发展，越来越多的用户开始采用数据通道传输远动信号。数字业务的配置一般是指数据接口板业务的配置，数字业务的配置方法是：

1. 数据接口板接口参数的配置

根据实际情况选择数据的传输方式（同步或异步）、传输速率、内部交换电路、流量控制和字符格式（长度、停止位和奇偶校验）等。

2. 数字业务时隙的配置

（1）输入电路名称。

（2）选择需要连接的数据接口。

（3）选择需要连接的 2Mbit/s 接口的时隙。

二、FMX12 设备数字业务的配置

FMX12 设备提供 3×64kbit/s、V.24/V.11（V.10）和 V.24/V.28 等数据接口板，这里，我们以 V.24/V.28 数据接口板为例来介绍数字业务的配置方法。V.24/V.28 数据接口板的接口数为 4 个，同步速率达 64 kbit/s，异步速率达 38 400bit/s。首先，需要根据用户数字业务的数据格式对相应的接口参数做适当的修改，然后做时隙的连接。

假设要把第 10 槽 V.24/V.28 数据接口板的第 2 个接口分配到第 14 槽 A2S 板的第 1 个 2Mbit/s 口的第 14 个时隙，配置方法如下：

登录 PCM 设备后，在 Configuration 下拉菜单中选择 Connections，点击 Connections，进入如图 ZY3201704003-1 所示的界面。

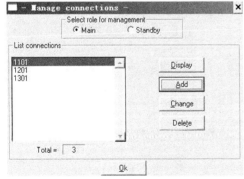

图 ZY3201704003-1　连接管理菜单

点击 Add，进入下一个界面，如图 ZY3201704003-2 所示。

在 Name 方框中写入不超过 12 个字符长度的连接名。为了方便检查，一般习惯用 4 位数字来表示所要配置的某个端口，其中前两位数字表示板子所在的槽位，后两位数字表示接口的路序。比如在这里输入 1002，表示的是第 10 槽的第 2 路。

点击 Select end No.1 进入下一个界面，如图 ZY3201704003-3 所示。

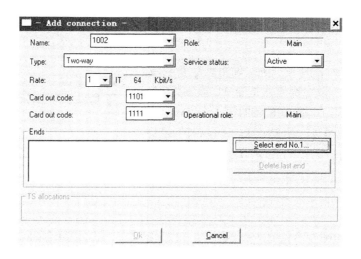

图 ZY3201704003-2　添加连接配置菜单

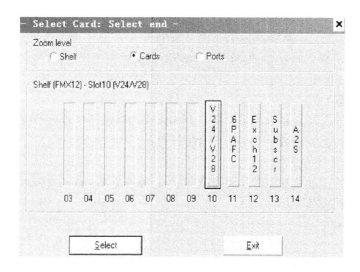

图 ZY3201704003-3　选择需要配置的 V.24/V.28 接口板卡

选择第 10 槽位置 V.24/V.28 接口板，再选中 Ports 进入下一个界面，如图 ZY3201704003-4 所示。

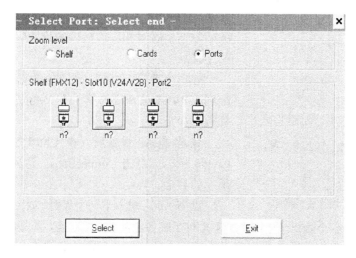

图 ZY3201704003-4　选择需要配置的 V.24/V.28 接口板卡的端口

选择对应接口（例如 Port2），进入下一个界面，如图 ZY3201704003-5 所示。

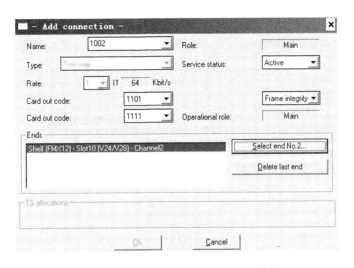

图 ZY3201704003-5 添加连接配置菜单

点击 Select end No.2 进入下一个界面，如图 ZY3201704003-6 所示。

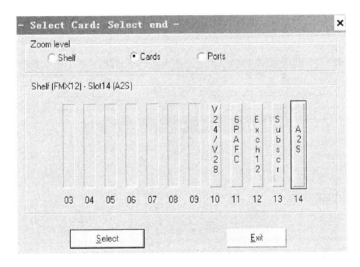

图 ZY3201704003-6 选择需要配置的 A2S 板卡

选择第 14 槽位置 A2S 接口板，再选中 Ports 进入下一个界面，如图 ZY3201704003-7 所示。

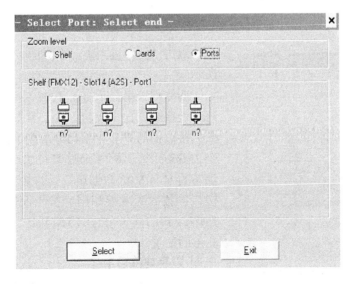

图 ZY3201704003-7 选择需要配置的 A2S 板卡的 2Mbit/s 端口

选择要连接的 2Mbit/s 口（例如 Port1），点击 Select 进入时隙分配的界面，如图 ZY3201704003-8 所示。

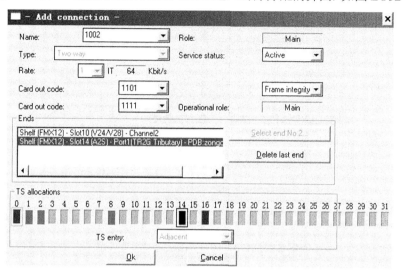

图 ZY3201704003-8　选择需要连接的 2Mbit/s 端口时隙

点黑这个连接所想占用的任意空闲时隙小方格（例如 14），点击 OK 进入下一个界面，如图 ZY3201704003-9 所示。

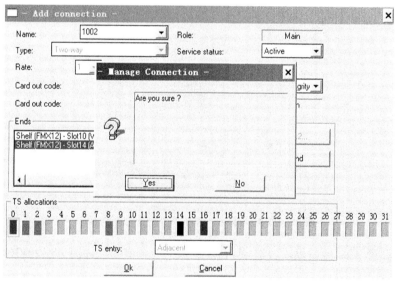

图 ZY3201704003-9　确认连接配置

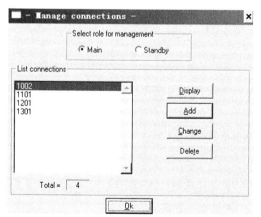

图 ZY3201704003-10　返回连接管理菜单

点击 Yes，进入下一个界面，如图 ZY3201704003-10 所示。

连接列表里显示有了 1002 这一项，说明这一条电路的时隙连接配置操作成功。以上操作是把第 10 槽 V.24/V.28 数据接口板的第 2 个接口分配到了第 14 槽 A2S 板的第 1 个 2Mbit/s 口的第 14 个时隙上。如果把另外一个站点 PCM 设备的 V.24/V.28 数据接口板的某一个接口（要连接的两个接口参数的配置要相同）按上面同样的方法配置到相应 2Mbit/s 口的同一个时隙 TS14 上，这样就完成了一条数字业务的配置。

【思考与练习】

1. 数字业务配置的方法是怎样的？

第七十二章　PCM 公用部分配置

模块 1　机框地址的设置 (ZY3201705001)

【模块描述】本模块介绍了 PCM 机框地址的设置，包含 PCM 设备机框地址设置步骤。通过设置方法介绍、界面窗口示例，掌握 PCM 设备机框地址的正确设置方法。

【正文】

一、PCM 设备机框地址的参数设置

为了有效地进行 PCM 设备的远程管理，在同一个网路中，PCM 设备机框的地址必须是唯一的。不同厂家生产的 PCM 设备，其机框地址的设置方法有所不同。一类是通过硬件开关设置机框的地址（有些设备是通过机框母板上的拨码开关进行设置，有些设备是通过控制板上的拨码开关进行设置），另一类设备是通过软件对机框的地址进行设置，比如 FMX12 设备。

二、FMX12 设备机框地址的参数设置

FMX12 设备机框地址的设置规定，同一个网络里不同设备前两段地址码 network ID 和 Depth 必须分别相同，后面 4 段地址码（Level1，Level2，Level3 和 Level4）中至少有一位不同，保证同一个网络中每端设备的地址不同，否则会因地址冲突而无法实施远程监控。地址的设置还规定 network ID 的取值为 1～255，Depth，Level1，Level2，Level3 和 Level4 的取值为 0～255。设备中添加的被管理设备地址不能相同（地址相同时设备会出现 IP 地址告警提示，如图 ZY3201705001-1 所示）。

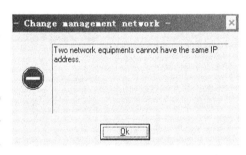

图 ZY3201705001-1　设备网络地址冲突提示

三、机框地址的设置方法

选择下拉菜单 Management network（管理网络），如图 ZY3201705001-2 所示。

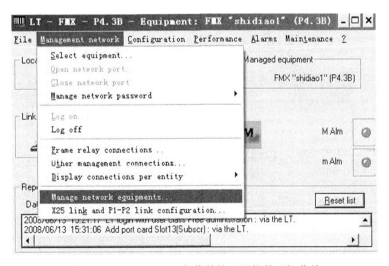

图 ZY3201705001-2　主菜单管理网络的下拉菜单

选择 Management network 下拉菜单中的 Manage network equipments（网络设备管理），进入下一个界面，如图 ZY3201705001-3 所示。

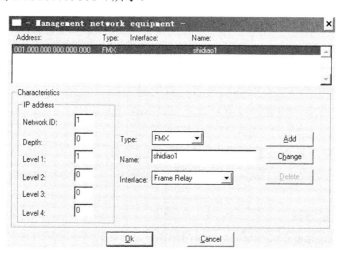

图 ZY3201705001-3 网络设备管理设置选项

在图 ZY3201705001-3 中可以把想要监控的远端设备添加在地址表上，方法是：在 IP address 地址栏中输入设备的 IP 地址，在 Name 栏输入设备名称或站名，点击 Add，在后续图中点击 Yes，即完成了一端远端设备地址的设置。

本端设备的地址默认为"1.0.0.0.0.0"，假设要修改为"1.0.1.0.0.0"，只需把 Level1 由 0 改为 1，进入下一个界面，如图 ZY3201705001-4 所示。

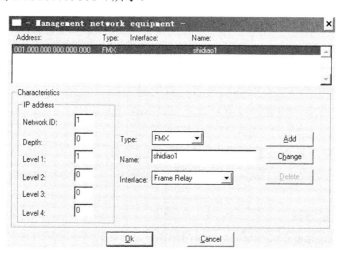

图 ZY3201705001-4 网络设备管理参数修改

然后点击 Change，进入下一个界面，如图 ZY3201705001-5 所示。

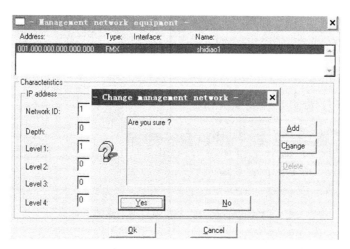

图 ZY3201705001-5 网络设备管理参数修改的确认

点击 Yes，完成了地址由"1.0.0.0.0.0"到"1.0.1.0.0.0"的修改，进入下一个界面，如图 ZY3201705001-6 所示。

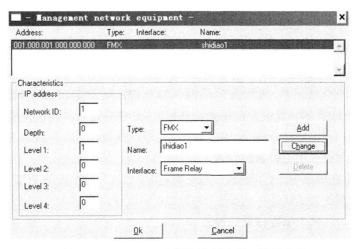

图 ZY3201705001-6　返回网络设备管理设置选项

如果要增加一端被监控的远端设备到地址栏中，在 IP address 输入设备的 IP 地址（如 1.0.1.1.0.0），在 Name 栏输入设备名称（如 zongdiao2），如图 ZY3201705001-7 所示。

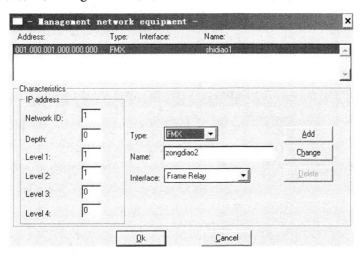

图 ZY3201705001-7　添加受控网络设备

点击 Add，再点击 Yes，进入下一个界面，完成一端被管理设备的设置，如图 ZY3201705001-8 所示。如果还要添加其他被管理的网络设备，重复以上步骤即可。

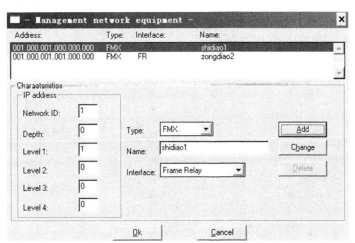

图 ZY3201705001-8　返回网络设备管理设置选项

最后点击 OK，确认数据修改成功。如果点击 Cancel，则以上的数据没有被确认保存下来。

【思考与练习】

1. FMX12 设备机框地址的设置方法是怎样的？

模块 2　板卡物理位置的设置（ZY3201705002）

【模块描述】本模块介绍了 PCM 设备公用板卡物理位置的设定，包含 PCM 设备公用板卡物理位置设置。通过设置方法介绍、界面窗口示例，掌握 PCM 各公用板卡物理位置设置的方法。

【正文】

一、PCM 设备公用板卡物理位置的设置

PCM 设备公用板卡在机框中的物理位置一般是固定的。不同厂家生产的 PCM 设备，公用板卡都有各自固定的物理位置，设置的方法就是将不同种类的公用板卡配置到该 PCM 设备规定的相应插槽中即可。

二、FMX12 设备公用板卡物理位置的设置

根据 FMX12 设备插槽位的设计使用规定，公用部分的电源板应插在插槽 01 或/和 02 中，管理接口板（GIE）只能插在插槽 15 中，交叉连接同步板（COB）插在插槽 16 中，用作保护的 COB 板插在插槽 17 中。在公用板卡物理位置的设置中，除了交叉连接同步板的插槽位是可选择的以外，其他相应插槽位中的公用板卡都是默认配置好的。

假设 FMX12 设备的 17 插槽没有配置用作保护的 COB 板，需要在设备参数设置时对其进行修改，修改方法如下：

登录 PCM 设备后，点击 Configuration 下拉菜单，再点击 Protected operations（保护操作），进入如图 ZY3201705002-1 所示的界面。

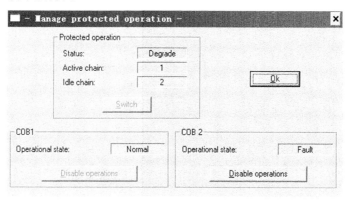

图 ZY3201705002-1　COB 板卡保护配置开启状态

点击 Disable operations，再点击 OK，即可完成第 17 插槽位置的关闭配置。

查看第 17 插槽位是否处于关闭状态，可再次选择 Configuration 下拉菜单中的 Protected operations，进入下一个界面，如图 ZY3201705002-2 所示。

图 ZY3201705002-2　COB 板卡保护配置关闭状态

界面显示用作 COB 保护的 17 插槽位处于 Off（关闭）状态。

【思考与练习】

1. 当 FMX12 设备的 17 插槽没插 COB 板时，如果使用设备的默认配置，对设备会有何影响？

2. 关闭 FMX12 设备的 17 插槽位的方法是怎样的？

模块 3　时钟的设置（ZY3201705003）

【模块描述】本模块介绍了 PCM 设备时钟设置，包含 PCM 设备时钟同步及其设置方法。通过设置实例介绍、界面窗口示例，了解时钟同步的重要性，掌握 PCM 时钟同步的设置方法。

【正文】

一、PCM 设备的定时和同步

PCM 设备将各话路信号按一定的时间顺序分别安排在不同的时间进行抽样、量化和编码，然后送到接收端依次解码、分路恢复出原来的语音信号，整个过程需要有严格的定时系统来完成。为了保证接收端和发送端定时系统的同步工作，让设备处于稳定的同步工作状态，实现正确的通信，还需要有同步系统做保障。

很多智能 PCM 设备提供了内时钟、外时钟和提取时钟，主用时钟和备用时钟的分配和删除选项。实际操作中，可根据网络实际情况对 PCM 设备的时钟进行设置。

当网络非常简单，比如 PCM 成对使用，点对点的情况下，我们通常只需把一端的时钟设置为内时钟，另一端的时钟设置为提取时钟即可。

二、FMX12 设备提供的同步定时源

FMX12 设备提供三种同步定时源：外部同步输入、内部振荡器和从支路或复接信号中提取时钟，适用一个主同步源和最多两个按递减顺序排列优先等级的备用同步源。在正常操作过程中主同步源是一个同步源，如果所有其他配置的同步源发生故障，FMX12 将与其内部时钟同步（自动运行模式）。使用从业务中还原的外部定时源或定时信号，只需输入相应的板插槽号码和接口号进行选择。一旦检测出有源时钟源的故障状况，设备将自动转换至下一个可用的时钟源。

三、FMX12 设备时钟设置的方法

1. 添加时钟源的方法

登录 FMX12 设备，选择 Configuration 下拉菜单，点击 Synchronization，进入如图 ZY3201705003-1 所示的界面。

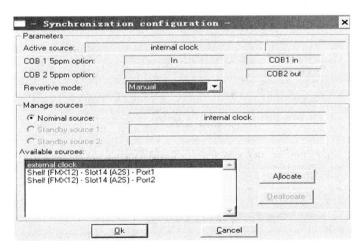

图 ZY3201705003-1　同步配置参数

凡是激活的 2Mbit/s 端口都会在 Available sources 列表栏里列出。时钟的 Revertive mode 一般都需要由人工模式（Manual）调整为自动模式（Automatic），根据具体情况选择合适的主同步源端口（如 14 槽第 1 个 2Mbit/s 端口），点击 Allocate 分配，再点 OK 进入下一个界面，如图 ZY3201705003-2 所示。

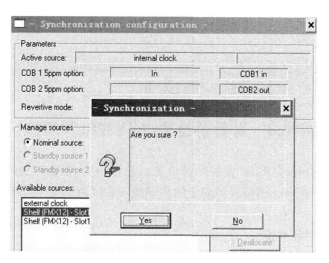

图 ZY3201705003-2　同步配置确认

点击 Yes 进入下一个界面，如图 ZY3201705003-3 所示。

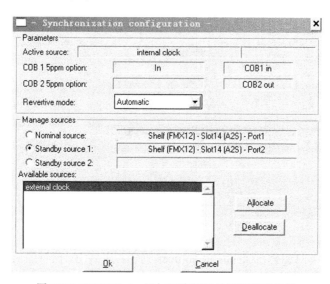

图 ZY3201705003-3　返回同步配置参数

如果还需分配备用同步源（如 14 槽第 2 个 2Mbit/s 端口），重复上面的步骤即可，最终显示为下一个界面，如图 ZY3201705003-4 所示。

图 ZY3201705003-4　添加同步源后的同步配置参数

2. 删除时钟源的方法

如果要删除备用时钟源（如图 ZY3201705003-5 中 14 槽的第 2 个 2Mbit/s 端口），选中 Standby source 1，点击 Deallocate，进入下一个界面，如图 ZY3201705003-5 所示。

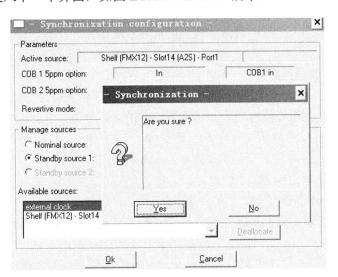

图 ZY3201705003-5　删除备用时钟源确认

点击 Yes，可删掉第一级备用时钟源，如图 ZY3201705003-6 所示。

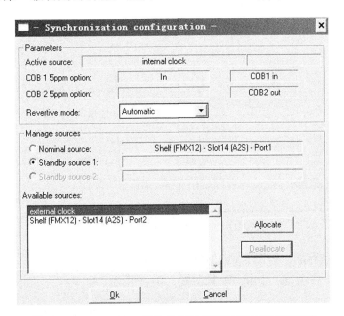

图 ZY3201705003-6　删除备用时钟源后的同步配置参数

这样，就可以完成 FMX12 设备时钟源的删除。要删除其他时钟源，重复上面的步骤即可。

【思考与练习】

1. 当 FMX12 设备有源时钟源出故障时，要想自动转换至下一个可用的时钟源，配置时钟源时应该注意些什么？

2. 添加和删除时钟源的方法是怎样的？

模块 4 PCM 网管通道配置（ZY3201705004）

【模块描述】本模块介绍了网管通道的配置方法和注意事项，包含帧中继及其配置方法。通过配置实例介绍、界面窗口示例，了解 PCM 网管通道配置的方法。

【正文】

一、PCM 网管通道配置

PCM 的网管通道一般是指通过未分配的字节或时隙来传输设备的监控与管理功能通道。不同厂家生产的 PCM 设备，网管通道的配置方法各不相同。有的设备用帧结构 TS0 中未分配的字节来传送监控和管理信息，有的设备用未分配的时隙来传送监控和管理信息，还有的设备能同时用多种方式来传送监控和管理信息。

二、FMX12 设备网管通道配置

FMX12 设备可通过本地操作系统进行集中管理控制，包括与 FMX12 连接的远端设备单元。可与管理接口板直接连接，具有远程监控功能，且不另外占用话路时隙。所有维护通道的帧中继功能通过 COB 板实施，维护通道的帧中继功能支持下面最多 10 个维护通道：

（1）通过奇数帧 TS0 时隙的 2 个字节负载 8 个 8kbit/s 信道。

（2）由未分配的时隙负载 64 kbit/s 通道。

（3）用于 GIE 板的 64kbit/s 信道。

通过维护通道的帧中继功能，FMX12 设备可通过控制通道达到切换不同被控设备的目的，网管通道的具体配置方法如下。

首先登录 FMX12 设备，选择主菜单 Management network 下拉菜单中的 Frame relay connections ，如图 ZY3201705004-1 所示。

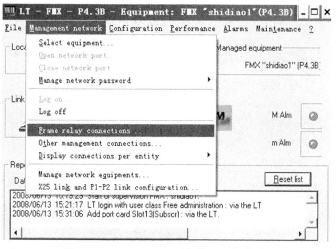

图 ZY3201705004-1　网络管理下拉菜单

点击后，进入下一个界面，如图 ZY3201705004-2 所示。

点击 Add，进入下一个界面，如图 ZY3201705004-3 所示。

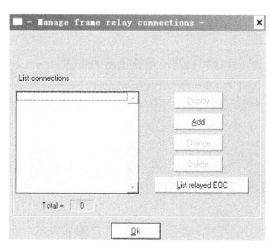

图 ZY3201705004-2　帧中继连接管理

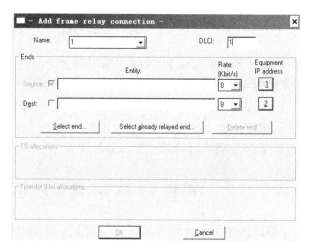

图 ZY3201705004-3　帧中继连接选项

在 Name 选项中输入帧中继的名字（长度最多 12 个字符，例如 1），在 DLCI（数据链路连接标识符）选项中输入一个数字编号（1～1024 的任意数，例如 1）。

（一）点对点帧中继连接

点击 Equipment IP address（设备 IP 地址）下面按钮 1 进入下一个界面，如图 ZY3201705004-4 所示。

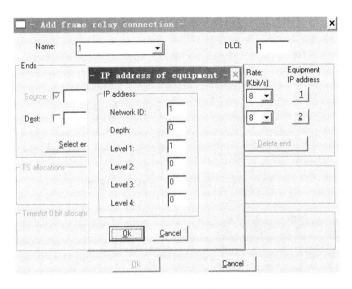

图 ZY3201705004-4　源设备 IP 地址设置

在图 ZY3201705004-4 的六个方框中根据要求输入本端设备的 IP 地址（如 1.0.1.0.0.0），点击 OK 返回图 ZY3201705004-3 界面。

点击 Equipment IP address（设备 IP 地址）下面按钮 2 进入下一个界面，如图 ZY3201705004-5 所示。在六个方框中根据要求输入被监控设备 IP 地址（如 1.0.1.1.0.0），点击 OK 返回图 ZY3201705004-3。

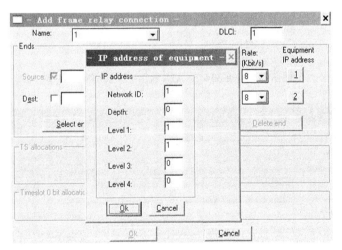

图 ZY3201705004-5　目标设备 IP 地址设置

在 Source（源）右小方框打钩情况点击 Select end，进入下一个界面，如图 ZY3201705004-6 所示。

选择与被监控设备连接 2Mbit/s 口所在的 A2S 板，并选中 Ports 进入下一个界面，如图 ZY3201705004-7 所示。

选择与被监控设备连接的 2Mbit/s 口（如 14 槽 Port1），点击 Select 进入下一个界面，如图 ZY3201705004-8 所示。

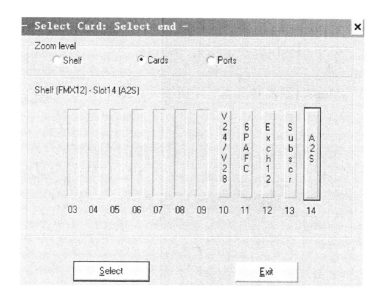

图 ZY3201705004-6   A2S 板卡选择

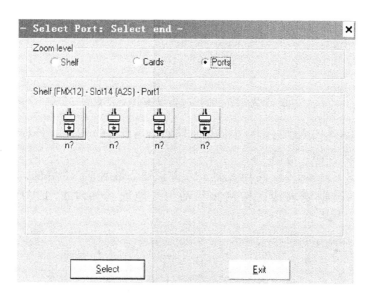

图 ZY3201705004-7   A2S 板卡 2Mbit/s 端口选择

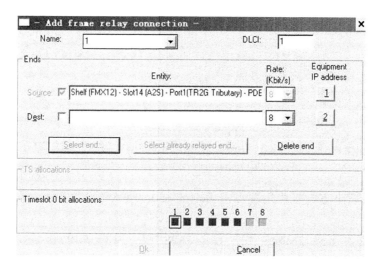

图 ZY3201705004-8   A2S 板卡 2Mbit/s 端口的 TS0 未分配比特位选择

点黑 TS0 的第 7、8 比特，如图 ZY3201705004-9 所示。

图 ZY3201705004-9　2Mbit/s 端口 TS0 的第 7、8 比特位占用

选中 Dest（目的）右边的小方框（打钩），如图 ZY3201705004-10 所示。

图 ZY3201705004-10　帧中继连接选项

点击 Select already relayed end（已使用帧中继端点选择），进入下一帧中继连接选项界面，如图 ZY3201705004-11 所示。

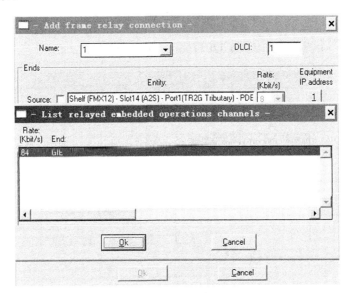

图 ZY3201705004-11　EOC 信道的列表

选中 64 GIE 并点击 OK 进入下一个界面，如图 ZY3201705004-12 所示。

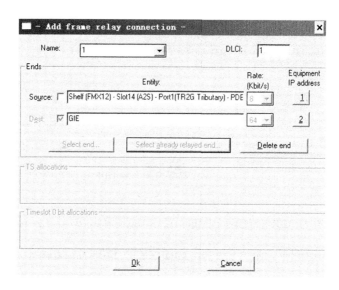

图 ZY3201705004-12　帧中继连接选项

点击 OK 进入下一个界面，如图 ZY3201705004-13 所示。

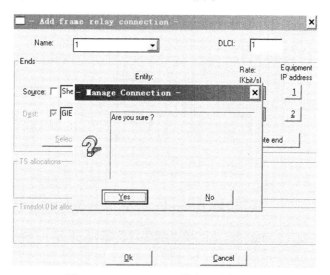

图 ZY3201705004-13　帧中继连接确认

点击 Yes，进入下一个界面，如图 ZY3201705004-14 所示。

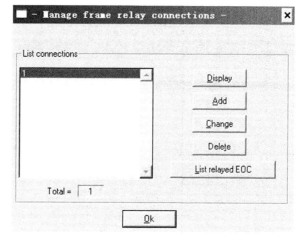

图 ZY3201705004-14　帧中继连接管理

这样就完成了一次帧中继连接，其余的点对点帧中继连接重复以上步骤即可。

（二）中间站的帧中继转接连接

假设这个中间站是通过 14 槽 A2S 板的第 3 个 2Mbit/s 口和第 4 个 2Mbit/s 口与其他设备相连，在图 ZY3201705004-14 中点击 Add，进入下一个界面，如图 ZY3201705004-15 所示。

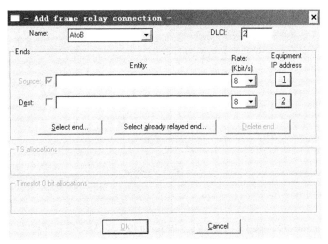

图 ZY3201705004-15　帧中继连接选项

在 Name 中输入连接名称（如 AtoB），在 DLCI 中输入数据链路连接标识符编号（如 2），用与图 ZY3201705004-4 和图 ZY3201705004-5 相同的方法，点击设备 IP 地址下 1 按钮，输入监控设备的 IP 地址（如 1.0.6.0.0.0），点击 2 按钮输入被监控设备的 IP 地址（如 1.0.9.0.0.0）。点击 Select end 进入下一个界面，如图 ZY3201705004-16 所示。

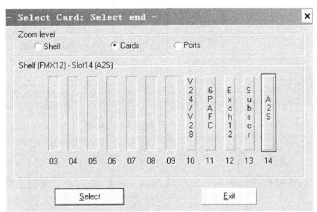

图 ZY3201705004-16　A2S 板卡选择

选择 14 槽并点击 Ports，进入下一个界面，如图 ZY3201705004-17 所示。

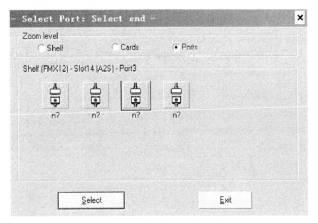

图 ZY3201705004-17　A2S 板卡 2Mbit/s 端口选择

选择与源 IP 地址 1.0.6.0.0.0 设备相连的 2Mbit/s 口（如 Port3），进入下一个界面，如图 ZY3201705004-18 所示。

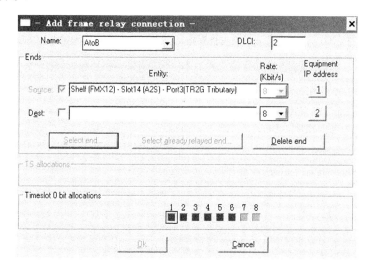

图 ZY3201705004-18　A2S 板卡 2Mbit/s 端口的 TS0 未分配比特位选择

点黑 TS0 的第 7、8 比特，如图 ZY3201705004-19 所示。

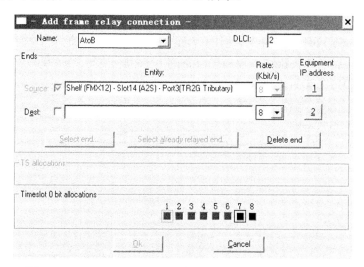

图 ZY3201705004-19　2Mbit/s 端口 TS0 的第 7、8 比特位占用

选中 Dest（目的）右边的小方框（打钩），如图 ZY3201705004-20 所示。

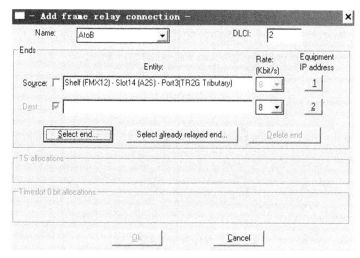

图 ZY3201705004-20　帧中继连接选项

点击 Select end 进入下一个界面，如图 ZY3201705004-21 所示。

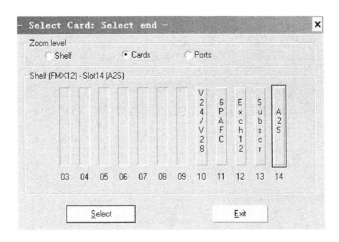

图 ZY3201705004-21　A2S 板卡选择

选择 14 槽并点击 Ports，进入下一个界面，如图 ZY3201705004-22 所示。

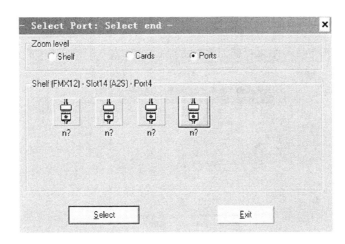

图 ZY3201705004-22　A2S 板卡 2Mbit/s 端口选择

选择与目标 IP 地址 1.0.9.0.0.0 设备相连的 2Mbit/s 口（如 Port4），进入下一个界面，如图 ZY3201705004-23 所示。

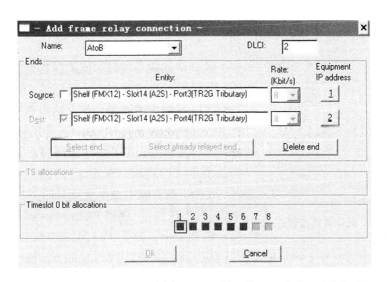

图 ZY3201705004-23　A2S 板卡 2Mbit/s 端口的 TS0 未分配比特位选择

点黑 TS0 的第 7、8 比特，如图 ZY3201705004-24 所示。

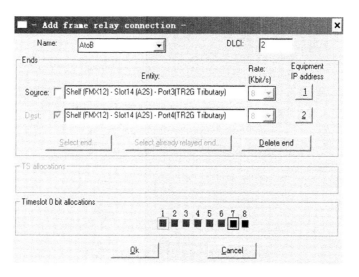

图 ZY3201705004-24 2Mbit/s 端口 TS0 的第 7、8 比特位占用

点击 OK 进入下一个界面，如图 ZY3201705004-25 所示。

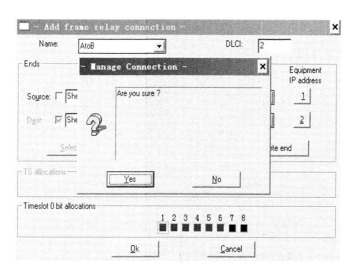

图 ZY3201705004-25 帧中继连接确认

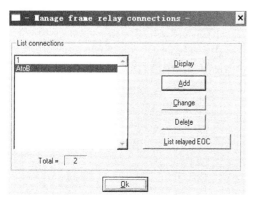

图 ZY3201705004-26 帧中继连接管理

再点击 Yes，进入下一个界面，如图 ZY3201705004-26 所示。

这样就完成一次帧中继的转接连接，其余的帧中继转接连接方法相同，重复以上步骤即可。如果某一个 2Mbit/s 口已做过一次帧中继连接，下次连接选择该 2Mbit/s 口时，可在 Select already relayed end（已使用帧中继端点选择）中选择，具体操作是点击 Select already relayed end，点黑要连接的 2Mbit/s 口并点击 OK。

另外，所有帧中继配置完成后需对设备重启，帧中继才能生效。方法如下：选择 Maintenance 下拉菜单中的 System，再点击 Restart，如图 ZY3201705004-27 所示。

网管通道设置完成后，按下列步骤可访问到远端设备。点击 Management network 下拉菜单，如图 ZY3201705004-28 所示。

点击 Select equipment 进入下一个界面，如图 ZY3201705004-29 所示。

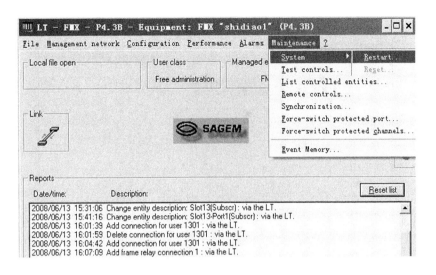

图 ZY3201705004-27　软件复位重启

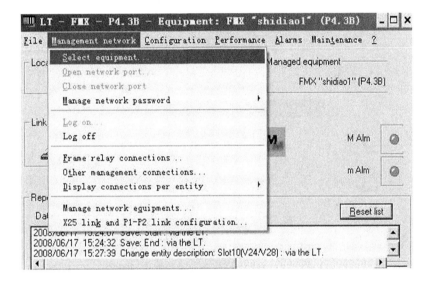

图 ZY3201705004-28　网络管理下拉菜单

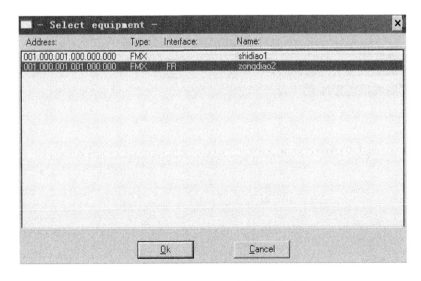

图 ZY3201705004-29　选择被访问设备

选中想要访问的远端站点的地址行，点击 OK，进入下一个界面，如图 ZY3201705004-30 所示。

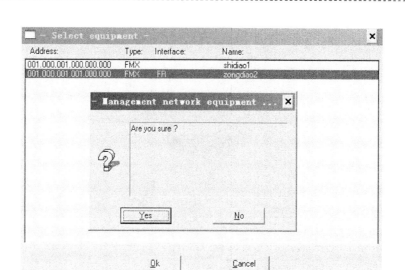

图 ZY3201705004-30　确认被访问设备

点击 Yes，进入下一个界面，如图 ZY3201705004-31 所示。

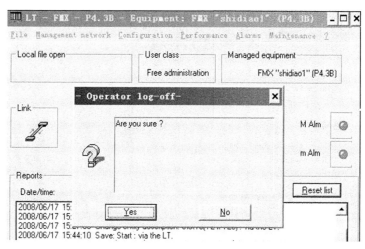

图 ZY3201705004-31　再次确认被访问设备

点击 Yes，就可以进入远端设备的操作界面了。访问其他站点设备，重复以上步骤即可。

【思考与练习】

1. 所有维护通道的帧中继功能通过哪种板卡实施的？
2. 点对点帧中继连接的配置方法是怎样的？
3. 帧中继转接的配置方法是怎样的？
4. 帧中继配置完成后需要注意什么？

第十八部分

光缆施工、维护及故障处理

第七十三章　光　缆　敷　设

模块 1　架空光缆的敷设（ZY3201801001）

【模块描述】本模块介绍了架空光缆的敷设，包括架空光缆敷设的特点、要求、方法及注意事项。通过敷设流程介绍、图表示意，掌握架空光缆敷设的方法和要点，能正确完成架空光缆的敷设工作。

【正文】

一、作业内容

本部分主要讲述架空光缆敷设所需工器具和材料的选择、施工步骤和质量标准以及安全注意事项等。

二、危险点分析与控制措施

在架空光缆的布放和架挂组织过程中，应该遵循光缆布放的基本规定，保证人员和缆线的安全，严格技术标准，确保施工的顺利进行。

（1）施工过程中要有专人指挥，严禁在无联络工具的情况下作业；

（2）高空作业人员必须佩戴安全带；

（3）加强对工（器）具的安全检查，不符合安全技术要求的一律不得进入施工现场。

三、作业前准备

（1）主要施工机械。缆盘支撑架、滑轮、牵引机、辅助设备（主要包括联络类工具、交通工具、安全设施、作业必需工具等）；

（2）场地准备。在光缆架设前，对线路所通过的区域需要进行通道清理。

四、架空光缆敷设的步骤和方法

架空光缆敷设的主要方式有钢绞线支承方式和自承方式两种，钢绞线支承方式又分为吊挂式和缠绕式两种，其中吊挂式是架空光缆最广泛的架接方式。目前国内架空光缆多数采用这种方式。以下主要介绍吊挂式架空光缆敷设的步骤和方法。

1．架空杆路的架设

架空光缆线路的杆质一般为水泥杆。杆子的高度一般为 6～12m，杆距一般为 50m 左右。杆距、杆子的埋深、拉线的程式等完全取决于线路所在的负荷区和杆高等因素。杆路架设分为路由核测、运杆打洞、立杆、打拉线、装夹板五大步。

（1）路由核测。架空杆路的路由复测就是确定具体的杆位的拉线方位，使其合理、可行、符合规范要求。架空线路与其他建筑物等的隔距要求见表 ZY3201801001-1 和表 ZY3201801001-2。

表 ZY3201801001-1　　　　　架空光缆与其他设施最小水平净距离　　　　　（m）

名　称	最小净距离
消防栓	1.0
铁道、低压电杆、广播杆、通信杆	地面杆高的 4/3
人行道（边石）	0.5
市区树	1.5
郊区、农村树木	2.0
电力线、铁塔、高耸建筑物	20.0
地下管线	1.0

表 ZY3201801001-2　　　架空光缆线路与其他建筑物、树木的最小垂直净距离　　　　　　（m）

名　称		平 行 时		交 越 时	
		垂直净距	备注	垂直净距	备注
街　道		4.5	最低缆线到地面	5.5	最低缆线到地面
胡　同		4.0	最低缆线到地面	5.0	最低缆线到地面
铁　道				7.5	最低缆线到轨面
公　路				5.5	最低缆线到路面
土　路		3.0	最低缆线到地面	4.5	最低缆线到路面
房屋建筑		2.0		距脊 0.6 距顶 1.5	最低缆线距屋脊或平行
河　流				1.0	最低缆线到高水位时最高桅杆顶
市区树木		1.25		1.5	最低缆线到树枝顶
郊区树木		2.0		1.5	最低缆线到树枝顶
电力线	154～220kV			4.0	必须电力线在上，光缆在下
	20～110kV			3.0	必须电力线在上，光缆在下
	1～10kV			2.0	一般电力线在上，光缆在下
	1kV 以下			1.25	一方最低缆线到另一方最高缆线
	绝缘用户线			0.6	一方最低缆线到另一方最高缆线
通信线路				0.6	一方最低缆线到另一方最高缆线

（2）运杆打洞。运杆打洞就是将杆子运到各个杆位，并打好杆洞及地锚洞，为立杆做好准备。

杆洞和地锚洞的深度必须满足规定，一般埋深为杆高的 1/5 左右。杆洞不可开挖得过大，以杆洞直径略大于杆根直径 10～15cm 为宜。

（3）立杆。杆子正直，直线段杆路要在一条直线上，不能出现眉毛弯；角杆杆根要内移；回填土要夯实。

（4）打拉线。打拉线时一般两人一组，依次进行地锚制作和埋设、拉线上把制作和安装，最后收紧中把。上把和中把的制作可以采用双槽夹板、U 形锁扣或铁线另缠等方法。打好的拉线应松紧合适，位置准确，上把、中把、地锚把结构合理、可靠。

（5）装夹板。杆路架设完成后，开始安装吊线抱箍和吊线夹板。吊线固定一般采用三眼单槽夹板。吊线夹板的线槽应在穿钉上方、夹板唇口向内。吊线夹板的固定方式为：木杆常用穿钉；水泥杆常用双吊线或单吊线抱箍。新建杆路抱箍原则上安装在距离杆梢 50cm 处，当地形有起伏时，抱箍安装位置应作适当调整，尽量保证吊线安装后平直，但距离杆梢最小不得小于 15cm。利用旧杆路的吊线抱箍，安装在原有线路的下方。

2. 吊线架设

（1）布放吊线。采用人工或机械牵引的方法，将吊线盘放在放线车（或绞盘）上。由于吊线为钢绞线，且单盘长度较长，盘放的线上具有较大的扭转力，布放不当很容易产生背扣。因此，布放时要控制好缆盘的转速，线条牵引人员注意持续性施力。布放吊线时，为了不应影响交通或造成其他危险，应在妨碍交通或穿越电力线等特殊地点做临时固定。

（2）吊线的接续。吊线接续的基本要求是：接续牢靠；另缠紧密、无跳线、无疏绕；尺寸符合规范；外形美观。通常采用的接续方法有另缠法和夹板法两种。另缠法就是利用 3.0mm 的镀锌铁线在吊线接头处另缠两段，长度分别为 15cm 和 10cm，实现吊线的连接。夹板法就是利用三眼双槽夹板一块固定，再加 15cm 长的镀锌铁线另缠完成吊线的连接。

（3）紧线。将吊线放于夹板线槽内（夹板勿上得太紧），隔 10～15 个杆挡，用导链收紧。当收紧至规定垂度时，将各个杆上的夹板拧紧，固定好吊线。必要时可以中间闪动吊线，再收紧。

3．光缆的布放和架挂

架空光缆的布放方法目前有两种。一种是定滑轮牵引法，它是通过挂在杆子或吊线上的定滑轮利用人工或机械进行牵引的方法；另一种是光缆盘移动放出法，又称边放边挂法。

（1）定滑轮牵引法。采用这种方法架挂架空光缆时，先用千斤顶顶架好待放的光缆盘，在敷设光缆的引上和引下两处的电杆上固定好布放光缆用的大滑轮，每杆档内的吊线上，每隔10～12m挂一个小滑轮（导引滑轮），将牵引绳穿放入小滑轮内，再做好牵引头，把牵引绳与光缆连接好，准备布放。光缆滑轮牵引架设方法如图ZY3201801001-1所示。

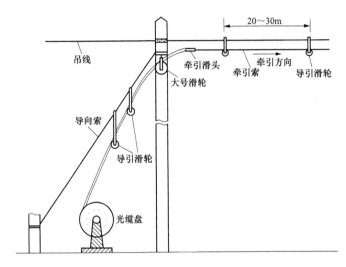

图ZY3201801001-1　光缆滑轮牵引架设方法示意图

当采用人工牵引时，由1～2人推动光缆盘逐步将光缆放出，然后每隔1根电杆需有1人上杆做辅助牵引，为顺利布放光缆和不损伤护层，可在角杆上装导引滑轮。在牵引端逐渐收紧牵引绳，使光缆慢慢放出。当采用机械牵引时，设置好光缆牵引机的牵引速度，机械牵引主机应置于收缆端，中间可设辅助牵引机置于架设路由的适当位置，在放缆端用千斤顶架起待放的光缆盘，人工推动光缆，使光缆从盘的上方逐渐放出，以机械代替人工牵引，从而达到布放光缆的目的。

布放过程中光缆的弯曲半径不得小于缆径的20倍。

当光缆盘长较长时，可分多次布放，即在布放完前数百米后，就地倒"8"字，再牵引后一段，依此类推。光缆布放完毕后，应按要求留好接头所需长度和每个电杆上的预留长度及其他余留，并将光缆端头包扎好，盘好余缆挂在电杆上。一般接头预留长度一侧为8～10m，做好登记。

架空光缆的固定和架挂，一般是挂线人员坐在滑车上，用光缆挂钩挂固。没有条件时，也可挂线人员站在梯子上挂缆。光缆挂钩的卡挂间距为50cm，允许偏差应为±3cm，挂钩在吊线上的搭扣方向应一致，挂钩托板应俱全，不得有机械损伤，在电杆两侧的第一个挂钩距吊线夹板的距离应为25cm，允许偏差为±2cm。

（2）光缆盘移动放出法。在道路的宽度能允许车辆行驶；架空杆路离路边距离不大于3m；架设段内无障碍物；吊线位于杆路上其他线路的最下层的条件下，可采用这种简单、省力的施工方法。具体操作是把光缆盘用千斤顶支架在卡车上，将光缆的一端固定在电杆吊线处，人工推动光缆盘，让光缆一边沿着架空杆路布放，一边把光缆挂固在吊线上。在一个杆挡布放完后，就可把光缆固定在吊线上，开始下一个杆挡的布放。

五、注意事项

（1）架空光缆应具备相应的机械强度，如防振、防风、防雪、防低温变化引起负荷产生的张力，并具有防潮、防水性能。

（2）光缆布放时不要绷紧，一般垂度稍大于吊线垂度；对于在原有杆路上加挂，一般要求与原线路垂度尽量一致。

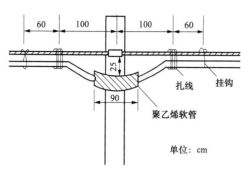

图 ZY3201801001-2 光缆在杆上的伸缩弯及保护示意图

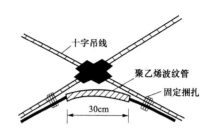

图 ZY3201801001-3 光缆在十字吊线处保护示意图

（3）架空光缆可适当在杆上作伸缩预留。一般重负荷区、超重负荷区要求每根杆上都作"Ω"预留；中负荷区 2～3 挡作一处预留；轻负荷区 3～5 挡作一处预留。对于无冰期地区可以不作预留，但布放时光缆不能拉得太紧，注意自然垂度。杆上光缆伸缩的规律如图 ZY3201801001-2 所示，靠杆中心部位应采用聚乙烯波纹管保护；预留宽度为 2m，一般不得小于 1.5m；预留两侧及绑扎部位，应注意不能扎死，以利于在气温变化时能伸缩起到保护光缆的作用。光缆经十字吊线或丁字吊线处应采取如图 ZY3201801001-3 所示的方式保护。

（4）架空光缆应按设计规定作防强电、防雷处理。

【思考与练习】

1. 架空光缆安装一般有哪些要求？
2. 架空光缆施工中如何实施人工牵引布放光缆？
3. 架空光缆敷设时的注意事项有哪些？

模块 2 管道光缆的敷设（ZY3201801002）

【模块描述】 本模块介绍了管道光缆的敷设，包括管道的清洗、子管敷设、牵引端头制作以及管道光缆敷设方法。通过敷设流程介绍、图形示意，掌握管道光缆敷设的方法和要点，能正确完成管道光缆的敷设工作。

【正文】

一、作业内容

本部分主要讲述通过管道敷设光缆的方法、步骤以及安全注意事项等。

二、危险点分析与控制措施

（1）为了保证敷设和准备工作的安全进行，必须要高度重视安全工作，保证施工人员和施工现场人员的人身安全。

（2）在打开人孔铁盖时，应在人孔周围放上插有小红旗的人孔铁栅，夜间应安置红灯作为警示信号。在繁忙的十字路口，应指派专人维护交通，或增加警示信号设备，防止发生事故。光缆、施工车辆和各种机具应放在街道旁或人行道旁，以免影响交通，在交通繁忙地区，应尽量选择不妨碍交通的时间和施工方法。

（3）另外在进入人孔前必须做好人孔的通风工作，排除人孔内的有害气体。待通风工作进行约 10min 后，才可以下孔工作。下孔后通风设备不要拆除，在保持通风的状况下进行工作。

三、作业前准备

光缆敷设前的准备工作包括人员组织准备、技术及资料准备、工（器）具物资准备和施工场地的具体准备。现场准备主要是安全防事故、管道和人孔的清理、光缆塑料子管的穿放和光缆牵引端头的制作。

1. 清理管道和人孔

清刷管道时，先用竹片或穿管器穿通管孔。较长的管孔可以从管孔两端同时穿入工具，但穿管工具端部应装置上十字铁环与四爪铁钩，以便穿管工具端部相碰时能钩连起来，而后自一端拉出。在穿管器穿通管孔后，应在工具末端连上一根 3.0mm 的铁线，以便带入管孔内作为引线。为了排除管道内的污泥杂物等障碍，应在引线末端连接传统的管孔清刷工具。其中，转环可把新管道接缝处的水泥残余、硬块除去，起到打磨的作用；钢丝刷可清除淤泥、污物；杂布、麻片可将淤泥、杂物带出管孔，起清扫管道的作用。

2. 预放塑料子管

当在混凝土管孔和塑料管孔内敷设光缆时，光缆必须穿放于子管内，一个混凝土管孔可穿放多个子管。先在管孔中穿放多根塑料子管，然后把光缆穿放到塑料子管中，从而完成管道光缆的布放。塑料子管不仅提高了现有管孔的利用率，而且减小了混凝土管孔对光缆外护层的磨损。

塑料子管布放时，先在要穿入管孔的地面上将子管放好并量好距离，子管不允许有接头。将预穿好的引线（可以是塑料穿管器或其他工具）与塑料子管端头绑在一起，在对端牵引引线即可将子管布放在管道内。当同孔布放两根以上塑料子管时，牵引头应把几根塑料管绑在一起，管的端部应用塑料胶布包起来，以免在穿放时管头卡到管块接缝处造成牵引困难。为了防止塑料子管在管孔内扭转，应每隔 2～5m 将塑料子管捆扎一次，使其相对位置保持不变。一般塑料子管的布放长度为一个人孔段，当人孔段距离较短时，可以连续布放，一般最长不超过 200m。布放结束后，塑料子管应引出管孔 10cm 以上或按设计留长，装好管孔的堵头和塑料子管的堵头。

3. 制作光缆牵引头

对于光缆管道敷设，光缆牵引断头制作是非常重要的工序。光缆牵引端头制作方法是否得当，将直接影响施工的效率，同时影响光缆的安全性。对牵引端头的基本要求是：牵引张力应主要加在光缆的加强件（芯）上（约 75%～80%），其余张力加到外护层上（约 20%～25%）；缆内光纤不应承受张力；牵引端头应具有一般的防水性能，避免光缆端头浸水；牵引端头体积（特别是直径）要小，尤其在塑料子管内敷设光缆时必须考虑这一点。目前，一些厂家在光缆出厂时，已制作好牵引端头，故在单盘检验时应尽量保留一端。

光缆牵引端头的种类较多，图 ZY3201801002-1 所示为较具代表性的 4 种不同结构的牵引端头。

四、操作步骤及质量标准

这里主要介绍常用的机械牵引中的中间辅助方式敷设步骤。

1. 预放钢丝绳

管道或子管一般已有牵引索，若没有牵引索，应及时预放好，一般用铁线或尼龙绳。

机械牵引敷设时，首先在光缆盘处将牵引钢丝绳与管孔内预放的牵引索连好，另一端将钢丝绳牵引至牵引机位置，并做好由端头牵引机牵引管孔内预放的牵引索准备。

2. 光缆及牵引设备的安装

（1）缆盘放置及引入口安装。光缆由光缆拖车或千斤顶支撑于管道人孔一侧，光缆盘一般距地面 5～10cm。为光缆安全，在光缆入口孔，可采用输送管，图 ZY3201801002-2（a）为将光缆盘放在使光缆入口处于近似直线的位置；也可按如图 ZY3201801002-2（b）所示位置放置。

（2）光缆引出口处的安装。端头牵引机将牵引钢丝和光缆引出人孔的方式及安装，这里介绍常用的两种方式。

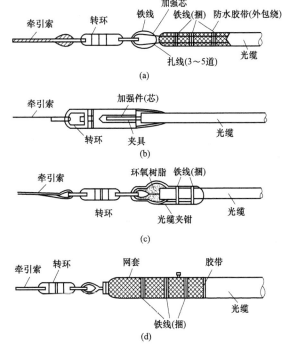

图 ZY3201801002-1　光缆牵引端头制作示意图

（a）简易式牵引头；（b）夹具式牵引头；

（c）预置式牵引头；（d）网套式牵引头

ZY3201801002

1）采用导引器方式。把导引器和导轮如图 ZY3201801002-3（a）所示方法安装，应使光缆引出时尽量呈直线，可以把牵引机放在合适位置。若人孔出口窄小或牵引机无合适位置时，为避免光缆侧压力过大或摩擦光缆，应将牵引机放置在前边一个人孔（光缆牵引完后再抽回引出人孔）。但应在前一个人孔另安装一副引导器或滑轮，如图 ZY3201801002-3（b）所示。

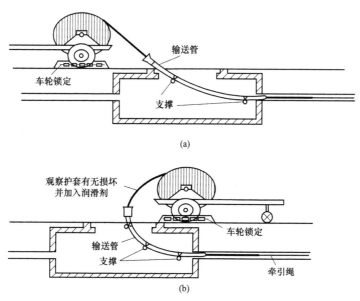

图 ZY3201801002-2　光缆人孔处的安装

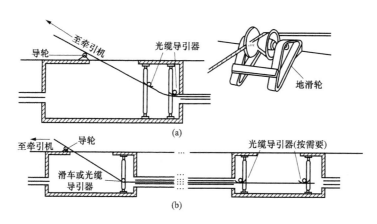

图 ZY3201801002-3　光缆引出口处的安装（引导器）

2）采用滑轮方式。这种方法基本上是布放普通电缆的方式，用金属滑轮或滑轮组，如图 ZY3201801002-4 所示。

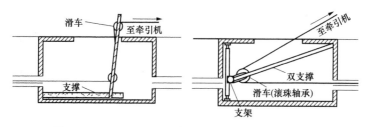

图 ZY3201801002-4　光缆引出口处的安装（滑轮）

3）拐弯处减力装置的安装。光缆拐弯处，牵引张力较大，故应安装导引器或减力轮，如图 ZY3201801002-5 所示。采用导引器时，安装方法可参考图 ZY3201801002-6。

4）管孔高差导引器的安装。为减少因管孔不在同一平面（存在高差）所引起的摩擦力、侧压力，通常是在高低管孔之间安装导引器，具体安装方法如图 ZY3201801002-7 所示。

5）中间牵引时的准备工作。采用辅助牵引机时，将设备放于预定位置的人孔内，放置时要使机上光缆固定部位与管孔持平，并将辅助机固定好。若不用辅助牵引机，可由人工代替，在合适位置的人孔内安排人员帮助牵引。

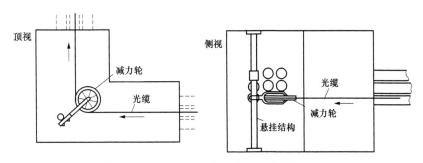

图 ZY3201801002-5　拐弯处减力装置的安装

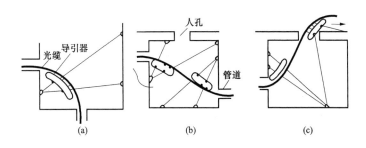

图 ZY3201801002-6　光缆导引器的使用

（a）拐弯导引；（b）高差导引；（c）出口导引

3．光缆牵引

（1）光缆端头按图 ZY3201801002-1 所示方法制作合格的牵引端头并接至钢丝绳；

（2）按牵引张力、速度要求开启终端牵引机；

（3）光缆引至辅助牵引机位置后，将光缆按规定安装好，并使辅助机与终端机以同样的速度运转；

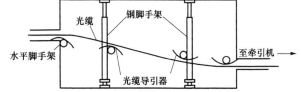

图 ZY3201801002-7　管孔高差导引器的安装

（4）光缆牵引至接头人孔时，应留足供接续及测试用的长度；若需将更多的光缆引出人孔，必须注意引出人孔处导轮及人孔口壁摩擦点的侧压力，要避免光缆受压变形。

4．人孔内光缆的安装

（1）直通人孔内光缆的固定和保护。光缆牵引完毕后，由人工将每一个人孔中的余缆用蛇皮软管包裹后沿人孔壁放至规定的托架上，并用扎线绑扎使之固定。其固定和保护方法如图 ZY3201801002-8 所示。

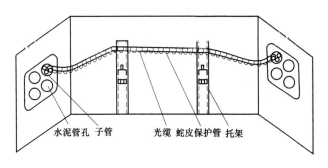

图 ZY3201801002-8　人孔内光缆的固定和保护

（2）接续用余留光缆在人孔中的固定。人孔内供接续用的余留光缆（长度一般不小于 8m）应采用端头热缩密封处理后按弯曲的要求，盘圈后挂在人孔壁上或系在人孔内盖上，注意端头不要浸泡于水中。

五、注意事项

（1）地下管道的管孔较多，选择管孔时，应按由下向上、由两侧向中间的顺序安排使用。施工时，管孔的使用应以设计图给出的管孔为准。

（2）光缆占用管孔的位置不宜变动。在同一路由上，管孔必须对应使用，即同一条光缆所占管孔的位置，在各个人孔内应尽量保持不变，以避免光缆发生交错现象。如需改变管孔位置和拐弯时，应考虑光缆敷设后能满足曲率半径的规定，并对光缆改变管孔位置的地点。

（3）光缆不得在管孔内作接头，接头位置只能安排在人孔内。铠装光缆不能铺设在管道中。

【思考与练习】

1. 管道光缆施工中如何清洗管道和人孔？

2. 机械牵引中中间辅助方式敷设主要分几步？施工中应注意哪些问题？

3. 接续用预留光缆怎样在人孔中固定？

模块 3 局内光缆的敷设（ZY3201801003）

【模块描述】本模块介绍了局内光缆的敷设，包括局内光缆敷设的要求、方法、安装固定及注意事项。通过敷设流程介绍、图形示意，掌握局内光缆敷设的基本方法和要点，能正确完成局内光缆的敷设工作。

【正文】

一、作业内容

本部分主要讲述敷设局内光缆的步骤、要求以及安全注意事项等。

二、作业前准备

在光缆架设前，对光缆所通过的区域需要进行清理。

三、局内光缆敷设的步骤和方法

（一）局内光缆敷设、安装一般要求

1. 光缆的选用

局内光缆目前主要有两种：一种为普通室外光缆，可直接进局（站）放至机房 ODF 架；另一种为阻燃性光缆，它具有防火性能，但需在进线室内增加一个接头。目前，一般采用阻燃性光缆。

2. 进局光缆的预留

进局光缆的长度预留包括测试、接续、成端用长度的预留和按规定预留长度的预留。进局光缆的预留长度目前规定为 15~20m，对于特殊情况，应按设计长度预留。

3. 光缆路由走向和标志

局内光缆由局前人孔进入进线室，然后通过爬梯、机房光缆走道至 ODF 架或光端机。

光缆由局前人孔按照设计要求的管孔穿越至进线室或室内走线架或走线槽内；光缆进线管孔应堵严密，避免渗漏。在爬梯上，由于光缆悬垂受力，应绑扎牢固；其他位置，如走道上，光缆亦应进行绑扎，并应注意排列整齐。光缆拐弯时，弯曲部分的曲率半径应符合规定，一般不小于光缆直径的 15 倍。

进线室、机房内，有两根以上的光缆时，应标明来去方向及端别。在易动、踩踏等不安全部位，应对光缆作明显标志，如缠绕有色胶带，提醒人们注意，避免外力损伤。

（二）局内光缆的敷设步骤

1. 局内光缆的布放

局内光缆的布放一般只能采用人工布放方式。

（1）一般由局前人孔通过管孔内预放的铁线牵引至进线室，然后向机房内布放。

（2）上下楼层间，一般可采用绳索由上一层沿爬梯放下，与光缆系在一起，然后牵引上楼。引上时应注意位置，避免与其他电缆（光缆）交叉。

（3）同一层布放，应由多人接力牵引布放。

2. 局内光缆的安装和固定

（1）进线室的光缆安装、固定。采用阻燃光缆，在进线室内曾设一个光缆接头，图 ZY3201801003-1 中为成端后的状态。在敷设安装时，室外光缆按图作盘留后固定好，并留出 3m 接续用光缆；局内阻燃光缆留 3m 置于接头位置作接头用，其余按图 ZY3201801003-1 所示的方式固定后由爬梯上楼。如受进线室位置的限制，预留光缆亦可采用盘成圆圈的方式，但应注意光缆的曲率半径不宜过小。

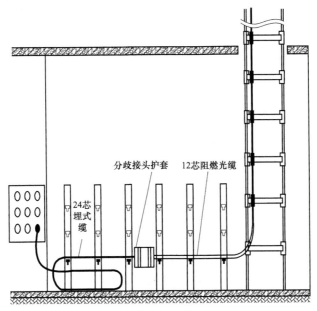

图 ZY3201801003-1　进线室光缆安装固定方式示意图

（2）光缆引上安装、固定。光缆由进线室至机房 ODF 架，往往从地下室或半地下室由楼层间光缆预留孔引上走道（即爬梯）引至机房所在楼层。有些局（站）引上爬梯直接通至机房楼层，有些不能直接到机房楼层，如先由进线室爬至二楼，然后通过二楼平行走道至上一层上楼爬梯；有些局要经几次拐弯才能到达。其路由上不可少的是引上爬梯，光缆引上不能光靠最上一层拐弯部位受力固定，而应进行分散固定，即要沿爬梯引上，并作适当绑扎。对于通信楼内，一般均有爬梯可利用。若原来没有爬梯，则应安装简易走道或直接在墙上预埋直立光缆支架，以便光缆固定，不应让光缆在大跨度内自由悬挂。

光缆在爬梯上，在可见部位应在每支横铁上用尼龙扎带或棉线绳绑扎，对于无铠装光缆，每隔几挡衬垫一胶皮后扎紧，拐弯受力部位还应套一胶管加以保护。

对于同一楼层内，一般平行敷设在光（电）缆槽道内时可不绑扎，但光缆在槽道内应呈松弛状态，并应尽量靠旁边放置。

（3）机房内光缆的安装、固定。

1）槽道方式。对于大型机房，光（电）缆一般均在槽道内敷设。由于机房大，光缆进主槽道、列槽道往往几经拐弯。在槽道内的位置尽量靠边走，以免减少今后布放其他缆线时移动、踩踏。光缆在槽道内一般不需要绑扎，但在拐弯部位，为防止拉动造成曲率半径过小，而应作适当绑扎。

这类机房内光缆的预留，一般光缆留 3～5m 供终端连接用，其余正式预留的光缆，应采取槽道内迂回盘放的方式放置于本列或附近主槽道内，如图 ZY3201801003-2 所示。图中，可在本列或主走道内盘几圈以增加预留量。这种预留方式比较方便，同时当今后需要改接时也十分便利。

2）走道方式。中小机房多数采取走道方式供光缆走向、固定。光缆预留一般采取在适当位置将光缆盘成圆圈，并固定于靠墙或靠机架侧的走道上，尽量隐蔽一些。也可以在进入机房入口处，用一预留盒将光缆固定于墙上。在机房内预留光缆，需考虑整齐、美观，同时预留位置及固定方式便于今后的使用。

机房内光缆在走道上应按机房电缆要求进行绑扎固定。但必须注意，拐弯时应首先保证光缆曲率半径，然后才考虑如何尽量使光缆走向美观。

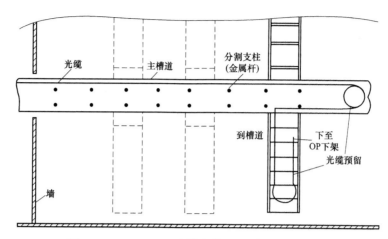

图 ZY3201801003-2　光缆在槽道内预留方式示意图

至 ODF 架或光端机的光缆成端预留长度应盘好，并临时固定于安全位置，供成端时使用。

机房内光缆在进行测量后，光纤应剪去并作简易包扎。如还需测量不能剪去开剥的光纤时，应作妥善放置并提醒别人注意，避免其他人员拉动光缆造成光纤断裂，给成端工作带来困难。

（4）临时固定。在光缆敷设时，人力紧张不能作正式固定时，应作临时固定，并注意安全。正式固定工作可安排在成端时一并进行。

有时由于暂时不能将光缆布放至机房，必须复核长度，确保条件成熟后放至 ODF 架，以满足长度的要求。

当光缆暂时在室外放置时，光缆端头应作密封处理，避免浸潮。

四、注意事项

（1）布放光缆时拐弯处应有专人传递，避免死弯，并确保光缆的曲率半径。

（2）光缆在布放过程中应避免在有毛刺或尖锐的硬物上拖拉，防止光缆外护层受损。

（3）布放过程中光缆要保持松弛状态，避免光缆的损伤。

【思考与练习】

1. 局内光缆敷设、安装一般有哪些要求？

2. 局内光缆应如何引上安装、固定？

第七十四章 光缆线路测试

模块 1 光缆线路衰减测试 （ZY3201802001）

【模块描述】本模块介绍了光缆线路衰减测试，包含光缆线路衰减的定义、测量方法。通过测试流程介绍、图形示意，掌握光缆线路维护中衰减测试的方法。

【正文】

中继段光缆线路衰减是指中继段由 ODF 架外侧连接插件之间，包括光纤的衰减和固定接头损耗。通常一个光缆中继段中的总衰减定义为

$$A = \sum_{n=1} a_n L_n + a_s X + a_c Y \quad (\text{dB})$$

式中　a_n——中继段中第 n 根光纤的衰减系数，dB/km；

　　　L_n——中继段中第 n 根光纤的长度，km；

　　　a_s——固定接头的平均损耗，dB；

　　　X——中继段中固定接头的数量；

　　　a_c——连接器的平均插入损耗，dB；

　　　Y——中继段中连接器的数量［光发送机至光接收机数字配线架（ODF）间的活接头］。

一、测试目的

光缆线路衰减测试是光缆线路技术维护的重要组成部分，是判断光缆线路工作状态的主要手段之一。通过对光缆线路的衰减测试，可以了解光缆的工作状态，掌握光缆线路实际运行状况，正确判断可能发生的障碍的位置和时间，为光缆线路提供可靠的技术资料。

二、测试前准备工作

（1）材料准备：光纤跳线或尾纤 1 根，裸光纤适配器 1 个。

（2）测试仪器：光时域反射仪即 OTDR。

三、现场测试步骤及要求

（一）测量方法

中继段光缆线路的衰减测量方法有截断法、插入损耗法和后向散射法。

截断法精度高但有破坏性；插入损耗法是非破坏性，精度不如截断法；而后向散射法，即用光时域反射仪（OTDR）测量，功能全、精度高和无破坏性，测量数据可直接打印出来。

用光时域反射仪（OTDR）测试只需在光纤的一端进行，用这种仪表不仅可以测量光纤的衰减系数，还能提供沿光纤长度衰减特性的详细情况，检测光纤的物理缺陷或断裂点的位置，测定接头的衰减和位置，以及被测光纤的长度。这种仪器带有打印机，可以把测绘的曲线打印出来。但由于一般的OTDR 仪都有盲区，使近端光纤连接器插入损耗、成端连接点接头损耗无法反映在测量值中；同样对成端的连接器尾纤的连接损耗，由于离尾部太近也无法定量显示。因此，用 OTDR 仪所得到的测量值实际上是未包括连接器在内的光缆线路损耗。为了按光缆线路衰减的定义测量，可以通过假纤测量或采用对比性方法来检查局内成端质量。在实际工作中常采用这种方法。

（二）测试步骤及要求

（1）如果被测光纤没有连接起来，剥开光缆，并将被测光纤露出 2m 长。清洁和切断被测光纤。

（2）测试接线。通过光纤跳线或尾纤和裸光纤适配器，将被测光纤与 OTDR 连接起来。与此同时，如需要，添加一根盲区光纤（见图 ZY3201802001-1）。盲区光纤是一小盘长度为 1km 的光纤（参阅

OTDR 技术规范），将它插入 OTDR 和被测光纤之间。一些 OTDR 使用盲区光纤是将受试光纤从 OTDR 的盲区移出，即注入盲区移到 OTDR 的 1km 以外。如果光纤事件发生在这个盲区，在光纤衰减谱中看不到光纤事件。一些 OTDR 不需要使用盲区光纤，详见 OTDR 使用说明书。

（3）确保光源没有连接到被测光纤的其他端。

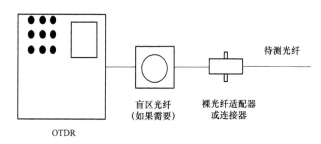

图 ZY3201802001-1　光纤衰减测量连接示意图

（4）接通 OTDR 且将它加热到稳定的工作温度。

（5）为了使 OTDR 工作，输入正确的 OTDR 参数，包括波长、被测光纤的折射率和脉冲长度（参阅 OTDR 操作说明书）。

（6）开始 OTDR 测量，使 OTDR 得到平均测量长度，以求呈现一个光滑的光纤衰减谱。

（7）调整分辨率以显示出整个被测光纤。为给出最好的分辨率，保持脉冲宽度尽可能窄。

（8）测量所有异常事件、接头、连接器和整个光纤衰减：将光标移到所测事件点位置，并使用相应的功能键设定标记；查看标记点的连接损耗。如图 ZY3201802001-2 所示，将光标置于始端反射脉冲上升边缘的一点，确定 Z_0（如试样前无光纤或光缆段，则 Z_0 为零）。

将光标置于试样曲线线性始端（紧挨近端）。确定 Z_1，P_1；将同一光标或另一光标置于末端反射脉冲上升边缘的一点，确定 Z_2，P_2。

如果因不连续性极小而不易确定 Z_0 和 Z_2 的位置，就在该处加一个绷紧的弯曲并改变弯曲半径以帮助光标定位；对于 Z_2 的定位，如可能，切割远端，使那里产生反射。

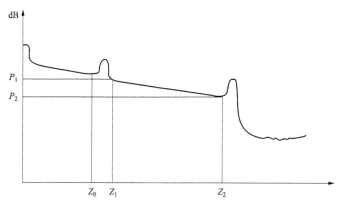

图 ZY3201802001-2　OTDR 衰减曲线

始于盲区之后光纤或光缆段的单向后向散射衰减

$$A = P_1 - P_2 \ (\text{dB})$$

始于盲区之后光纤或光缆段的单向后向散射衰减系数

$$\alpha = P_1 - P_2 / Z_2 - Z_1 \ (\text{dB/km})$$

光纤或光缆段总单向后向散射衰减

$$A_{总} = \alpha(Z_2 - Z_0) \ (\text{dB})$$

通常，OTDR 能直接给出 A 值和 α 值。该数据可以用两点法给出，也可以用最小二乘（LSA）法拟合曲线给出。LSA 法得出的结果可能与两点法得出的结果不同，但 LSA 法的重复性更好。

（9）测量光纤总的端到端的损耗（dB）和光纤的衰减系数（dB/km）。

（10）在 OTDR 上存储测得的结果和光纤衰减谱在并打印测试结果。

（11）对所需要测量的各个波长重复步骤（1）～（10）。

四、测试结果分析及测试报告编写

1. 测试结果分析

OTDR 测量结果可以反映光缆线路的实际损耗水平，通过后向散射信号曲线可发现光缆连接部位是否可靠、有无异常、光纤损耗随长度分布是否均匀、光缆全程有无微裂部位、非接头部位有无"台阶"等。

2. 测试报告编写

测试报告填写应包括测试时间、测试人员、仪表名称、型号、光缆型号、芯数、测试起点、终点、测试参数（测试范围、测试波长、脉冲宽度、折射率）、测试值等。

五、测试注意事项

（1）在测试时应选择在没接设备的光缆（纤芯）上进行测试。

（2）光纤活接头接入 OTDR 前，必须认真清洗，包括 OTDR 的输出接头和被测活接头，否则插入损耗太大、测量不可靠、曲线多噪声甚至使测量不能进行，它还可能损坏 OTDR。避免用酒精以外的其他清洗剂或折射率匹配液，因为它们可使光纤连接器内黏合剂溶解。

（3）测量前应仔细阅读 OTDR 的使用说明。

（4）在测量过程中应合理选择 OTDR 参数，如量程范围、脉冲宽度、折射率、平均化处理时间、光标位置等。

1）量程范围。操作者应结合测试的光缆长度选择比较恰当的量程，使测试曲线尽量显示在屏幕中间，这样读数才能准确，误差才会小。

2）脉冲宽度。在脉冲幅度相同的条件下，脉冲宽度越大，脉冲能量就越大，此时 OTDR 的动态范围也越大，能够测试较长距离，但相应盲区也就大，误差较大。因此，操作者应该结合待测光纤的长度选择适当的脉冲宽度，使其在保证精度的前提下，能够测试尽可能长的距离。

3）折射率。由于不同厂家光纤选用的材质不同，造成光在光纤中传输速度不同，即不同的光纤有不同的折射率，因此在测试时应选择适当的折射率，这样在测量光纤长度时才能准确。

4）光标位置。光纤活动连接器、机械接头和光纤中的断裂都会引起损耗和反射，光纤末端的破裂端面由于末端端面的不规则性会产生各种菲涅尔反射峰或者不产生菲涅尔反射。如果光标设置不够准确，也会产生一定误差。

5）平均处理时间。OTDR 测试曲线是将每次输出脉冲后的反射信号采样，并把多次采样做平均处理以消除一些随机事件，平均时间越长，噪声电平越接近最小值，动态范围就越大，测试精度越高，但达到一定程度时精度不再提高。为了提高测试速度，缩短整体测试时间，一般测试时间可在 0.5～3min 内选择。

【思考与练习】

1. 在光缆线路衰减测试中使用后向散射法有什么优缺点？

2. 在使用 OTDR 测量时，选择参数应注意哪些问题？

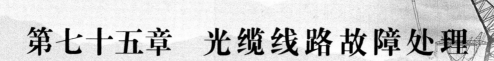

国家电网公司
生产技能人员职业能力培训专用教材

第七十五章 光缆线路故障处理

模块 1 光缆线路故障及其处理 （ZY3201803001）

【模块描述】本模块介绍了光缆线路常见故障现象及其产生原因、故障处理方法，包含光缆故障抢修程序、故障原因分析、故障点定位以及故障修复方法。通过要点介绍、图形示意，掌握光缆线路故障点定位和抢修处理的方法。

【正文】

一、光缆线路常见障碍原因分析

根据统计资料分析，光纤通信系统中使通信中断的主要原因是光缆障碍，它约占统计障碍的 2/3。光缆障碍的产生原因与光缆的敷设方式有很大的关系。光缆的敷设形式主要有地下（直埋和管道）和架空两种。引起光缆线路障碍的原因主要有：

（1）挖掘。挖掘是光缆线路损坏的最主要原因，在建筑施工、维修地下设备、修路、挖沟等工程时均可直接对光缆产生威胁。

（2）车辆损伤。主要是对架空光缆的损伤。一般有两种情况，一种是车辆撞到电杆使光缆拉断；另一种是在光缆下面通过的车辆拉（挂）断了吊线和光缆。其中大多是由于吊线、挂钩或电杆的损坏引起光缆下垂，或穿过马路的架空光缆高度不够或车辆超高引起的。

（3）火灾。光缆受火灾损伤也很多。其中以光缆路由下方堆积的柴草、杂物等起火造成线路损坏，引发光缆障碍最为常见。

（4）鼠害。各类啮齿动物啃咬光缆造成光缆破裂或光缆断纤。无论地下、架空还是楼内的光缆，同样受鼠害的威胁。

（5）射击。架空光缆因受各类枪支射击、子弹爆炸和冲击，造成部分光缆部位或光纤损坏。这类障碍一般不会使所有光纤中断，但这类障碍查找起来比较困难。

（6）温度的影响。温度过低或过高到一定程度，光缆各部分因材料收缩（扩张）系数不同而对光缆造成压力，产生弯曲使衰耗增大，甚至导致光缆断芯或断裂。

（7）洪水。由于洪水冲断光缆或光缆长期浸泡水中进水引起光缆衰减增大。

（8）雷击。当光缆线路上或其附近遭受雷击时，在光缆上容易产生高电压，从而损坏光缆。

（9）技术操作错误。技术操作错误是由技术人员在维修、安装和其他活动中引起的人为障碍。其中在对光缆维护的过程中，由于技术人员不小心引起的障碍占多数，如在光纤接续时，光纤被划伤、光纤弯曲半径太小，接续不牢靠；在切换光缆时错误地切断正在运行的光缆等。

从以上原因分析，架空光缆线路易受车辆、射击、火灾和冰灾的伤害；地下光缆线路受挖掘的影响很大。在日常工作中，大部分障碍是属于人为性质的，而因光缆本身的质量问题和由自然灾害引起的障碍所占比例相对较少。

二、光缆线路障碍处理一般程序

在光缆线路抢修前，应准确掌握辖属光缆线路资料，制订和完善抢修方案，熟练掌握光缆线路障碍点的测试方法，能准确地分析确定障碍点的位置，并经常保持一定的抢修力量，熟练掌握线路抢修作业程序，加强抢修材料、工器具、车辆管理，随时做好抢修准备。

光缆线路障碍抢修处理的一般程序为：

1. 障碍发生后的处理

光纤通信系统发生障碍后，应首先判断是站内障碍还是光缆线路障碍，同时应及时实现系统倒换。

对 SDH 已建立网管系统，可实现自动切换。当建成自愈环网后，则光纤传输网具有自愈功能，即自动选取通路迂回。当未建成自愈环网或 SDH 未建成网管系统时，则需要人工倒换或调度通路。

2. 障碍测试判断

如确定是光缆线路障碍时，应迅速判断障碍发生于哪一个中继段内和障碍的具体情况，并携带抢修工器具和材料迅速出发，赶赴障碍点进行查修，必要时应进行抢代通作业。如果在端末站未能测出障碍点位置，则传输站人员应到相关中继站配合查修。查修人员必须带齐相关光缆线路的原始资料。光缆线路抢修的基本原则是先干线后支线，先主用后备用，先抢通后修复。

3. 建立通信联络系统

抢修人员到达障碍点后，应立即与通信调度（或机房）建立通信联络系统，联络手段可因地制宜，采取光缆线路通信联络系统、移动通信联络系统、长距离无线对讲机通行联络系统以及附近的其他通信联络系统等。

4. 光缆线路的抢修

当找到障碍点时，一般使用应急光缆或其他应急措施，首先将主用光纤通道抢通，迅速恢复通信。同时认真观察分析现场情况，并做好记录，必要时应进行现场拍照。在接续前，应先对现场进行净化。在接续时，应尽量保持场地干燥、整洁。

5. 抢修后的现场处理

在抢修工作结束后，清点工具、器材，整理测试数据，填写有关登记，并对现场进行处理。对于废料、残余物（尤其是剧毒物），应收集袋装，统一处理，并留守一定数量的人员，保护抢代通现场。

6. 修复及测试

（1）光缆线路障碍修复以介入或更换光缆方式处理时，应采取与障碍光缆同一厂家同一型号的光缆，并要尽可能减少光缆接头和尽量减小光纤接续损耗。

（2）修复光缆进行光纤接续时要进行接头损耗的测试。有条件时，应进行双向测试，严格把接头损耗控制在允许的范围之内。

（3）当多芯光纤接续后，要进行中继段光纤通道衰减测试，并记录好测试结果，测试数据合格后即可恢复正常通信。

7. 线路资料更新

修复作业结束后，整理测试数据，填写有关表格，及时更补线路资料，总结抢修情况。

三、光缆线路障碍处理

1. 光缆线路障碍点的定位

（1）光缆线路常见障碍现象及原因。

1）光缆线路的全部纤芯在某处中断，通信受阻。这种全阻障碍的危害性极大，尤其是对于没有物理双路由传输的局向，可能会造成该方向的系统传输完全中断。一条光缆线路发生全阻断，往往伴随着严重障碍或重大通信阻断障碍。全阻障碍多为外力作用造成，如挖掘、钻孔、车挂等。其特点是障碍现场有明显的痕迹，较容易被发现。

2）光纤传输链路在某处出现问题造成系统传输严重无码或中断的情况。造成系统障碍的原因很多，如外施工铲挖、风钻破路等擦伤、挤断光缆内的部分光纤；管道内的其他电信线路施工踩伤、锯坏光缆的部分光纤；接头老化，受到振动而松动进水，使光纤接头异化，损耗增大或中断；自然断纤；局内尾纤与跳线的活动接头松动造成光路阻断；尾纤和跳线的余长盘放不当，久而久之，自然下坠，造成在某点弯曲过大而使传输中断等。在一般情况下，这种障碍相对来说对通信的影响较全阻障碍要小得多，但障碍点的隐蔽性较强。

（2）光缆线路障碍的测试与查找步骤。通信系统出现故障，一般情况下机线障碍不难分清。确认为线路障碍后，在端站或传输站使用 OTDR 仪对线路进行测试，以确定线路障碍的性质和部位。其方法步骤大致如下：

1）用 OTDR 仪测试出故障点到测试端的距离。在 ODF 架上将故障纤外线端活动连接器的插件从适配器中拔出，做清洁处理后插入 OTDR 仪的光输出口，观察线路的向后散射信号曲线。OTDR 仪的显示屏上通常显示如下 4 种情况。

（a）显示屏上没有曲线。这说明故障点在仪表的盲区内，包括局外光缆与局内软光缆的固定接头和活动连接器插件部分。这时可以串接一段（长度应大于 1000m）测试纤，并减少 OTDR 仪输出的光脉冲宽度以减少盲区范围，从而可以细致分辨出故障点的位置。

（b）曲线远端位置与中继段总长明显不符。此时，向后散射曲线的远端点即为故障点。如该点在光缆接头点附近，应首先判定为接头处断纤。如故障点明显偏离接头处，应准确测试障碍点与测试端之间的距离，然后对照线路维护明细表等资料，判定障碍点在哪两个标识之间（或哪两个接头之间），距离最近的标识多远，再由现场观察光缆路由的外观予以证实。

（c）后向散射曲线的中部无异常，但远端点又与中继段总长相符。在这种情况下，应注意观察远端点的波形，可能有如下 3 种情况之一出现。

i. 如图 ZY3201803001-1（a）所示，远端出现强烈的菲涅尔反射峰，提示该处光纤应成为端点，不是断点。障碍点可能是终端活动连接器松脱或污染。

ii. 如图 ZY3201803001-1（b）所示，远端无反射峰，说明该处光纤端面为自然断纤面。最大可能是户外光缆与局内软光缆的连接处出现断纤或活动连接器损坏。

iii. 如图 ZY3201803001-1（c）所示，远端出现较小的反射峰，呈现一个小突起，提示该处光纤出现裂缝，造成损耗很大。可打开终端盒或 ODF 架检查，剪断光纤插入匹配液中，观察曲线是否变化以确定故障点。

（d）显示屏上曲线显示高衰耗点或高衰耗区。高衰耗点一般与个别接头部位相对应。它与菲涅尔反射峰明显不同，如图 ZY3201803001-2 所示。该点前面的光纤仍然导通，高衰耗点的出现表明该处的接头损耗变大，可打开接头盒重新熔接。高衰耗区表现为某段曲线的倾斜明显增大，如果必须修理只有将该段光缆更换掉。

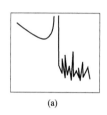 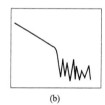 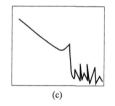

图 ZY3201803001-1 远端点的波形

（a）远端出现强烈的菲涅尔反射峰；（b）远端无反射峰；（c）远端出现较小的反射峰

图 ZY3201803001-2 高衰耗点和高衰耗区的曲线显示

2）查找光缆线路障碍点的具体位置。当遇到自然灾害或外界施工等外力影响造成光缆线路阻断时，查修人员要根据测试人员提供的故障现象和大致地段沿光缆线路路由巡查，一般比较容易找到障碍点。如非上述情况，巡查人员就不容易从路由上的异常现象找到障碍地点。这时，必须根据 OTDR 仪测出的障碍点到测试端的距离，与原始资料进行核对，查出障碍点是在哪两个标识（或哪两个接头）之间，通过必要的换算后，再精确丈量其间的地面距离，直到找到障碍点的具体位置。若无条件，可以进行双向测试，更有利于准确判断障碍点的具体位置。

（3）光缆线路障碍点的准确判定。

1）正确、熟练掌握仪表的使用方法。

（a）准确设置 OTDR 仪的参数；

（b）选择适当的测试范围挡；

（c）应用仪表的放大功能。

2）建立准确、完整的原始资料。准确、完整的光缆线路资料是障碍测量、判定的基本依据。

（a）建立准确的线路路由资料。

（b）标识（杆号）—纤长（缆长）对应表。光缆施工过程中，随工验收人员应该详细记录每一个标识（或光缆预留处杆号）对应的光缆皮长，并以此数据为基础，计算出各标识（或光缆预留处杆号）之间光缆皮长及端站 ODF 架尾纤至各标识（杆号）的累积长度，填入"标识（杆号）—纤长（缆长）

对应表"，作为换算故障点路由长度的原始资料。

（c）"光纤长度累计"及"光纤衰减"记录。在光缆接续监视时，将测试端至每个接头点的光纤累计长度及中继段光纤总衰减值填入光缆线路维护图。同时，也应将测试仪表型号测试时折射率的设定值及被测光纤纤芯序号进行登记。

在建立"光纤长度累计"资料时，应从两端分别测出端站至各接头的距离。为了测试结果准确，测试时应采用引导纤。

（d）准确记录各种光缆的预留。随工验收人员还应详细记录每个接头坑、特殊地段、S 形敷设和进线室等处光缆盘留长度以及接头盒、终端盒和 ODF 架等部位光纤盘留长度，以便在换算故障定路由长度时予以扣除。特别是接头盒内余纤的盘留长度，登记的越仔细，障碍判断的误差就越小。

（e）建立完整、准确的线路资料。建立线路资料不仅包括线路施工中的许多数据、竣工技术文件、图纸、测试记录和中继段光纤后向散射信号曲线图片等，还应保留光缆出厂时厂家提供的光缆及光纤的一些原始数据资料（比如光缆的绞缩率、光纤的折射率等）。这些资料时日后障碍测试时的基础和对比依据。

（f）进行正确的换算。有了准确、完整的原始资料，便可将 OTDR 仪测出的故障光纤长度与原始资料对比，迅速查出故障点是发生在哪两个接头（或哪两个标识）之间。但是要准确判断故障点位置，还必须把测试的光纤长度换算为测试端（或某接头点）至故障点的地面长度。

3）保持障碍测试与资料上测试条件的一致性。障碍测试时，应尽量保证测试仪表型号、操作方法及仪表参数设置等的一致性。因为光学仪表十分精密，如果有差异，就会影响到测试的精度，从而导致两次测试本身的差异，使得测试结果没有可比性。因此，各次测试仪表的型号、键钮位置及测试参数的设置要详细记录，以便于以后使用。

4）灵活测试，综合分析。障碍点的测试要求操作人员一定要有清晰的思路和灵活处理问题的方法。一般情况下，可在光缆线路两段进行双向故障测试，并结合原始资料，计算出故障点的位置。再将两个方向的测试和计算结果进行综合分析、比较，以使故障点的具体位置的判断更加准确。当障碍点附近路由没有明显特点、具体障碍点现场无法确定时，可采用在就近接头处测量等方法，也可在初步测试的障碍点处开挖，端站测试仪表处于实时测量状态。

2. 障碍的处理

障碍点的处理分两种情况：实施障碍点的应急抢代通或障碍点的直接修复。

（1）光缆线路障碍点的应急抢代通。抢代通就是迅速地用应急光缆代替原有的障碍光缆，实现通信临时性恢复。实施抢代通的条件：光缆线路障碍产生后，为了缩短通信中断时间，可以实施光缆线路抢代通作业。

（2）线路障碍的排除是采用直接修复，还是先布放应急光缆实施抢代通，日后再进行原线路修复，取决于光缆线路修复所需要的时间和障碍现场的具体情况。

一般当网络具有自愈功能、可临时调度通路满足通信需要、障碍点在接头处且接头处的余缆和盒内余纤够用、障碍点直接修复比较容易、直接修复与抢代通作业所用时间差不多时应直接进行修复。而在下列情况时，需要先布放光缆实施抢代通，然后再做正式修复。

1）线路的破坏因素尚未消除时，如遭遇连续暴雨、地震、泥石流和洪水等严重自然灾害的情况下。

2）原线路的正式修复无法实行时。

3）光缆线路修复所需要的时间较长时，如光缆线路遭遇严重破坏，需要修复路由、管道或考虑更改路由时。

4）线路障碍情况复杂，障碍点无法准确定位时。

5）主干线或通信执行重要任务期间。

3. 光缆线路障碍点的修复

光缆线路障碍点的修复分为直接修复和正式修复两种情况。操作方法基本相同，但程序上有区别。

直接修复应首先完成主用光纤的熔接、端站测试，合格后即可将业务开通或倒换回来，然后再进

686

行其他光纤熔接。

正式修复时，应尽量保持重要通信不中断。一般应先熔接光缆中未抢代通的光纤，端站测试合格后，即可将业务倒换到已修复的光纤上，再进行其他光纤的修复，完成后再将业务倒换到原主光纤上。

光缆线路障碍点的修复根据障碍点的位置的不同，作业方法也不同。

（1）障碍在接头盒内的修复。接头盒内最常见的障碍现象如下：

1）余纤盘放收容时发生跳纤，跳纤易导致余纤在收容盘边缘或盘上螺丝处被压，严重时会压伤或压断。压断处未发生位移时，测试到该处连接损耗偏大，时间增长、环境变化会使得该处的断点显露出来。

2）接头盒内的余纤在盘放收容时出现局部弯曲半径过小或光纤扭绞严重，产生较大的弯曲损耗和静态疲劳。

3）热缩保护管的热缩效果不好，热缩保护管未能对裸纤段实施有效保护，在外部因素影响下发生断纤。

4）制备光纤端面时，裸纤太长或热缩保护管加热时光纤保护位置不当，造成一部分裸纤在保护管之外，接头盒受外力作用时引起裸纤断裂。

5）剥除涂覆层时裸纤受伤，长时间后损伤扩大，使得接头损耗增大，严重时会造成断纤。

6）接头盒进水，导致光纤损耗增大，甚至发生断纤。

其修复方法较为简单。松开接头点附近的预留光缆，将接头盒外部及预留光缆做清洁处理。端站建立 OTDR 远端监测。将接头盒两侧光缆在操作台上作临时绑扎固定，打开接头盒，寻找光纤障碍点。在 OTDR 的监测下，利用接头盒内的余纤重新制作端面和熔接，并用热缩保护管予以增强保护后重新盘纤。用 OTDR 做中继段全程衰耗测试，测试合格后装好接头盒并固定。整理现场，修复完毕。

注意：要先仔细检查接头两边的光缆有无伤痕，把预留光缆理顺后看障碍是否消除，而后再考虑打开接头盒检查光纤。千万不要不检查就贸然打开接头盒。虽然 OTDR 测试判断障碍点在接头盒里，但由于 OTDR 的测试误差，也可能障碍点不在接头盒内而在接头盒外 2m 或 3m 的范围内。

（2）障碍在接头处，但不在盒内的修复。线路障碍在接头处，但不在盒内时，要充分利用接头点预留的光缆，取掉原接头，重新做接续即可。当预留的光缆长度不够用时，按非接头部位的修复处理。

（3）障碍在非接头部位的修复。当光缆障碍不在接头处时，障碍点的修复需根据现场情况、障碍位置、光缆障碍范围、线路衰耗富裕度以及修理的费时程度等多方面因素综合考虑。

通常对障碍在非接头部位的处理方法有以下两种：

1）利用线路上光缆的预留进行修复。这种修复方式适用于光缆障碍点附近有预留且预留缆放出比较容易的情况下。例如架空光缆线路障碍的修复，就非常适合采用此种方法。直埋光缆是否利用余缆修复，取决于障碍点的位置及放出余缆的难易程度。

利用线路上的光缆预留进行修复的方法，不增加光缆线路的长度，但要增加一个接头。所以，光缆线路工程设计时，在一些特殊地点、危险地段和经过适当距离后需要做一定的光缆预留。因此这种方法在实际中应用较多。

2）更换光缆进行修复。当光缆受损为一个较长的段落，或者原盘长光缆出现特性劣化等，需要更换光缆处理时，可进行更换光缆修复。更换光缆时，最好采用与障碍缆同一厂家、同一型号的光缆。

更换可以是整盘长光缆，也可以是更换一段光缆。前一种方式不增加接头数量，不会增加线路段的总衰耗，但施工工作量较大，需要较长的光缆。后一处理方式一般会增加两个接头，但可以节省光缆，减少修复工作量。考虑到以后测试时两点分辨率的要求，更换光缆的最小长度应大于 100m。

【思考与练习】

1. 引起光缆线路障碍主要有哪些原因？

2. 光缆线路故障处理有哪些步骤？

3. 如何进行非接头部位的障碍修复？

国家电网公司
生产技能人员职业能力培训专用教材

第七十六章 光 缆 接 续

模块 1 尾纤接续（ZY3201804001）

【模块描述】本模块介绍了尾纤接续操作，包含尾纤接续的具体步骤和方法。通过操作流程介绍、列表分析，掌握正确使用熔接机的方法，并能熟练进行单根尾纤的熔接操作。

【正文】

一、作业内容

本部分主要讲述用熔接机进行尾纤接续的操作步骤和质量标准以及安全注意事项等。

二、危险点分析与控制措施

（1）当切割和开剥光缆时，施工人员应戴上合适的安全眼镜和手套，避免施工人员受伤。

（2）在光纤或光缆截断、光纤端面制备切割或划刻过程中，切下的小光纤段最好应扔入标有"小心玻璃纤维碎片"的容器里，以免损伤眼镜或插入皮肤。

（3）在熔接加热后，热缩套管表面温度很高，不要立即用手触摸。

三、作业前准备

在光纤接续中，首先要做的工作就是准备必要的材料和工具，主要包括待熔接的光纤、光纤熔接机、OTDR 测试仪表、剥纤钳、剪刀、裸纤切刀、95%酒精、棉签、带加强芯的热缩套管。

另外，光纤接续应有良好的工作环境，以防止灰尘影响。在雨雪、沙尘等恶劣天气接续，应避免露天作业；当环境温度低于零度时，应采取升温措施，确保光纤的柔软性和熔接设备的正常工作以及施工人员的正常操作。

四、操作步骤及质量标准

（一）光纤端面处理

光纤端面处理，习惯上称端面制备。这是光纤连接技术中的一项关键工序。光纤端面处理主要包括剥覆、清洁和切割三个环节。

1. 光纤涂面层的剥除

光纤涂面层的剥除，要掌握平、稳、快三字剥纤法。"平"，即持纤要平。左手拇指和食指捏紧光纤，使之成水平状，所露长度以 5cm 为准，余纤在无名指、小拇指之间自然打弯，以增加力度，防止打滑。"稳"，即剥纤钳要握得稳。"快"即剥纤要快，剥纤钳应与光纤垂直，上方向内倾斜一定角度，然后用合适的钳口轻轻卡住光纤，右手随之用力，顺光纤轴向平推出去，整个过程要自然流畅，一气呵成。

2. 光纤包层的剥除

光纤包层的剥除方法与光纤涂面层的剥除相同，只是要注意光纤的包层很薄，剥除时要非常小心，不能损伤纤芯。

3. 裸纤的清洁

裸纤的清洁，应按下面的两步操作：

（1）观察光纤剥除部分的涂覆层和包层是否全部剥除，若有残留，应重新剥除。如有极少量不易剥除的涂覆层，可用棉球蘸适量酒精，一边浸渍，一边逐步擦除。

（2）将棉花撕成层面平整的扇形小块，蘸少许酒精（以两指相捏无溢出为宜），折成 V 形，夹住以剥覆的光纤，顺光纤轴向擦拭，力争一次成功，一块棉花使用 2～3 次后要及时更换，每次要使用棉花的不同部位和层面，这样既可提高棉花利用率，又防止了裸纤的二次污染。

4. 裸纤的切割

裸纤的切割是光纤端面制作中最为关键的部分，精密、优良的切刀是基础，而严格、科学的操作规范是保证。

（1）切刀的选择。切刀有手动和电动两种。前者操作简单，性能可靠，随着操作者水平的提高，切割效率和质量可大幅度提高，且要求裸纤较短，但该切刀对环境温差要求较高。后者切割质量较高，适宜在野外寒冷条件下作业，但操作较复杂，工作速度恒定，要求裸纤较长。熟练的操作者在常温下进行快速光缆接续或抢险，采用手动切刀为宜；反之初学者或在野外较寒冷条件下作业时，采用电动切刀。

（2）操作规范。操作人员应经过专门训练掌握动作要领和操作规范。首先要清洁切刀和调整切刀位置，切刀的摆放要平稳，切割时，动作要自然、平稳、勿重、勿急，避免断纤、斜角、毛刺和裂痕等不良端面的产生。另外学会"弹钢琴"，合理分配和使用自己的右手手指，使之与切口的具体部件相对应、协调，提高切割速度和质量。

（二）光纤熔接

光纤熔接是接续工作的中心环节，因此高性能熔接机和熔接过程中科学操作十分必要。

1. 熟悉熔接机

阅读熔接机的操作手册，熟悉熔接机显示屏、各按键和各接口的功能，掌握熔接机各种参数的设置。

2. 熔接程序

（1）接通熔接机电源，并根据光纤的材料和类型，选择并确认接续及加热条件，并进行放电试验。

（2）打开防尘防风罩，清洁熔接机 V 形槽、电极、物镜、熔接室等。

（3）将已制作好端面的裸纤放入熔接机的 V 形槽，盖好防尘防风罩；在把光纤放入熔接机 V 形槽时，要确保 V 形槽底部无异物且光纤紧贴 V 形槽底部。

（4）启动熔接机的熔接程序，自动熔接机开始熔接时，首先将左右两侧 V 形槽中光纤相向推进，在推进过程中会产生一次短暂放电，其作用是清洁光纤端面灰尘，接着会把光纤继续推进，直至光纤间隙处在原先所设置的位置上，这时熔接机测量切割角度，并把光纤端面附近的放大图像显示在屏幕上，熔接机会在 X 轴 Y 轴方向上同时进行对准，并且把轴向、轴心偏差参数显示在屏幕上。当误差在允许范围之内时开始熔接。

（5）连接质量的评价。光纤完成熔接连接后，应及时对其质量进行评价，确定是否需要重新接续。光纤接头的场合、连接损耗的标准等不同，具体要求亦不尽相同。但评价的内容、方法基本相似。

1）外观目测检查。光纤熔接完毕，在显微镜内或显示器上，观察光纤熔接部位是否良好。如发现有无气泡、过细、过粗、虚熔、分离等不良状态，应分析其原因并进行重新连接，具体处理方法可参考表 ZY3201804001-1 中各项措施。

2）连接损耗估计。从熔接指示器上看读数是否在规定的合格范围内，自动熔接机显示器上的连接损耗值是否符合要求。

3）连接损耗测量。对于正式工程中的光纤接头，只靠目测、估计是不够的，自动熔接机上显示的连接损耗值，由于微处理机是按经验公式计算的，连接损耗产生的部分因素未考虑。因此，应用 OTDR 进行连接损耗测量。

表 ZY3201804001-1　　　　　　　　目测不良接头的状态及处理

不良状态	原 因 分 析	处 理 措 施
痕迹	（1）熔接电流太小或时间过短； （2）光纤不在电极组中心或电极组错位、电极损耗严重	（1）调整熔接电流； （2）调整或更换电极
变粗	（1）光纤馈送（推进）过长； （2）光纤间隙过小	（1）调整馈送参数； （2）调整间隙参数
变细	（1）熔接电流过大； （2）光纤馈送（推进）过少； （3）光纤间隙过大	（1）调整熔接电流参数； （2）调整馈送参数； （3）调整间隙

ZY3201804001

续表

不良状态	原 因 分 析	处 理 措 施
轴偏	（1）光纤放置偏离； （2）光纤端面倾斜； （3）V形槽内有异物	（1）重新设置； （2）重新制备端面； （3）清洁V形槽
气泡	（1）光纤端面不平整； （2）光纤端面不清洁	（1）重新制备端面； （2）端面熔接前应清洗
球状	（1）光纤馈送（推进）驱动部件卡住； （2）光纤间隙过大，电流太大	（1）检查驱动部件； （2）调整间隙及熔接电流

（6）小心拿出熔接好的光纤，移动热缩套管，使熔接点处于热缩套管的中间，放入熔接机的加热器中央，进行接续部位的加热补强。操作时，由于温度很高，不要触摸热缩管和加热器的陶瓷部分。

（7）取出光纤并保管好。

至此，尾纤的接续工作全部完成。

五、注意事项

（1）热缩套管应在剥覆前穿入，严禁在端面制作后穿入。

（2）裸纤的清洁、切割和熔接的时间应紧密衔接，不可间隔过长，特别是以制作好的端面，切勿放在空气中。移动时要轻拿轻放，防止与其他物件擦碰。

（3）在切割和熔接光纤时，应垫一个黑色、无反射的表面，可以为看到小的光纤碎片提供一个最好的对比度。

（4）在接续中应根据环境，对切刀V形槽、压板、刀刃进行清洁，谨防端面污染。

【思考与练习】

1. 选择切刀时应注意哪些事项？

2. 光纤的端面处理包括哪几个环节？

3. 简述尾纤接续的操作步骤。

模块 2 光缆接续（ZY3201804002）

【模块描述】本模块介绍了光缆接续操作，包含光缆接续的步骤和注意事项。通过操作流程介绍，掌握光缆接续的方法和工艺要求，并能正确完成光缆的接续操作。

【正文】

光缆接续是光缆施工过程中技术含量最高、要求极为严格的一道重要工序，它的质量好坏直接影响着系统的传输指标、线路的可靠性和光缆寿命，决定着整个工程的进程。下面就对光缆接续的有关内容进行介绍。

一、作业内容

本部分主要讲述光缆接续所需工器具和材料的选择、制作的工艺流程和质量标准以及安全注意事项等。

二、危险点分析与控制措施

（1）当切割和井剥光缆时，施工人员应戴上合适的安全眼镜和手套，避免施工人员受伤。

（2）在光纤或光缆截断、光纤端面制备切割或划刻过程中，切下的小光纤段最好应扔入标有"小心玻璃纤维碎片"的容器里，以免损伤眼镜或插入皮肤。

（3）在熔接加热后，热缩套管表面温度很高，不要立即用手触摸。

三、作业前准备

1. 光缆材料、器材、机具准备

待熔接的光缆、接头盒、光纤熔接机、OTDR测试仪表、盘纤架、剥纤钳、剪刀、裸纤端面切割器、95%酒精、棉签、带加强芯的热缩套管。

2. 场地准备

光缆接续应有良好的工作环境，以防止灰尘影响。在雨雪、沙尘等恶劣天气接续，应避免露天作业；当环境温度低于零度时，应采取升温措施，确保光纤的柔软性和熔接设备的正常工作以及施工人员的正常操作。现场应有市电或汽油发电机供电。

四、操作步骤及质量标准

1. 光缆护层的开剥处理

按接头盒内光纤最终余长不小于 60cm 的规定，根据实际余长及不同结构的光缆接头盒所需的接续长度，确定开剥点，在光缆外护层上作好标记，然后用专用工具（如光电缆横切刀、纵刨刀等）开剥。注意控制好进刀深度，防止缆芯损伤。

光缆接头处开剥后，光纤应按序做出色谱记录。光缆端别的规定：面对光缆断面，红色松套管为起始色，绿色松套管为终止色。常用光纤色谱为：蓝、橙、绿、棕、灰、白、红、黑、黄、紫、粉红、青绿。

2. 加强芯、金属护层等接续处理

加强芯、金属护层的连接方法，应按选用接头盒的规定方式进行。金属护层和加强芯在接头盒内电气性能连通、断开或引出应根据设计要求实施。

需要强调的是，光缆在接头盒内固定时一定要进行较好的打毛、清洁，并恰当地缠绕自粘胶带，以实现光缆根部与接头盒之间的密封；加强芯在盒内的固定一定要牢固、可靠。

3. 单纤接续

具体步骤详见模块 ZY3201804001，直至完成光缆中所有光纤的接续。

4. 盘纤

（1）盘纤规则。

1）沿松套管或光缆分歧方向为单元进行盘纤，前者适用于所有的接续工程；后者仅适用于主干光缆末端且为一进多出。分支多为小对数光缆。该规则是每熔接和热缩完一个或几个松套管内的光纤或一个分支方向光缆内的光纤后，盘纤一次，避免了光纤松套管间或不同分支光缆间光纤的混乱，使之布局合理、易盘、易拆，更便于日后维护。

2）以预留盘中热缩管安放单元为单位盘纤，此规则是根据接续盒内预留盘中某一小安放区域内能够安放的热缩管数目进行盘纤，避免了由于安放位置不同而造成的同一束光纤参差不齐、难以盘纤和固定，甚至出现急弯、小圈等现象。

（2）盘纤的方法。

1）先中间后两边，即先将热缩后的套管逐个放置于固定槽中，然后再处理两侧余纤，可有利于保护光纤接点，避免盘纤可能造成的损害。常用于光纤预留盘空间小、光纤不易盘绕和固定的情况下。

2）从一端开始盘纤，固定热缩管，然后再处理另一侧余纤。这样可根据一侧余纤长度灵活选择铜管安放位置，方便、快捷，可避免出现急弯、小圈现象。

3）特殊情况的处理，如个别光纤过长或过短时，可将其放在最后，单独盘绕；带有特殊光器件时，可将其另一盘处理，若与普通光纤共盘时，应将其轻置于普通光纤之上，两者之间加缓冲衬垫，以防止挤压造成断纤，且特殊光器件尾纤不可太长。

4）根据实际情况采用多种图形盘纤。按余纤的长度和预留空间大小，顺势自然盘绕，切勿生拉硬拽，应灵活地采用圆、椭圆、"CC"、"～"多种图形盘纤（注意 $R \geq 4\text{cm}$），尽可能最大限度利用预留空间和有效降低因盘纤带来的附加损耗。

5）每次盘纤后，用 OTDR 对所盘光纤进行例检，以确定盘纤带来的附加损耗。

5. 光缆接头盒密封

不同结构的接头盒，其密封方式也不同。具体操作中，按接头盒的规定方法，严格按操作步骤和要领进行。对于密封部位的光缆外护层，应作清洁和打磨，以提高光缆与防水密封胶带间可靠的密封性能。注意：打磨砂纸不宜太粗，打磨方向应沿光缆垂直方向旋转打磨，不宜与光缆平等方向打磨。接头盒密封胶条的使用量一定要恰当，填充太多，可能适得其反。

光缆接头盒封装完成后，用 OTDR 对所有光纤进行最后检测，以检查封盒是否对光纤有损害。

五、注意事项

（1）在光缆接续工作开始前，必须清楚接续指标、基本要求；

（2）要熟练进行熔接机和工具的操作使用；

（3）熟悉所用的光缆接头盒的性能、操作方法和质量要点，对于第一次采用的接头盒（指以往未操作过的），应按接头盒附带的操作说明和接续规范编写出操作规程，必要时进行预先业务培训，避免盲目作业；

（4）准备好接续时登记用的表格、现场监测记录表格等相应的资料。

【思考与练习】

1. 盘纤时应注意哪些？

2. 简述光缆接续的步骤。

模块 2

ZY3201804002

第十九部分

程控交换机硬件及维护

第七十七章 程控交换机的硬件系统

模块1 程控交换机硬件结构 (ZY3201901001)

【**模块描述**】本模块介绍了典型程控交换机的硬件结构，包含典型程控交换机机柜结构、模块组成。通过举例介绍、图片示意，熟悉典型程控交换机的硬件结构。

【**正文**】

一、概述

程控交换机的硬件一般采用模块化结构，可分为话路系统和中央控制系统两大部分。控制系统主要由中央处理机、程序/数据存储器、输入/输出设备等组成，话路系统主要由用户接口电路、中继接口电路、交换网络、信令设备等组成。

程控交换机一般由控制机柜和外围接口柜组成。中央处理器（CPU）、交换网络、存储器、信令协议处理、信号音板、输入/输出接口等安装在控制机柜；用户接口板、中继接口板等用于与用户终端设备或交换机之间连接的接口电路板安装在外围机柜。不同生产厂家所生产的交换机在硬件结构上有很大差异，本模块以 Harris 数字程控交换机为例介绍程控交换机的硬件结构。

二、程控交换机的硬件结构

Harris 程控交换机根据系统容量的不同分为 MAP、LH、M、LX 等机型。MAP 型系统容量为 128～896 端口，采用 19 英寸标准机架，常作为用户容量较少的变电站调度交换机使用。LH 型系统容量为最大容量为 1920 端口，主要作为行政交换机使用。M 型系统最大容量为 816 端口。LX 型系统最大容量为 9216 端口。

下面以 Harris MAP 型交换机为例介绍交换机硬件结构。

MAP 型交换机有两种机框，一种是公共设备/接口（CE/Interface）机框，一种是接口（Interface）机框。MAP CE/Interface 机框如图 ZY3201901001-1 所示。

CE/Interface 机框的左半框为系统控制部分，右半框为接口部分，可提供 8 个槽位安装用户或中继接口板。每个槽位提供 16 个端口，共计 128 个端口。Interface 机框提供 16 个槽位，用于安装接口板，可提供 256 个端口。

交换机按照控制系统的不同配置分为冗余和非冗余两种配置结构。

1. 控制系统冗余配置

控制系统冗余配置系统需要配置 2 个 CE/Interface 机框，最多可连接 3 个 Interface 机框。2 个 CE/Interface 机框中的公共控制部分互为主备用方式运行。2 个 CE/Interface 机框可提供 256 个端口。3 个 Interface 机框中的 2 个机框为满配置，各提供 256 个用户端口，另 1 个 Interface 机框只能提供 128 个用户端口。因此 Harris 20-20MAP 型交换机采取控制系统冗余配置时，系统最大容量为 896 端口。控制系统冗余配置如图 ZY3201901001-2 所示。128 端口的 Interface 机框接口板安装在 5～12 槽位。

图 ZY3201901001-1 MAP CE/Interface 机框

CE/INT
（128端口）

CE/INT
（128端口）

INT
（128端口）

INT
（256端口）

INT
（256端口）

图 ZY3201901001-2　控制系统冗余配置

CE/INT
（128端口）

INT
（256端口）

INT
（256端口）

INT
（256端口）

图 ZY3201901001-3　控制系统非冗余配置

2. 控制系统非冗余配置

控制系统非冗余配置只需要配置 1 个 CE/Interface 机框，1～3 个 Interface 机框。CE/Interface 机框提供 128 端口，每个 Interface 机框提供 256 端口，系统最大容量为 896 端口。控制系统非冗余配置如图 ZY3201901001-3 所示。

【思考与练习】

1. Harris MAP 型交换机有哪两种机框类型，其作用是什么？

2. Harris MAP 控制系统冗余配置的机框是如何组成的？

模块 2　程控交换机板卡及其功能（ZY3201901002）

【模块描述】本模块介绍了典型程控交换机各种板卡及其功能，包含公共控制板卡、电话控制板卡和电话接口板卡功能。通过概念定义、功能介绍，掌握程控交换机各种板卡的基本功能。

【正文】

一、概述

程控交换机的控制系统和话路系统是由完成不同功能的各类板卡组成的。控制系统主要有中央处理器板、存储器板等板卡；电话控制板卡是用于控制系统与话路接口板卡之间连接作用的一些板卡，这些板卡为系统所公用，主要有时隙交换板、会议板等板卡；电话接口板卡是用户与交换机、交换机与交换机之间连接的接口电路板，分为用户电路板卡和中继电路板卡两大类。

二、Harris 数字程控交换机的板卡及其功能

1. 公共控制板卡

（1）中央处理器板（CPU）。CPU 是程控交换机的控制核心，负责呼叫控制、呼叫跟踪、呼叫接续等过程的处理及数据库管理。

（2）冗余存储器板（RMU）。用于存放已建立对话的端口的话音或数据信息，并把这些信息写到备用机框，保证备用机框处于热备用状态。

（3）高速 C 总线服务器板（HCSU）。HCSU 为呼叫处理器和电话控制设备之间提供通信接口。

2. 电话控制板卡

（1）定时板（TTU）。TTU 为交换机提供时钟信号，是公共控制和电话控制子系统的接口点。

（2）会议和信号音板（CTU）。CTU 为交换机提供 64 个会议端口，并产生 64 种信号音。

（3）时隙交换板。TSU 包含时隙交换电路，在电话接口之间建立话音或数据连接。时隙交换电路是无阻塞的，交换机的所有电话端口都有一时隙电路与其对应。

（4）扫描和信号板。SSU 是呼叫处理器和所有接口板间的接口，处理各种信号及控制功能。每块 SSU 可为 512 个端口提供信令接口，实现端口间的话音或数据交换。

3. 电话接口板卡

（1）模拟用户板。H20-20 可提供三种类型的模拟用户板：普通模拟用户板、具有反极能力的模拟用户板以及具备反极能力且提供 12kHz 或 16kHz 计费脉冲信号的板。

（2）数字用户板。Harris 数字程控交换机提供 1B+D 和 2B+D 两种类型的数字用户电路板。DLU 是 1B+D 数字用户板，有 8 路和 16 路两种型号，每个端口可传送 16kbit/s 信令和 64kbit/s 的话音/数据，用于连接数字电话机和交换机维护终端。2B+D 数字用户板有 DDU 和 DBRI 板两种板卡，可提供 8 个/16 个接口，用于连接调度台。

（3）信令协议处理板（PCU）。用于控制在七号信令系统链路上传送的协议。PCU 板与 CPU 和 DTU 共同组成 No.7 信令中继电路。No.7 信令的消息传递部分 MTP 是在 PCU 板上运行的。

（4）环路中继板（LS）。LS 中继板可提供与来自其他交换机的模拟用户线相连的接口，每块 LS 中继板提供 8 个端口。

（5）EM 中继板。Harris 数字程控交换机提供 2 线和 4 线两种 EM 中继板，记发器信号可采用 DTMF、DP、MFC 等方式。启动方式有闪烁启动、延时拨号、拨号音启动、立即启动 4 种。每个板有 8 个电路。

（6）数字中继板（DTU）。数字中继板用于交换机之间的数字中继连接。数据率为 2.048Mbit/s，支持 32 个数字信道，每个信道的数据率为 64kbit/s。DTU 板可设置为中国 1 号信令、Q 信令和 No.7 信令中继电路。

（7）DTMF 接收器。双音多频接收器接收 DTMF 拨号，并将 DTMF 码解码成数字格式。DTMF 接收器还包含拨号音检测电路，用于检测远端交换机提供的二次拨号音。DTMF 板有 4 端口、8 端口和 16 端口 3 种板卡。

（8）多频互控信号接收器板（MFR2）。完成多频互控记发器信号（MFC）的接收，用于中国 1 号信令中继电路和 EM 中继电路。

（9）ASG 板。ASG 板接收 FSK 信号，用于模拟分机来电显示。有 8 端口和 16 端口两种板卡。

【思考与练习】

1. Harris 交换机提供哪几种类型的数字用户板？主要作用是什么？

2. Harris 交换机的冗余存储器板作用是什么？

模块 3　程控交换机供电系统（ZY3201901003）

【模块描述】本模块介绍了典型程控交换机供电系统。通过系统简介、结构示意，掌握典型程控交换机供电系统和供电方式。

【正文】

一、概述

交换机供电系统是交换机硬件的一个重要组成部分，为交换机各机框中的板卡提供工作电源，是交换机正常运行的重要保障。

交换机根据运行环境的不同其输入电源可采用交流 220V 或直流–48V 两种供电方式。采用交流 220V 供电方式时，交换机需要配置整流模块，将交流 220V 转换成–48V。

交换机将输入的–48V 经机柜的分配模块分配到各机框，并经各机框的电源盘将–48V 转换成 +12V、–12V、+5V、–5V 供给机框中的各板卡，为各板卡提供所需的工作电源。

无论交换机采用交流供电方式，还是采用直流供电方式，设备外壳必须良好接地。

二、Harris 数字程控交换机供电系统简介

不同型号的 Harris 数字程控交换机供电系统基本相同。下面以 MAP 型交换机为例介绍其供电系统。

MAP 型交换机可采用交流 220V 和直流–48V 两种供电方式。采用 220V 交流供电时，需要配置–48V 整流模块将交流转换成–48V 直流。

1. CE/INT（公共设备/接口）模块供电系统

该模块的电源部分有铃流发生器/留言电源（RG/MWPS）和板卡工作电源（LPS），模块电源连线结构如图 ZY3201901003-1 所示。

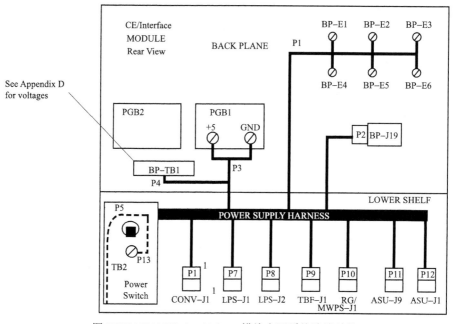

图 ZY3201901003-1　CE/INT.模块电源系统连线结构

（1）RG/MWPS。为 CE/INT.模块和 INT.模块的电话接口提供 75VAC（正常值）铃流电压和 1Amp 的留言电源。

（2）LPS。为 CE/INT.模块板卡提供＋/-12VDC、＋/-5VDC 工作电压。

（3）ASU。告警服务板，当供给电源故障、风扇保险丝故障、电池电压故障及铃流故障时，产生告警信息。告警指示灯对应严重告警、主要告警和次要告警。

2. 接口（INT）模块电源系统

该模块电源系统由铃流发生器分配板（RGDB）和板卡工作电源（LPS）两部分组成，其连接结构如图 ZY3201901003-2 所示。

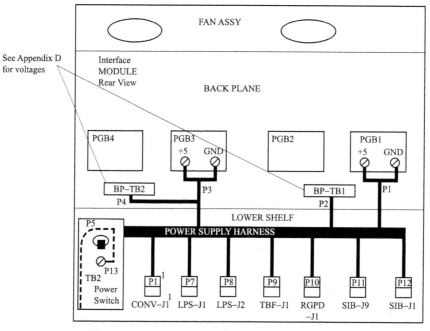

图 ZY3201901003-2　INT 模块电源系统连线结构

3. -48VDC 电源连接线颜色及含义

Harris 数字程控交换机内部电源连接线采用统一颜色的线缆，绿色/黄色线缆为交换机接地线，棕色线缆为地线，蓝色线缆为–48V 的负极，黑色线缆为–48V 的正极。

【思考与练习】

1. 交换机输入电源的供电方式包括哪两种？

2. –48VDC 电源连接线颜色及含义是什么？

模块 4　程控交换机背板引出线及电缆连接器（ZY3201901004）

【模块描述】本模块介绍了典型程控交换机背板引出线及电缆连接器。通过图形示意、实物展示，了解典型程控交换机各类电缆连接器的引线结构。

【正文】

一、交换机背板引出线及电缆连接器的作用

1. 背板及引出线的作用

（1）提供机框内各公共控制板卡间、公共控制板卡与接口板卡之间、接口板卡之间的内部连接；

（2）提供机框间的控制连接；

（3）提供机柜之间的控制连接；

（4）提供与外围设备如磁盘系统、告警系统的连接。

2. 电缆连接器的作用

（1）提供用户电路端口、模拟中继电路端口与配线架之间的连接；

（2）提供数字中继电路与传输设备（数字配线架）之间的连接；

（3）提供机柜的供电电源的连接。

二、Harris 数字程控交换机背板引出线及电缆连接器

不同型号的 Harris 数字程控交换机的背板引出线及电缆连接器略有不同，下面以 MAP 型交换机为例介绍背板引出线及电缆连接器。

MAP 型交换机有两种背板，一种是公共设备/接口（CE/INT）机框的背板，一种是接口（INT）机框的背板。

1. CE/INT 机框背板及引出线

CE/INT 机框设有 20 个槽位，1～12 槽位为公共板件槽位，13～20 槽位为电话设备槽位。CE/INT 机框背板的 J24～J32 为 9 个音频电缆连接器，将 13～20 槽位各电路端口连接线引出到 MDF 架。J24～J32 连接器与槽位的对应关系如图 ZY3201901004-1 所示。

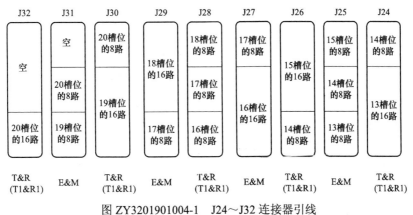

图 ZY3201901004-1　J24～J32 连接器引线

由对应关系图可见，J25、J28、J31 为 EM 线引出音缆连接器，即当 13～20 槽位安装 EM 中继板卡时，有音频电缆连接到 MDF 架，当 13～20 槽位安装用户板卡或二线环路板卡时，没有音频电缆连接到 MDF 架。

J20～J23 为 4 个 2M 数字中继电路连接器，采用七针引出连接器。当 14、16、18、20 槽位安装 DTU 板时，利用 J20～J23 将 DTU 板与数字配线架连接。7 针连接器的引脚 1 为地线，引脚 4、5 为发

线（4-芯线，5-屏蔽线），引脚 2、7 为收线（2-芯线，7-屏蔽线）。

2. INT 机框背板（HEX 背板）及引出线

HEX 背板有 24 槽位，背板机架实物如图 ZY3201901004-2 所示，背板引线连接如图 ZY3201901004-3 所示。

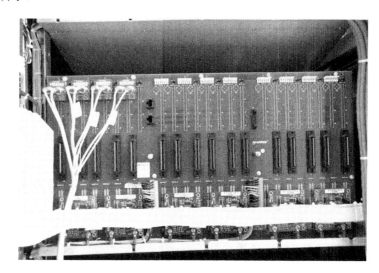

图 ZY3201901004-2　HEX 背板实物图

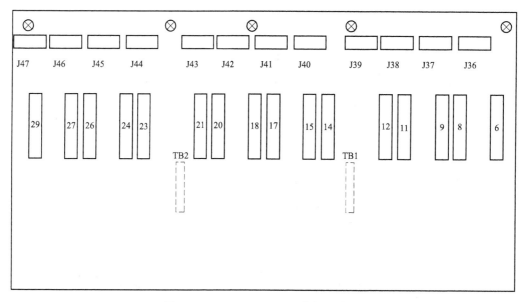

图 ZY3201901004-3　HEX 背板引线图

J36～J47 为 2M 数字中继电路连接器，分别对应槽位号 2～24 的偶数槽位。J6～J29 是音频电缆连接器，用于用户电路和模拟中继电路板卡的连接，每个连接器通过 25 对音频电缆标准接口引到配线架。

在 HEX 背板中，每个槽口插放 16 电路的板，每条电缆的 1～24 对线（第 25 对线没用）可以引出 24 个电路的 TR 线，即一条电缆可以引出一个半槽位上 24 一个端口的 TR 线，2 条电缆可以引出 3 个槽位的 TR 线，所以 24 个槽位需要 16 条电缆引出 384 端口的 TR 线。

HEX 连接器与槽位的对应关系如图 ZY3201901004-4 所示。

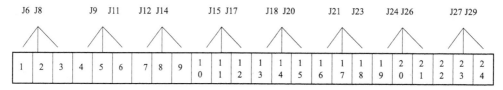

图 ZY3201901004-4　HEX 连接器与槽位的对应关系

25 对音频电缆连接器如图 ZY3201901004-5 所示。

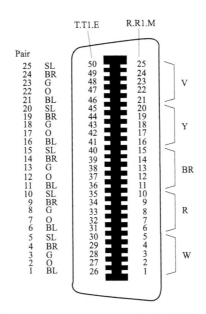

图 ZY3201901004-5　25 对音频电缆连接器

【思考与练习】

1. 交换机背板及引出线的作用是什么？

2. HEX 背板有哪两种连接器？作用是什么？

模块 5　程控交换机外围设备（ZY3201901005）

【模块描述】本模块介绍了程控交换机外围设备，包含 DCA、计费系统、语音系统、录音系统等外围设备功能。通过设备定义、功能介绍，掌握交换机常用外围设备的功能。

【正文】

程控交换机常用的外围设备主要有模拟电话机、数字电话机、数据通信适配器（DCA/SDCA）、管理维护终端（或仿真终端）、调度台、计费设备和录音设备等。

1. 模拟电话机

电话机是一种通话设备。通过用户线向交换机发送话音信号为模拟信号的电话机称之为模拟电话机。模拟电话机一般具有两种拨号方式，一种是脉冲拨号（DP）方式，另一种是双音多频（DTMF）方式。交换机通过软件设置为模拟用户分配一个模拟用户端口，电话机经用户线连接到用户端口。

2. 数字电话机

数字电话机是一种话音/数据传输设备。数字电话机与模拟电话机的主要区别是数字电话机具有模/数、数/模变换功能，在经用户线路向交换机传送的是数字语音信号或数据信号。

数字电话机有两种，一种是与 B+D 数字用户接口连接的电话机，用于语音通信（或经适配器连接数据终端设备）。这类电话机是各个交换机生产厂商专为自己的交换机生产的，只能在生产厂商的交换机上使用，在其他交换机上无法使用。另一种是与 2B+D 数字用户接口连接的数字电话机，这种数字电话机是通用电话机，提供 2 个 64K 通道，用于语音和数据通信。

3. 数据通信适配器（DCA）

数据通信适配器是一种数字设备，与交换机的一个数字用户端口连接。

Harris 数字程控交换机提供以下 DCA 设备：

（1）标准 DCA：连接数据设备；

（2）管理 DCA：连接打印机；

（3）链接 DCA：连接维护终端计算机；

702

（4）Modem（调制解调器）。

4. 维护终端

交换机的局数据和用户数据设置、日常维护一般是通过维护终端来完成的。维护终端应配中英文兼容的终端。

Harris 数字程控交换机对维护终端有以下要求：

（1）终端计算机至少应有一个 RS232C 串行接口，一个并行接口。

（2）终端上所设置的通信参数要和系统中所定义的参数一致。

（3）参数设置：波特率为 9600bit/s；数据位为 8 位；停止位为 1 位；奇偶校验为无。

Harris 数字程控交换机维护终端与交换机的连接方式可以直接与交换机 SIU 或 CPU 提供的 RS232C 接口相连；可以间接地通过 DCA/OPTIC 与交换机相连；也可以间接地通过 DCA+Modem 与交换机相连。

维护终端通过 SIU 的串行接口与交换机连接各连接线的用途如表 ZY3201901005-1 所示，通过 DCA/OPTIC 与交换机相连各连接线的用途如表 ZY3201901005-2 所示，通过 DCA+Modem 与交换机相连各连接线的用途如表 ZY3201901005-3 所示。

表 ZY3201901005-1　　维护终端通过 SIU 的串行接口与交换机连接各连接线的用途

信号名称	终端连接器		CPU 串口 （COM1&COM2）	信号名称
地线	1	<----->	1	地线
发送数据	2	<----->	3	接收数据
接收数据	3	<----->	2	发送数据
发送请求	4	<----->	5	发送清除
发送清除	5	<----->	4	发送请求
数据准备完成	6	<----->	20	数据终端准备完成
信号地线	7	<----->	7	信号地线
数据终端准备完成	20	<----->	6	数据准备完成

表 ZY3201901005-2　　通过 DCA/OPTIC 与交换机相连各连接线的用途

信号名称	DTE 连接器		DCE 连接器	信号名称
地线	1	<----->	1	地线
发送数据	2	<----->	2	发送数据
接收数据	3	<----->	3	接收数据
发送请求	4	<----->	4	发送请求
发送清除	5	<----->	5	发送清除
数据准备完成	6	<----->	6	数据准备完成
信号地线	7	<----->	7	信号地线
数据终端准备完成	20	<----->	20	数据终端准备完成

表 ZY3201901005-3　　DCA+Modem 与交换机相连各连接线的用途

信号名称	Modem 连接器		DCA 连接器	信号名称
地线	1	<----->	1	地线
发送数据	2	<----->	3	接收数据
接收数据	3	<----->	2	发送数据
发送请求	4	<----->	5	发送清除

续表

信号名称	Modem 连接器		DCA 连接器	信号名称
发送清除	5	<----->	4	发送请求
数据准备完成	6	<----->	20	数据终端准备完成
信号地线	7	<----->	7	信号地线
数据终端准备完成	20	<----->	6	数据准备完成

5. 调度台

调度台是专为调度交换机所配置的通信终端设备，用于调度员与调度对象间的通信联系。

6. 录音系统

调度录音系统完成通话信息的实时记录，录音信息内容包括通话起始时间、通话内容、主要号码、被叫号码等。主要作用是对电网调度命令的记录，对电网故障处理过程的记录，为电网事故分析提供语音的依据。

调度录音系统的主要功能：

（1）调度录音系统包括多通道同时录音，可实现多路电话同时监控录音。

（2）具有多种录音接口。

（3）数据快速检索。调度录音系统语音用数据库方式来管理，可根据通道号码、通话日期、电话号码等条件检索。

（4）监控信息。可显示通道编号、通道状态、名称、启动方式、线路号码、主叫号码、拨出号码等详细信息显示。

【思考与练习】

1. 交换机有哪些常用外设？

2. Harris 数字程控交换机对维护终端通信参数设置有什么要求？

模块
5

ZY3201901005

第七十八章 程控交换机硬件维护

模块 1 程控交换机告警管理 (ZY3201902001)

【模块描述】 本模块介绍了典型程控交换机告警管理，包含告警类型以及查看告警常用命令。通过要点介绍，掌握典型程控交换机告警查看的方法。

【正文】

一、告警管理的目的

程控交换机系统运行程序中包含系统监视、故障诊断和故障处理程序，对交换机运行状态进行实时监视，一旦某些硬件或软件出现故障，系统将产生一系列告警信息，提示维护人员进行必要的处理，保障交换设备的正常运行。

故障诊断又分为定期诊断测试和随机诊断测试两种：

（1）定期诊断。交换机在运行过程中，可以通过人机命令在交换机话务负荷空闲时，对系统作一次全面测试，并把测试结果存放在记存器中，随时可由维护人员调用查阅。

（2）随机诊断。随机诊断测试是在交换设备运行中进行诊断测试，发现故障后，按照其级别、类型和影响范围产生相应的告警信息。

反映交换机系统运行、操作和故障状况的告警信息可通过打印机、告警显示器等形式输出，以便操作人员及时掌握系统状况。维护人员可以根据打印出的故障资料进行分析判断。必要时可通过人机命令再对系统作追踪性主动测试、重点测试，以得到准确的判断，迅速地排除故障。

二、告警类型

Harris 数字程控交换机告警管理系统根据故障对设备的影响程度、重要性及紧迫性分为严重告警、主要告警、次要告警、信息告警与诊断告警。其中，严重告警影响交换机系统运行，需要立即处理。主要告警、次要告警不影响整个系统的运行，但也应该马上排除，以确保系统处于正常运行状态。信息告警与诊断告警可用于查错，在系统工作时可以关闭此类告警。

1. 严重告警

当系统出现严重故障无法正常运行时，产生严重告警信息。交换机主控板、硬盘驱动器、交换网络、系统再启动、数字中继电路等发生故障时都会产生严重告警。

2. 主要告警

当系统中部分功能或部分用户无法通信、通信质量严重下降时，发出主要告警。模拟用户板、数字用户板、模拟中继板、双音多频记发器等设备故障时将产生主要告警。

3. 次要告警

通常是一个端口或一块电话板有故障，但不影响呼叫处理。

4. 信息告警

表示在呼叫处理中有软件错误，通常关闭此种告警，不送到告警输出设备。

5. 诊断告警

为解决服务问题提供有用信息，通常关闭此种告警。

三、告警输出设备

程控交换机一般都配置声、光告警设备，以便通知运行维护人员，进行故障处理。通常在话务台上就有告警信息。

（1）Harris 数字程控交换机设有告警服务单元。

（2）外接声光告警输出设备，当告警发生时可产生声光告警。

（3）话务台（AW），在屏幕上显示 Major 及 Minor 告警。

（4）告警历史文件记录系统产生的告警。

四、查看告警信息常用命令

交换机维护人员通过维护终端查看告警信息，对交换机所产生的故障和异常进行分析、判断和处理。各类交换机都设置了查看告警信息的相关命令。Harris 数字程控交换机通过以下常用命令管理和查看告警信息：

CATegories	——显示系统本身的告警种类。
DISAble	——关闭某类告警。
ENAble	——开放某类告警。
DISPlay	——显示历史告警记录。
DXEnable	——开放或关闭诊断告警。
LIST	——显示某种告警的说明内容。
MODify	——修改某类告警的文本。
SCHedule	——设置、修改、清除汇总报告时间。
SET	——开放或关闭送告警输出设备的告警。
SHOW	——显示 SET 后的状态。
STAtus	——显示系统的当前状态。
SUMmary	——显示经 SCH 设置后，最近产生的告警汇总报告。

【思考与练习】

1. 交换机告警管理的目的是什么？

2. 交换机告警类型有哪些？

模块 2 模拟用户电路故障处理（ZY3201902002）

【模块描述】本模块介绍了模拟用户电路常见故障的分析和处理。通过故障分析、案例介绍，掌握处理模拟用户电路故障的方法和技能。

【正文】

一、故障的性质及其危害

模拟用户电路故障主要由电话机、用户线路和交换机用户电路故障引起。电话机和用户线路故障更为多发，一旦发生故障，将影响用户的正常通信。

二、模拟用户电路故障分类及处理

引发模拟用户电路故障的环节主要有电话机、用户线路和交换机用户电路等，故障处理通常采用逐段排除法。逐段排除法是根据故障现象，分析和找出与故障相关联的故障路径或关键点，逐一排除直到故障排除。

模拟用户故障有以下几种：

1. 不能正常拨号

模拟用户不能正常拨号，有以下几种常见故障：

（1）切不断拨号音。

故障现象：用户摘机听到拨号音，拨号后仍听拨号音。

故障原因分析：话机未将选择信号发送出去，话机故障。

处理方法：更换电话机。

（2）拨号后仍听到蜂鸣声。

故障现象：用户摘机听到拨号音，拨号后听到蜂鸣声（不是拨号音）。

原因 1：可能是话机的某个按键未弹起，听到的是该按键发送的音频信号。

706

处理方法：检查话机的按键。

原因2：可能是话机具有防盗拨电话功能，如果使用并机拨打电话，就不能正常发送选择信号。

处理方法：检查话机的防盗拨电话开关是否处于打开位置。如处于打开位置，将其打到关闭位置，即可消除故障。

原因3：可能是话机具有"限拨长话"功能，即锁"0"功能。

处理方法：开放长话功能。

2. 无拨号音

故障现象：用户摘机，听不到拨号音。

（1）话机故障。

原因分析：电话机的受话器故障，摘机后听不到拨号音。

处理方法：利用话机的发话器进行检查。即拿起话机手柄，一边对着发话器吹气，一边收听受话器中的声音。如果能够听到吹气声，则话机正常。如果听不到吹气声，则是话机故障。

（2）线路故障。

原因分析：用户线路出现断路、短路时，用户摘机均听不到拨号音。

处理方法：

1）用万用表测量用户线上的端电压是否正常。

2）用交换机测试功能，测试用户线路是否正常。

3）用户电路板故障，用户摘机听不到拨号音。

处理方法：将配线架上用户外线侧断开，在内线侧用户配线端子上试听有无拨号音。有拨号音，则用户电路板正常，若无拨号音则用户电路板故障，更换用户电路板。

3. 不能振铃

（1）铃流板故障。

原因分析：交换机铃流板故障，整个机柜的用户均不能振铃。

处理方法：确定是单个用户故障还是多个用户故障，如多个用户故障，检查铃流板是否正常。更换备用的铃流板。

（2）电话机故障。

处理方法：在配线架上将用户外线侧断开，内线侧挂接一部电话机。用其他用户拨打该分机，如能正常振铃，则交换机及用户电路板正常，用户电话机故障。更换电话机即可消除故障。

4. 能呼出不能呼入（或能呼入不能呼出）

原因1：此类故障一般为软件故障，如用户启动了免打扰、转移、限制拨号等功能。

处理方法：检查故障用户的相关功能数据表，取消相应的功能即可。

原因2：线路故障，用户线出现错线，即鸳鸯线。

处理方法：用短路的方法检查用户线电缆，即将用户话机侧短路，在配线架上测量找出短路的一对用户线，即可排除故障。

【案例】

一、案例1

（1）故障现象。某用户申告故障，不能正常拨打电话。

（2）故障处理。维护人员摘机拨打故障申告用户电话，听回铃音。用户摘机应答，维护人员听到蜂鸣音，听不清对方讲话。根据听到的蜂鸣音，初步判断是用户话机的某个键盘按键被卡住未弹起，因此指挥用户逐个按动键盘。在用户按动键盘的过程中，蜂鸣声消失，通话正常。维护人员让用户试拨电话，呼出接续、通话均正常，故障消除。

（3）原因分析。由于用户话机的某个按键被卡住，一直发送双音频信号。当电话机处于挂机状态时，话机叉簧断开，通话回路处于断开状态，用户线路上无双音频信号。当用户摘机拨打电话时，叉簧闭合通话回路沟通，双音频信号发送到用户线上，造成用户话机不能正常发送被叫号码。当有电话呼入时，电话机可正常振铃，用户摘机后，通话回路沟通，双方均能听到蜂鸣声（双音频信号音）。用户再次按动按键后，按键弹起，蜂鸣声消失，通话正常。

二、案例2

（1）故障现象。某单位交换机相邻两电话用户在同时使用时不定期出现串音，严重影响两用户的呼入、呼出。在配线架上断开外线后，仍有明显串音。

（2）原因分析。相邻用户间出现串音现象，有以下几种原因引起：

1）配线架至接线盒的用户线（音频电缆）出现鸳鸯线；

2）接线盒的相邻用户线接线不良，出现碰线，特别是用户线为多股铜线时；

3）交换机背板引出电缆出现鸳鸯线；

4）用户线破损绝缘下降，串音防卫度降低。

（3）故障处理。

1）在配线架外线侧将出现串音的用户线断开，内线侧搭接电话机，拨打电话测试检查，出现串音现象。初步判断故障在交换机背板引出电缆至配线架之间。

2）将交换机背板引出电缆的连接器打开，检查测试引出线，发现两个电话端口出现鸳鸯线。将引出线的主色线对调后，拨打电话测试检查，未出现串音。

3）将配线架外线侧用户线恢复正常，再次测试通话情况，未出现串音，故障排除。

【思考与练习】

1. 模拟用户故障常由哪些设备引起？

2. 电话机故障主要有哪些故障现象？

模块3　数字用户电路故障处理（ZY3201902003）

【模块描述】本模块介绍了数字用户电路常见故障的分析和处理。通过故障分析、案例介绍，掌握处理数字用户电路常见故障的方法和技能。

【正文】

一、故障的性质及其危害

数字用户电路连接的设备主要有数字话机、话务台、调度台及维护终端等设备。数字用户电路发生故障，将影响数字用户的通信；连接维护终端的数字用户电路发生故障，将影响交换机正常的维护和数据配置；连接调度台的数字用户电路一旦发生故障，将影响调度员与调度对象间的通信，严重时将影响电网的安全稳定运行和电网事故的及时处理。

二、数字用户电路故障分类及处理

数字用户电路故障可分为终端设备、用户线和数字用户电路板等硬件故障。数字用户电路数据设置不当也会引起数字用户终端设备不能正常工作。

故障处理的方法主要采用逐段排除的方法，即通过对故障现象的分析和判断，逐一检查连接路径中的相关设备并排除故障，直至故障被排除。数字用户电路故障的常规处理顺序为：数字终端设备→用户线→配线架→数字用户电路→数字用户数据。Harris 数字程控交换机的维护终端可通过数据适配器或数字话机（DCA/OPTIC IV）连接到一个数字用户电路接口，实现对交换机的维护与管理，其常规的故障处理顺序为：维护终端→DCA/OPTIC IV 话机→配线架→数字用户电路→维护终端用户数据。

1. 用户线故障

用户线故障是最常见的故障现象。由于从配线架到用户终端设备由音频电缆、接线盒、用户电话线等多个环节组成，任一个环节发生故障，都将影响用户的正常通信。

用户线故障主要有用户线短路、断线和用户线接地三种故障。由于用户线受外界破坏造成 a、b 线断线，或外绝缘破损造成 a、b 线短接或接地引起用户电路故障。主要故障现象表现为数字用户摘机听不到拨号音、电话不振铃，维护终端不能正常与交换机连接等。

用户线发生故障处理方法比较简单，即在配线架上将外线侧用户线断开，用数字话机进行测试即可判断是否为用户线故障。

2. 数字终端故障

数字用户电路连接的数字终端种类不同，故障处理方法也不尽相同。

（1）数字话机。数字话机发生故障主要是由电话机的发话器、受话器、振铃电路或编解码器等硬件故障引起。发话器故障主要表现为在通话时对方听不到己方的讲话，受话器故障主要表现为摘机听不到拨号音或通话时听不到对方讲话。数字电话机发生故障通常需更换电话机。

（2）话务台。Harris 数字程控交换机提供的话务台由显示器、话务台主机和键盘三部分组成，话务台主机与显示器、键盘之间通过连接线连接，连接线接触不良是话务台常见故障，主要故障现象为显示器无显示、键盘失效。发生此类故障时，先将话务台主机电源关闭，检查连接线使之接触良好。

话务台主机中 DLIC 板或运行软件发生故障，将造成话务台不能进入正常的呼叫处理状态。发生此类故障时更换话务台主机内的 DLIC 板或重新安装话务台软件。

（3）维护终端。Harris 数字程控交换机维护终端通常是经数据适配器或数字话机与数字用户电路端口连接，维护终端是通过 RS232 接口和连接线与数据适配器或数字话机相连。因此，数据适配器、数字话机、RS232 接口、连接线故障都将引起维护终端不能连接交换机进入维护状态。

此类故障的处理常用逐段排除法和替换法相结合的方法进行处理，即首先将故障定位到某个环节如适配器或连接线缆，再用备用设备替换故障设备以确定故障点。其中，连接线接触不良是最容易发生的故障，因此发生此类故障应先检查连接线是否连接正常。

3. 数字用户电路故障

此类故障发生的几率较少。机房电磁环境、设备接地不良及静电感应等会引起数字用户电路故障，用户线路引入的高电压也会造成用户电路故障，用户电路元器件的产品质量问题等都会引起数字用户电路板故障。

此类故障一般采用替换法进行故障处理，即用备用的板件替换故障板件，或将该数字用户电路的用户设置到其他用户电路板上的空闲的电路上。用备板替换故障的板件不需要进行数据配置，操作较简单，但在更换板卡时会影响该板卡上其他用户，应避免在话务较忙时更换板卡。

4. 数字用户电路数据设置不当

此类故障通常发生在新增数字用户电路的初始调试阶段。数字用户电路连接的用户终端不同，数据设置上也略有不同。在设置分机类型时，应根据所连接的用户终端类型选择相应的参数。例如连接调度台时，Extension type 需要选择 dispatch。

数据设置不当属于软件故障，故障处理相对于硬件故障要复杂一些。在设备开通调试期间，发生此类故障，应首先检查所配置的数据是否正确，再检查设备硬件。而在设备运行期间一旦发生此类故障，首先应检查设备硬件，并排除硬件故障后，再检查相关的配置数据。

【案例】

一、案例 1

（1）故障现象。某单位采用远程维护方式对变电站的调度交换机进行维护管理。一天，维护人员通过维护终端连接变电站交换机时，出现无法联机的故障。

（2）原因分析。维护终端是通过 DCA 与变电站数字用户电路连接实现远程维护。由于连接经过的环节较多，无论其中哪个环节的连接出问题都会导致远程维护无法联机的故障。

（3）故障处理。由于交换机远程维护是通过数字用户板与数字适配器（DCA）相连，DCA 与拨号 Modem 连接，远程维护终端通过电话拨入 Modem 的方式实现的。因此处理此类故障时，首先用普通分机拨打调制解调器号码检查调制解调器启动是否正常，然后检查 DCA 与拨号 Modem 之间、数字用户板与 DCA 之间的连接是否正常，最后检查数字用户板是否正常，直至故障排除。

二、案例 2

（1）故障现象。某单位调度交换机维护人员在维护终端操作过程中出现终端死机的故障，任何数据操作都无法执行。

（2）原因分析。Harris 数字程控交换机的数据库是由一系列与呼叫处理相关的表格组成，在进行表格之间切换操作时，如果操作不当将造成 DCA 端口闭锁，从而导致维护终端死机。

（3）故障处理。拔插 DCA 上的信号线接头，则 DCA 端口可自动解锁，故障现象消失。

【思考与练习】

1. 数字用户故障的性质及其危害是什么？

2. 数字用户电路有哪些常见故障？

模块 4　环路中继电路故障处理（ZY3201902004）

【模块描述】本模块介绍了环路中继电路常见故障的分析和处理。通过故障分析、案例介绍，掌握处理环路中继电路故障的方法和技能。

【正文】

一、故障的性质及其危害

环路中继电路是模拟中继电路，实现交换机与交换机之间的连接，完成两台交换机之间用户的通话回路的接通。环路中继电路发生故障，将影响交换机之间用户的呼叫接续和通话。

二、环路中继电路故障分类及处理

环路中继电路有两种，一是出中继电路，一是入中继电路。引发环路中继电路故障的设备有出（入）中继电路、中继线路（音频电缆或 PCM 设备）和用户电路。故障处理可采用逐段排除法和替代法进行判断、分析处理。环路中继的路径为本端交换机中继电路—配线架—中继线路—配线架—对端交换机用户电路。替代法就是用本端交换机的用户替代对端交换机的用户，来判断、分析故障点并最终排除故障。

（一）出中继电路故障分析

1. 出中继占线失败

（1）故障现象。交换机用户拨出中继局向号，不能正常占用出中继电路。

（2）原因分析。

1）出中继电路板故障；

2）对端交换机用户电路故障；

3）用户线路出现短路故障。

出中继电路馈电是由互连交换机的用户电路提供，馈电电压为-24V～-120VDC，馈电电流≥17mA。如果互连交换机用户电路提供的馈电电压或馈电电流达不到规定值，则出中继电路不能正常启动。

（3）故障处理。

1）在配线架上测量对端交换机用户线上的电压，如无电压或电压值不在正常值范围内，则可判断为对端交换机中继线路（音频电缆）或对端交换机用户电路故障。此种情况可与对方技术人员联系配合查找故障。

2）如配线架上测试馈电电压正常，则在配线架上断开连接的用户线，并连接本交换机的一个用户电路。摘机拨号占用中继电路并发送被叫号码（本交换机的一个用户号），如果接续正常，则故障可能是对端交换机的用户电路馈电电流没有达到规定值，可与对方技术人员联系更换用户电路。如果接续不正常，则为本端交换机中继电路故障，更换备用中继电路板。

2. 占用中继电路后听不到拨号音

（1）故障现象。用户拨出中继局向号，能正常占用中继电路，但听不到拨号音。

（2）原因分析。占用出中继电路后听不到拨号音，有两种情况，一是对端交换机用户电路故障，未发送拨号音。另一种情况是本端交换机中继电路故障。

（3）故障处理。用测试话机在配线架上试听有没有拨号音，如有拨号音，则对端交换机用户电路正常，可能是本端中继电路故障。可用本端交换机用户代替对端交换机用户进行进一步的故障判断，或更换备用中继电路板。

如听不到拨号音，则与对端技术人员联系配合检查对端交换机的用户电路。

3. 发号不全

（1）故障现象。用户拨出中继局向号，听到二次拨号音后发送被叫号码，不能完成呼叫接续。

（2）原因分析。主叫发送被叫号码后不能进行正常接续的原因，可能是本端交换机未将被叫号码发送或发号不全，导致对端交换机不能完成呼叫接续。

（3）故障处理。如果发号采用 DTMF 方式，可以在配线架上挂接一个电话机的受话器（或发话器），监听交换机中继电路发送号码位数（交换机发送号码时，受话器可听到嘀声），如果未发送号码或发号不全，则可能是数据库设置不正确，检查 FAC 表并修改相应的发号命令。

（二）入中继电路故障分析

（1）故障现象。对端交换机用户拨出中继局向号占用处中继电路，并发送被叫号码后，听到回铃音，但本端交换机话务台（或调度台）不振铃。

（2）原因分析。

1）当对端交换机发送的铃流电压过低时，无法正常启动入中继电路，话务台不振铃。

2）交换机数据配置不正确，未将入局呼叫接续至话务台。

3）入中继电路故障。

（3）故障处理。在配线架上测试入中继电路所连接的用户线铃流电压是否正常，正常值为交流 75～95V。不正常时，与对端技术人员联系配合处理。测试铃流正常，则检查本端交换机中继电路和交换机数据配置。

检查交换机入中继电路可用替代方法判断故障，即断开对方交换机用户线，将本交换机的一个用户接到入中继电路上，并拨打该用户，观察调度台是否正常振铃。能正常振铃，则可判断入中继电路正常，故障在对方交换机。如不能正常振铃，则入中继电路故障，更换环路中继电路板。

【案例】

一、案例 1

（1）故障现象。某省调采用环路中继电路与网调调度交换机用户连接，出入合用。省调调度员反映省调调度员呼叫网调电话正常，网调呼叫省调时无人应答。

（2）原因分析。网调呼叫省调，调度台不振铃，故障有以下几种原因：

1）网调调度交换机用户电路故障，未将振铃信号发送到省调的环路中继电路；

2）省调调度交换机的环路中继电路故障，不能向调度台振铃；

3）传输设备故障，未将振铃信号发送。

（3）故障处理。

1）在省调侧配线架上挂接电话机，网调呼叫省调，电话机振铃，摘机双方通话正常；调度台不振铃。初步判断网调用户电路正常，省调环路中继电路故障。

2）更换省调环路中继电路，再次呼叫检查，调度台仍不振铃。

3）在配线架外线侧将网调用户断开，调省调调度交换机的一个用户端口，并拨打该用户，调度台振铃，摘机通话正常。使用原环路中继电路板再次测试，振铃正常，排除环路中继电路故障。

4）将行政交换机的一个用户电路与环路中继电路连接进行测试检查，进一步证实环路中继电路正常。因此判断网调调度交换机用户电路或传输电路故障。

5）在配线架外线侧测试网调用户电路发送的铃流电压，发现铃流电压只有 50V。

6）请传输人员检查传输设备后，调度台振铃正常，通话正常，故障排除。原因是传输设备的铃流板故障，输出电压太低，不能启动环路中继电路。电话机的振铃电路适应能力强，铃流电压低也可正常振铃。

二、案例 2

（1）故障现象。交换机用户拨号不能占用出中继电路，听忙音。

（2）原因分析。交换机用户拨号不能占用出中继电路，听忙音故障有以下几种原因：

1）交换机出中继电路故障，出现维护忙，当用户拨出局号码占用出中继电路时听忙音；

2）相连接的交换机用户电路故障，交换机不能占用出中继电路，出现维护忙；

3）用户线故障。

（3）故障处理。

1）在配线架外线侧断开连接的用户电路，并连接本端交换机用户，故障消除；

2）将配线架内线侧连接断开，在外线侧测试线路馈电电压，线路馈电只有30V，不能满足出中继电路的工作电压，因此交换机就不能占用中继，造成分机不能占用出中继电路，出现维护忙。

3）要求对方更换用户电路后，恢复正常。

【思考与练习】

1. 交换机环路出中继电路不能占用中继电路故障原因有哪几种？

2. 引起交换机环路中继电路故障的环节有哪些？

模块 5　EM 中继电路故障处理（ZY3201902005）

【模块描述】本模块介绍了 EM 中继电路故障的分析和处理。通过故障分析、案例介绍，掌握处理 EM 中继电路故障的方法和技能。

【正文】

一、故障性质及其危害

EM 中继电路的作用是交换机与交换机连接的模拟中继电路，主要应用在调度交换网中。EM 中继电路一旦发生故障，将影响两个交换机之间用户的通信，甚至影响调度员与调度对象间的通信。

二、EM 中继电路故障分类及其处理

引发 EM 中继电路故障的硬件设备有本端交换机 EM 中继电路、中继线路（PCM 中的 EM 电路、音频电缆或电力载波通道）和对端交换机中继电路。EM 中继电路由 EM 信令线、发信电路、收信电路三部分组成。故障分为收、发信电路故障和 EM 信令线故障。EM 中继电路故障可采用逐段排除法进行判断、分析处理。根据故障现象，分析和找出与故障相关联的故障路径或关键点，逐一排除直到故障排除。EM 中继的路径为本端交换机中继电路—配线架—中继线路（PCM 或电力载波设备）—配线架—对端交换机中继电路，因此 EM 中继电路故障需要两端交换机维护人员配合处理。

EM 中继电路常见故障如下：

1. 不能占用中继电路

（1）故障现象。用户拨 EM 中继电路出局号码，不能占用中继电路。

（2）原因分析。EM 中继电路的接续过程是，主叫用户拨 EM 中继电路出局号码，占用本端交换机出中继电路，M 线向对端交换机发送启动信号（M 线由-48V 变成 0V），对端交换机中继电路的 E 线由-48V 变成 0V，占用中继电路。因此不能正常占用中继电路，故障一般发生在 EM 信令线上。

（3）故障处理。检查本端中继电路的 M 线能否发送占用信号（发送地气），对端中继电路的 E 线能否正常接收到占用信号。

1）在主叫侧配线架上用万用表测量 M 线电压（正常为-48V），拨局向号占用中继电路，观察 M 线上电压是否由-48V 跃变为 0V。如果由-48V 跃变为 0V，则本端中继电路的 M 信令线正常，否则主叫端中继电路异常。更换中继电路板后再进行排查。

2）在被叫侧配线架上用万用表测量 E 线电压（正常为-48V），在确认主叫侧占用中继电路并能正常发送占用信号后（也可直接将 M 线点地），观察 E 线电压是否由-48V 跃变为 0V。如果由-48V 跃变为 0V，则中继线路正常，否则是中继线路异常，请传输设备维护人员协助检查处理。

3）如果被叫侧能正常接收到占用信号，则故障在被叫侧，更换中继电路板后再排查，直至故障排除。

2. 不能正常通话

（1）故障现象。被叫用户振铃，摘机后主被叫双方不能正常通话。

（2）原因分析。主被叫双方不能正常通话，故障发生在发信或收信电路。不能听到对方讲话，故障发生在己方收信支路或对方的发信支路，对方听不到己方讲话，故障发生在己方的发信支路和对方

的收信支路。

（3）故障处理。可以利用废旧话机的发话器或受话器检查和定位四线 EM 中继电路的发信支路和收信支路的故障。处理方法如下：

1）将发话器搭接在己方配线架的发信支路上。

2）摘机拨号占用中继电路，并对着话机的发话器讲话（或吹气）。

3）监听配线架上的发话器是否能听到讲话。如果能听到，则本端交换机中继电路的发信支路正常，听不到讲话，则发信支路故障，更换中继电路板。

4）将发话器搭接在己方配线架的收信支路上。

5）摘机拨号占用中继电路。

6）对着配线架上的发话器讲话（或吹气）。

7）在话机的受话器上监听，能听到讲话，则本端中继电路的收信支路正常，反之则收信支路故障，更换中继电路板。

3. 不能正常发送或接收选择信号

（1）故障现象。主叫用户摘机呼叫对端交换机的被叫用户，听不到回铃音，一段时间后听忙音。

（2）原因分析。主叫用户听不到回铃音，一段时间后听忙音，可能是对端交换机收不到被叫用户号码，不能完成呼叫接续，超时释放中继电路造成的。四线 EM 中继电路记发器信号分为脉冲信号方式、DTMF 信号方式和 MFC 方式。脉冲方式的选择信号在 M 线上发送，在 E 线上接收。DTMF 和 MFC 方式的选择信号在发信支路上发送，在收信支路上接收。因此，采用脉冲方式时故障发生在 EM 线上，采用 DTMF 和 MFC 方式时故障发生在收、发信支路上。

（3）故障处理。

1）采用脉冲方式发送选择信号时故障处理如下：

（a）采用脉冲方式发送选择信号的中继电路，用万用表在配线架的 M 线上测量主叫端中继电路能否正常发送脉冲（选择）信号（指针式万用表，正常发送选择信号，万用表测量指针会摆动），能发送，则中继电路正常，反之则发生故障，更换中继电路板。

（b）在被叫端的 E 线上测量能否正常接收到脉冲信号。能接收到脉冲信号，则本端中继电路发生故障；不能接收到脉冲信号，则对端中继电路（或传输电路）发生故障。

2）采用 DTMF 和 MFC 方式发送选择信号时故障处理如下：

（a）将发话器搭接在配线架的发信支路上。

（b）摘机占用中继电路并发送选择信号。

（c）在配线将上监听选择信号是否正常发送（正常发送可监听到嘀嘀声），从而可以判断本端中继电路是否正常。

（d）将发话器搭接在被叫端配线架的收信支路上，监听选择信号是否正常接收。能接收到选择信号，则故障发生在本端中继电路的收信支路，更换备用中继电路板，排除故障。反之，则对端中继电路板发信支路或传输电路故障。

【案例】

（1）故障现象。某省调与地调调度交换机之间采用 4 线 EM 中继电路相连。调度员反映拨打地调电话听不到回铃音，过一会听忙音。中继电路记发器信号采用 DTMF 方式。

（2）原因分析。与故障相关的路径为本端中继电路的发信支路—配线架—本端传输电路的发信支路—对端传输电路的收信支路—配线架—对端中继电路的收信支路、本端中继电路的 M 线—配线架—本端传输电路的 E 线—对端传输电路的 M 线—配线架—中继电路的 E 线，因此该故障有以下几种情况：

1）省调侧中继电路故障，用户摘机拨号后不能正常占用中继电路。

2）省调侧中继电路 M 线故障，用户摘机拨号占用中继电路后，M 线不能发送占用信号。

3）省调侧中继电路的发信支路故障，不能发送被叫号码。

4）地调侧中继电路收信支路故障，不能接收被叫号码。

5）地调侧中继电路 E 线故障，不能接收占用信号。

6）中继线路（传输设备）故障。

（3）故障处理。

1）通过维护终端检查中继电路已被占用，在配线架上测试 M 线由−48V 跃变为 0V，已发送占用信号。

2）在省调侧将 M 线接地，地调侧测试 E 线收到占用信号。

3）省调侧发送被叫号码，在省调侧配线架的发信支路上监听到发送的被叫号码，在地调侧配线架的收信支路端子上用受话器监听，收不到被叫号码。

4）通知传输设备维护人员检查 PCM 电路，更换地调侧 4 线 EM 板后，故障排除。

【思考与练习】

1. EM 中继电路常见故障现象有哪些？

2. EM 中继电路中 EM 信令线故障的处理方法有哪些？

3. EM 中继电路故障处理使用的简单工具有哪些？

模块 6　中国 1 号信令中继电路故障处理（ZY3201902006）

【模块描述】本模块介绍了中国 1 号信令中继电路故障的分析和处理。通过故障分析、案例介绍，掌握处理中国 1 号信令中继电路故障的方法和技能。

【正文】

一、故障的性质及其危害

1 号信令中继电路是交换机之间互连的随路信令数字中继电路，一旦发生故障将影响交换机之间用户的通信。调度交换网发生故障，将影响调度员对电网运行的正常指挥和调度。

二、故障原因

1 号信令中继电路的连接路径为交换机中继电路接口板—数字配线架—传输设备—数字配线架—交换机中继电路接口板。发生故障主要由交换机中继电路、交换机多频互控信号处理（MFC）板、数字配线架、传输电路硬件故障等引起。另外，1 号中继电路相关数据配置不合理也会引起中继电路故障。

三、故障现象

1. 交换机中继电路板故障的主要表现

（1）本端、对端交换机产生中继电路中断告警信息；

（2）用户拨出局号占用中继电路听忙音；

（3）不能正常接收、发送被叫号码；

（4）不能正常通话。

2. 多频互控信号处理（MFC）板

多频互控信号处理板故障主要表现为不能正常发送和接收被叫号码，无法完成呼叫接续，主叫用户听空号音。

3. 数字配线架

数字配线架常发生 2M 电缆头接触不良，引起中继电路中断、产生误码或时通时断等故障。

4. 传输电路

传输电路故障主要引起中继电路中断产生告警信息、产生误码等故障。

5. 1 号中继电路相关数据配置

数据配置引起 1 号信令中继电路故障一般发生在交换机初始调试阶段或交换机新开局向时，故障为无法完成两交换机用户间的呼叫接续和通话。

四、故障处理

1. 故障处理原则

（1）总原则：先分析后处理、先外后内、先近后远。

1）先分析后处理。发现故障首先要通过维护终端查看故障告警信息，对故障告警信息及故障现象进行详细分析，对故障原因进行初步的判断。

2）先外后内。如果交换机中继电路发生故障，应先查看中继电路板面板指示灯状态，根据指示灯状态判断是本端交换机故障，还是远端交换机或传输电路故障。

3）先近后远。中继电路发生故障，应先采用自环方式排查本端交换设备是否故障，再联系本端传输人员通过传输设备自环排查数字配线架及 2M 电缆是否故障，最后再联系对端交换人员排查传输设备和交换设备是否发生故障。

（2）Harris 数字程控交换机 DTU 板故障指示灯状态及产生的原因如下：

SLOT 红灯亮——DTU 板插在错误的槽位；

PMA 红灯亮——无 2Mb 输入信号、帧同步信号丢失、复帧同步信号丢失、误码率超过 10^{-3}、收到远端告警信号、DTU 板故障；

LOS 红灯亮——无输入信号，没有连接 2M 电缆或收、发接反；

REM 黄灯亮——收到对端告警信息；

RXOS 红灯亮——对端中继电路产生告警信息；

TXOS 红灯亮——本端电路退出运行；

LOLB 黄灯亮——本端自环；

LNLB 黄灯亮——远端环回；

FAIL 红灯亮——DTU 板硬件故障；

RST 红灯亮——DTU 正在复位中；

以上面板指示灯在中继电路正常运行时处于熄灭状态，CAS 正常运行时绿灯亮。

2. 故障处理方法及步骤

（1）故障处理方法。1 号信令中继电路硬件故障处理常采用自环和替代的方法进行故障定位。自环包括硬件自环和软件自环。自环的方式包括本地自环和远端环回。本地自环用于判断本端交换机 2M 中继电路是否正常，远端环回主要用于判断传输通道是否正常。替代法是用备用的中继电路板替代运行的电路板，判断中继电路板是否存在故障。一般在自环无法排除故障的情况下采用替代法。

（2）故障处理步骤：

1）查看交换机发生故障的中继电路板面板指示灯状态；

2）连接维护终端，查看 1 号中继电路相关的告警信息；

3）在数字配线架上将 2M 对交换机侧环回，通过维护终端检查交换机数字中继电路告警信息是否消失。如果告警信息未消除，则故障发生在本端数字配线架或交换机数字中继电路。如果告警信息消除，则故障发生在传输电路或对端交换机数字中继电路，请传输人员和对端交换机维护人员配合检查和处理故障。

4）将交换机数字中继电路收、发线短接，查看交换机数字中继电路告警信息是否消失。如果告警信息消除，则是交换机数字中继电路故障，更换中继电路板。

5）在对端数字配线架上将 2M 电路环回，查看交换机数字中继电路告警信息是否消失。如果告警信息未消除，则故障发生在传输电路。如果告警信息消除，则是对端数字配线架到交换机数字中继电路之间发生故障，处理方法同 3）。

6）如果 1 号中继电路发生不能正常完成呼叫接续的故障，需要检查多频互控信号板是否发生故障。

7）中继电路出现误码大或时通时断的现象时，还需查看交换机时钟同步方式设置是否合理。

3. 故障处理注意事项

（1）在拔、插中继电路板时要带防静电手腕，防止因人体所带静电损坏电路板；

（2）在数字配线架上操作时防止拔错、误碰其他 2M 电路端子，造成其他业务的中断。

【案例】

一、案例 1

（1）故障现象。某公司交换机与市话局互联互通，在开通测试大话务量时，接了 10 部电话，同时拨打市话号码后，大部分用户听到的是忙音，且等待时间长，测试失败。

（2）原因分析。Harris 数字程控交换机与市话局交换机采用 1 号信令方式。用户出局呼叫时，有 2 块 2M 板共 60 条电路，经过 MFR2FB（多频互控）板发送号码和信令信号，原因可能是中继电路或 MFR2FB 板问题。

（3）故障处理。检查数据库配置，未发现异常，测试 2M 数字中继电路正常。检查多频互控板，发现只有 1 块 MFR2FB 板，数据库里只配置了 2 路多频互控信号，在单个用户呼叫时不会发现问题，但大话务量测试时，发生信令处理阻塞，呼叫失败，用户听到的是忙音。重新定义数据库，对应的 BOA 板改为 8MFR2FB，使 8 路多频互控信号接收器均投入使用，大话务量测试通过。

二、案例 2

（1）故障现象。市内电话拨打本局交换机用户，经常听到忙音。

（2）原因分析。

1）中继电路板的某些时隙故障，造成电路不能正常接续，主叫听忙音；

2）MFR2FB 多频互控板的部分电路故障，占用后不能完成接续，主叫听忙音；

3）入局话务量大，中继电路配置不合理，造成用户呼叫不能占用中继电路，主叫听忙音。

（3）故障处理。某单位交换机与市话局有 4 个 2M 直联中继，采用 1 号信令，每个 2M 板的前 15 路为出中继，后 15 路为入中继。观察中继电路占用情况，中继电路数量满足话务量需求。用市话分机拨打本局用户分机，查看 MFR2FB 板指示灯，发现第 3 个指示灯亮时，用户听到忙音，呼叫失败。因此故障发生在 MFR2FB 多频互控板。更换备用 MFR2FB 多频互控板后，故障排除。

【思考与练习】

1. 1 号信令中继电路故障处理原则是什么？

2. 引起 1 号信令中继电路故障的硬件设备有哪些？

模块 7　No.7 信令中继电路故障处理（ZY3201902007）

【模块描述】本模块介绍了 No.7 信令中继电路常见故障的分析和处理。通过故障分析、案例介绍，掌握处理 No.7 信令中继电路故障的方法和技能。

【正文】

一、故障性质及其危害

No.7 信令中继电路是电力自动电话交换网和电力调度交换网常用的组网方式。自动电话交换网中的 No.7 信令中继电路一旦发生故障将影响交换机间用户通信，调度交换网中发生故障，将影响调度员与调度对象间的通信联络，甚至影响电网的调度指挥和故障处理。

二、故障原因

No.7 信令中继电路的故障分为中继电路和信令链路故障两大类。中继电路故障原因参见模块 ZY3201902006 "1 号信令中继电路故障处理"。Harris 数字程控交换机引起 No.7 信令链路故障的因素包括 XCPU 板、No.7 信令处理单元（PCU 板）、2M 中继电路板、XCPU 板与 No.7 信令处理单元之间的连接线。

信令链路故障原因有以下几种：

（1）信令处理单元（PCU）故障。MTP（消息传递部分）是 No.7 信令的基础，信令链路的物理连接，信号点的设立和确定，消息的传递和发送、接收、误码及差错控制，网络的管理和协调等均由 MTP 来完成。MTP 是在 PCU 板上运行的。PCU 板故障会引起信令链路闭锁。

（2）XCPU 板故障。

（3）XCPU 与 PCU 板之间的连接线故障，也会引起信令链路闭锁。

（4）数字中继电路故障。信令数据链路（LINK）是一条全双工的物理链路，用于传送 No.7 信令协议。信令数据链路占用 2M 数字中继的一个 64K 时隙。因此，2M 数字中继电路故障同样会造成信令链路闭锁。

三、故障现象

（1）用户拨出局号后听忙音；

（2）交换机中继电路面板相应告警指示灯亮；

（3）交换机产生相应的告警信息；

（4）信令链路闭锁，产生相应的告警信息。

四、故障处理

1. 故障处理原则

（1）总原则。参见模块 ZY3201902006 "1 号信令中继电路故障处理"。

（2）先中继电路后信令链路。No.7 信令中继电路的 2M 中继电路故障排查较简单，也较直观，信令链路故障处理比较复杂，并且信令链路承载在 2M 中继电路上，2M 中继电路故障将引起信令链路故障。因此应优先排除 2M 中继电路故障。

（3）采用 No.7 信令连接的中继电路，正常运行时面板指示灯只有 HDB3 为绿灯亮，其余指示灯处于熄灭状态。

Harris 交换机 DTU 板故障指示灯状态及产生的原因参见模块 ZY3201902006 "1 号信令中继电路故障处理"。

2. 故障处理方法及步骤

（1）2M 中继电路故障处理。2M 中继电路路径为交换机数字中继电路板—数字配线架—传输电路—数字配线架—交换机数字中继电路。故障现象、故障原因及故障处理与中国 1 号信令中继电路基本相同。主要采用环回的方法进行故障定位，故障处理方法及步骤参见模块 ZY3201902006 "1 号信令中继电路故障处理"。

（2）信令链路故障处理。

1）故障处理方法。No.7 信令链路故障处理主要采用逐段排除法和替换法相结合的方式，即先采用逐段排除法对 XCPU 板、PCU 板、2M 中继电路板、XCPU 板与 PCU 板的连接线等环节进行故障点定位，再采用替换法进行故障点确认，并消除故障。

2）故障处理步骤。

（a）通过维护终端查看信令链路的状态，根据显示的状态信息判断、分析故障。通过 TDD 电话设备诊断程序查看信令链路运行状态。

```
ADMIN…? TDD

TDD…? MTP

MTP…? Query//查看信令链路状态。

DEVICE（Link, Linkset or Route）…? link

DEVICE NUMBER（1…2）…? 1//信令链路号。

LINK STATUS FOR LINK 1
```

若显示 LINK IS ACTIVE（链路处于激活状态）

LINK IS IN SERVICE（链路处于服务状态），则信令链路故障排除。

若显示 LINK IS ACTIVE（链路处于激活状态）

LINK IS NO IN SERVICE（链路退出服务状态），则故障在数字中继电路，检查并排除故障，故障处理详见模块 ZY3201902006 1 号信令中继电路故障处理。

若显示 LINK IS NO FIND（链路没找到），则链路数据设置不正常。

（b）查看 PCU 板面板指示灯状态，PCU 板或网络连接线接触不良等会引起 FAIL 灯亮。

（c）检查 XCPU 面板指示灯状态，XCPU 板与 PCU 板之间的网络连接线接触不良或链路中断，LAN 的 RX、TX 灯处于熄灭状态。

（d）更换故障的 PCU 板、XCPU 板和网络连接线缆。

3. 故障处理注意事项

（1）在拔、插中继电路板时要带防静电手腕，防止因人体所带静电损坏电路板。

（2）在数字配线架上操作时防止拔错、误碰其他 2M 电路端子，造成其他业务的中断。

（3）在更换 XCPU 板时，从 XCPU 上断开 LAN 电缆，必须 3s 内套接终端头，否则 LAN 将停止工作，轻则造成信令包丢失，重则 No.7 信令停止工作。

【案例】

一、案例 1

（1）故障现象。交换机 A 与交换机 B 采用 No.7 信令互连，经光纤电路传输。交换机 A 维护人员接到交换机 B 维护人员的故障申告，交换机 B 的用户拨打交换机 A 的用户，全部听忙音。

（2）原因分析。引起故障的原因有两个：

1）No.7 信令链路故障，包括 No.7 信令处理单元（PCU）板故障、XCPU 板故障、XCPU 与 PCU 板之间的连接线故障及数字中继电路。

2）中继电路故障（信令链路故障），包括中继电路板、传输电路、2M 电缆及配线架。

（3）故障处理。在维护终端上，通过 TDD 程序中的 QUERY 命令对该中继电路对应的信令链路进行诊断，系统显示：

```
LINK IS ACTIVE
LINK IS NOT IN SERVICE
LINK IS NOT LOCALLY INHIBITED
```

因此判断信令处理单元（PCU）板运行正常。

检查中继电路，发现中继电路板显示"PM-ALM"与"RX- OOS"红灯亮。将中继电路进行自环，面板上告警灯灭，中继电路板运行正常。联系对端交换机维护人员在对端交换机中继电路出线处对本方进行环回，检查中继电路面板告警等亮，判断为传输电路故障。

联系传输设备维护人员对光传输电路进行检查并排出故障，电路恢复正常运行。

二、案例 2

（1）故障现象。某省电力调度交换网由广东广哈、苏州通泰、昆明塔迪兰等厂商的调度交换机组成，采用 Q 信令和 No.7 信令方式组网。在运行过程中，发现 Harris 数字程控交换机和苏州通泰调度交换机之间连接的 2M 电路常出现出局不能占用 2M 中继电路，且不从迂回的中继电路出局的故障，将省调侧 Harris 数字程控交换机 2M 电路板复位后，故障消失，中继电路运行正常。运行一段时间后，故障会再次出现。

（2）原因分析。

1）省调 Harris 数字程控交换机与行政交换机（CC08）之间采用 No.7 信令方式连接，Harris 数字程控交换机同步于 CC08 交换机。Harris 数字程控交换机侧检查有 2M 电路中断现象，CC08 交换机侧未检测到 2M 电路中断。因两台交换机同在一个机房，用 2M 电缆连接，经检查 2M 电缆连接正常。

2）省调侧通过维护终端检查，发现 Harris 数字程控交换机与通泰交换机连接的 2M 电路误码大，经检查排除因传输电路故障引起的误码。Harris 数字程控交换机之间连接的 2M 电路没有误码。进一步检查交换机之间同步方式，发现省调 Harris 数字程控交换机所连接的地调、变电站等 Harris 交换机均同步于省调交换机，通泰交换机同步于相连接的行政交换机。因此怀疑是因为交换机同步设置不合理引起 2M 电路误码。

（3）故障处理。将通泰交换机时钟同步修改为跟踪省调调度交换机后，查看与之连接的 2M 中继电路运行情况，未出现误码，故障消除。对交换网中各通信站的调度交换机时钟同步跟踪方式进行检查，并修改同步方式。

【思考与练习】

1. 信令链路由哪些硬件组成？

2. No.7 信令中继电路故障处理原则是什么？

模块 8　Q 信令（30B+D）中继电路故障处理（ZY3201902008）

【模块描述】本模块介绍了 Q 信令中继电路常见故障的分析和处理。通过故障分析、案例介绍，掌握处理 Q 信令中继电路故障的方法和技能。

【正文】

一、故障性质及其危害

Q 信令中继电路是电力自动电话交换网和电力调度交换网常用的组网方式。自动电话交换网中的 Q 信令中继电路一旦发生故障将影响交换机间的用户通信，调度交换网中发生故障，将影响调度员与调度对象间的通信联络，甚至影响电网的调度指挥和故障处理。

二、故障原因

Q 信令中继电路的连接路径为交换机中继电路数据—中继电路接口板—数字配线架—传输设备—数字配线架—中继电路接口板—交换机中继电路数据。故障主要由中继电路板损坏、2M 电缆接头虚焊、数字配线架接触不良、传输电路故障等原因引起。中继电路数据设置不正确也会引起中继电路故障。

三、故障现象

Q 信令中继电路发生故障，交换机将产生告警信息，中继电路板面板指示灯对应显示相应的故障状态。主要故障现象如下：

1. 交换机中继电路板故障的主要表现

（1）本端、对端交换机产生中继电路中断告警信息；

（2）用户拨出局号占用中继电路听忙音；

（3）不能正常接收、发送被叫号码；

（4）不能正常通话。

2. 数字配线架

数字配线架常发生 2M 电缆头接触不良，引起中继电路中断、产生误码或时通时断等故障。

3. 传输电路

传输电路故障主要引起中继电路中断产生告警信息、产生误码等故障。

4. Q 中继电路相关数据配置

数据配置引起 Q 信令中继电路故障一般发生在交换机初始调试阶段或交换机新开局向时，主要故障现象有：

（1）D 信令通道未激活；

（2）中继电路不能正常完成呼叫接续。

四、故障处理

1. 故障处理原则

（1）总原则。参见模块 ZY3201902006 "1 号信令中继电路故障处理"。

（2）Harris 数字程控交换机 DTU 板故障指示灯状态及产生的原因参见模块 ZY3201902006 "1 号信令中继电路故障处理"。Q 信令中继电路正常运行时 PRI 和 HDB3 为绿灯亮。

2. 故障处理方法及步骤

（1）故障处理方法。Q 信令中继电路硬件故障处理常采用自环、逐段排除和替代的方法进行故障定位。自环包括硬件自环和软件自环。自环的方式包括本地自环和远端环回。本地自环用于判断本端交换机 2M 中继电路是否正常，远端环回主要用于判断传输通道是否正常。替代法是用备用的中继电路板替代运行的电路板，判断中继电路板是否存在故障。一般在自环法无法排除故障的情况下采用替代法。

（2）故障处理步骤。

1）查看 DTU 面板告警指示灯。中继电路发生故障时，应首先查看 DTU 面板指示灯的状态。根据指示灯的状态，分析、判断和定位故障。

2）通过电路诊断程序查看中继电路和 D 信道运行状态，分析、判断和定位故障点。

Q 信令中继电路正常运行时，D 信道（16 时隙）为 Circuit is busy，话音电路（1～15、17～31）为 Circuit is idle 或 Circuit is busy，同步时隙（32）为 Circuit is busy。

故障时电路状态显示为 Circuit is out of service。

3）检查 Q 信令中继电路的数据设置。Q 信令中继电路因采用网络—用户接口，要求一端交换机设置为网络端，另一端交换机必须设置为用户端。即在定义电路板表时一端将 Layer 2 destination type（MASTER or SLAVE）……？定义为 MASTER，另一端必须定义为 SLAVE。

4）采用自环方法，判断、排查中继电路板、传输电路故障，直至故障排除，电路恢复正常运行。

3. 故障处理注意事项

（1）在拔、插中继电路板时要带防静电手腕，防止因人体所带静电损坏电路板；

（2）在数字配线架上操作时防止拔错、误碰其他 2M 电路端子，造成其他业务的中断。

【案例】

一、案例 1

（1）故障现象。某供电公司交换机与省调交换机采用 Q 信令中继电路连接。两台交换机互连的 Q 信令中继电路，经常同时不能使用，既不能拨入，也不能拨出，需拔插 2MB 板恢复。时间间隔不固定，有时半天，有时一天左右。

（2）原因分析。通过检查交换机数据库，所有有关系的数据中，没有发现错误。供电公司和省调交换机的连接，通过光传输设备。两台交换机的中继电路同时发生故障，初步判断问题应该出在光端设备上。因传输电路的故障，导致 Q 信令中继电路停止工作。

（3）故障处理。经对传输电路进行环回检查，最终故障定位在供电公司的数字配线架。检查传输 2M 电缆头，发现有虚焊现象。对 2M 电缆头进行处理后，故障消失。

二、案例 2

（1）故障现象。省调调度交换机与地调调度交换机采用 Q 信令中继电路互联。在调试过程中发现中继电路不可用。省调侧通过 TDD 查看中继电路状态，32 个时隙均显示为 Circuit is out of service。地调侧查看中继电路状态，1～15、17～31 显示 Circuit is idle，16 和 32 显示为 Circuit is busy。即省调侧显示电路处于故障状态，而地调侧处于正常状态。

（2）原因分析。

1）两端数据配置或设备硬件连接不对应，造成省调侧 D 信令信道未激活。

2）交换机中继电路板或传输电路故障。省调侧交换机中继电路、传输 2M 电路的发信电路、地调侧交换机中继电路、传输 2M 电路的收信电路正常，地调能够正确接收到省调侧的信令信息，信令通道激活；而地调侧发信电路、省调侧收信电路故障，省调侧交换机不能正确接收到地调侧的信令信息，信令通道未激活。

（3）故障处理。

1）两端互相将 2M 电路的发信电路断开，查看收端交换机 2M 电路是否产生电路中断告警信息，排除 2M 中继电路连接不对应的情况。

2）省调侧利用空闲 2M 电路新增加 1 个 Q 信令中继电路局向，完成相应数据配置。将 2 个 Q 信令中继电路互连，查看电路运行状态，正常。确认省调侧交换机 2M 中继电路收、发信电路均正常。

3）倒换 1 个 2M 传输电路，查看省、地调两侧交换机中继电路运行状态，故障仍然存在。

4）在地调侧利用空闲 2M 电路新增加 1 个 Q 信令中继电路局向，完成相应数据配置。将 2 个 Q 信令中继电路互连，查看电路运行状态，发现一个 2M 中继电路运行状态正常，另一个处于故障状态。确认地调侧交换机 2M 中继电路发信电路故障。

5）更换地调侧 2M 中继电路板后，两侧中继电路运行正常，故障排除。

【思考与练习】

1. Harris 数字程控交换机的 DTU 板面板有哪些指示灯，含义是什么？

2. Harris 数字程控交换机 Q 信令中继电路故障处理步骤是什么？

模块 9　程控交换机控制系统故障处理（ZY3201902009）

【模块描述】本模块介绍了程控交换机控制系统常见故障的分析和处理。通过故障分析、案例介绍，掌握处理交换机控制系统故障的方法和技能。

【正文】

一、故障性质及其危害

程控交换机控制系统是交换机的核心，包括系统电源、控制系统、交换网络、系统软件等。交换机控制系统故障将将影响交换机的正常运行，甚至引起交换机瘫痪。因此，学习和掌握交换机控制系统故障的处理方法是十分必要的。

二、故障原因

1. 系统电源

系统电源，包括整流电源输出连接开关、电源线和交换机电源盘等环节。任一个环节发生故障都会引起交换机不能正常运行。系统电源发生故障的概率较高。由于整流电源连接开关故障、电源线接线不牢固、整流电源无输出、交换机电源盘元器件质量、交换机运行环境、设备接地系统等原因都会引起交换机供电电源系统故障。一旦发生电源故障，将影响交换机的系统运行，甚至造成交换机停机。

系统电源发生故障，后果严重，但故障处理较简单和直观。首先判断交换机故障是整体故障还是部分机柜故障。若交换机整体故障，应检查交换机输入电源是否正常。若交换机是部分机柜故障，应逐级检查相应的电源开关和电源盘。

在用万用表测量 5V、12V 电源盘输出电压时，应尽量采用数字万用表，便于直接显示电压值。因电源盘输出电压过低时，也会影响电路板的正常运行。

2. 控制系统

控制系统包括中央处理器、存储器、数据总线等硬件设备，是交换机的控制核心。一旦发生故障将引起交换机瘫痪。引起控制系统故障主要原因是处理器芯片、电路元器件老化或质量不过关、工作电源不稳定等因素引起的。

交换机瘫痪，首先判断为中央处理器故障。存储器和数据总线故障表现为部分程序或用户数据不能正常运行。此类故障发生的几率较低，故障处理只能采取更换板件的方式。

3. 交换网络

交换网络是完成用户与用户之间、用户与系统话路控制设备之间通路连接的控制设备。背板连接电缆接触不良、交换网络板件元器件质量不过关、工作电源不稳是引起交换网络故障的主要原因。发生此类故障的概率较低，一般表现为呼叫接通率降低，部分用户、中继电路故障，严重时会导致交换机不能完成呼叫接续。

发生此类故障时，可根据故障情况判断是部分用户、中继电路出现不能完成呼叫接续，还是整个交换机故障。一般情况下，呼叫接通率低或部分用户、中继电路故障多为背板时隙电缆松脱或虚连所致。整个交换机不能完成呼叫接续，则是交换网络的板件故障，更换板件可消除故障。

4. 背板故障

交换机的各个板件都是接插在背板上的。如果环境潮湿，电路板受潮短路，或者元器件因高温、雷击等因素而受损都会造成背板不能正常工作。背板的更换最为复杂，对通信影响面最大，只有在完全排除其他板件故障的情况下，才能进行背板故障的处理。

5. 软件故障

交换机系统软件控制交换机的系统运行，存放在存储器中。交换机软件故障可分为两种类型，一种是由于系统软件设计存在缺陷所产生的固有故障，一种是交换机在运行中产生的。系统软件固有的故障表现为故障始终存在，而交换机在运行中产生的故障表现为开始能正常运行，在一定的周期内发生故障，交换机软件重新启动或倒换机架后恢复。

对于交换机运行中产生的软件故障，通过系统重装可排除故障。对于交换机固有软件故障，一般需要对软件进行系统升级或软件打补丁。

总之，交换机控制系统发生的故障是多种多样的，往往没有固定的处理方法和步骤，只有在日常的运行维护过程中不断积累经验，提高维护技能，才能做到熟能生巧。

三、故障处理

1. 故障处理原则

（1）总原则。参见模块 ZY3201902006 "中国 1 号信令中继电路故障处理"。

（2）由软到硬。处理交换机系统故障时，应首先通过维护终端查看故障告警信息，根据故障信息初步判断是系统软件故障还是硬件故障。在话务量较少时，通过交换机系统重启，可消除软件故障。

（3）先易后难。交换机系统故障分析、判断、处理较复杂时，必须先从简单操作来着手排除。先排除电源系统故障，在处理控制系统的故障，这样可以加快故障排除的速度，提高效率。

2. 故障处理方法及步骤

交换机系统软件故障处理通常采用系统重启的方法排除故障。硬件故障采用替换法排除故障，双机系统可进行主、备用机架切换，单机系统用备件替换。处理步骤如下：

（1）检查交换机供电电源系统，必要时测量各电源盘的输出电压；

（2）查看交换机控制系统板件的面板指示灯状态；

（3）连接维护终端，查看相关的告警信息；

（4）故障定位后，更换相应的板件。

【案例】

一、案例 1

（1）故障现象。某单位新安装交换机，整流电源通过空气开关为交换机供电。在交换机开机加电时，出现空气开关跳闸的故障。

（2）原因分析。Harris 的 MAP 机每一个机柜的额定功率是 500W，其本身使用 15A 的空气开关。因 Harris 数字程控交换机开机时，其冲击电源是很大的，可能在瞬间达到正常使用时电流的 3～5 倍，所以在开机加电的瞬间冲击电流大，因而对空气开关的峰值和时延有相应要求，而市面上一些空气开关因质量不过关，达不到要求，所以表面看其标称额定值比要求的还要高，但交换机一开机，开关先跳闸。

（3）故障处理。更换质量好的空气开关，或换更大标称值的空气开关。

二、案例 2

（1）故障现象。某省电力公司交换机维护人员在对交换机测试检查时发现 MD-110 行政交换机 LIM3 机柜有 49 号二级告警信息（程序单元丢失，程序单元重启），程序单元运行异常，用户电话均正常。

（2）原因分析。交换机 LIM3 机柜程序单元运行异常，部分程序在运行中出现丢失、混乱等现象，虽然未影响交换机用户电话正常通话，但会造成交换机系统运行异常，为了确保交换机的正常运行，需要对交换机运行程序进行协调。

（3）故障处理。键入 SFEXI、RFEXI 命令，1min 后，交换机程序协调完毕，LIM1、LIM2、LIM4 机柜显示 "104"，状态正常，但 LIM3 机柜显示 "99" 后，启动停止，用户无拨号音，交换机重启失败。单独对 LIM3 机柜反复重启数次，重启失败。交换机必须重新进行程序单元和用户数据加载工作。为了不影响用户的使用，在晚上话务量较少时，对交换机的程序单元和用户数据进行加载，交换机恢复正常运行。

【思考与练习】

1. 引起交换机系统故障的原因有哪些？

2. 交换机系统故障处理的常用方法是什么？处理步骤如何？

模块 9

ZY3201902009

第二十部分

程控交换机软件
配置及维护

第七十九章　程控交换机数据设置

模块 1　程控交换机基本命令（ZY3202001001）

【**模块描述**】本模块介绍了典型程控交换机的基本命令，包含典型交换机联机步骤、常用命令、登录用户名命令。通过操作介绍，掌握交换机基本维护的方法和技能。

【**正文**】

Harris 数字程控交换机数据配置及日常维护均通过维护终端进行。维护终端需配置为 8 位传输位、1 位停止位、无校验、速率为 9600bit/s。维护终端可与 CPU 的串口连接，也可通过 DCA 适配器与数字用户电路相连。在初次装机或紧急状况下，可直接使用 CPU 的串口直接与维护终端连接。在交换机正常运行后，为了系统安全，建议维护终端采用通过 DCA 适配器与数字用户电路相连的方式连接。

一、进入系统管理

维护终端进入交换机系统管理应使用自己的终端用户名和密码。交换机系统预置了系统管理用户（ADMIN）和登录密码（ADMIN）。交换机安装时使用系统预置的 ADMIN 用户登录，随后增加相应的终端用户名，以便不同权限的用户登录系统。维护终端联机操作如下：

（1）按 CTRL+C 键，登录屏幕出现。

```
                    Welcome to the Harris
                 System Administration Monitor
      Copyright Harris Corporation 1984, 1985, 1986, 1987, 1988, 1989,
              1990, 1991, 1992, 1993, 1994, 1995, 1996

      Username …?
```

（2）在用户名提示符处输入用户名。

（3）在口令提示符处输入口令。

```
Password …?
```

输入口令时，口令不在屏幕上显示，以利于保密。

如果输入了一个错误的用户名或口令，将会得到以下错误信息，此时可从第 1 步重新开始。

　　　　　　　　＊＊＊PASSWORD AUTHORIZATION FAILURE＊＊＊

如果输入的用户名和口令正确，系统将显示状态报告和系统管理程序提示符，联机成功。

```
Good Morning, ADMIN, it is 4-JUL-2005 09:05:48 MON
Welcome to Harris Administration System, ECPU Version G28.00.12 beta


You are logged onto shelf CC-1
The system status is ACTIVE/STANDBY
… Enter 'HELP' for a menu …


ADMIN …? edt
```

（4）新增用户。ADD 命令用来建立一个新的维护用户，设置登录的密码和维护权限。该命令只能由系统管理员（ADMIN）使用。系统预置了两个用户名和口令。

使用 ADD 命令可新增一个用户名、口令和相应的权限。

```
EDT…? PAS
Enter your password before proceeding…?
PAS…? ADD
Username…? SMITH
password [No Modify]…?
Verify password …?
Command to allow access to [ALL] …?
Command to be disallowed [END] …?


… ADDING USERNAME ' SMITH ' …
```

（5）删除用户名（DELETE）。使用 DELETE 命令可删除用户名，但不能删除由 Harris 提供的两个用户名。

```
EDT …? pas
Enter your password before proceeding …?
PAS …? del
Username …? smith
Please confirm the deletion of username 'ADMIN' (Y/N) …? y
… DELETING USERNAME 'SMITH' …
```

二、系统管理程序

Harris 数字程控交换机系统的管理程序，采用分层结构。只要在 ADMIN…? 提示下，键入"HELP"请求帮助，就能显示本系统的管理菜单了。

```
ADMIN …? help


                    HARRIS SYSTEM ADMINISTRATION MENU
-----------------------------------------------------------------------
|COMMAND|                    DESCRIPTION                               |
|---------------------------------------------------------------------|
|                 SYSTEM ADMINISTRATION COMMANDS:                      |
|ACD| Automatic Call Distribution                                     |
|ACM| Accommodator Monitor                                            |
|ALM| Alarms Control                                                  |
|CDR| Call Detail Recording                                           |
|CSM| Conference Status Monitor                                       |
|EDT| Configuration Editor                                            |
|LTM| Line Test Monitor                                               |
|MHC| Maintenance History Control                                     |
|NCF| Network Control Facilities                                      |
|SMM| System Soft Meter Monitor                                       |
|SPM| System Performance Monitor: CPU & System Traffic Statistics     |
```

```
|STS| System Traffic Statistics                                          |
|TDD| Telephony Device Diagnostics                                       |
|                                                                        |
|               GENERAL-PURPOSE COMMANDS:                                |
|ABOrt| Abort terminal                                                   |
|INFo| Displays general system information                              |
|SAR|Schedule Automatic Reboot                                          |
|SET DATe|Sets the system date(in dd-mm-yy or mm-dd-yy format)          |
|SET TIMe|Sets the system time(in hh:mm:ss format)                      |
|STAtus|Displays system status                                          |
|WHO|Displays active users                                              |
|EXIt|Exit system administration program and log off the system.        |
```

管理程序分为四层结构，在任意菜单下，输入各种命令时，均可以只输入前面的三个字母或更少字母。层次结构如图 ZY3202001001-1 所示。

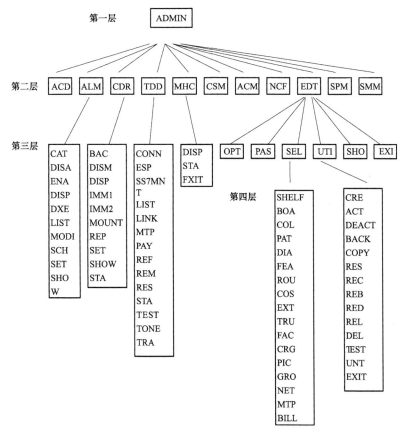

图 ZY3202001001-1　交换机系统管理程序层次结构

三、系统管理程序常用命令

1. 常用的系统管理命令

ALM——显示系统告警信息。

CDR——显示呼叫详细记录。

EDT——编辑数据库。

MHC——显示维护终端历史维护记录。

STS——进行话务统计并输出统计结果。

728

TDD——电话设备诊断。

2. 常用的通用命令

＜CTRL－C＞——与系统联机。

＜CTRL－S＞——暂停屏幕滚动显示。

＜CTRL－Q＞——继续屏幕滚动显示。

＜CTRL－Z＞——终止当前操作，回到同一级命令状态。

HELP——给予帮助。

TIME——显示系统时间。

PRInt——启动系统打印进行硬拷贝。

NOPridt——系统打印机处于脱机状态。

EXIT——退出当前命令级，返回上一级。

【思考与练习】

1. Harris 数字程控交换机的联机步骤是什么？

2. Harris 数字程控交换机常用系统管理命令有哪些？

模块 2 模拟用户电路的数据设置 （ZY3202001002）

【模块描述】本模块介绍了典型程控交换机模拟用户电路的数据设置。通过设置方法介绍，掌握典型程控交换机模拟用户电路数据设置的方法。

【正文】

一、模拟用户数据设置概述

程控交换机每个模拟用户都有自己的特征数据，包括用户电话号码、用户电路设备号、用户类别、电话机类别、用户服务级别等数据。用户的服务级别包括用户线类别、电话机类别、呼叫类别、呼叫权限等参数。

程控交换机进行模拟用户数据设置的目的就是为模拟用户分配一个用户电路接口和用于识别用户的电话号码，并根据用户的业务需要设定用户的服务级别。

程控交换机完成用户的呼叫接续，需要接收被叫选择号码，对被叫选择号码进行分析，并根据用户的服务类别确定呼叫的处理方式。因此还需要为用户设定号码分析表和用于呼叫处理的拨号控制表（拨号限制表）。

模拟用户数据设置包括增加用户、修改用户和删除用户三部分数据的设置。不同类型的交换机用户数据设置的方式也有所区别，下面以 Harris 数字程控交换机为例介绍模拟用户的数据设置。

二、Harris 数字程控交换机模拟用户数据设置

1. 增加模拟用户数据设置

Harris 数字程控交换机模拟用户数据是由各特征数据的数据表组成的，这些数据表相互关联，有些表包含了配置其他表时所需要的信息，必须先于其他表之前配置。因此模拟用户的数据表需要按一定次序建立。

Harris 数字程控交换机增加模拟用户需要建立电路板表（BOA）、收集路由表（COL）、拨号控制级别表（DIA）、功能级别表（FEA）、路由级别表（ROU）、服务级别表（COS）、分机表（EXT）等数据表。模拟用户数据配置步骤如下：

第 1 步，增加电路板表（BOA）。

通过增加电路板表激活安装在机框的模拟用户电路板，为用户分配电路设备。Harris MAP 型交换机模拟用户电路板可安装在 CE/Int 机框的 13～20 槽位，也可安装在 INT 机框的 5～20 槽位。

通过 BOA 表增加用户板 HLUT、LUT 等板。

例如：

BOA…? ADD

TYPE…? HLUT//带测试功能的 16 路模拟用户板

SLOT…? 03-11//板的位置，03-机柜号，11-槽位号

CIRCUIT NUMBER （1～16 OR END）…? [END]//输入要修改传输电平的电路号码（1～16），通常不需修改。输入 END，结束此提示。

第 2 步，建立收集路由表名（COL）。

收集路由表定义系统拨号计划，根据不同的收集路由表来确定呼叫处理方式。例如，一个表处理分机拨号，另一个处理中继对中继呼叫。收集路由表用于哪个呼叫由用户分机或中继的拨号控制级决定。

例如：

COL …? **add** *cr-sta1*　//收集路由表名为 add cr-sta1。

Interdigit signal [NONE] …?

SEQ [END] …?

Comment …? **sta1**　//对该收集路由表作用的注释。

… ADDING COLLECT & ROUTE 'CR-STA1' …

COL …? **add** *cr-sta2*

Interdigit signal [NONE] …?

SEQ [END] …?

Comment …? **sta2**

… ADDING COLLECT & ROUTE 'CR-STA2' …

第 3 步，新建拨号控制级－拨号控制表（DIA）。

交换机使用拨号控制表来决定呼叫接续的处理程序，并定义下一步呼叫处理使用的收集路由表（第二步已建立）。DIA 表中的主要参数有：

（1）拨号控制类型（Dial control type）。拨号控制类型类决定系统对呼叫进行何种处理。常用的有下列选项：

1）DIAL。将呼叫发送到一个已经定义的收集路由表，如指定收集路由表 CR=DIAL 给拨号控制级 12，那么所有使用该拨号控制级别的分机、中继和授权码都将使用 CR-DIAL 作为它们的初始收集路由表。

2）AUTO-DIAL。当入中继被占线或分机摘机时，自动拨出已经定义好的号码。在分机表或中继组的每个电路的编辑中要指定该特定号码给系统，并将呼叫引到一个收集路由表。

3）DIRECT。发送主叫或电路直接到一个特定去向。此去向可能是一个路由方式、功能程序、系统阻断、功能路由等。

（2）系统阻断。当呼叫发生了某种错误时，系统使用阻断。在拨号控制中，告诉系统在发生不同错误时，系统应该做什么。当主叫遇到阻断，可有三种方式进行处理：

1）信号音。系统发信号音给主叫。每个阻断都有一个缺省音。

2）分机。系统将呼叫发送到一个分机。

3）路由方式。系统发送所有的呼叫送到一个路由方式表，通常该路由方式用于录音广播，VMS 等。

系统产生阻断的主要原因有：

1）Line 分机阻断——主叫拨了一个未定义的分机号码。

2）Number 号码阻断——主叫所拨号码与相应 COL 中的方式不匹配。

3）Partial dial 部分号码阻断——主叫在规定的数字间内没有拨下一位号。

4）ATB 中继全忙阻断——中继全忙。

5）Route pattem 路由方式阻断——在路由方式表中的路由点中，主叫的路由级被拒绝通过。

6）Feature 功能阻断——主叫试图使用一个被禁止的功能。

7）Control 控制阻断——呼叫试图访问一个被 NCF 所阻塞或 GAP（控制到目标号码的呼叫数量）的电路。

模块 2

ZY3202001002

8）No dial 无拨号阻断——主叫规定的起始内没有拨出任何号码。

9）Suspend 挂起阻断——主叫拨了一个在分机表中被挂起的分机。

10）Cancel 取消阻断——主叫拨了一个在分机表中被取消的分机。

11）Maintenance busy 维护忙阻断——主叫拨了一个被 TDD 置成维护忙的分机。

12）Information tone 通知音阻断——交换机接收到 R2 状态"SND-TONE"或接收一个 ISUP 中断值。

13）Number change 号码改变阻断——主叫拨了一个在分机表中被修改过号码的分机。

例1：

DIA ···? **add** *11* //增加拨号控制表 11。

Dial control type ···? **dial** //普通拨号方式。

Destination ···? *cr-sta1* //指向收集路由表 cr-sta1。

Line intercept [Tone] ···? //选择默认值时，被叫为空号时，主叫听空号音。

该表是将收集路由表"cr-sta1"指定给拨号控制级为 11。收集路由表"cr-sta1"已在第二步中建立。

例2：

DIA ···? **add** *12* //增加拨号控制表 12。

Dial control type ···? **auto-dial** //自动拨号方式。

Destination ···? *cr-sta2* //指向收集路由表 cr-sta2。

12 号拨号控制表的作用是当入中继被占线或分机摘机时，自动拨出已经定义好的号码。并将呼叫指向"收集路由表 cr-sta2"。收集路由表"cr-sta2"已在第二步中建立。

第 4 步，功能级别表（FEA）。

功能级别表是用户服务级别中的一个参数，是用于定义一组用户可使用的系统功能。

交换机已预置了一些功能级别表，如：

1）强插（F7）——允许话务员或分机用户插入一个已经建立的通话。

2）强插保护（F8）——阻止任何强插或遇忙强插。

3）遇忙回叫（F10）——主叫拨内部分机遇忙时，可调用此功能。当忙分机挂机后，交换机通知主叫。

功能表中主要的参数是：

1）Feature class type···? 定义该功能级别的表使用者，如选择 sta，即为普通分机所使用，选择 tru 则为中继组所使用。

2）Feature 选择该功能级别表所具备的功能，选择范围为 F1～F102。如选择 F39，则该功能表就具有外部呼叫转移功能。

例1：

FEA ···? **add** *13* //增加功能级别表 13。

Feature class type ···? **sta** //该功能级别表是普通分机使用。

Feature [END] ···? *F8* //禁止强插。

Feature [END] ···? *F10* //允许遇忙回叫。

··· ADDING FEATURE CLASS 13 ···

例2：

FEA ···? **add** *14* //增加功能级别表 14。

Feature class type ···? **tru** //该功能级别表是中继组使用。

Feature [END] ···? *F8* //禁止强插。

Feature [END] ···? *F10* //允许遇忙回叫。

··· ADDING FEATURE CLASS 14 ···

第 5 步，新建路由级－路由级别（ROU）。

　　路由级是服务级的一部分，每一个路由级都有一个 0～63 之间的号码，0 级为维护拨号用。路由方式表使用路由级。当分机被指定一个服务级时，即被指定一个路由级。给不同级别的使用者和接续建立路由级之后，可以控制呼叫使用那个中继出局。

　　例 1：

ROU …? add

Routing class (1 - 63) …? *10*

Comment …? *cos 10*

… ADDING ROUTING CLASS 10 …

　　例 2：

ROU …? add

Routing class (1 - 63) …? *11*

Comment …? *cos 11*

… ADDING ROUTING CLASS 11 …

　　第 6 步，新建服务等级－服务级别表（COS）。

　　服务级别由拨号控制级（DIA）、功能级（FEA）、路由级（ROU）、连接级（CONN）、承载能力级和可靠拆线等六部分组成，可为分机、中继组、控制器、自动呼叫分配（ACD）方式、授权码等分配一个服务级。

　　服务级别表中主要的参数：

　　（1）拨号控制级。在第 3 步中已建立的表号。

　　（2）功能级。在第 4 步中已建立的表号。

　　（3）路由级。在第 5 步中已建立的表号。

　　（4）连接级。连接级决定一个端口能连接哪些端口。一般情况下系统自动将连接级 0 分配给服务级，它允许所有端口互相连接。

　　（5）承载能力级。由 OCR 确定服务级别中是否有承载能力级。路由方式用承载能力级决定一个连接能用什么路由和排队点。用承载能力级，告知系统一个连接将处理何种信息。类似于路由级，承载能力标识呼叫的类型，路由方式也根据承载能力级判断是否通过路由允许点，或使用路由点和排队点。

　　（6）可靠拆线。呼叫连接的双方至少应有一个电路提供可靠拆线。只有环路中继不具备可靠拆线能力。

　　例如：为分机设置服务级别。

COS …? add *11*　//增加表号为 11 的服务级别表。

Dial control class (0 - 63) …? *11*　//拨号控制级表 11，已在第三步中建立的表。

Feature class (0 - 63) …? *13*　//功能表 13，已在第四步中建立的表。

Routing class (0 - 63) …? *10*　//路由表 10，已在第五步中建立的表。

Connection class(0 - 63) [0]…? *0*　//连接级 0，允许所有端口互连。

Bearer capability class (0 - 7) [0] …?　//承载能力选择 0 级，语音。

Reliable disconnect (Y/N) [Y] …?　//可靠拆线。

Comment …? *for sta1*

… ADDING CLASS OF SERVICE 11 …

　　第 7 步，用户分机表（EXT）。

　　用户分机表是用来定义用户数据的各特征数据，包括用户电话号码、用户类别、电话机类别，分配的用户电路端口及用户服务级别。

　　模拟用户分机表中的主要参数：

　　（1）用户号码。

　　（2）分机类型。模拟用户分机。

ZY3202001002

（3）电路板位。分配给分机的电路位置，由机架—槽位—电路组成。

（4）服务级。决定分机的等级和操作权限，选择在第六步中已建立的模拟用户服务级别表。

（5）信号类型。指定分机的拨号方式，模拟分机选择 DTMF（双音多频）/脉冲拨号。

例如：

EXT ⋯? add

Extension number (0 - 9999) ⋯? *210*　//分机号码。

Extension type ⋯? *sta*　//模拟分机。

Circuit location ⋯? *3-11-1*　//模拟用户电路为 3 机柜、11 槽位、第一个电路。

COS number (0 - 255) ⋯? *11*　//服务级别表 11。

Signaling type [MIXED] ⋯?

Individual speed dial blocks (0 - 4) [4] ⋯?　//专用缩位拨号的数量。

Extension priority level range (0 - 9) [0] ⋯?

Last name ⋯?

First name ⋯?

Extension number for directory [210] ⋯?

Location ⋯?

Department ⋯?

Published directory entry (YES/NO) ⋯? y

Group I category name [KA1] ⋯?

Group II category name [SUB-NO-PRIORITY] ⋯?

Prefix index (1-99, DEFAULT) [DEFAULT] ⋯?

Comment ⋯?

⋯ ADDING STATION EXTENSION 210 ⋯

第 8 步，完成数据配置，退出编辑状态。

使用 exit 退出到 A⋯?使用 save 命令保存。

增加模拟用户分机工作完成。

2. 修改模拟用户数据设置

模拟用户数据使用 MODIFY 命令对用户的各特征数据进行修改，对欲修改部分输入新的内容即可，不修改的内容直接回车。

例如：

EXT ⋯? m *210*　//修改 210 分机。

New extension number(0-9999) [210] ⋯?　//是否输入新号码，不更改回车即可。

Circuit location [03-11-01] ⋯?　//是否更改电路位置，不更改回车即可。

COS number (0 - 255) [10] ⋯?　//是否修改服务级别。

Signaling type [MIXED] ⋯?　//默认值。

Individual speed dial blocks (0 - 4) [4] ⋯?　//默认值。

Last name [.] ⋯?　//名字，一般用英文字符。

First name ⋯?　//名字，一般不输入。

Extension number for directory [210] ⋯?　//号码本显示的号码，一般和分机号码一致。

Published directory entry (YES/NO) [Y] ⋯?

⋯ NO CHANGES DETECTED ⋯

修改完成后，使用 exit 退出到 A⋯?使用 save 命令保存。

3. 删除模拟用户数据设置

交换机使用 del 命令，删除已停机的用户。

例如：

EXT ···? **del** *210* //删除 210 分机。

分机如果有来电显示功能，需先关闭来电显示功能，再删除用户。修改完成后，使用 exit 退出到 A···?使用 save 命令保存。

【思考与练习】

1. 服务等级由哪六部分组成？

2. 分机表中的主要参数有哪些？

模块 3 数字用户电路的数据设置（ZY3202001003）

【模块描述】本模块介绍了典型程控交换机数字用户电路的数据设置。通过设置方法介绍，掌握典型程控交换机数字用户电路数据设置的方法。

【正文】

一、数字用户数据设置概述

程控交换机每个数字用户都有自己的特征数据，包括用户电话号码、用户电路设备号、用户类别、电话机类别、用户服务级别等数据。用户的服务级别包括用户线类别、电话机类别、呼叫类别、呼叫权限等参数。

程控交换机进行数字用户数据设置的目的就是为数字用户分配一个用户电路接口和用于识别用户的电话号码，并根据用户的业务需要设定用户的服务级别。

程控交换机完成用户的呼叫接续，需要接收被叫选择号码，对被叫选择号码进行分析，并根据用户的服务类别确定呼叫的处理方式。因此，还需要为用户设定号码分析表和用于呼叫处理的拨号控制表（拨号限制表）。

数字用户数据设置包括增加用户、修改用户和删除用户三部分数据的设置。不同类型的交换机用户数据设置的方式也有所区别，下面以 Harris 数字程控交换机为例介绍数字用户的数据设置。

二、Harris 数字程控交换机数字用户数据设置

1. 增加数字用户数据设置

Harris 数字程控交换机数字用户数据是由各特征数据的数据表组成的，这些数据表相互关联，有些表包含了配置其他表时所需的信息，必须先于其他表之前配置。因此数字用户的数据表需要按一定次序建立。

Harris 数字程控交换机增加数字用户需要建立电路板表（BOA）、收集路由表（COL）、拨号控制级别表（DIA）、功能级别表（FEA）、路由级别表（ROU）、服务级别表（COS）、分机表（EXT）等数据表。模拟用户数据配置步骤如下：

第 1 步，增加电路板表（BOA）。

通过增加电路板表激活安装在机框的数字用户电路板，为用户分配电路设备。Harris MAP 型交换机模拟用户电路板可安装在 CE/Int 机框的 13～20 槽位，也可安装在 INT 机框的 5～20 槽位。

通过 BOA 表增加用户板 DBRI、EDU、DDU、16DLU、DLU 等板。

例如：

BOA···? ADD

TYPE···? DLU

SLOT···? 03-12//板的位置。

CIRCUIT NUMBER (1-16 OR END)[END]···? //输入要修改传输电平的电路号码（1-16），通常不需修改。

输入 END，结束此提示。

第 2 步，建立收集路由表名（COL）。

数据设置参见模块 ZY3202001002 模拟用户电路的数据设置。

第 3 步，新建拨号控制级－拨号控制表（DIA）。

数据设置参见模块 ZY3202001002 "模拟用户电路的数据设置"。

第 4 步，功能级别表（FEA）。

数据设置参见模块 ZY3202001002 "模拟用户电路的数据设置"。

第 5 步，新建路由级－路由级别（ROU）。

数据设置参见模块 ZY3202001002 "模拟用户电路的数据设置"。

第 6 步，新建服务等级－服务级别表（COS）。

数据设置参见模块 ZY3202001002 "模拟用户电路的数据设置"。

第 7 步，用户分机表（EXT）。

例如：

A ⋯? EXT

EXT ⋯? add *5201* //增加 5201 数字分机。

Extension type ⋯? opt //数字分机。

Circuit location ⋯? *3-12-1* //电路位置。

COS number (0 - 255) ⋯? *10* //服务级别对应表。

Extension priority level range (0 - 9) [0] ⋯? *9* //分机级别。

Auto-Answer operation [N] ⋯?

Individual speed dial blocks (0 - 4) [4]

Last name ⋯?

First name ⋯?

Extension number for directory [5201] ⋯? //分机号码。

Location ⋯? //地址，可以不输入。

Department ⋯? //部门，可以不输入。

Published directory entry (YES/NO) ⋯? y

Group I category name [KA1] ⋯? //普通用户类型。

Group II category name [SUB-NO-PRIORITY] ⋯?

Prefix index (1-99, DEFAULT) [DEFAULT] ⋯?

Comment ⋯?

显示：

⋯ ADDING OPTIC TELESET EXTENSION 5201 ⋯

使用 exit 退出到 A⋯?使用 save 命令保存，增加数字用户分机工作完成。

2. 修改数字用户数据设置

例如：

A ⋯? ext

EXT ⋯? m *5201* //修改 5201 分机。

New extension number (0 - 9999) [5201] ⋯? //是否输入新号码，如不更改，则回车。

Circuit location [01-13-01] ⋯? //是否更改电路位置，不更改回车 即可。

COS number (0 - 255) [10] ⋯? //是否修改服务级别。

Signaling type [MIXED] ⋯? //默认值。

Individual speed dial blocks (0 - 4) [4] ⋯? //默认值。

Last name [.] ⋯? //名字，一般用英文字符。

First name ⋯? //名字，一般不输入。

Extension number for directory [5201] ⋯? //号码本显示的号码，一般和分机号码一致。

Location ⋯? //地址，一般不需要输入。

Department ⋯? //部门，一般不需要输入。

Published directory entry (YES/NO) [Y] ⋯? (yes)

Group I category name [KA1] ···? //默认值，不需要更改。

Group II category name [SUB-NO-PRIORITY] ···? //默认值，不需要更改。

Prefix index (1-99，DEFAULT) [DEFAULT] ···? //默认值，不需要更改。

Comment ···? //注释。

显示：

··· NO CHANGES DETECTED ···

修改完成后，使用 exit 退出到 A···?使用 save 命令保存，修改数字用户分机工作完成。

3. 删除用户数据设置

例如：

A ···? ext

EXT ···? del *5201* //删除 5201 分机。

修改完成后，使用 exit 退出到 A···?使用 save 命令保存，删除数字用户分机工作完成。

【思考与练习】

1. 通过 BOA 表可以增加哪些用户板单板？

2. 删除用户数据的命令是什么？

模块 4 程控交换机数据库的管理 (ZY3202001004)

【模块描述】本模块介绍了典型程控交换机数据库的管理，包含典型程控交换机数据库的运作、查看数据库状态、数据库的管理等方法。通过要点介绍、图表示例，掌握典型程控交换机数据库管理的操作技能。

【正文】

一、程控交换机数据库管理概述

程控交换机是通过数据库的形式对系统数据、局数据和用户数据进行维护和管理。Harris 交换机数据库，是由一系列与呼叫处理相关的表格组成，表中所输入的内容即为呼叫处理的依据。数据库分 A、B 两库，放在硬盘中，系统启动时调入内存。A、B 两库相互独立，结构完全一致，内容相同，互为备份。对于冗余系统而言，数据库在逻辑上分为 4 个库，而在物理上 4 个数据库分在两个硬盘，可实现无缝切换。正常运行时只有一个数据库处于激活状态。

二、数据库编辑程序

数据库编辑程序（EDT）用来进入和维护 Harris 数字程控交换机数据库。EDT 有添加、删除、编辑和列出数据等编辑命令，还可对数据库进行启动、终止、备份、删除或更新等操作。

EDT 能同时维护在公共设备机架硬盘中的两个配置数据库。每个数据库都可用来进行呼叫处理。启动数据库时，数据库从硬盘加载到公共设备存储器中，存储器中的数据库程序将指导呼叫处理。呼叫处理要求改变时，可以更改已启动的配置数据库或者启动另一个数据库。当数据库作废时，可以将此数据库删除并建立全新的数据库来取代它。

冗余系统中有两个公共设备机架，数据库存储在这两个公共设备机架的硬盘中，两个机架中的数据库互为主备用。

EDT 有五个主要命令，如图 ZY3202001004-1 所示。

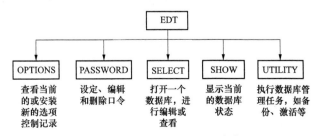

图 ZY3202001004-1 EDT 命令

736

在 ADMIN …? 状态下 输入 edt 即可进入 EDT 编辑状态。输入 EDT 命令后，系统显示数据库状态信息如下：

```
 Welcome to the Harris Configuration Editor


 The Harris Configuration Editor allows you to enter, modify, delete and list
 call processing parameters in the system database.  To choose an editor
 command or option, type in the entire command or the first three letters of
 the command.  Enter 'HELP' at any prompt for assistance.  Below is the current
 status of the databases on the system.


 The editor is currently running on common control shelf CC-2.
 Shelf           Database A                              Database B
        ------------------------------------------------------------

  CC-1 |   *NORMAL                                  |   NORMAL      |
        ------------------------------------------------------------

        ------------------------------------------------------------
 *CC-2 |   *NORMAL                                  |   NORMAL      |
        ------------------------------------------------------------

    + - Database has not been redundantly updated to the other shelf
    * - Database/shelf is active
    R - System must be reset to save edit session


    EDT …?
```

三、常用数据库编辑命令

要编辑数据库，必须先使用 SELECT 命令打开它。选择数据库 A 或 B 以后，系统将显示出与所选数据库相对应的注意符：

A…?

B…?

在 A…? 或 B…? 注意符下，可以打开并编辑所有的系统数据库表，对数据库的编辑进行相应的操作。也可对数据库进行升级和备份。

1. 选择数据库（SELECT）

使用 SELECT 命令可以打开数据库进行编辑。安装新版本软件时，必须输入 SELECT 命令对数据库进行更新。

2. 存储数据库（SAVE）

当用户对数据库中的数据修改后，使用 SAVE 命令对数据库进行保存。存盘后数据库转为正常状态。

如果存储冗余系统的数据库，则该系统自动执行冗余更新，但不执行重新启动。如果对冗余系统的激活数据库存储，系统也自动执行冗余更新。存储激活数据库有可能引起系统重新启动，并中断正在接续的呼叫。

如果存储数据库需要系统重新启动时，SAVE 将要求对存储请求进行确认。输入 NO，暂停编辑，返回到 EDT…? 注意符状态；输入 YES，系统重新启动。

需要注意的是：

（1）完成数据库编辑后，要对数据库进行存储（SAVE），或放弃所编辑的内容（KILL）。未执行上述操作，直接退出数据库编辑，将造成数据库不可用。

（2）对 DCA 数据修改进行存储后，须将 DCA 设备的电源断开，系统将新的数据下载到 DCA。

3．放弃对数据库的编辑（KILL）

如果用户对数据库进行编辑后，并不想保存新的数据，可以使用 KILL 命令来放弃对数据库的编辑。使用 KILL 后、磁盘中仍为编辑前的数据库，并返回 EDT…?注意符。

4．显示数据库的内容（LIST）

LIST 显示当前打开的数据库内容。使用 LIST 命令前，可以用 PRINT 命令连接系统打印机，将数据库内容打印出来。

5．关闭数据库（EXIT）

执行 EXIT 命令，退出数据库编辑状态并关闭数据库。该命令并不对所编辑的数据库修改内容进行保存，数据库处于挂起状态。当使用 SELECT 命令调用数据库时，数据库仍处于编辑状态。关闭数据库的编辑不影响正常的呼叫处理。

四、常用数据库管理命令

使用 UTILITY 命令对数据库执行管理任务，如备份、恢复、数据库复制和安装新版本软件。

1．激活数据库（ACTIVATE）

ACTIVATE 命令将特定的配置数据库装入存储器供呼叫处理使用。要激活的数据库必须处于 NORMAL 状态，如果是其他状态，系统将显示不能激活的信息。

激活数据库时，系统重新启动，公共设备存储器被清除，所有系统软件被重新装入存储器。在非冗余系统，机架重新启动时所有的呼叫处理中断直到重新启动完成。在冗余系统，通常在备用机架重新启动，呼叫进程在带有新数据库的机架上恢复。

系统重新启动将引起呼叫处理中断。完成重新启动时，系统在激活的数据库上恢复呼叫处理。

2．闲置数据库（DEACTIVATE）

DEACTIVATE 命令从存储器中撤销激活的数据库。要闲置的数据库必须是 NORMAL 或 SUSPENDED EDIT SESSION 状态。如果数据库处于另一种状态，则会显示该数据库不能闲置的信息。闲置数据库时，系统将重新启动。在非冗余系统，一个机架重新启动。在冗余系统，两个机架同时重新启动。

注意：执行该命令存在风险，系统重新启动后，如果没有激活的数据库可用，将不能进行呼叫处理。

3．复制数据库（COPY）

当完成交换机的数据库配置后，使用 COPY 命令对数据库进行复制。系统自动分配给目标数据库一个库名。例如，源数据库为 A，则目标数据库是 B。系统中只能保存两个数据库。如果磁盘中已经有两个数据库，那么使用 COPY 前必须先删掉一个数据库。在冗余系统使用 COPY 时，系统对备用机架自动执行冗余更新。

4．将文件备份到软盘（BACKUP）

从主用公共设备机架上使用 BACKUP 命令将数据库、用户缩位拨号号码、人工呼叫转移、激活的呼叫寻向组或 ACD 统计数据等备份到软盘上。要备份的数据库或其他文件必须处于 NORMAL 状态。

5．从软盘复制文件（RESTORE）

当需要将交换机数据库、各种文件、ACD 统计数据从备份的软盘复制到主用公共控制机架的硬盘中，使用 RESTORE 命令。当恢复数据库时，硬盘中只能有一个数据库（A 或 B）中，如果硬盘中已有两个数据库 A 和 B，则在用 RESTORE 之前必须删除一个。

6．删除数据库（DELETE）

使用 DELETE 命令从硬盘中删除一个闲置的数据库。执行该命令存在风险，恢复被删除的数据库只能从备份软盘恢复或重新输入。

7．执行软件重新启动（REBOOT）

REBOOT 命令用来清除存储器中的所有内容，并将硬盘中的系统软件重新装入存储器。

在非冗余系统中，重新启动时，所有的呼叫进程被丢失。系统重新启动完成后，呼叫进程恢复。

在冗余系统中，重新启动时，呼叫处理从主用机柜切换到备用机柜，正在建立的呼叫被中断，已建立的呼叫将继续。重新启动的机柜在重新启动完成后转为备用状态。

8. 恢复未完成的编辑（RECOVER）

当需要恢复未能正常完成编辑的数据库进入编辑状态时，使用 RECOVER 命令。如果在编辑数据库或使用其他 UTILITY 命令时，系统进行复位，则必须使用 RECOVER 命令。RECOVER 的作用见表 ZY3202001004-1。

表 ZY3202001004-1　　　　　　　　　　RECOVER 的作用

被中断的任务	作　　用
BACKUP	提供放弃还是重新执行此操作的机会
COPY	如果在复位以前尚未完成则放弃此操作
CREATE	提供放弃还是重新执行此操作的机会
DELETE	重新执行此操作
EDIT SESSION	提供放弃还是重新执行此操作的机会
EXIT in an edit session	重新执行此操作
KILL in an edit session	重新执行此操作
REDUNADNT UPDATE	重新执行此操作
RESTORE	提供放弃还是重新执行此操作的机会
SAVE in an edit session	重新执行此操作

恢复编辑对话所需要的时间取决于在编辑对话期间输入的信息量。恢复完成之后，就能返回到编辑对话了。

9. 更新冗余数据库（REDUNDANT）

REDUNDANT 命令更新一个机架上的数据库与另一个机架的数据库相匹配，即进行数据库同步。一般情况下系统自动控制数据同步。

下列情况需要使用 REDUNDANT 命令：

（1）在备用机架上编辑或存储数据库；

（2）主用机架存盘时，备用机架未启动好；

（3）安装新版本软件后。

对闲置数据库的更新不会引起呼叫处理的中断，若更新激活的数据库，则：① 从主用机架更新到备用机架，备用机架重新启动；② 从备用机架更新到主用机架，主用机架启动，系统执行切换。

10. 查看数据库

SHOW 命令显示交换机中数据库的当前状态。对于冗余系统，SHOW 亦显示主用和备用机架的当前状态以及这些机架上数据库的状态。

数据库和机架状态的符号含义见表 ZY3202001004-2，数据库状态消息说明见表 ZY3202001004-3。

表 ZY3202001004-2　　　　　　　　数据库和机架状态的符号含义

符号	含　　义
*	非冗余系统： 当前激活的数据库，从磁盘载入存储器，并用于呼叫处理。 冗余系统： 当前激活的数据库以及当前主用公共设备机架。主用机架上的激活数据库控制系统的呼叫处理。备用机架上的激活数据库仅仅是一个备份，只有在系统的控制转移到该机架时它才控制呼叫处理。同一时间任何机架都只能有一个数据库被激活。对系统来说，同一时间只能有一个主用机架
+	仅对冗余系统而言，所标的机架已对数据库作了改动，而另一机架还没有进行冗余更新，两个机架的数据库并不匹配。有关 REDUNDANT UPDATE 的内容，参见"更新冗余数据库"（REDUNDANT）
R	冗余与非冗余系统：如果存储该数据库，系统将要求重新启动

表 ZY3202001004-3　　　　　　　数据库状态消息说明

消　　息	说　　明
ACTIVATION UPON REBOOT	已用 ACTIVATE 激活的数据库,将在下一次重新启动后有效
DATABASE DOES NOT EXIST	数据库当前不在磁盘上,必须用 CREATE 建立数据库或用 RESTORE 从软盘来复制
DEACTIVATION UPON REBOOT	已用 DEACTIVATE 停止数据库工作,在下一次重新启动后有效
FAILED LIVE UPDATE	当前在存储器中的数据库更新时发生故障。系统必须重新启动来更新存储器的数据库,使它与磁盘中存储的数据库相匹配。存储器中的数据库可能已被损坏,因此,需尽快进行 REBOOT,更新的详细描述参见关于 SAVE 命令的说明
INCOMPLETE COPY	由于系统失效或故障,导致 COPY 中断,用 RECOVER 去撤销或重新执行 COPY
INCOMPLETE CREATE	由于系统失效或故障,导致 CREATE 中断,用 RECOVER 去撤销或重新执行 CREATE
INCPMPLETE BACKUP	由于系统失效或故障,导致 BACKUP 中断,用 RECOVER 去撤销或重新执行 BACKUP
INCOMPLETE DELETE	由于系统失效或故障,导致 DELETE 中断,用 RECOVER 去撤销或重新执行 DELETE
INCOMPLETE EDIT SESSION	由于系统失效或故障,导致编辑对话在异常方式下终止。用 RECOVER 来重新执行编辑对话或 KILL 编辑对话
INCOMPLETE EDIT SESSION EXIT	由于系统失效或故障,没能正确执行 EXIT。用 RECOVER 命令以重新执行 EXIT
INCOMPLETE KILL	由于系统的失效或故障,没能完成 KILL 编辑对话。用 RECOVER 命令以重新执行 KILL
INCOMPLETE REDUNDANT UPDATE	由于系统失效或故障,导致 REDUNDANT UPDATE 命令中断。用 RECOVER 撤销或重新执行 REDUNDANT UPDATE
INCOMPLETE RESTORE	由于系统失效或故障,导致 RESTORE 命令中断。用 RECOVER 撤销或重新执行 RESTORE
INCOMPLETE SAVE	由于系统失效或故障,非激活数据库的 SAVE 中断,用 RECOVER 去重新执行 SAVE
NORMAL	没有特定条件加于数据库
SAVE UPON REBOOT	由于系统失效或故障,或备用机架正重新启动,导致对激活数据库的 SAVE 中断。冗余系统的主用机架只有在备用机架重新启动完成后才会重新启动,这样,当主用机架重新启动时备用机架可以进行呼叫处理。用 REBOOT 去完成 SAVE
SHELF UNAVAILABLE	机架正在重新启动或未被重新启动
SUSPENDED EDIT SESSION	用 EXIT 命令终止最后的编辑对话,用 SELECT 恢复编辑对话
TEST IN PROGRESS	TEST 命令有效
UNRECOVERABLE DATABASE	由于更新和存储失败,导致数据库不能恢复,删除数据库或从备份中重新载入数据库

【思考与练习】

1. 数据库管理的五个主要命令是什么?
2. 如何将 A 库拷贝到 B 库?

模块 5　环路中继电路的数据设置(ZY3202001005)

【模块描述】本模块介绍了典型交换机环路中继电路的数据设置,包含所需软件和硬件的配置要求、环路中继电路数据设置步骤及方法。通过设置流程介绍,掌握典型交换机环路中继电路的数据设置的方法。

【正文】

一、环路中继数据设置概述

程控交换机每个环路中继电路都有自己的特征数据,包括环路中继局向、中继群数、设备号、信令方式、中继电路服务级别等数据。中继服务级别包括中继类别、呼叫类别、呼叫权限等参数。

程控交换机进行环路中继数据设置的目的就是为环路中继设定中继组电路数、中继电路接口和识别中继电路的中继组号,并根据中继组业务需要设定中继组服务级别。

程控交换机完成中继的呼叫接续,需要对交换局数据进行分析,并根据中继组服务类别确定呼叫的处理方式。因此,还需要为中继电路设定号码分析表和用于呼叫处理的拨号控制表(拨号限制表)。

环路中继电路可以配置成出中继电路、入中继电路和双向中继电路。在行政交换网中，一般配置成单向的出中继电路或单向的入中继电路；在调度交换网中，一般配置为双向中继电路。不同类型的交换机环路中继数据设置的方式也有所区别，下面以 Harris 数字程控交换机为例介绍模拟用户的数据设置。

二、Harris 数字程控交换机环路中继的数据设置

Harris 数字程控交换机环路中继数据由电路板表（BOA）、收集路由表（COL）、路由方式表（PAT）、拨号控制级别表（DIA）、功能级别表（FEA）、路由级别表（ROU）、服务级别表（COS）、中继组表（TRU）、控制器表（FAC）等数据表组成。由于某些表中包含了配置其他表时所需要的信息，例如功能级别表必须在服务级别表前进行配置，因为在服务级别表中必需指定功能级别，因此数据表要按照一定的顺序来建立。下面详细介绍环路中继电路数据配置过程。

1. 入中继数据配置

以一台行政交换机配置一个环路入中继路由，中继电路板槽位为 3 机框 10 槽位，中继电路数量 8 条，入中继呼叫到一个话务台为例，呼叫接续过程如下：

市话用户呼叫入中继电路所接用户号码，市话交换机通过用户电路向环路入中继振铃，启动环路中继电路，交换机分析中继电路的性能，包括中继电路服务级别号和目的地，完成呼叫接续并向目的用户振铃。环路入中继呼叫流程如图 ZY3202002005-1 所示。

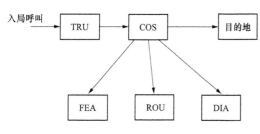

图 ZY3202001005-1 环路入中继呼叫流程图

因此，入中继电路数据配置需要建立电路板表（BOA）、拨号控制级别表（DIA）、功能级别表（FEA）、路由级别表（ROU）、服务级别表（COS）、中继组表（TRU）等数据表。

第 1 步，新增接口电路——环路中继电路板表（BOA）。

将安装在交换机机柜中的环路中继板进行定义并激活。

设置步骤：**BOA ···? add**

    Board type ···? gsls //板子类型为环路中继。

    Slot ···? *3-10*

    GS or LS signaling [LS] ···? //启动方式为环启。

    Circuit number (1 - 8, ALL, or END) [END] ···?

··· ADDING GSLS BOARD AT SLOT LOCATION 03-10 ···

第 2 步，新建拨号控制级——拨号控制级别表（DIA）。

拨号控制级是服务级的一部分，系统使用它来决定使用何种呼叫程序来处理呼叫，并且指出数据库内何种表格用于下一步呼叫处理。

设置步骤：**DIA ···? add**

    Dial control class (10-63) ···? *34* //拨号控制级别表号。

    Dial control type ···? auto-dial //拨号控制类型，自动拨号。

    Destination ···? *cr-ls-in* //环路入中继的收集路由表名。

    Comment ···? *for cos 34*

··· ADDING DIAL CONTROL CLASS 34 ···

第 3 步，新建功能级——功能级别表（FEA）。

功能级别是 COS 的一部分，用于定义一组用户可使用的系统功能，可以将一个功能级别（FEA）分配给多个 COS。功能级别 0 是预先定义为维护拨号的，不能删除此级别，但可以根据需要修改该级别。

主叫访问某一功能时，系统自动检查已经分配给主叫的功能级别。如果在主叫的功能级别中功能无效，主叫的访问将会取消，而且呼叫将被带到功能阻断。

设置步骤：**FEA ···? add**

    Feature class (1 - 63) ···? *34* //功能级表号。

```
        Feature class type …? tru   //功能类型为中继类型。

        Feature [END] …?

        Comment …? for cos 34
    … ADDING FEATURE CLASS 34 …
```

第 4 步，新建路由级——路由级别表（ROU）。

路由级是服务级的一部分，每一个路由级都有一个 0～63 之间的号码。

设置步骤：**ROU …? add**

```
        Routing class (1 - 63) …? 34  //路由级别号。

        Comment …? for cos 34
    … ADDING ROUTING CLASS 34 …
```

第 5 步，新建服务等级——服务级别表（COS）。

给中继电路指定一个服务级别号，用于定义该环路中继的拨号控制、功能、路由、连接、承载能力和拆线等性能。

设置步骤：**COS …? add**

```
        COS number(1-255)…? 34

        Dial control class (0 - 63) …? 34//拨号控制表号。

        Feature class (0 - 63) …? 34//功能级别号。

        Routing class (0 - 63) …? 34//路由表号。

        Bearer capability class (0 - 7) [0] …?

        Reliable disconnect (Y/N) [Y] …? n

        Comment …? for ls trunk in cos
    … ADDING CLASS OF SERVICE 34 …
```

第 6 步，设置中继数据——中继组表（TRU）。

定义该环路中继电路组表号及中继电路。

设置步骤：**TRU …? add**

```
        Trunk group number …?34

        Trunk group type [GS] …? ls

        Killer trunk handle method [NONE] …?

        Incoming COS number (0 - 255) …? 34

        Trunk ID digits [NONE] …?

        No answer extension …?

        Auto ring number…?2222   //外线振铃号—话务台。

        Outgoing calls allowed …?N   //单向中继。

        Number of circuits (1 - 1920) …? 8   //该中继组有 8 条电路。

        Circuit location [END] …? 3-10-1

        Circuit location [END] …?3-10-2

        Circuit location [END] …?3-10-3

        Circuit location [END] …?3-10-4

        Circuit location [END] …?3-10-5

        Circuit location [END] …?3-10-6

        Circuit location [END] …?3-10-7

        Circuit location [END] …?3-10-8

        Circuit location [END] …?

        AW display name …? ls-in

        Teleset display name …? ls-in
```

Comment ···? *for gsls incoming calls*

··· ADDING TRUNK GROUP 34···

2. 出中继数据配置

以一台调度交换机配置一个出局环路中继路由、中继电路板槽位为 3 机柜 11 槽位、中继电路数量 2 条为例，呼叫接续过程为：分机摘机拨环路出中继局向号，交换机接收主叫所拨号码，分析号码去向，完成呼叫接续，占用出中继电路，听到对端交换机送来的拨号音后拨对端交换机的被叫号码。环路出中继呼叫流程如图 ZY3202002005-2 所示。

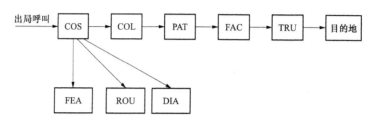

图 ZY3202001005-2　环路出中继呼叫流程

因此，出中继电路数据配置需建立电路板表（BOA）、收集路由表（COL）、拨号控制级别表（DIA）、功能级别表（FEA）、路由级别表（ROU）、服务级别表（COS）、中继组表（TRU）、控制器表（FAC）、路由方式表（PAT）等数据表。

第 1 步，新增接口单板——环路中继电路板表（BOA）。

将安装在交换机机柜中的环路中继板进行定义并激活。

设置步骤：**BOA** ···? **add**

　　　　Board type ···? *gsls*　//板子类型为环路中继。

　　　　Slot ···?*3-11*

　　　　GS or LS signaling [LS] ···?　//启动方式为环启。

　　　　Circuit number (1 - 8, ALL, or END) [END] ···?

··· ADDING GSLS BOARD AT SLOT LOCATION 03-10

第 2 步，号码分析——建立中继环路的收集路由表（COL）。

为环路中继定义系统拨号计划，通过定义号码确定呼叫的建立。收集路由表的设置一般分为 2 步进行。第 1 步，建立收集路由表的表名。第 2 步，建立中继路由的收集方式。

设置步骤 1：**COL** ···? **add**

　　　　Collect & route name ···? *cr-ls-out*　//环路出中继。

　　　　Interdigit signal [NONE] ···?

　　　　SEQ [END] ···?

　　　　Comment ···?

··· ADDING COLLECT & ROUTE 'CR-LS- OUT '

设置步骤 2：**COL** ···? **modift**

　　　　Collect & route name ···? *cr-ls-out*　//环路出中继。

　　　　Interdigit signal [NONE] ···?

　　　　SEQ [END] ···? *09XXX XXXX=rp-ls-out*　//环路出中继局向号。

　　　　SEQ [END] ···?

　　　　Comment ···?

第 3 步，新建拨号控制级——拨号控制级别表（DIA）。

拨号控制级是服务级的一部分，系统使用它来决定使用何种呼叫程序来处理呼叫，并且指出数据库内何种表格用于下一步呼叫处理。可根据需要指定拨号控制级给各不同的服务级。一个结构数据库最多可以支持 64 个拨号控制级。

设置步骤：**DIA …? add**

> **Dial control class (10-63) …?** *35* //拨号控制级别表号。
>
> **Dial control type …? dial** //普通拨号类型。
>
> **Destination …?** *cr-ls-out*
>
> **Comment …?** *for cos 35*

第 4 步，新建功能级——功能级别表（FEA）。

功能级别是 COS 的一部分，用于定义一组用户可使用的系统功能，可以将一个功能级别（FEA）分配给多个 COS。功能级别 0 是预先定义为维护拨号的，不能删除此级别，但可以根据需要修改该级别。

主叫访问某一功能时，系统自动检查已经分配给主叫的功能级别。如果在主叫的功能级别中功能无效，主叫的访问将会取消，而且呼叫将被带到功能阻断。

设置步骤：**FEA …? add**

> **Feature class (1 - 63) …?** *35* //功能级。
>
> **Feature class type …? tru** //中继类型。
>
> **Feature [END] …?**
>
> **Comment …?** *for cos 35*

… ADDING FEATURE CLASS 35 …

第 5 步，新建路由级——路由级别表（ROU）。

路由级是服务级的一部分，每一个路由级都有一个 0～63 之间的号码，0 级永远保留给维护拨号。路由方式表使用路由级，并且决定呼叫使用路由方式的哪个特定部分。当分机被指定一个服务级时，即被指定一个路由级。给不同级别的使用者和接续建立路由级之后，可以控制呼叫使用哪个中继出局。

设置步骤：**ROU …? add**

> **Routing class (1 - 63) …?** *35* //路由级别号。
>
> **Comment …?** *for cos 35*

… ADDING ROUTING CLASS 35…

第 6 步，新建服务等级——服务级别表（COS）。

给中继电路指定一个服务级别号，用于定义该环路中继的拨号控制、功能、路由、连接、承载能力和拆线等性能。

设置步骤：**COS …? add**

> **COS number(1-255) …?** *35*
>
> **Dial control class (0 - 63) …?** *35* //拨号控制表号。
>
> **Feature class (0 - 63) …?** *35* //功能级别号。
>
> **Routing class (0 - 63) …?** *35* //路由级别号。
>
> **Bearer capability class (0 - 7) [0] …?**
>
> **Reliable disconnect (Y/N) [Y] …? n**
>
> **Comment …?** *for ls trunk Out cos*

… ADDING CLASS OF SERVICE 35 …

第 7 步，设置中继数据——中继组表（TRU）。

定义该环路中继电路组表号及中继电路。

设置步骤：**TRU …? add**

> **Trunk group number …?** *35*
>
> **Trunk group type [GS] …? ls**
>
> **Killer trunk handle method [NONE] …?**
>
> **Incoming COS number (0 - 255) …?** *35*
>
> **Trunk ID digits [NONE] …?**
>
> **No answer extension …? NONE**
>
> **Outgoing start signaling [TIMED] …?**

```
        Outgoing dialing mode [DTMF] …?
        Search type [HF] …? HF  //第一个开始正向搜索。
        Outgoing calls allowed …?N  //单向中继。
        Number of circuits (1 - 1920) …? 2
        Circuit location [END] …? 3-11-1
        Circuit location [END] …? 3-11-2
        Circuit location [END] …?
        AW display name …? ls-out
        Teleset display name …? ls-out
        Comment …? for ls outgoing calls
… ADDING TRUNK GROUP 35…
```

第 8 步，设置中继数据——控制器表（FAC）。

控制器就是决定如何发送呼叫到指定的中继组。所有指定给中继组的出中继呼叫都是经过一个路由点（在路由方式表中）到达控制器的，然后到达与该控制器相关的中继组。

```
        设置步骤：FAC …? add
            Facility number…?35
            Trunk group number (1 - 60 or NONE) …? 2
            Outgoing COS number (1 - 255) …? 35
            Outpulse command [SDIGITS 15,  PANSWER 30] …?
            Outpulse command …?
            Comment …? for ls outgoing calls
    … ADDING FACILITY  35 …
```

第 9 步，设置路由数据——路由方式表（PAT）。

路由方式是一种中间处理，用于检验呼叫的出局权力。呼叫通过收集路表、分析路由表或其他的路由方式表进入一个路由方式表。

```
        设置步骤：PAT …? add
            Route pattern name …? rp-ls-out
            Route pattern type [STANDARD] …?
            Route/Queue/Allow point (END) …? rou
            Routing classes to allow [END] …? all
            Forward routing classes to allow [END] …? all
            Bearer capability classes to allow [END] …? all
            Bearer capability classes to allow [END] …?
            Facility number (1 - 200) …?35
            Days [END] …? all
            Hours [ALL] …? all
            Days [END] …? all
            Include route for queuing …? n
            Route/Queue/Allow point (END) …? end
            Continuation route pattern name [NONE] …?
            Comment …? for ls out
    … ADDING ROUTE PATTERN 'RP-LS-OUT' …
```

【思考与练习】

1. 环路中继数据由哪些数据表组成？

2. 控制器的作用是什么？

模块 6　EM 中继电路的数据设置（ZY3202001006）

【模块描述】本模块介绍了典型交换机 EM 中继电路数据设置，包含所需软件和硬件的配置要求、EM 中继电路数据设置步骤及命令。通过设置实例介绍，掌握典型交换机 EM 中继电路的数据设置的方法。

【正文】

一、EM 中继数据设置概述

程控交换机每个 EM 中继电路都有自己的特征数据，包括 EM 中继局向、中继群数、设备号、信令方式、中继电路服务级别等数据。中继服务级别包括中继类别、呼叫类别、呼叫权限等参数。

程控交换机进行 EM 中继数据设置的目的就是为 EM 中继设定中继组电路数、中继电路接口和识别中继电路的中继组号，并根据中继组业务需要设定中继组服务级别。

EM 中继电路一般设置为双向中继电路，出局呼叫接续过程为分机摘机拨环路出中继局向号，交换机接收主叫所拨号码，分析号码去向，完成呼叫接续，占用出中继电路，听到对端交换机送来的拨号音后拨对端交换机的被叫号码。入局呼叫接续为交换机收到对端交换机出中继占用信号后，占用入中继电路，并接收对端交换机发送的被叫号码，分析号码去向，完成呼叫接续。下面以 Harris 数字程控交换机为例介绍 EM 中继电路的数据设置。

二、Harris 数字程控交换机 EM 中继的数据设置

Harris 数字程控交换机 EM 入中继数据由电路板表（BOA）、收集路由表（COL）、拨号控制级别表（DIA）、功能级别表（FEA）、路由级别表（ROU）、服务级别表（COS）、中继组表（TRU）等数据表组成。

EM 出中继数据由电路板表（BOA）、收集路由表（COL）、路由方式表（PAT）、拨号控制级别表（DIA）、功能级别表（FEA）、路由级别表（ROU）、服务级别表（COS）、中继组表（TRU）、控制器表（FAC）等数据表组成，EM 中继呼叫流程如图 ZY3202001006-1 所示。

由于某些表中包含了配置其他表时所需要的信息，例如功能级别表必须在服务级别表前进行配置，因为在服务级别表中必需指定功能级别。因此数据表要按照一定的顺序来建立。下面以在 03～12 槽位定义一块 EM 板为例详细介绍 EM 中继电路数据配置过程。

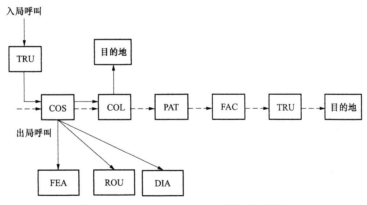

图 ZY3202001006-1　EM 中继呼叫流程图

第 1 步，新增接口电路——EM 中继电路板表（BOA）。

将安装在交换机机柜中的 EM 中继电路板进行定义并激活。

设置步骤：**BOA ⋯? add**

    Board type ⋯? 4wem

    Slot ⋯? 3-12

    Circuit number (1 - 8, ALL, or END) [END] ⋯?

    ⋯

⋯ ADDING 4WE&M BOARD AT SLOT LOCATION 03-12 ⋯

第2步，号码分析——建立 EM 中继电路的收集路由表（COL）。

为4W EM 中继定义系统拨号计划，通过定义号码确定呼叫的建立。收集路由表的设置一般分为2步进行。第1步，建立收集路由表的表名。第2步，建立中继路由的收集方式。

设置步骤1：**COL** …? **add**

Collect & route name …? *cr-em*

Interdigit signal [NONE] …?

SEQ [END] …?

Comment …? *for em trunk*

… ADDING COLLECT & ROUTE 'CR-EM' …

设置步骤2：**COL** …? **modify**

Collect & route name …? *cr-em*

Interdigit signal [NONE] …?

SEQ [END] …? *7XXX XXXX /REM 1, 4 = rp-em* //EM 出中继字冠。

SEQ [END] …? *2XXX = STA* //呼叫到普通分机。

SEQ [END] …

Comment …? *for em trunk*

第3步，新建拨号控制级——拨号控制级别表（DIA）。

拨号控制级是服务级的一部分，系统使用它来决定使用何种呼叫程序来处理呼叫，并且指出数据库内何种表格用于下一步呼叫处理。

设置步骤：**DIA** …? **add** *31*

Dial control type …? **dial**

Destination …? *cr-em*

Comment …? *for cos 31*

… ADDING DIAL CONTROL CLASS 31 …

第4步，新建功能级——功能级别表（FEA）。

功能级别是 COS 的一部分，用于定义一组用户可使用的系统功能，可以将一个功能级别（FEA）分配给多个 COS。功能级别 0 是预先定义为维护拨号的，不能删除此级别，但可以根据需要修改该级别。

主叫访问某一功能时，系统自动检查已经分配给主叫的功能级别。如果在主叫的功能级别中功能无效，主叫的访问将会取消，而且呼叫将被带到功能阻断。

设置步骤：**FEA** …? **add**

Feature class (1 - 63) …? *31*

Feature class type …? *trunk*

Feature [END] …?

Comment …? *for cos 31*

… ADDING FEATURE CLASS 31 …

第5步，新建路由级——路由级别表（ROU）。

路由级是服务级的一部分，每一个路由级都有一个 0～63 之间的号码。

设置步骤：**ROU** …? **add**

Routing class (1 - 63) …? *31*

Comment …? *for cos 31*

… ADDING ROUTING CLASS 31 …

第6步，新建服务等级——服务级别表（COS）。

给中继电路指定一个服务级别号，用于定义该 EM 中继的拨号控制、功能、路由、连接、承载能力和拆线等性能。

设置步骤：COS ···? **add**

   COS number(1-255)···? *31*

   Dial control class (0 - 63) ···? *31*

   Feature class (0 - 63) ···? *31*

   Routing class (0 - 63) ···? *31*

   Bearer capability class (0 - 7) [0] ···?

   Reliable disconnect (Y/N) [Y] ···?

   Comment ···? *for em trunk*

··· ADDING CLASS OF SERVICE 31 ···

  第 7 步，设置中继数据——中继组表（TRU）。

  定义该环路中继电路组表号及中继电路。

设置步骤：**TRU** ···? **add**

   Trunk group number(1-255)···? *31*　//中继组号。

   Trunk group type [GS] ···? **em**

   Killer trunk handle method [NONE] ···?

   Incoming COS number (0 - 255) ···? *31*

   Trunk ID digits [NONE] ···?

   No answer extension ···? **n**

   Incoming start signaling [DIAL-TONE] ···? **imm**

   Incoming dialing mode [DP] ···? **dtmf**　//拨号方式为 DTMF。

   Incoming PNANI signaling [NONE] ···?

   Outgoing calls allowed [YES] ···?　//默认值为双向中继。

   Outgoing start signaling [TIMED] ···?

   Outgoing dialing mode [DTMF] ···?

   Search type [HF] ···? **cf**　//选线方式为顺序选择。

   Number of circuits (1 - 1920) ···? *2*

   Circuit location [END] ···? *3-12-1*

   EMC or EM circuit? [EM] ···?

   Circuit location [END] ···? *3-12-2*

   EMC or EM circuit? [EM] ···?

   Circuit location [END] ···?

   AW display name ···? **4wem**

   Teleset display name ···? 中调。

   Comment ···? *for em trunk*

··· ADDING TRUNK GROUP 1 ···

  第 8 步，设置中继数据——控制器表（FAC）。

  控制器就是决定如何发送呼叫到指定的中继组。所有指定给中继组的出中继呼叫都是经过一个路由点（在路由方式表中）到达控制器的，然后到达与该控制器相关的中继组。

设置步骤：**FAC**···? **add**

   FACILITY NUMBER···? *31*

   TRUNK GROUP NUMBER ···? *31*

   OUTGOING COS NUMBER···? *30*

   OUTPULASE COMMAND···? SDIGITS 15

   OUTPULASE COMMEND···? PANSWER

   COMMENT···? *FOR em trunk*

··· ADDING FACILITY 1···

第 9 步，设置路由数据——路由方式表（PAT）。

路由方式是一种中间处理，用于检验呼叫的出局权力。呼叫通过收集路表、分析路由表或其他路由方式表进入一个路由方式表。

　　设置步骤：设置步骤：**PAT** ···? add

```
        Route pattern name ···? rp-em
        Route pattern type [STANDARD] ···?
        Route/Queue/Allow point (END) ···? rou
        Routing classes to allow [END] ···? all
        Forward routing classes to allow [END] ···? all
        Bearer capability classes to allow [END] ···? all
        Bearer capability classes to allow [END] ···?
        Facility number (1 - 200) ···?31
        Days [END] ···? all
        Hours [ALL] ···? all
        Days [END] ···? all
        Include route for queuing ···? n
        Route/Queue/Allow point (END) ···? end
        Continuation route pattern name [NONE] ···?
        Comment ···? for em
```

··· ADDING ROUTE PATTERN 'RP-EM'···

【思考与练习】

1. EM 中继数据由哪些数据表组成？

2. 怎样设置收集路由表？

模块 7　中国 1 号信令中继电路的数据设置（ZY3202001007）

【模块描述】本模块介绍了程控交换机中国 1 号信令中继电路的数据设置，包含所需软件和硬件的配置要求、中国 1 号信令中继电路数据设置方法。通过设置实例介绍，掌握典型程控交换机中国 1 号信令中继电路的数据设置的方法。

【正文】

一、中国 1 号信令中继数据设置概述

程控交换机每个中国 1 号信令中继电路都有自己的特征数据，包括中继局向、中继群数、设备号、信令方式、中继电路服务级别等数据。中继服务级别包括中继类别、呼叫类别、呼叫权限等参数。

程控交换机进行中国 1 号信令中继数据设置的目的就是为 2M 中继设定中继组电路数、中继电路接口和识别中继电路的中继组号，并根据中继组业务需要设定中继组服务级别。

中国 1 号信令 2M 中继电路一般设置为双向中继电路，出局呼叫接续过程为分机摘机拨 2M 出中继局向号，交换机接收主叫所拨号码，分析号码去向，完成呼叫接续，占用出中继电路，听到对端交换机送来的拨号音后拨对端交换机的被叫号码。入局呼叫接续为交换机收到对端交换机出中继占用信号后，占用入中继电路，并接收对端交换机发送的被叫号码，分析号码去向，完成呼叫接续。下面以 Harris 程控交换机为例介绍中国 1 号信令中继的数据设置。

二、所需条件

（1）硬件。在一般常规配置下，还需增加配置：① 数字中继板：DTU；② 多频板：8MFR2FB（接收多频信号）。

（2）软件。在一般常规配置的情况下，还需在 OCR（选择配置控制记录）中开放：① R2 Signaling

protocol（R2 信令规约）；② China R2 signaling system（中国 R2 信令系统）。

三、Harris 数字程控交换机中国 1 号信令中继的数据设置

中国 1 号信令中继电路数据配置步骤与环路中继、4W EM 中继电路配置基本相同。中继电路板子类型选择 2MB，电路类型为 R2DGTL。在每块数字中继板的 32 个电路中，第 16 和第 32 电路用于传送控制信号，其电路类型已由系统预置。在增加电路板表时，除了要增加 DTU 板外，还要增加多频互控信号音板。中国 1 号信令中继呼叫流程如图 ZY3202001007-1 所示。

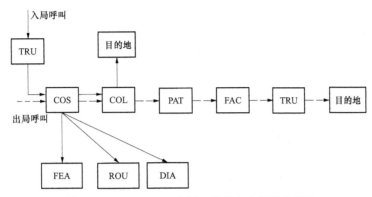

图 ZY3202001007-1　中国 1 号信令中继呼叫流程

第 1 步，新增接口电路——电路板表（BOA）。

将安装在交换机机柜中的 DTU 板和 8MFR2FB 板（多频互控信号音板）进行定义并激活。

设置步骤 1：**BOA…? ADD**

Board type…? 2MB

SLOT…? *01-18*

CIRCUIT NUMBER (1-32 OR END)[END]…? *1*

CIRCUIT TYPE …? R2DGTL

TRANSMISSION LEVEL TYPE(传输电平类型)…? D/CO

COMMENT…?

CIRCUIT NUMBER (1-32 OR END)[END]…? *2*

设置步骤 2：**BOA…? ADD**

Board type…? 8MFR2FB

SLOT…? *01-18*

…

第 2 步，号码分析——建立收集路由表（COL）。

为中国 1 号信令中继定义系统拨号计划，通过定义号码确定呼叫的建立。收集路由表的设置一般分为 2 步进行。第 1 步，建立收集路由表的表名。第 2 步，建立中继路由的收集方式。

设置步骤 1：**COL…? ADD**

Collect & route name …?CR-MFC //入中继组使用的 COL 表名。

INTERDIGIT SIGNAL [NONE]…? SND //要求发端发下一位。

SEQUENCE [END]…?

COMMENT…? *FOR PCM INCOMING CALL*

… ADDING COLLECT & ROUTE 'CR- MFC …

设置步骤 2：**COL …? modify**

Collect & route name …? *CR-MFC*

INTERDIGIT SIGNAL [NONE]…? SND

SEQ[END] …? *63 XXXX / EOS =CR-MFC*

SEQ[END] …?

说明：

（1）SND——向主叫发 A1 信号，要求主叫发下一位。

（2）/EOS——向主叫发 A3 信号，通知主叫已收齐被叫号码。

（3）/REM-KD——将所收号码的最后位移去，作为 KD 信号。主叫呼叫业务类别。

第 3 步，新建拨号控制级——拨号控制级别表（DIA）。

拨号控制级是服务级的一部分，系统使用它来决定使用何种呼叫程序来处理呼叫，并且指出数据库内何种表格用于下一步呼叫处理。

设置步骤：**DIA…? ADD**

    DIAL CONTROL CLASS (10-63)…? 18

    DIAL CONTROL TYPE …? R2

    DESTINATION…? CR-MFC

    …

    R2 SIGNAL FOR LINE INTERCEPT…? UNALLOC

                        //线路阻断的 R2 信号。

    R2 SIGNAL FOR NUMBER INTERCEPT…? UNALLOC

                        //号码阻断的 R2 信号。

    R2 SIGNAL FOR PARTIAL AND NO DIAL INTERCEPT…? CONGESTION

                        //无拨号和部分拨号阻断的 R2 信号。

    COMMENT…? *FOR 2MB PCM TRUNKS*

注：在中国 1 信令中编辑入中继组的拨号控制等级时，拨号类型应选择 R2。

第 4 步，新建功能级——功能级别表（FEA）。

功能级别是 COS 的一部分，用于定义一组用户可使用的系统功能，可以将一个功能级别（FEA）分配给多个 COS。功能级别 0 是预先定义为维护拨号的，不能删除此级别，但可以根据需要修改该级别。

主叫访问某一功能时，系统自动检查已经分配给主叫的功能级别。如果在主叫的功能级别中功能无效，主叫的访问将会取消，而且呼叫将被带到功能阻断。

设置步骤：**FEA…? add**

    FEATURE CLASS…? *18*

    FEATURE TYPE…? *trunk*

    …

    R2 SIGNALING PROTOCAL (F54)…? Y

    …

    COMMENT…? *FOR 2MB PCM TRUNKS*

    FEA…? add

    FEATURE CLASS (1-63) …? *19*

    FEATURE TYPE…? *FAC*

    …

    R2 SIGNALING PROTOCAL (F54) …? Y

    …

    COMMENT…? *FOR 2MB PCM FACILITY*

    FEA…? add

    FEATURE CLASS (1-63) …? *20*

    FEATURE TYPE…? STA

    …

    COMMENT…? *FOR STA*

注：在用于入中继及控制器的功能级中要把 R2 signaling protocol 功能开放。

第 5 步，新建路由级——路由级别表（ROU）。

路由级是服务级的一部分，每一个路由级都有一个 0～63 之间的号码。

设置步骤：**ROU …? add**

  ROUTE CLASS…? *18*

  COMMENT…? *FOR INCOMING TRUNKS*

  ROU…? add

  ROUTE CLASS…? *19*

 COMMENT…? *FOR OUTGOING*

ROU…? add

ROUTE CLASS…? *20*

COMMENT…? *FOR STATION*

第 6 步，新建服务等级——服务级别表（COS）。

给中继电路指定一个服务级别号，用于定义该 EM 中继的拨号控制、功能、路由、连接、承载能力和拆线等性能。

设置步骤：**COS …? add**

  COS CLASS (1-255)…? *18* //入中继组服务等级。

  DIAL CONTROL CLASS…? *18*

  FEATURE CLASS…? *18*

  ROUTE CLASS…? *18*

  RELIABLE DISCONNECT…? *Y*

  COMMENT…? *FOR 2MB PCM TRUNKS*

  COS…? add

  COS CLASS (1-255)…? *19* //出中继、控制器服务等级。

  DIAL CONTROL CLASS…? *1*

  FEATURE CLASS…? *19*

  ROUTE CLASS…? *19*

  RELIABLE DISCONNECT…? *Y*

  COMMENT …? *FOR **2MB PCM FACILITY***

第 7 步，设置中继数据——中继组表（TRU）。

定义该 2M 中继电路组表号及中继电路。

设置步骤：**TRU …? add**

  TRUNK NUMBER…? *2*

  TRUNK GROUP TYPE…? *R2*

  INCOMING CLASS OF SERVICE…? *18*

  TRUNK ID DIGITS…? *NONE*

  NO ANSWER EXTENSION…? *NONE*

  CALL FLOW…? *N*

  INCOMING DIALING MODE…? *MFC*

  INCOMING LOOKAHEAD SIGNALING…? *NO*

  CIRCUIT LOCATIONS…? *03-03-01*

  CIRCUIT LOCATIONS…? *03-03-02*

  …

  COMMENT…? *FOR 2MB PCM INCOMING TRUNK*

  TRUNK…? add

  TRUNK NUMBER…? *3*

```
TRUNK  TYPE…? R2

INCOMING  CLASS  OF  SERVICE…? 19

TRUNK  ID  DIGITS…? NONE

NO  ANSWER  EXTENSION…? NONE

CALL  FLOW…? N

OUTGOING  DIALING  MODE…? MFC

SEARCH  TYPE…? CF

CIRCUIT  LOCATIONS…? 03-03-03

CIRCUIT  LOCATIONS…? 03-03-04

…

COMMENT…? FOR  OUTGOING  TRUNK
```

注：在定义中继组表（TRU）时要的几点：

（1）Trunk group type（中继组类型）：**R2**。

（2）Incoming class of service：**K**。如果该中继组是入中继组时，服务等级 K 为入中继服务级；如果该中继组是出中继组时，服务等级 K 为出中继服务级。

（3）Incoming dialing mode（呼入拨号模式）：**MFC**。

（4）Outgoing dialing mode（呼出拨号模式）：**MFC**。

（5）Circuit location（电路位置）：DTU 的电路（每块 DTU 的第 16 和第 32 路不能在此分配做话路）。

第 8 步，设置中继数据——控制器表（FAC）。

控制器就是决定如何发送呼叫到指定的中继组。所有指定给中继组的出中继呼叫都是经过一个路由点（在路由方式表中）到达控制器的，然后到达与该控制器相关的中继组。

```
设置步骤：FAC…? add

FACILITY  NUMBER…? 1

TRUNK  GROUP  NUMBER …? 2

OUTGOING  COS  NUMBER…? 19

OUTPULASE  COMMAND…? KDn

OUTPULASE  COMMAND…? SDIGITS  7

OUTPULASE  COMMEND…? WANSWER

COMMENT…? FOR  PCM  CALL
```

注：在使用中国 1 号信令时，HARRIS 交换机通过控制器发送 KD 信号（KD——用于表示呼叫类别，KD2 为长话，KD3 为市话）。

第 9 步，设置路由数据——路由方式表（PAT）。

路由方式是一种中间处理，用于检验呼叫的出局权力。呼叫通过收集路表、分析路由表或其他的路由方式表进入一个路由方式表。

```
设置步骤：PAT …? add

NAME…? RP-PCM

ROUTE  PATTERN  TYPE [STANDARD]…?

ROUTE/QUEUE/ALLOW (END) …? ROUTE

ROUTING  CLASSES  TO  ALLOW …? ALL

FACILITY …? 1

DAYS  ALLOWED…? ALL

HOURE  ALLOWED…? ALL

INCLUDE  ROUTE  FOR  QUEUING…? N

CONTINUATION  PATTERN…? NONE

COMMENT…? FOR  PCM  CALL
```

四、交换机时钟源数据设置

程控交换网时钟同步方式有主从同步和准同步两种方式。

主从同步：网内有一个中心局，设有高精度的主时钟源，产生网内的标准频率送往各交换局作为交换机的时钟基准。

准同步：各交换局设立互相独立、互不牵扯的标称速率相同的高稳定度时钟。电力程控交换网采用主从同步方式。

下面以 Harris 数字程控交换机为例介绍交换机时钟同步的数据设置。

Harris 数字程控交换机时钟同步的数据设置步骤：

```
SYSEDT···?       DTU

SYSDTU···?       MOD

First DTU clock source reference [current value] ···?  1-18//第一时钟源

Second DTU clock source reference [current value] ···?

Third DTU clock source reference [current value] ···?

Fourth DTU clock source reference [current value] ···?
```

如果交换机选择交换机自身的时钟作为主时钟源，以上参数选择 NONE。

【思考与练习】

1. 中国 1 号信令中继电路板子类型为什么?电路类型为什么?

2. 中国 1 号信令中继电路的硬件配置是什么?

模块 8 No.7 信令中继电路的数据设置（ZY3202001008）

【模块描述】本模块介绍了典型程控交换机 No.7 信令中继电路数据设置，包含所需软件和硬件的配置要求、No.7 信令数据设置方法。通过设置实例介绍，掌握典型程控交换机 No.7 信令中继电路的数据设置的方法。

【正文】

一、No.7 信令中继数据设置概述

程控交换机每个 No.7 信令中继电路都有自己的特征数据，包括中继局向、中继群数、设备号、信令方式、中继电路服务级别等数据。中继服务级别包括中继类别、呼叫类别、呼叫权限等参数。

一条最简单的 No.7 信令中继，是由两个信令点、一条信令链路和数条中继电路组成。No.7 信令数据除了中国 1 号信令中继的相关数据外，包括信令点编码、消息传递部分 MTP、信令链路、TUP、ISUP、SCCP、CTUP 等数据。下面以 Harris 数字程控交换机为例介绍 No.7 信令中继数据设置方法及步骤。

二、所需条件

1. 硬件配置

（1）CPU。Harris 数字程控交换机要实现 No.7 信令需要配置加强型 CPU，包括 XCPU、ICPU、KCPU 和 ECPU。此类 CPU 内部有 2LAN 卡，通过 LAN 线与 PCU 板连接，提供 MTP 各 CTUP（CTUP 在 CPU 中运行）的接口，每个 CPU 支持两个局域网 LAN。

（2）PCU 板（No.7 信令协议处理板）。PCU 板用于控制在 No.7 信令链路上传送的协议。MTP 是在 PCU 板上运行的。PCU 板可安装于 HARRIS 交换机的所有电话接口槽位，每块 PCU 板提供 2/4 条信令链路。

（3）DTU 板。DTU 数字中继电路板为 No.7 信令中继电路的语音电路和信令链路提供物理通道，物理连接如图 ZY3202001008-1 所示。

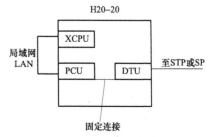

图 ZY3202001008-1　No.7 信令中继电路物理连接图

2. 软件配置

（1）软件版本。交换机软件版本要求为 G22.xx 或 G24.xx 上。

（2） OCR 设置。用户在购置交换机时，不但要满足硬件要求，同时要采购相应的 No.7 信令软件，并在 OCR 中进行相应的设置，设置信息如下：

Telephone user part （TUP） … Y

China telephone user part（CTUP） … Y

Number of TUP circuit Groups… （适当数量）

Number of TUP Trunks…（适当数量）

"TUP Circuit groups" 数量为 "TUP Trunks" 的 1/30，即每一个 "Circuit groups" 可容纳 30 条 "TUP Trunks"。

三、Harris 数字程控交换机 No.7 信令中继的数据设置

由于 No.7 信令是共路信令，信令和话音分开传送，因此在数据设置时信令链路和中继电路要分别定义。

第 1 步，设置信号点编码。

本局编码 OPC 的设置。

设置步骤：**A**…? **SYS**

    SYSEDT…? **SS7**

    SYSSS7…? **SYSTEM**

    SYSLEV…? **MODIFY**

    Circuit Query Message Interval Timer [0] …?

    Origination Point Code (OPC) [0- 0- 0] …?*19-20-5*

    Local town…?

    Local State…?

    Local Building…?

    Local Building Subdivision…?

    …SYSTEM LEVEL INFORMATION MODIFIED…

第 2 步，消息传递部分 MTP 与信令链路 Signaling link。

1. MTP 第一层

定义信号链路和信道的物理电路板。

（1）PCU 板（信号链路）。

设置步骤 1：**BOA**…?**ADD**

    Board type…? **PCU2**

    Slot…?*03-01*

*******************************WARNING*******************************

Editing a PCU board cannot be SAVED unless the switch is rebooted. If you are willing To reboot the switch to SAVE this edit session then answer 'YES'. Answer 'NO' to CANCEL this edit session.

****

    Continue and Reboot later (YES/NO) …?**Y**

    Circuit number (1-2, or END) [END] …?**1**

    Channel type [NONE] …?**SS7**

    Circuit comment…?

    Circuit number (1-2, or END) [END] …?**2**

    Channel type [NONE] …?**SS7**

    Circuit comment…?

```
                  Circuit number (1-2，or END) [END] …?
         …ADDING PCU2 AT SLOT LOCATION 03-01…
```

注意：这里提示，要使数据库的修改有效，需要将 PCU 板重启动，在 TDD 命令下，先用 REM/DISC 命令使 PCU 板维护忙，再立即用 RES/DISC 命令恢复 PCU 板，如果系统要重启动，则 PCU 板不必单独重启动。

（2）DTU 板　（为信号链路提供物理连接信道）。

设置步骤 2：**BOA**…?**ADD**

```
         Board type…?2MB

         Slot…?03-07

         …

         Signaling type[STANDARD] …?
         Channel 16 mode [CAS] …?CCS
         Circuit number(1-32，or END) [END] …?1
         Circuit type [NONE] …?CC  //信令通道。
         Circuit comment…?
         Circuit number(1-32，or END) [END] …?2
         Circuit type [NONE] …?CC  //信令通道。
         Circuit comment…?
         Circuit number(1-32，or END) [END] …?3
         Circuit type [NONE] …?TUP  //话路通道。
         Circuit comment…?
        Circuit number(1-32，or END) [END] …?4
         Circuit type [NONE] …?TUP  //话路通道。
         Circuit comment…?
         …

         Circuit number(1-32，or END) [END] …?
         …ADDING 2MB BOARD AT SLOT LOCALION 03-07…
```

注：对于 CHANNEL 16 MODE，当远程需要复帧同步时，要设置成 CAS；当远程不需要复帧同步时，要设置成 CCS，两端必须要一致。但当设置为 CAS 时，目前只能 17-31 时隙作为 Clear channel，设置成 CCS，1-15 和 17-31 时隙都可作为 Clear channel。

（3）固定连接：DTU 板上的物理连接信道与 PCU 板上的信号链路作固定连接。

设置步骤 3：**NAILED**…?**ADD**

```
             Source circuit location…?03-07-30

             Destination circuit location…?03-01-01

             Comment…?
       …ADDING NAILED UP PCU CONNECTION 03-07-30 AND 03-01-01…

             NAILED…?ADD

             Source circuit location…?03-07-31

             Destination circuit location…?03-01-02

             Comment…?
       …ADDING NAILED UP PCU CONNECTION 03-07-31 AND 03-01-02…
```

2. MTP 第二层（信号链路层）

定义信号链路及其纠错方式，波特率等参数。

设置步骤：**L2 entity····?ADD**

    Enter L2 entity (1-20) ····?*1*

    Slot ····?*03-01* //PCU 板所在位置。

    Enter module number(1-1) ····?*1*

····ADDING L2 ENTITY 1····

    L2 LINK····?ADD

    Entity link ID(1-20) ····?*1*

    Circuit location····?*03-01-01*

    Enable PCM inversion[BASIC] ····?

    Select baud rate (56k or 64k) [64] ····?

····ADDING LINK 1····

    L2 LINK····?ADD

    Entity link ID(1-20) ····?*2*

    Circuit location····?*03-01-02*

    Enable PCM inversion[BASIC] ····?

    Select baud rate (56k or 64k) [64] ····?

····ADDING LINK 2····

注意：对应于系统使用的 PCU 板，即系统使用了几块 PCU 板，就必须相应定义几个 L2 ENTITY。

3. MTP 第三层（网络层）

定义信号链路对端节点（STP 或 SP）的编码（DPC）、链路组（LINKSET）、负荷分担方式以及中继对端节点（SP）的编码（DPC）等参数。

设置步骤：**L3 entity····?ADD**

    Enter slot location····?*03-01*

    Enter module number(1-1) ····?*1*

 ····ADDING L3 ENTITY 1····

    L3 entity····?EXIT

    L3····?LINK

    L3 link····?ADD

    Enter link ID(1-20) ····?*1* //与 L2 link 相对应。

    Enter destination network ID (0-255) ····?*19-20-8* //信号链路直达的 STP 的 DPC。

    Enter destination network ID (0-255) ····?*0* //必须和对端一致。

 ····ADDING LINK 1····

    L3 link····?ADD

    Enter **link ID(1-20) ····?***2* //与 L2 link 相对应。

    Enter **destination network ID (0-255) ····?***19-20-8* //信号链路直达的 STP 的 **DPC**）。

    Enter destination network ID (0-255) ····?*1*//必须和对端一致。

  ····ADDING LINK 2····

    L3 link····?EXIT

    L3 ····?LINKSET

    L3 LINKSET····?ADD

    Linkset ID (1-20) ····?*1*

    Link ID (1, 8, END) [END] ····?*1*

    Link ID (1, 8, END) [END] ····?*2*

    Link ID (1, 8, END) [END] ····?END

    Network indicator [NATIONAL] ····?

Modify timers [NO] ⋯?

⋯ADDING LINK SET 1⋯

注意：同一 LINKSET 中的 LINK 必须具有相同的 DPC，但具有不同的 LINK CODE。

L3⋯?ROUTE

L3 route⋯?ADD

Enter network ID(0-255) ⋯? *19-20-1*　//中继线对端的 **SP** 的 **DPC**。

Linkset ID (1-20)，COMBINED，END⋯? *1*　//呼叫该局时使用的信号链路组。

Linkset ID (1-20)，COMBINED，END⋯?END

⋯ADDING ROUTE 19-20-1⋯

L3 route⋯?ADD

Enter network ID(0-255) ⋯? *19-20-6*　//中继线对端的 **SP** 的 **DPC**。

Linkset ID (1-20)，COMBINED，END⋯? *1*　//呼叫该局时使用的信号链路组。

Linkset ID (1-20)，COMBINED，END⋯?END

⋯ADDING ROUTE 19-20-6⋯

说明：

（1）L3 route 代表话音中继路由，定义对端局的 DPC 和呼叫该局所使用的信号链路组，该 DPC 将出现在中继组中。在上例中，呼叫两个对端局使用同一信号链路组。

（2）呼叫同一局时，信号可走不同的信号链路组，经不同的 STP 转接。如果这些信号链路组要实行负荷分担，可使用 COMBINED 命令。

第 3 步，号码分析——建立收集路由表（COL）。

为中国 1 号信令中继定义系统拨号计划，通过定义号码确定呼叫的建立。收集路由表的设置一般分为 2 步进行。第 1 步，建立收集路由表的表名。第 2 步，建立中继路由的收集方式。

在 No.7 信令的 IAM 或 IAI 消息中，主叫用户类别（CAT）字段在意义上同时包含了中国 1 号信令的 KA（用户类别）和 KD（呼叫业务类别）的含义，因此 H20-20 在设计上利用 KA 和 KD 来间接地设置 CAT 的值，每次呼叫，无论是用户端口还是中继端口，都要有确定的 KA 和 KD 值，用以翻译成 CAT 的值。由于 TUP 用的 FACILITY 不能设置 KD，另外 TRU 表又不能设置 KA，所以 KD 和 KA 值要在收集路由表中设置。

设置步骤 1：**COL⋯? ADD**

Collect & route name ⋯? *CR-DIAL*　//主叫为分机的收集路由表。

INTERDIGIT SIGNAL [NONE]⋯?

SEQUENCE [END]⋯?

COMMENT⋯?

⋯ ADDING COLLECT & ROUTE 'CR-DIAL' ⋯

COL⋯? ADD

Collect & route name ⋯? *CR-TCUP-IN*　//入中继的收集路由表。

INTERDIGIT SIGNAL [NONE]⋯?

SEQUENCE [END]⋯?

COMMENT⋯?

⋯ ADDING COLLECT & ROUTE 'CR-TCUP-IN' ⋯

设置步骤 2：**COL ⋯? modify**

Collect & route name ⋯? *CR-DIAL*

INTERDIGIT SIGNAL [NONE]⋯?

SEQ[END] ⋯? *2XXX=STA*　//呼叫内部分机。

SEQ[END] ⋯? *NXX XXXX /INS 8, 3 /REM-KD=RP-LOCAL*

//KD=3，市话。

```
        SEQ[END] …? 0 XXXXXXXXXX /INS 12, 2 /REM-KD=RP-LONG
                                            //KD=2，长途。
        SEQ[END] …?
        …
        COL …? modify
        Collect & route name …? CR-TCUP-IN
         INTERDIGIT  SIGNAL [NONE]…?
         SEQ[END] …? NXX XXXX /SND-CAT /ACC 3=STA
         SEQ[END] …?

         …
```

注意：　KA 值在分机表 EXT 中设置，与以前的版本相同。KD 值在 COLLECT&ROUTE 中利用"/INS"和"/REM-KD"来设置。

第 4 步，新建拨号控制级——拨号控制级别表（DIA）。

拨号控制级是服务级的一部分，系统使用它来决定使用何种呼叫程序来处理呼叫，并且指出数据库内何种表格用于下一步呼叫处理。

设置步骤：**DIA**…? **ADD**

```
    DIAL  CONTROL  CLASS (10-63)…? 18  //分机的拨号级。
  DIAL  CONTROL  TYPE …? DIAL
  DESTINATION…? CR-DIAL
  …
  DIA…? ADD
  DIAL  CONTROL  CLASS (10-63)…? 19  //入中继的拨号级。
  DIAL  CONTROL  TYPE …? DIAL
  DESTINATION…? CR-CTUP-IN
```

第 5 步，新建功能级——功能级别表（FEA）。

功能级别是 COS 的一部分，用于定义一组用户可使用的系统功能，可以将一个功能级别（FEA）分配给多个 COS。功能级别 0 是预先定义为维护拨号的，不能删除此级别，但可以根据需要修改该级别。

主叫访问某一功能时，系统自动检查已经分配给主叫的功能级别。如果在主叫的功能级别中功能无效，主叫的访问将会取消，而且呼叫将被带到功能阻断。

设置步骤：**FEA**…? **add**

```
    FEATURE  CLASS…? 18
    FEATURE  TYPE…? trunk
    …
    R2  SIGNALING  PROTOCAL (F54)…? N
    …
    COMMENT…? FOR  2MB  PCM  TRUNKS
    FEA…? add
    FEATURE  CLASS  (1-63) …? 19
    FEATURE  TYPE…? FAC
    …
    R2  SIGNALING  PROTOCAL  (F54) …? N
    …
    COMMENT…? FOR  2MB  PCM  FACILITY
    FEA…? add
    FEATURE  CLASS  (1-63)  …? 20
```

```
FEATURE  TYPE…? STA

…

COMMENT…? FOR  STA
```

注意：

（1）对于分机的功能级，Send NOCHARGE signal when idle 设置成 NO 以便应答时发送 ANC 消息，对免费的被叫分机（如 119，110 台）设置成 YES，以便应答时发送 ANN 消息。如果用户登记了恶意呼叫追踪功能，FEA 中的 Malicious Call Trace（MCT）必须设置成 YES。

（2）对于中继组的功能级，R2 signaling protocol 必须设置成 NO。

第 6 步，新建路由级——路由级别表（ROU）。

设置步骤参见模块 ZY3202001007 中国 1 号信令中继电路的数据设置。

第 7 步，新建服务等级——服务级别表（COS）。

设置步骤参见模块 ZY3202001007 中国 1 号信令中继电路的数据设置。

第 8 步，设置 ANI 前缀。

在 SYSANI 表中定义 ANI 前缀，然后将它分配给分机表中的分机。例如：

```
设置步骤: SYSEDT…? ANI

       SYSANI…? M

       Prefix index (1-99，DEFAULT) [DEFAULT] …? 1  //前缀索引。

     Prefix for index 1…? 445

  …MODIFYING ANI PREFIX…
```

第 9 步，设置中继数据——中继组表（TRU）。

BOA 中的 TUP 电路定义好后，就可以分配给中继组。中继组的类型是 CTUP。

```
设置步骤: TRU…? ADD

              Trunk group number(1-100) …? 1

              Trunk group type [GS] …? CTUP

              Incoming COS number (0-63) …? 11

              Trunk ID digits [NONE] …?

              No answer extension…? N

               Outgoing calls allowed [YES] …?

              Search type [HF] …?

              Destination point Code(DPC) …? 19-20-6

              Normal aborted call handling procedure(Y/N) [YES] …?

              Glare Resolution [0] …? 2

              COT Period(0-15) [0] …?

              Satellite circuit indicator (Y/N) [YES] …? N

              Priority level range(0-3) [1] …?

              Number of circuits(1-100) …? 3

              Circuit location[END] …? 03-07-01

              SS7 Circuit identification code(CIC) …? 1

              SS7 Circuit Group Number(1-100) …? 1

              Circuit location[END] …? 03-07-02

              SS7 Circuit identification Code (CIC) [2] …?

              SS7 Circuit Group Number(1-100) [1] …?

              Circuit location[END] …?

              AW display name…? CTUP

              Teleset display name…? CTUP
```

```
         Comment…? 
    …ADDING TRUNK GROUP 1…
         TRU…? ADD
         Trunk group number(1-100) …? 3
         Trunk group type [GS] …? CTUP
         Incoming COS number (0-63) …? 11
         Trunk ID digits [NONE] …?
         No answer extension…? N
         Outgoing calls allowed [YES] …?
         Search type [HF] …? HR
         Destination point Code(DPC) …? 19-20-1
         Normal aborted call handling procedure(Y/N) [YES] …?
         Glare Resolution [0] …? 2
         COT Period(0-15) [0] …?
         Satellite circuit indicator (Y/N) [YES] …? N
         Priority level range(0-3) [1] …?
         Number of circuits(1-100) …? 3
         Circuit location[END] …? 03-11-01
         SS7 Circuit identification code(CIC) …? 32
         SS7 Circuit Group Number(1-100)…? 3
         Circuit location[END] …? 03-11-02
         SS7 Circuit identification Code (CIC) [33] …?
         SS7 Circuit Group Number(1-100) [3] …?
         Circuit location[END] …?
         AW display name…? CTUP
         Teleset display name…? CTUP
         Comment…?
    …ADDING TRUNK GROUP 3…
```

注意：中继组中的 DPC 就是在 L3 ROUTE 中定义的路由，即对端局的编码。

第 10 步，设置中继数据——控制器表（FAC）。

控制器就是决定如何发送呼叫到指定的中继组。所有指定给中继组的出中继呼叫都是经过一个路由点（在路由方式表中）到达控制器的，然后到达与该控制器相关的中继组。

（1）对于市话呼叫或其他发送 IAM 的情况，只需设置一个 SCDN 类型的 Element，号码类别用 SUBSCRIBER（市话号码），Digits 命令只用 SDIGITS 11。

```
设置步骤 1: FAC…? ADD
         Facility number(1-100) …? 1
         Trunk group number(1-100 or NONE) …? 1
         Outgoing COS number(1-63) …? 12
         Element [SCDN] …?
         Type of Number [NATIONAL] …? SUB   //市内号码。
         Numbering plan [ISDN] …?
         Digits [SDIGITS 10] …?
         Digits…?
         Element…?
         Comment…?
```

```
···ADDING FAVILITY 1···
```

（2）对于长途或其他要发送 IAI 的情况，除 SCDN 类的 Element 外，还要设置 SCLN 类型的 Element，以便传送主叫号码。也就是说，在 FAC 中，若有 SCLN 则发送 IAI，若无 SXLN 则发送 IAM。注意号码类别（Type of Number）仍设置成 SUBSCRIBER（市话号码），下面的示例中，用 SPREFIX 命令发送局号，SANI 命令发送主叫号码。

设置步骤 2：**FAC···? ADD**

```
        Facility number(1-100) ···? 2

        Trunk group number(1-100 or NONE) ···? 2

        Outgoing COS number(1-63) ···? 12

        Element [SCDN] ···?

        Type of Number[NATIONAL] ···?

        Numbering plan[ISDN] ···?

        Digits[SDIGITS 10] ···?

        Digits···?

        Element···? SCLN

        Presentation Restriction Indicator[ALLOWED] ···?

        Type of Number[NATIONAL] ···? SUB

        Numbering plan[ISDN] ···?

        Digits[SDIGITS 10] ···?SPREFIX 3

        Digits···? SANI 4

        Digits···?

        Element···?

        Comment···?
```

```
···ADDING FACILITY 2···
```

第 11 步，设置路由数据——路由方式表（PAT）。

设置步骤参见模块 ZY3202001007 "中国 1 号信令中继电路的数据设置"。

【思考与练习】

1. No.7 信令中继设置的硬件条件是什么？

2. No.7 信令链路的设置步骤是什么？

模块 9　Q 信令（30B+D）中继电路的数据设置（ZY3202001009）

【模块描述】本模块介绍了典型程控交换机 Q 信令中继电路的数据设置，包含 Q 信令支持的功能、实现 Q 信令所需的软件和硬件配置要求及 Q 信令中继电路数据设置方法。通过设置实例介绍，掌握典型程控交换机 Q 信令中继电路的数据设置的方法。

【正文】

一、Q 信令中继数据设置概述

程控交换机每个 Q 信令中继电路都有自己的特征数据，包括中继局向、中继群数、设备号、信令方式、中继电路服务级别等数据。中继服务级别包括中继类别、呼叫类别、呼叫权限等参数。

Q 信令 2M 中继电路一般设置为双向中继电路，出局呼叫接续过程为分机摘机拨 2M 出中继局向号，交换机接收主叫所拨号码，分析号码去向，完成呼叫接续，占用出中继电路，听到对端交换机送来的拨号音后拨对端交换机的被叫号码。入局呼叫接续为交换机收到对端交换机出中继占用信号后，占用入中继电路，并接收对端交换机发送的被叫号码，分析号码去向，完成呼叫接续。下面以 Harris 程控交换机为例介绍 Q 信令中继的数据设置。

二、实现 Q 信令需要具备的条件

1. 软件

系统软件要求：23 版本以上。

OCR 要求：NUMBER OF PRI BOARDS … 适当数量；ISDN QSIG PRIMARY RATE INTERFACE … Y。

2. 硬件

使用 DTU-E1（P/N 761318）。

DTU-E1 板位号为 U67 的 IC 必须有。

用同轴电缆或双绞线直连时，不能超过 300m，否则应在中间使用传输设备。

三、Q 信令（30B+D）中继电路数据设置

第 1 步，新增接口电路——电路板表（BOA）。

将安装在交换机机柜中的 DTU 板进行定义并激活。

设置步骤：**BOA** … **?add**

```
BOARD TYPE … ?30PRI
Slot … ? 01-20
Allow Harris Defined Network Applications on this interface(Y/N)… ?N
Allow Harris Defined Network Features on this interface(Y/N)… ? N
PRI interface remotely connected to switch on SW Release 9/10(Y/N)…?N
ISDN PRI Protocol (ATT，DMS1，DMS2，ETSI，QSIG，NTT) … ? QSIG
Transit Counter [10] …?
Cyclic Redundancy check code 4(Y/N) …?N
Interface number … ? 4
Layer 2 destination type (MASTER or SLAVE) … ?SLAVE
D channel class of service (0-63) [0]…?
Is HDLC on the D channel inverted …? N
Is TS16´S Interface Time Fill (Idle Code) OIN-all l´S[N]…?
IS TS16´S OOS Alarm Indication Signal disabled[N] … ?
Acceptable bit error rate for FAS[4] …?
Receive frame slip counter limit (1-254 or off) [254]…?
Prompt maintenance Prealarm Counter limit (1-254 or OFF) [254]…?
Remote Prealarm Counter limit (1-254 or OFF) [254]…?
Out of service prealarm counter limit(1-254，or，OFF) [254]…?
Prompt maintenance alarm on delay[2.0]…?
Prompt maintenance alarm off delay[2.0]…?
Remote alarm on delay[0.3]…?
Remote alarm off delay[0.3]…?
Circuit number (1-32，or，END) [END]…?
Transmission level type[D/TT]…?
Comment …?
…ADDING 30PRI BOARD AT SLOT LOCATION 01-20…
```

注意：Layer 2 destination type 的设置：对端交换机选用 MASTER 时，本端就必须选择 SLAVE。如果本端选择 MASTER 时，对端就必须选择 SLAVE。

第 2 步，号码分析——建立收集路由表（COL）。

为 Q 信令中继定义系统拨号计划，通过定义号码确定呼叫的建立。收集路由表的设置一般分为 2 步进行。第 1 步，建立收集路由表的表名。第 2 步，建立中继路由的收集方式。

设置步骤参见模块 ZY3202001007"中国 1 号信令中继电路的数据设置"。

第 3 步，新建拨号控制级——拨号控制级别表（DIA）。

拨号控制级是服务级的一部分，系统使用它来决定使用何种呼叫程序来处理呼叫，并且指出数据库内何种表格用于下一步呼叫处理。

设置步骤参见模块 ZY3202001007"中国 1 号信令中继电路的数据设置"。

第 4 步，新建功能级——功能级别表（FEA）。

功能级别是 COS 的一部分，用于定义一组用户可使用的系统功能，可以将一个功能级别（FEA）分配给多个 COS。功能级别 0 是预先定义为维护拨号的，不能删除此级别，但可以根据需要修改该级别。

主叫访问某一功能时，系统自动检查已经分配给主叫的功能级别。如果在主叫的功能级别中功能无效，主叫的访问将会取消，而且呼叫将被带到功能阻断。

设置步骤参见模块 ZY3202001007"中国 1 号信令中继电路的数据设置"。

第 5 步，新建路由级——路由级别表（ROU）。

路由级是服务级的一部分，每一个路由级都有一个 0~63 之间的号码。

设置步骤参见模块 ZY3202001007"中国 1 号信令中继电路的数据设置"。

第 6 步，新建服务等级——服务级别表（COS）。

给中继电路指定一个服务级别号，用于定义该 EM 中继的拨号控制、功能、路由、连接、承载能力和拆线等性能。

设置步骤参见模块 ZY3202001007"中国 1 号信令中继电路的数据设置"。

第 7 步，设置中继数据——中继组表（TRU）。

定义该 2M 中继电路组表号及中继电路。

设置步骤：**TRU…? ADD**

```
TRU…? ADD
Trunk group number(1-15)…? 1
Trunk group type〔GS〕…? PR
Incoming COS number(0-63)…? 20
Trunk ID digits〔NONE〕…?
No answer extension…?None
Outgoing calls allowed〔Yes〕…? YES
Number of circuit(1-127)…? 30
Circuit location〔END〕…? 01-20-01
Circuit location〔END〕…? 01-20-02
…
Aw display name…? BOTH
Teleset display name…? BOTH
Comment…? For TRU-BOTH
```

第 8 步，设置中继数据——控制器表（FAC）。

控制器就是决定如何发送呼叫到指定的中继组。所有指定给中继组的出中继呼叫都是经过一个路由点（在路由方式表中）到达控制器的，然后到达与该控制器相关的中继组。

设置步骤参见模块 ZY3202001007"中国 1 号信令中继电路的数据设置"。

第 9 步，设置路由数据——路由方式表（PAT）。

路由方式是一种中间处理，用于检验呼叫的出局权力。呼叫通过收集路表、分析路由表或其他的路由方式表进入一个路由方式表。

设置步骤参见模块 ZY3202001007"中国 1 号信令中继电路的数据设置"。

【思考与练习】

1. Q信令需要具备的软件条件是什么？
2. Q信令中继电路数据设置的主要步骤有哪些？

模块 10　系统软件重装（ZY3202001010）

【模块描述】本模块介绍了典型程控交换机系统软件重装的操作方法。通过重装实例介绍，掌握典型程控交换机系统软件重装的操作技能。

【正文】

一、概述

交换机在运行过程中，系统软件程序会因各种原因而遭到破坏，系统运行将会受到影响，如交换机的某些功能不能正常使用，某些数据不能修改，系统反复自启动等。交换机在系统重启动后仍不能正常运行时，就要重新加载系统软件，以便使交换机能正常运行。下面以 Harris 数字程控交换机为例介绍交换机系统软件的重新加载。

二、Harris 数字程控交换机系统软件的重装

Harris 数字程控交换机系统软件的重装操作步骤如下：

第 1 步，关机。

交换机软件重装需要将交换机停运，即关掉相应公共设备机架的电源（M 型机则关闭所有机架电源），将 CPU 板的开关 3 拨至 ON 的位置，使系统从软盘驱动器上将启动程序读入硬盘。

第 2 步，连接维护终端。

将与终端相连的九芯电缆的 RS232C 头插在 CPU 板的 UART 口上，系统在启动过程中将有关信息在显示屏上显示，指导完成重装软件的操作过程。

第 3 步，安装启动文件。

将系统软盘的第一张（编号为 1/5）插入相应机架的软盘驱动器中，对硬盘进行格式化，并将启动文件拷贝到硬盘上。

第 4 步，交换机加电，硬盘格式化。

（1）交换机加电后，读取软盘文件，终端显示屏上将出现如下提示：

RELEASE 24.00

Harris Corporation, Digital Telephone Systems Division

Winchester Build Command File（硬盘建立命令文件。）

This command file prepares the Winchester for the installation（准备硬盘装载的命令文件。）

Would you like to reinitialize your Winchester [Y/N]? //是否愿意重新初始化（格式化）硬盘 [是/否]？

（2）输入"Y"，系统将接着出现如下提示：

WARNING（警告）

This process will destroy all data on the Winchester（此步操作将破坏硬盘上的全部数据。）

If you have not saved the database, exit the program now and use the editor BACKUP utility to save the database on floppies.（如果尚未将数据库存盘，即刻退出程序并使用编辑模块中的应用命令 BACKUP，将数据库存入到软盘上。）

you may restore the back up after the disk build procedure（在磁盘建立过程之后，可恢复备份的数据库。）

If you answer NO to the following question you will automatically be exited out of the program（如果对下列提问回答 NO，系统将自动退出本程序。）

Have you backed up your database to floppy disks already [Y/N]?（是否已将数据库备份到

软盘［是/否］？）

（3）在此提问下输入 Y 开始格式化硬盘。

最后，屏幕上出现提示：

`Winchester initialization is complete`（硬盘初始化已完成。）

`Please store this floppy disk in a safety place, and set the CPU switchs to boot`

`from the Winchester`（请将软盘存放在安全的地点，并设置 CPU 板上的开关，使系统从硬盘上启动。）

第 5 步，安装系统软件。

（1）取出软盘，将 CPU 板上的开关 3 设为 OFF，然后按下 CSU 板上的复位（RESET）键，系统从硬盘启动。最后，出现如下提示：

`Press RETURN when release 26.00 floppy #2 is in the floppy driver`

（将 26.00 版本软件第 2 号盘插入软盘驱动器后，键入 RETURN）

`Press RETURN when release 26.00 floppy #3 is in the floppy driver`

（将 26.00 版本软件第 3 号盘插入软盘驱动器后，键入 RETURN）

`Press RETURN when release 26.00 floppy #4 is in the floppy driver`

（将 26.00 版本软件第 4 号盘插入软盘驱动器后，键入 RETURN）

`Press RETURN when release 26.00 floppy #5 is in the floppy driver`

（将 26.00 版本软件第 5 号盘插入软盘驱动器后，键入 RETURN）

`Press RETURN when Customer Options/Password floppy is in the floppy driver`

（将客户选择/口令 软盘插入软盘驱动器后，键入 RETURN）

（2）键入 RETURN，屏幕上将出现如下提示：

`Installation of Release 26.00 is complete`（26.00 版本软件安装完毕。）

`Please store all floppies in a safe place`（请将所有的软盘放于安全处。）

第 6 步，将软盘取出后，再次按下 CSU 板上的复位钮，重新引导系统，待系统启动完毕后，在终端上键入 CTRL-C 进行联机，当输入用户名和口令进入系统后，系统会自动脱机退出，并显示：

`PASSWORD TABLE UPDATED.PLEASE LOG ON AGAIN …`（口令表更新，请再次联机）

第 7 步，建立新的数据库。

新数据库的建立有两个方法：

（1）使用 UTI 的 RESTORE 命令将备份在软盘上的数据库恢复到硬盘上。

（2）使用 UTI 的 CREATE 命令重新创建数据库和数据库内容，用 UTI 的 LIC 命令将安装码输入，最后用 ACTIVE 命令激活新生成的数据库。

经过以上 7 步操作，完成系统软件的重装。

三、注意事项

在系统软件重装过程中，硬盘将被格式化，所有数据包括数据库 A、B，CDR，ALARM 和 MHC 等记录将被破坏。因此，若需要这些记录，应在格式化硬盘之前将相应数据打印出来，数据库可用 BACK UP 编辑命令备份到软盘上。

【思考与练习】

1. 简述 Harris 数字程控交换机系统软件重装的步骤。

2. 简述引起交换机软件重装的原因。

3. 系统软件重装有哪些注意事项？

模块 11　系统软件升级（ZY3202001011）

【模块描述】 本模块介绍了典型程控交换机系统软件升级的操作方法。通过升级实例介绍，掌握典型程控交换机系统软件升级的操作技能。

766

【正文】

一、概述

交换机系统软件是由程序和数据两大部分组成。交换机原始设计程序需要不断修改和完善，随着新技术和新业务的不断发展，交换机软件需要不断更新，并增加新的软件，以适应新业务应用的需要。因此，交换机生产商不断更新和升级系统软件。用户交换机在运行一段时间后，也需要对交换机进行软件升级，以适应新技术和新业务的发展。下面以 Harris 数字程控交换机为例介绍交换机的软件升级过程。

二、Harris 数字程控交换机系统软件升级

Harris 数字程控交换机的系统的硬件及软件配置情况记录在软件的 OPTION 里，当系统需要扩大容量或要求开放更多的软件功能时，就需要改动 OPTION 中的有关内容，通常是将新的 OPTION 的内容代替原来的 OPTION 内容，这一过程就称为系统软件升级。

Harris 数字程控交换机软件升级操作方法及步骤如下：

1. 将新的 OPTION 的内容装入 EDT 程序

（1）联机进入 ADMIN 根目录。

ADMIN …? edt

EDT …? opt

（2）将标有 OCR 盘标的磁盘插入主用控制机架的软盘驱动器中，按下回车键，系统将自动更新其 EDT 程序中的 OPTION 内容。

OPT …?

2. 更新数据库中的 OPTION 内容

在第一步更新 EDT 中的后，需要更新 A、B 两个数据库中 OPTION 的内容。

依次进入两个数据库中，键入命令 OPTION，进入数据库中的 OPTION 程序，再键入命令 UPGRATE，更新各种库中的 OPTION 内容，并用命令 SAVE 将更新后的 OPTION 内容存盘。

实例说明：

（1）安装新的系统 OCR 文件。

EDT…? OPT

OPT…? INSTALL

系统出现如下提示：

Insert the new OCR disk in disk drive of shelf 1 and press return…?（在第一机架的软盘驱动器内插入新的 OCR 磁盘并回车…?）

OCR UPGRADES MUST ALSO BE PERFORMED ON EACH DATABASE INDIVIDUALLY.TO UPGRADE A DATEBASE, FIRST SELECT THE DATABASE THEN SELECT THE OPTIONS MODULE AND EXEXUTE THE UPGRADE COMMAND.（OCR 的升级必须在每一个数据库内分别进行升级。要升级一个数据库首先选择数据库然后选择 OPTION 模块并执行升级命令 UPGRADE。）

（2）升级数据库内的 OCR 文件。

EDT…? SELECT

Database name…?B

…SELECTING DATABASE 'B'…

系统出现以下提示：

THE SELECTED DATABASE REQUIRES AN OCR UPGRADE TO PERFORM AN OCR UPGRADE ON THE SELECTED DATABASE CHOOSE THE OPTIONS MODULE FROM THE DATABASE MENU AND EXECUTE THE UPGRADE COMMAND.（被选的数据库要求 OCR 升级，在被选择的数据库内进行 OCR 升级时在数据库菜单上选择 OPTIONS 模块并执行升级命令 UPGRADE。）

（3）执行升级命令 UPGRADE。

B…? OPT

OPT…? UPGRADE

模块 11

··· UPGRADING XXX ···

退出 OPTIONS 模块并执行存盘命令 SAVE

OPT···? EXIT

B···? SAVE

··· SAVING EDIT SESSION OF DATABASE 'B'···

上述是更新数据库 B 内的 OCR 内容，应依照上述步骤更新数据库 A 内 OCR 内容。

三、注意事项

（1）应确认新的 OCR 盘可用。新的 OCR 版本应高于原有的 OCR 版本，否则将无法进行 OCR 升级。

（2）在分别对两个数据库进行 OCR 升级操作时，若该数据库为激活的数据库，则在存盘时会引起系统复位。因此应选择适当的时间进行相应操作，以免影响系统正常运行。

【思考与练习】

1. 简述 Harris 数字程控交换机软件升级的过程。

2. Harris 数字程控交换机软件升级的注意事项有哪些？

模块 11

ZY3202001011

第二十一部分

调度台维护

国家电网公司
生产技能人员职业能力培训专用教材

第八十章　调度台日常维护

模块1　调度台硬件维护（ZY3202101001）

【模块描述】本模块介绍了典型程控交换机调度台的硬件维护，包含调度台硬件结构和调度台系统功能、调度台常见故障。通过要点介绍、图片示例、案例分析，掌握调度台常见故障的处理方法。

【正文】

一、调度台系统功能

调度台是调度交换机的一个重要组成部分，是调度员完成电网调度指挥的专用通信设备，是调度员向调度用户下达调度指令的通信工具。多个调度台组成一个调度台组，调度台之间相互透明，具有相同的呼叫状态、呼叫提示等信息显示功能，每个调度台可进行相同或不同的调度呼叫。调度台具有如下主要功能，使得调度员的指挥调度简便易行。

（1）一键到位。调度台设置热线键，调度员按热线键可直接呼叫用户，不需要记忆被叫用户的电话号码。

（2）强插。当调度台呼叫某用户或中继线遇忙时，交换机将执行强插功能将调度台与用户间实现三方通话。

（3）强拆。当调度台呼叫某用户遇忙时，交换机将强行释放被叫用户，实现调度台与被叫用户的通话。

（4）来话排队。系统对呼叫同一调度台组的来话按时间进行排队。

（5）来话选答。调度员可根据来话重要性优先选择应答来话。

（6）呼叫保持。将当前正在进行的通话保持并进行新的呼叫操作，被保持的一方将听保持音或音乐。

（7）调度台录音接口。调度台支持每个手柄单独录音，可对调度台和分机通话内容连续录音。

（8）调度台组。可以将多个调度台定义为一个调度台组，同组内调度台可以实现来话全部振铃，组内成员应答所有来话等组功能。

（9）故障切换功能。在调度台故障时，调度台来话可全部切换到分机。

（10）调度台双U口切换功能。调度台具有两个U口，可分别连接到调度接口板上。当一个接口故障时，另一个接口自动启用，不影响调度台的正常使用。

（11）双机同组功能。将连接在不同交换机的多个调度台定义在同一个调度台组，共享相互之间的调度信息和呼叫信息，实现冗余和备份功能。

二、调度台硬件结构

调度交换机的调度台有按键式、触摸式和视频三大类调度台。按键式调度台主要由主台、手柄、显示区、录音接口和扩展台组成。触摸式调度台主要由调度台主机、触摸屏、手柄和录音接口组成。视频调度台主要由调度台主机、显示器、手柄、摄像头和录音接口组成。下面以Harris数字程控交换机为例介绍调度台的硬件构成。

Harris数字程控交换机的调度台有D系列按键式调度台、I系列网络调度台和视频调度台。

1. D系列调度台

D60调度台是物理硬热键和触摸屏软热键相结合的一体调度终端，有128个硬按键和64个硬按键两种类型，工作电压为DC48V/AC220V，与交换机采用2个ISDN 2B+D U口连接，采用TCP/IP网络接口（RJ-45）与调度台维护终端连接，2个话机接口连接2部模拟电话机。

D 系列调度台实物如图 ZY3202101001-1 所示。

2. I 系列调度台

I20 调度台是提供 IP 网络调度接口的屏幕调度台，兼备电路交换与 IP 交换两种特点，工作电压为 DC48V/AC220V，采用 TCP/IP 网络接口（RJ-45）与交换机 IP 电话端口相连接，TCP/IP 网络接口（RJ-45）与调度台的维护终端相连接，2 个话机接口连接 2 部模拟电话机；1 个外接音箱/耳机；1 个麦克风。I 系列调度台实物如图 ZY3202101001-2 所示。

图 ZY3202101001-1　D 系列调度台实物　　　　图 ZY3202101001-2　系列调度台实物

3. 视频系统调度台

D20iv 视频调度台通过 IP 网络实现点到点视频通信的功能，满足视频调度的需求，工作电压为 DC48V/AC220V，采用 ISDN 2B+D U 口与交换机连接，采用 TCP/IP 网络接口（RJ-45）与调度台的维护终端连接，2 个话机接口连接 2 部模拟电话机；1 个摄像头实现视频通信，1 个外接音箱/耳机；1 个麦克风。视频系统调度台实物如图 ZY3202101001-3 所示。

图 ZY3202101001-3　视频系统调度台实物

三、调度台系统功能

调度台接口采用 2B+D、1B+D、LAN、等接口与调度交换机相连。调度台除具有普通电话分机功能外，还具有以下功能：

（1）调度台组；

（2）连选功能（搜寻组功能）；

（3）网内的转接功能；

（4）强插、强拆、催挂用户分机；

（5）强插、强拆中继线；

（6）具有自动应答、摘机应答、按键应答、选择应答等应答方式；

（7）自动转接呼叫；

（8）保持呼叫；

（9）分机状态指示；

（10）显示区显示主、被叫；

（11）区别振铃和灯光，具有紧急呼叫铃声；

（12）优先级功能；

（13）具有故障切换功能，在调度台故障时，调度台来话可全部切换到分机；

（14）呼叫监听。

四、调度台故障分类及其处理

1. 调度台热线用户故障

（1）故障现象：① 热线用户拨不通；

　　　　　　　　② 不能正常通话；

　　　　　　　　③ 不能正常挂机。

（2）原因分析。如果调度台热线用户键的使用频率较高，会引起该键位无法正常弹起等硬件故障，另外中继线故障也会造成热键用户使用不正常。

（3）故障处理。首先用其他调度电话分机拨打故障热线用户号码，如果呼叫和通话均正常，则故障点应定位为调度台热键硬件或软件故障，由于调度台热线用户数据在日常使用中一般不会有变动，因此故障处理重点应放在热键硬件的检查上；如果呼叫或通话不正常，则故障点应定位为中继线硬件或软件故障，本着"先硬件后软件"的原则，首先检查中继联网通道和中继线接头是否正常，然后检查中继数据是否正常，直至故障排除。

2. 调度台故障

（1）故障现象。调度台无法正常使用。

（2）原因分析。调度台供电或信号线连接不正常和调度台接口板故障均会造成整个调度台无法使用；另外由于调度台手柄和手柄连线的损坏率都较高，如果上述部件中有一个损坏也会影响整个调度台的正常使用。

（3）故障处理。首先检查调度台指示灯状态是否正常，如果指示灯状态正常，则依次更换调度台手柄和手柄连线，观察故障现象是否消除；如果指示灯状态不正常，则首先检查调度台供电电压是否在正常范围内，信号线连接是否正常。其次检查调度台接口板是否正常，调度台接口板的检查可分为两步，第一步检查调度台接口板的数据设置是否正常，第二步可通过更换调度台接口板的电路端口检查调度台接口板是否硬件故障。

3. 调度台组故障

（1）故障现象。调度台组无法正常使用。

（2）原因分析。由于一个调度台组中包括多个调度台，调度台之间在物理连接上是相互独立的，同时发生硬件故障的几率很低，因此，调度台组故障应定位在调度台组数据设置和中继线故障上。

（3）故障处理。首先检查调度台组数据是否正常，然后检查中继线状态，本着"先硬件后软件"的原则，首先检查中继联网通道和中继线接头是否正常，然后检查中继数据是否正常，直至故障排除。

【案例】

（1）故障现象。某地调调度员发现调度台振铃正常，但拿起手柄后听不到对方的声音。

（2）原因分析。由于调度台的使用率较高，极易造成硬件损坏。因此，处理调度台故障时应首先检查调度台硬件，再检查软件设置。

（3）故障处理。

1）观察调度台指示灯状态，显示正常；

2）更换调度台手柄，故障现象未消失；

3）更换手柄连线，故障现象消失。

【思考与练习】

1. 程控交换机调度台的常用类型包括哪些？

2. 调度台热线用户故障的处理步骤是什么？

ZY3202101001

模块2　调度台数据设置（ZY3202101002）

【模块描述】本模块介绍了典型程控交换机调度台的数据设置，包含调度台的数据编辑、数据传送、密码管理等操作方法。通过设置流程介绍，掌握调度台数据设置的方法和技能。

【正文】

调度交换机的调度台和模拟用户、数字用户一样都有自己的特征数据，包括调度台组号、电话号码、用户电路设备号、用户类别、用户服务级别等数据。不同厂家调度交换机的调度台的数据设置各不相同。Harris 数字程控交换机的调度台数据设备由两部分组成，一部分是调度交换机侧的数据设置，另一部分是调度台的数据配置。下面以广哈公司的 TeleARK 调度台为例，介绍调度台数据设备方法和步骤。

一、调度交换机数据设置

TeleARK 调度台调度交换机侧的数据在交换机维护终端上完成，调度台的数据配置在调度台的维护台上完成。

1. 调度台的功能级别设置

（1）新建功能级。

```
EDT …? fea

FEA …? add

Feature class (1 - 63) …? 10

Feature class type …? opt

Feature [END] …?

Comment …? for cos 10
```

（2）修改功能级。

```
FEA …? m 10

Feature class type [OPTIC] …?

Feature [END] …? ^Z

Feature class type [OPTIC] …?

Feature [END] …? f7

Barge [N] …? y

Feature [END] …? f12

Call redirection [N] …? y

Feature [END] …? f57

Maintenance dialing [N] …? y

Feature [END] …? f99

Supervised transfer [N] …? y

Feature [END] …? f107

Unsupervised transfer [N] …? y

Feature [END] …? f73

Privileged calling [N] …? y

Feature [END] …?

Comment [for cos 10] …?

Unsupervised transfer
```

（3）新建服务等级。

```
COS …? add

COS number (1 - 255) …? 10
```

```
Dial control class (0 - 63) …? 10
Feature class (0 - 63) …? 10
Routing class (0 - 63) …? 10
Bearer capability class (0 - 7) [0] …?
Reliable disconnect (Y/N) [Y] …?
Comment …? for dispatch
```

2. 增加一块 DBRI 板

```
BOA …? ADD
Board type …? DBRI
Slot …? 01-20
2B+D interface number (1 - 16, ALL, or END) [END] …?
```

3. 调度分机的设置（增加一个调度分机）

```
EXT …? add
Extension number (0 - 9999) …? 2209
Extension type …? dispatch
Circuit location …? 01-20-01
COS number (0 - 255) …? 10
Extension priority level range (0 - 9) [0] …? 1
Individual speed dial blocks (0 - 4) [4] …?
Last name …?
First name …?
Location …?
Department …?
Published directory entry (YES/NO) …? y
Group I category name [KA1] …?
Group II category name [SUB-NO-PRIORITY] …?
Prefix index (1-99, DEFAULT) [DEFAULT] …?
Comment …?


… ADDING DISPATCH EXTENSION 2209 …
```

说明：

（1）分机类型定义为 DISPATCH。

（2）COS 设置方法和其他分机完全一样（如 DIA，FEA，ROU），其中 FEA 类型应定义为 STATION 类型，不同的是调度分机可以定义承载业务类型 BCC 值 0～7 中任何一个，建议使用默认值 0。

（3）每个电路位置 Circuit location 代表一个 DBRI 接口。

4. 调度台组的设置

增加一个调度组，调度组的设置在 DISGRP 下进行。

```
DISGRP …? add
Dispatch group number (1 - 64) …? 1
Master number (0 - 9999, NONE) [NONE] …? 2999    //调度组主号码/普通号码。
Master COS number (0 - 255) …? 10
Last name …?
First name …?
Extension number for directory [2999] …?
Location …?
```

ZY3202101002

模块 2

```
Department …?
Published directory entry (YES/NO) …? y
Emergency number (0 - 9999, NONE) [NONE] …? 2998  //调度组紧急号码。
Emergency COS number (0 - 255) …? 10
Dispatch agent number [END] …? 2201   //调度分机成员。
Group size (1 - 127) …? 10  //调度组内允许的分机成员的数量。
Dispatch agent index …? 1  //组内成员索引号。
Dispatch agent number [END] …? 2202
Dispatch agent index …? 2
Dispatch agent number [END] …?
overflow extension …? 2001  //调度组溢出分机号码。
Comment …? for test


… ADDING DISPATCH GROUP 1 …
```

二、调度台的数据设置

维护台是调度台的数据维护终端，主要功能是维护调度台的数据，进行调度台管理。

1. 密码管理

维护终端软件设置了密码对软件使用者的合法性进行校验。每次打开维护终端软件都弹出窗口要求用户输入使用密码，用户也可以在菜单"设置"–>"软件使用密码"对维护终端的使用密码进行设置，以保证安全性，如图 ZY3202101002-1 所示。

图 ZY3202101002-1　软件使用校验界面

2. 数据配置

维护终端进行调度台数据维护有离线配置和登录到调度终端配置两种方式。离线配置方式是先在维护终端上进行数据配置，然后再在登录方式下，导入配置好的文件并将其上传到调度终端。

登录配置方式是连接调度终端，进行调度台数据配置。

登录操作如下：在维护终端系统登录界面中，选择登录方式下拉框的某种登录方式。填入登录参数——对于通过网口录录填入终端的 IP 地址，默认是"192.168.220.22"；登录配置方式下填入用户名密码，确定后系统进行登录校验操作。

3. 配置管理

配置管理功能，是对调度终端的配置文件进行配置管理。登录到调度终端后，可从调度终端下载配置文件到维护终端进行编辑或导入离线配置好的配置文件，再上传回调度终端。

TeleARK D20 调度终端支持配置文件实时生效。维护终端登录到调度终端配置电话本文件、软键功能定义文件，上传到调度终端后，调度终端不需要重新启动，配置数据可实时更新。

4. 软键功能定义

软键功能定义是对调度台屏幕上的标签键、用户键和功能键进行数据配置。

选择菜单"配置管理"–>"软键功能定义"或点击工具栏上的 按钮，进入"软键功能定义"窗口，如图 ZY3202101002-2 所示。

（1）标签键的定义。双击要定义的标签键，弹出"标签功能定义"窗口，若当前标签已定义，点击"修改"可以编辑标签，点击"删除"可以删除当前标签；

填写标签键名称，选择标签类型，点击"确定"按钮即完成对标签键的定义，如图 ZY3202101002-3 所示。

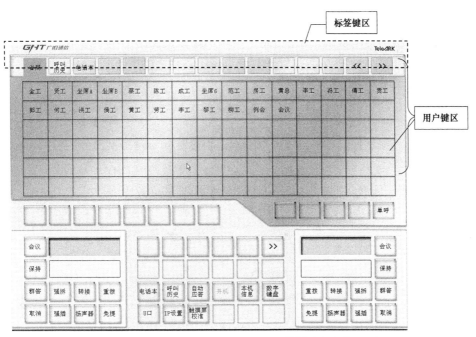

图 ZY3202101002-2　TeleARK D20　软键功能定义界面

注：导入——导入事先配置好的软键功能定义文件；

　　导出——将当前配置导出到文件中；

　　上传——将当前配置上传到调度台；

　　保存——在离线配置情况下将当前配置保存到所导入的文件中。

说明：标签类型有四种，分别为普通标签、呼叫历史标签、电话本标签、PTT 页标签。

（2）用户键的定义。双击要定义的用户键，弹出"用户键功能定义"窗口，若当前用户键已定义，点击"修改"可以编辑用户键，点击"删除"可以删除当前用户键。

填写键名，选择键类型，点击用户号码列表的条目，可以编辑电话号码，编辑完毕之后点击"确定"即可完成对用户键的定义（每个热线用户键最多可以有四个号码，PTT 电台用户只能有一个号码）。用户键功能定义界面如图 ZY3202101002-4 所示。

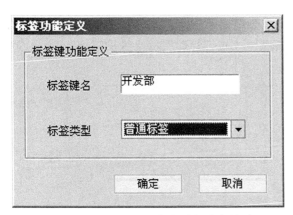

图 ZY3202101002-3　标签功能定义界面

图 ZY3202101002-4　用户键功能定义界面

（3）功能键的定义。双击要定义的功能键，弹出"功能键设置"窗口，若当前功能键已定义，点击"修改"可以编辑功能键，点击"删除"可以删除当前功能键。

填写键名，选择键类型，点击"确定"即可完成对功能键的定义，如图 ZY3202101002-5 所示。

模块 2

ZY3202101002

5. 配置数据管理

配置数据包括调度台的 IP 地址, 用于与维护终端的连接; 使用 U 口的设置。

选择菜单"配置管理"—>"配置数据管理"或点击工具栏上的 按钮, 进入"设置配置数据"窗口, 如图 ZY3202101002-6 所示。

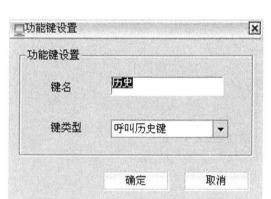

图 ZY3202101002-5 功能键设置界面

图 ZY3202101002-6 设置配置数据界面

6. 查询管理

查询管理有呼叫记录、终端组信息、维护记录等信息查询功能。

(1) 呼叫记录查询。呼叫历史记录包括了呼出历史记录、已接呼入历史记录和未接呼入历史记录。

选择菜单"查询管理"—>"呼叫记录查询"出现呼叫记录窗口, 窗口的左端显示了呼叫记录的类型, 分别是"呼出电话"、"已接电话"和"未接电话"。

(2) 调度台组信息查询。调度台组信息包括调度台组号码和振铃提示、紧急号码和振铃提示、组内各调度台的当前信息。

选择菜单"查询管理"—>"终端组信息查询", 出现终端组信息窗口。窗口显示了终端组号码、振铃提示、紧急号码和紧急提示等信息, 并以列表形式显示了从交换机获得的当前配备的所有终端组成员的信息。

(3) 维护记录查询。在维护过程中, 维护操作记录会记载重要操作的有关信息, 可查询操作用户名称、用户等级、操作时间、操作类型等信息。选择菜单"查询管理"—>"维护记录", 弹出维护操作记录窗口, 列出所有做过的维护操作。

【思考与练习】

1. 配置管理的功能是什么?

2. 调度交换机侧调度台的数据设置包括哪些数据的设置?

3. 如何定义调度台的用户键?

第二十二部分

网络安全防护

第八十一章 网络病毒防治

模块 1 网络版反病毒软件客户端程序安装（ZY3202201001）

【模块描述】本模块介绍了网络版反病毒软件客户端程序的安装，包含常用网络版反病毒软件客户端程序安装步骤。通过安装实例介绍、界面窗口示意，掌握常用网络版反病毒软件客户端程序的安装方法。

【正文】

一、客户端程序安装的基础知识

网络版反病毒软件通常由服务器程序和客户端程序两大部分组成。客户端程序安装在要保护的端点（计算机和应用服务器）上，提供防范和查杀病毒的功能。

客户端程序（软件）安装可以采用光盘、网络共享或 Web 等方式进行安装到计算机和应用服务器上。

如果直接从软件厂商提供的光盘直接安装客户端软件，那么所安装的客户端为非受管客户端，它不会接受反病毒服务器的集中管理，也不能执行管理员统一设定的安全策略。

客户端程序安装最好采用 Web 方式。网络管理员应先安装反病毒服务器端程序，设置反病毒安全策略并生成客户端安装软件包，然后在服务器上配置 Internet 信息服务（IIS）。客户端采用 Web 方式访问反病毒服务器，便可下载并安装反病毒软件。

采用 Web 方式安装的客户端会自动执行全网统一的安全策略，并且能够按照管理员的设定自动进行病毒库和杀毒引擎的及时更新。

二、Web 方式安装反病毒客户端程序的步骤

1. 安装前的准备

（1）检查客户端计算机的软硬件配置是否满足软件安装的最低要求；

（2）检查客户端计算机运行是否正常、是否存在安全问题，确保客户端操作系统的安全性；

（3）如果客户端计算机上已安装了其他的反病毒及防火墙软件，要先卸载。

2. 安装反病毒客户端程序

（1）打开 IE 浏览器，在地址栏输入管理员提供的服务器域名或 IP 地址；

（2）在"反病毒客户端 Web 部署"页面上，单击"反病毒客户端安装"按钮；

（3）根据提示进行操作，即可完成客户端软件的安装。

3. 设置病毒定期查杀

（1）客户端软件安装后进行一次全面病毒查杀；

（2）根据情况设定自动查杀病毒的周期和时间。

三、Symantec 网络版反病毒软件 SEP11.0 版客户端程序的安装

Symantec 公司是全球著名的反病毒软件厂商，目前其最新版的网络反病毒软件的名称为 Symantec Endpoint Protection（简称为 SEP），软件版本为 11.0。

SEP11.0 客户端对软硬件的最低要求：① Windows 2000 Professional/Server，Windows XP，Windows Server 2003，Windows Vista 或 linux 操作系统；② Internet Explorer 6.0 或更高版本；③ 内存 256MB 及以上。

SEP11.0 版客户端程序的安装步骤如下：

（1）关闭计算机上正在运行的所有程序，打开 IE 浏览器，在地址栏输入服务器的地址，打开 Web 部署页面，如图 ZY3202201001-1 所示。

图 ZY3202201001-1　SEP 反病毒客户端 Web 部署页面

（2）鼠标点击页面上的"sep 反病毒客户端安装"下载升级安装包，如图 ZY3202201001-2 所示。

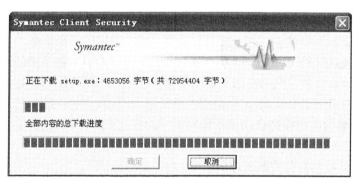

图 ZY3202201001-2　客户端软件下载

（3）软件包下载到本地后会自动进行解压缩和安装，如果计算机上的安全防护软件阻止了自动安装，请解除阻止或根据提示允许安装自动进行。

（4）软件包自动解压缩并安装。

（5）当看到计算机桌面右下角出现带绿色圆点的黄色小盾牌时，表示已经顺利完成了客户端的安装。

（6）双击计算机桌面右下角的图标，打开"Symantec Endpoint Protection"窗口，单击"扫描威胁"按钮，再单击"全面扫描"图标，对计算机进行一次彻底的病毒查杀。

（7）在"Symantec Endpoint Protection"窗口中，单击"扫描威胁"按钮，再单击"创建新扫描"链接，可以打开创建新扫描向导，根据提示进行定期自动扫描设置，可设定每周或每天在预定的时间对计算机进行一次全面的扫描，从而及时发现并清除感染的病毒。

【思考与练习】

1. 采用 Web 方式进行客户端程序的安装具有哪些优点？

2. 客户端程序安装后为什么要立即进行一次全面的杀毒？

3. 简述定期自动扫描的设置步骤。

模块 2　网络版反病毒软件服务器程序安装（ZY3202201002）

【模块描述】本模块介绍了网络版反病毒软件服务器程序安装，包含常用网络版反病毒软件服务器程序的安装及配置过程。通过安装实例介绍、界面窗口示意，掌握常用网络版反病毒软件服务器程序的安装方法。

【正文】

一、网络版反病毒软件基本知识

网络版反病毒软件是构建网络反病毒系统的核心，通常由服务器程序和客户端程序两大部分组成。在服务器上安装的程序又可分为主程序、控制台程序和其他工具程序。

建立网络反病毒系统的关键在于选用合适的反病毒软件。国内外反病毒软件厂商很多，如Symantec、瑞星、卡巴斯基等。各厂商所提供的网络反病毒软件产品在系统组成和功能等方面会有一定的差别，要注意根据本企业的实际需求进行选择。在选择网络反病毒软件时考虑以下几点：

（1）选择经过公安等权威部门认证的主流产品；

（2）防杀毒方式能全面地与互联网结合，不仅有传统的手动查杀与文件监控，还必须对网络层、邮件客户端进行实时监控，防止病毒入侵；

（3）产品应有完善的在线升级服务，使用户随时拥有最新的反病毒能力；

（4）厂商应具备快速反应的病毒检测网，在病毒爆发的第一时间即能提供解决方案；厂商能提供完整、即时的反病毒咨询，尽快地让用户了解到新病毒的特点和解决方案。

二、服务器程序安装步骤

1. 安装前的准备

（1）检查服务器软硬件配置是否满足安装反病毒软件的最低要求；

（2）检查网络连通情况、静态 IP 地址分配及 DNS 或 WINS 域名解析设置。

2. 将服务器端程序安装到反病毒服务器上

大部分软件都提供了安装向导，可以根据安装向导的提示一步一步进行操作。

3. 配置服务器并创建数据库

（1）设置服务器的名称、协议端口、数据文件夹的位置、站点名；

（2）设置服务器和客户端通信数据加密的密码；

（3）设置服务器所使用的数据库类型；

（4）设置登录管理员密码。

4. 通过控制台配置安全策略并生成客户端安装软件包

（1）配置客户端反病毒及间谍软件策略，设置客户端的调度扫描和文件系统自动防护。

（2）配置客户端防火墙策略，防止入侵攻击和恶意软件侵犯客户端计算机。

（3）配置集中式例外策略。创建合法进程的例外，以便扫描忽略这些合法的应用程序。在确定哪些进程是合法进程之后，将这些进程添加到集中式例外策略，并将检测操作更改为"忽略"。下次扫描引擎运行时，会忽略这些进程。

（4）配置服务器病毒库和引擎自动更新策略，反病毒服务器通过 Internet 从软件厂商的服务站点上下载病毒库和扫描引擎，供内网中的客户端下载安装。

（5）配置客户端病毒库和引擎自动更新策略，使客户端能够从内网的反病毒服务器上下载病毒库和杀毒引擎的更新。

（6）建立逻辑组并分配策略。一般情况下可以将网络中所有客户端划分为 Server 和 Client 两个客户端组，将内部应用服务器设置在 Server 组，应用服务器之外的所有工作站放在 Client 组中。将上述配置好的各个策略分配到 Server 组和 Client 组。

（7）配置客户端常规设置。可以设置客户端防篡改功能，还可以限制客户端的卸载，保证企业内反病毒策略的统一执行。防篡改功能还可防止客户端的反病毒进程、服务被病毒结束。

（8）生成包含上述安全策略和设置的客户端安装软件包。

5. 配置服务器上的 IIS 服务

为了使客户端能够通过网络从服务器上下载和安装客户端软件，需要对服务器上的 IIS 服务进行设置。

模块2　ZY3202201002

下面，我们以 Symantec 网络版反病毒软件 SEP11.0 版为例，来介绍服务器端程序安装的具体过程。

三、Symantec 网络版反病毒软件 SEP11.0 版服务器程序的安装

SEP11.0 提供了很强的威胁防护功能，可保护网络端点（笔记本电脑、台式计算机和服务器）不受已知威胁和未知威胁的攻击。SEP 不仅能防范和查杀计算机病毒，而且还能防范恶意软件（如木马、间谍软件和广告软件等），对于可躲避传统安全措施的复杂攻击（如 Rootkit、零时差攻击和变种的间谍软件）也能提供较好的防护。

SEP11.0 服务器端程序的名称为 Symantec Endpoint Protection Manager，简称为 SEPM。安装了服务器端程序的反病毒服务器叫作管理服务器。下面介绍 SEP11.0 服务器端程序的安装。

（一）安装前的准备工作

1. 检查服务器软硬件配置

SEP11.0 对管理服务器的软硬件最低要求是：

（1）内存最低要求 1GB，建议使用 2～4GB。

（2）操作系统采用 Windows 2000 Server（带 Service Pack 3）、 Windows Server 2003。

（3）Internet Information Service （IIS） 5.0 版或更高版本，如果尚未启用，可通过控制面板的"添加删除程序"中"添加 windows 组件"添加。

（4）Internet Explorer 6.0 或更高版本。

（5）数据库使用 SEP11.0 中包含有嵌入式数据库。如果客户端的数量超过 5000 个，可使用 Microsoft SQL2000 或 SQL2005 数据库，并在安装 SEPM 前安装到服务器上。

2. 检查网络情况

（1）检查管理服务器网络连通性。

（2）为管理服务器分配固定的静态 IP 地址，反病毒服务器安装完成后，不能随意改变该服务器的 IP 地址和计算机名。

（3）网络中采用 DNS 或 WINS 域名解析，用于客户端升级。

（二）安装管理服务器和控制台

（1）插入软件光盘，安装程序会自动运行。如果安装程序未启动，可点击 setup 来启动。安装程序启动后，会出现如图 ZY3202201002-1 所示的安装界面。

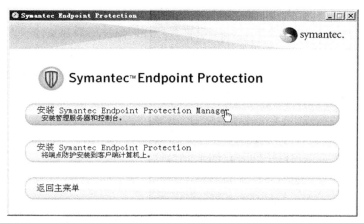

图 ZY3202201002-1　SEP11.0 安装界面

（2）在"安装界面"中，选择"安装管理服务器和控制台"。

（3）在欢迎界面中，单击"下一步"。

（4）在"授权许可协议"面板中，单击"我接受该许可证协议中的条款"，然后单击"下一步"。

（5）在"目标文件夹"面板中，接受或更改安装位置。程序文件复制完成后，出现如图 ZY3202201002-2 所示的"选择 Web 站点"界面。

（6）在"选择 Web 站点"界面中可做出以下选择：

1）如果将这台服务器专用于管理服务器，不提供其他的 Web 服务，则选择"创建自定义 Web 站点"。

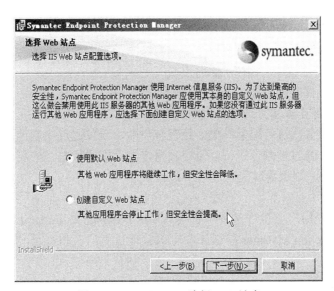

图 ZY3202201002-2　选择 Web 站点

2）如果在这台服务器上还要提供其他的 Web 服务，则选择 "使用默认 Web 站点"。

一般情况下，会使用管理服务器来提供客户端安装软件包的下载，所以选择"使用默认 Web 站点"，单击"下一步"，进入"准备安装程序"界面。

（7）在"准备安装程序"面板中，单击"安装"。

（8）程序安装完成后，出现"安装向导已完成"面板时，单击"完成"，出现"管理服务器配置向导"界面时，可以继续下面的"管理服务器配置"。

（三）配置管理服务器

（1）在如图 ZY3202201002-3 所示的"管理服务器配置向导"界面中，选择"安装我的第一个站点"，单击"下一步"。

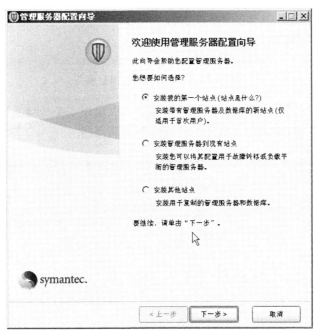

图 ZY3202201002-3　管理服务器配置向导

（2）根据提示输入"服务器名"、"服务器端口"，并选择"服务器数据文件夹"，单击"下一步"。

（3）根据提示输入"站点名称"，单击"下一步"。

（4）根据提示输入服务器和客户端通信时对数据进行加密的密码，单击"下一步"。

（5）根据提示选择管理服务器所使用的数据库类型，本例中选择"嵌入式数据库"， 单击"下一步"。

（6）根据提示设置登录管理服务器的管理员名称及密码，单击"下一步"。

（7）服务器开始创建数据库，然后出现"管理服务器配置向导已完成"界面，在是否要先在运行"迁移和部署向导"选项下，选择"否"，然后点击"完成"。

（8）服务器端所有组件安装完毕，重启管理服务器。

（四）配置安全策略并生成客户端安装软件包

通过控制台可以对服务器进行配置并集中管理客户端。可以通过控制台设置安全策略、安装客户端并强制执行安全策略，通过控制台还可以监控和报告客户端的状况。控制台可以在管理服务器上直接运行，也可以采用 Web 浏览器远程运行。

1. 运行控制台程序

在管理服务器的"开始"菜单中选择"程序">→ "Symantec Endpoint Protection Manager" → "Symantec Endpoint Protection Manager 控制台"，输入管理员用户名和密码，出现如图 ZY3202201002-4 所示的控制台视图。

图 ZY3202201002-4　控制台视图

在控制台视图中包含六个页面，在"策略"页面下可以进行安全策略的设置和管理。点击"策略"页面标签，显示如图 ZY3202201002-5 所示的"策略"页面视图。

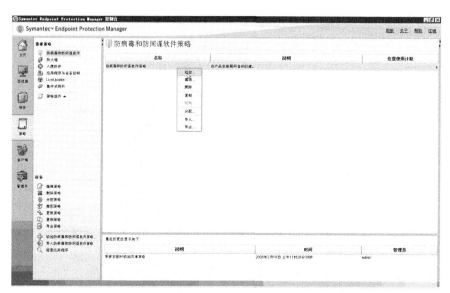

图 ZY3202201002-5　"策略"页面视图

"策略"页面包含下列窗格：

（1）查看策略。列出可在右上方窗格中查看的策略类型：反病毒和防间谍软件、防火墙、入侵防护、应用程序与设备控制、LiveUpdate 以及集中式例外。

（2）策略组件。列出各种类型的可用策略组件，包括管理服务器列表、文件指纹列表等。

（3）任务。列出在"查看策略"下为策略选择的相应任务。

2．配置安全策略

第1步，配置"反病毒和防间谍软件"策略。

在图 ZY3202201002-5 所示的"策略"页面视图中，选择 "反病毒和防间谍软件策略"，按右键选择"添加"，建立反病毒和防间谍软件策略。

（1）配置客户端的调度扫描，对服务器和客户端病毒扫描进行调度安排，设置客户端的调度扫描的频率和调度扫描的时间。

（2）配置文件系统自动防护，设置当前服务器组和客户端组中所有客户端的实时防护功能和策略，并锁定各功能选项以限制客户端使用者的修改。在设置时注意以下事项：对于宏病毒，选择先清除病毒，如果不能清除，则选择隔离受感染的文件；对于非宏病毒，选择先清除病毒，如果不能清除，则选择删除受感染的文件。

（3）设置"Internet 电子邮件自动防护"、"Microsoft Outlook 自动防护"和"Lotus Notes 自动防护"。

第2步，建立防火墙策略。

在图 ZY3202201002-5 所示的"策略"页面视图中，选择 "防火墙策略"，按右键选择"添加"，建立防火墙策略。

（1）在"概述"页面中添加防火墙策略的名称。

（2）在"规则"选项卡中点击"添加规则"，进入添加规则向导。

（3）单击"下一步"，选择"规则类型"为"主机"。

（4）单击"下一步"，指定对应于"主机"规则类型的主机 IP 地址。

（5）单击"下一步"，完成策略建立。

第3步，建立集中式例外管理策略。

在图 ZY3202201002-5 所示的"策略"页面视图中，选择"集中式例外"，选择"任务"，在"任务"中选择"建立集中式例外策略"。

（1）防篡改例外。点击"集中式例外"选项卡，点击"添加"，选择"防篡改例外"，添加要设置为防篡改例外的文件路径和文件名。

（2）主动型威胁扫描例外。点击"集中式例外"选项卡，点击"添加"，选择"主动型威胁扫描"中的"进程"，添加要设置为主动型威胁扫描例外的进程文件名。

第4步，配置客户端 LiveUpdate（自动更新）策略。

在图 ZY3202201002-5 所示的"策略"页面视图中，选择"LiveUpdate"，右击 "LiveUpdate 设置策略"，选择"添加"，来建立 LiveUpdate 策略。

（1）在"概述"页面中添加 LiveUpdate 策略的名称。

（2）在"服务器设置"页面，选中"使用默认管理服务器"选项，使客户端可从管理服务器上接收病毒库和杀毒引擎更新。

（3）点击"确定"，完成客户端 LiveUpdate 策略设置。

第5步，配置 SEP 服务器 LiveUpdate（自动更新）策略。

如图 ZY3202201002-4 所示的控制台视图中，选择"管理员"页面。

（1）在"查看服务器"窗格中右键单击"本地站点"，然后单击"编辑属性"。

（2）在 LiveUpdate 选项卡的"下载调度"下，选中"频率"选项，决定要多久下载一次最新定义。

（3）有关设置此对话框中其他选项的详细信息，可单击"帮助"来查看。

（4）单击"确定"完成设置管理服务器的 LiveUpdate 设置。

设置好后，反病毒服务器可以根据设置，自动在后台启动 LiveUpdate 进程，实现病毒定义码和扫描引擎的自动更新。

第 6 步，建立逻辑组并分配策略。

一般情况下，可以将网络中所有客户端划分为 Server 和 Client 两个客户端组，将内部应用服务器设置在 Server 组，应用服务器之外的所有工作站放在 Client 组中。

在如图 ZY3202201002-4 所示的控制台视图中，选择"客户端"页面。

（1）使用"任务"窗格中的"添加组"、"添加计算机账户"等功能，将网络中所有客户端划分为 Server 和 Client 两个客户端组。

（2）分配策略，将第 1 步～第 5 步中配置好地反病毒和间谍软件策略、防火墙策略、LiveUpdate 策略、集中式例外策略，分别分配到 Server 组和 Client 组。设置方法如下：

1）在图 ZY3202201002-5 所示的"策略"页面视图中，右键单击配置好的策略，选择"分配"菜单项；

2）选中应用该策略的客户端组，单击"分配"按钮，完成分配。

第 7 步，配置客户端常规设置。

在如图 ZY3202201002-4 所示的控制台视图中，选择"客户端"页面。

（1）在查看客户端窗格中选择需要配置的客户端分组；

（2）在该客户端组的"策略"选项卡中，点击"常规设置"；

（3）在"安全设置"选项卡中，锁定客户端卸载反病毒软件的功能，在客户端卸载时要求输入密码；

（4）在"防篡改"选项卡中，选中"防止 Symantec 安全软件被篡改或被关闭"选项；

（5）点击"确定"，完成设置。

第 8 步，生成客户端安装软件包。

（1）在如图 ZY3202201002-4 所示的控制台视图中，选择"管理员"页面；

（2）在"查看客户端安装软件包"窗格中点击"客户端安装软件包"；

（3）在"客户端安装软件包"窗格中右键单击所要导出的软件包类型，选择"导出"；

（4）选择保存位置、软件包包含的功能模块和策略设置；

（5）点击"确定"，完成导出。

（五）配置用于客户端软件安装的 IIS 服务

在管理服务器上新建一个文件夹用于客户端软件 Web 方式安装，将上面生成的客户端安装软件包拷贝到这个文件夹中，通过 Internet 信息服务（IIS）管理器创建一个虚拟目录并指向这个文件夹。客户端访问管理服务器的这个虚拟目录来进行客户端安装。

（1）在 SEP 服务器上新建文件夹，如 C：\Inetpub\wwwroot\webinst，将客户端安装软件包拷贝到这个文件夹中。

（2）在 SEP 服务器桌面任务栏上单击"开始"→"程序"→管理工具→"Internet 信息服务（IIS）管理器"。

（3）在"Internet 信息服务（IIS）管理器"窗口中，双击"网站"目录，再右键单击"默认网站"，然后单击"新建"→"虚拟目录"。

（4）在"虚拟目录"窗口中的"别名"文本框中，键入目录的名称（如 symantec），单击"下一步"。

（5）输入客户端安装软件包的位置，即 C：\Inetpub\wwwroot\webinst，单击"下一步"。

（6）设置访问权限，选中"读取"选择框，单击"下一步"，完成虚拟目录的设置。

（7）编辑服务器上 C：\Inetpub\wwwroot\webinst 文件夹中的 Start.htm 文件的参数。

1）用本服务器的 IP 地址（如 192.168.1.236）或域名形式替换 ENTER_SERVER_NAME 的值；

2）用虚拟目录的别名（如 symantec）替换 ENTER_VIRTUAL_HOMEDIRECTORY_NAME 的值。

示例：

```
<OBJECT id=WebInstall codeBase=webinst.cab#Version=2, 0, 0, 2
type=application/x-oleobject height=0 width=0 align=center border=0
```

```
classid=clsid: D30CA0FD-1CA0-11D4-AC78-006008A9A8BC><PARAM
NAME="ServerName" VALUE="192.168.1.236"><PARAM
NAME="VirtualHomeDirectory" VALUE="symantec"><PARAM NAME="ConfigFile"
VALUE="webinst/files.ini"><PARAM NAME="ProductFolderName"
VALUE="webinst"><PARAM NAME="MinDiskSpaceInMB" VALUE="100"><PARAM
NAME="ProductAbbreviation" VALUE="SEP">
```

（8）编辑服务器上安装包文件夹中的 files.ini 文件。

1）修改 FileCount=1 和 LaunchApplication=所导出客户端安装包的名称；

2）将 file1 前面的分号去掉，将所导出客户端软件包的名称添加在等号后面。修改后保存关闭即可。

示例：

```
[General]
; Modify the file count to reflect the number of files to be deployed.
FileCount=1
; Specify the name of the executable to be run once the files have been deployed.
LaunchApplication=Csetup.exe
...
uncomment and fill in filenames as appropriate. Be sure to update the 'FileCount' value
above.
File1=Csetup.exe
```

（9）修改 IIS 中"默认网站"的主目录，设置完成。

【思考与练习】

1. 反病毒软件服务器端程序安装的步骤有哪些？

2. 在通过管理控制台设置的安全策略的用途是什么？一般要设置哪些策略？

3. 反病毒客户端被设置为"防篡改"的目的是什么？

模块 3　升级反病毒服务器病毒库（ZY3202201003）

【模块描述】本模块介绍了反病毒服务器病毒库的升级。通过升级步骤介绍、实例讲解，掌握升级反病毒服务器病毒库的操作方法。

【正文】

一、病毒库升级的基础知识

由于每天都有许多种计算机病毒出现，反病毒软件厂商会不断提供病毒库和杀毒引擎的更新。企业内部网络中的反病毒服务器和客户端只有建立快速的自动升级途径，随时更新病毒库和杀毒引擎，才能有效防范新病毒的攻击，更好地确保计算机网络系统的安全。

病毒库和杀毒引擎的更新大都采用在线更新（LiveUpdate）方式。LiveUpdate 技术用于检查服务器上内容的更新，并将其分发到客户端计算机。

企业网络的反病毒服务器通过 Internet 从软件厂商的 LiveUpdate 服务器上获取更新，供网络内各应用服务器及计算机从该服务器上检索和下载更新。

在企业网络的反病毒服务器上可以设置中央隔离区，以便从客户端接收可疑文件及未修复的受感染条目，并将示例自动转发到反病毒软件厂商的安全响应中心进行分析。如果是新的威胁，反病毒软件厂商会生成安全更新。

二、升级反病毒服务器病毒库的操作

在安装反病毒软件服务器端程序的过程中，已经对反病毒服务器的病毒库和杀毒引擎的更新策略进行了设置，使得反病毒服务器能够通过 Internet 自动访问软件厂商的 LiveUpdate 服务器以获取更新，网络内所有客户端再从反病毒服务器上下载病毒库和杀毒引擎并自动更新。

正常情况下检查和下载更新会按照更新策略设定的频度和时间自动进行，不需要人为干预。

如果反病毒服务器没有收到更新，则客户端也不会收到 LiveUpdate 内容。因此，在日常的运行维护过程中，管理员要通过管理控制台定期检查服务器上 LiveUpdate 状态和 LiveUpdate 下载的最新内容，确保服务器在线自动更新功能处于正常状态，发现异常情况要及时进行处理。

三、Symantec 反病毒服务器病毒库在线自动更新

下面以 Symantec 公司最新版的网络反病毒软件 SEP11.0 为例，介绍确认反病毒服务器在线自动更新功能处于正常状态的方法。Symantec 的反病毒服务器的名称叫作管理服务器。

（1）查看管理服务器的最新 LiveUpdate 下载

管理服务器每隔一段时间就会从 Symantec 公司的 LiveUpdate 服务器接收到更新，默认时间间隔是每 4h 1 次（可以在管理控制台中使用"管理员"页面的"站点属性"对话框配置下载调度）。

登录管理控制台，选择"管理员"页面，查看管理服务器 LiveUpdate 状态显示和最新的 LiveUpdate 下载。

如果出现在服务器上列表中的内容比预期的要旧，则有必要检查 LiveUpdate 日志。

（2）在管理服务器上查看 LiveUpdate 日志

1）在管理服务器上，找到 LiveUpdate 目录中的日志。例如，浏览至下列位置：\Documents and Settings\All Users\Application Data\Symantec\LiveUpdate\Log.LiveUpdate

2）在日志中查找下列消息：

进度更新：DOWNLOAD_FILE_START：URL：<url>/zip。URL 应与 LiveUpdate 服务器的预期地址匹配。如果管理服务器不能连接到 LiveUpdate 服务器，则会看到类似下面的错误：

进度更新：HOST_SELECTION_ERROR。另外也会显示关于失败的可能原因的消息。

（3）对出现的异常情况进行处理。

【思考与练习】

1. 简述反病毒服务器病毒库更新的重要性。

2. 怎样才能确认反病毒服务器病毒库和杀毒引擎在线自动更新处在正常状态？

第八十二章 网络访问控制

模块1 基于交换机端口的传输控制（ZY3202202001）

【**模块描述**】本模块介绍了基于交换机端口的传输控制，包含启用端口数据包风暴控制功能、配置保护端口、设置端口阻塞、配置安全端口等操作步骤。通过配置方法介绍、实例讲解，掌握基于交换机端口的传输控制的配置方法。

【**正文**】

利用交换机端口的传输控制功能，可以有效杜绝广播风暴对整个网络的冲击，保证网络的正常运行。同时，还能拒绝未被授权的计算机接入网络，或者限制某个端口接入的计算机的数量，保证网络的接入安全，避免网络被滥用。交换机端口传输控制的主要方法有：

1. 控制广播风暴

计算机的网卡故障、网络形成环路、网络病毒攻击或人为破坏等因素，都有可能产生大量的以太数据广播帧，交换机把大量的广播帧转发到每个端口上，从而引起广播风暴。广播风暴会极大地消耗链路带宽和硬件资源，造成网络拥塞或中断。

交换机以太网端口具有广播风暴抑制功能，但是，默认状态下，该功能是被禁用的。通过启用端口的广播风暴抑制功能，并根据实际情况进行设置，可以抑制广播风暴，避免网络拥塞。

2. 限制端口带宽

为了防止因大流量数据传输引起的端口阻塞，消除恶意用户或者中毒用户对网络的影响，可以采用流量及端口限速控制技术。当使用 MRTG 等流量监控软件检测到超常流量来源于某个端口时，可以在交换机上对相应的端口做限制其传输带宽的处理。

3. 将端口设为被保护端口

同一交换机上的被保护端口之间不允许进行二层通信，被保护端口不会向其他被保护端口转发任何数据，包括单播、多播和广播包。保护端口之间的通信必须通过第三层设备转发。保护端口与非保护端口间的通信不受影响。

4. 禁止端口转发未知数据帧

默认状态下，允许从端口向外转发未知目的 MAC 地址的广播包。可以采用阻塞端口的方式，禁止端口转发未知的单播和多播数据帧。

5. MAC 地址控制

设置端口连接设备的 MAC 地址，只允许拥有该 MAC 地址的设备接入该端口，避免未经授权的计算机接入网络。

以太网交换机可以利用MAC地址学习功能获取与某端口相连的网段上各网络设备的MAC地址。如果 MAC 地址表过于庞大，可能导致以太网交换机的转发性能的下降。可以设置以太端口上所允许的 MAC 的地址数量、MAC 地址老化时间，从而抑制 MAC 地址攻击。MAC 地址攻击是利用特定工具产生欺骗的 MAC 地址，快速填满交换机的 MAC 表，MAC 表被填满后，交换机会以广播方式处理数据包，流量以洪泛方式发送到所有接口，造成交换机负载过大，网络缓慢和丢包，甚至瘫痪。

设置合适的老化时间可以有效实现 MAC 地址老化的功能。当为端口指定最大 MAC 地址数时，为了保障该端口能够得以充分利用，可以采用设置端口安全老化时间和模式的方式，使系统能够自动删除长时间未连接的 MAC 地址，从而不必手动删除，减少网络维护的工作量。用户设置的老化时间过长或者过短，都可能导致以太网交换机广播大量找不到目的 MAC 地址的数据报文，影响交换机的运行性能。如果用户设置的老化时间过长，以太网交换机可能会保存许多过时的 MAC 地址表项，从而可能耗尽 MAC 地址表资源，导致交换机无法根据网络的变化更新 MAC 地址表。如果用户设置的老化时间太短，以太网交换机可能会删除有效的 MAC 地址表项。一般情况下，推荐使用老化时间 age 的缺省值为 300s。

下面，我们以 Cisco 交换机为例，介绍交换机端口传输控制的配置方法。

一、端口广播风暴控制

1. 启用端口的广播风暴控制功能

第 1 步，进入配置模式。

Switch# **config terminal**

第 2 步，指定要配置的接口。

Switch(config)# **interface** *interface-id*

第 3 步，配置广播、多播或单播风暴控制。

Switch(config-if)# **storm-control** {**broadcast** | **multicast** | **unicast**} **level** {*level* [*level-low*] | **bps** *bps* [*bps-low*] | **pps** *pps* [*pps-low*]}

其中，level 指定阻塞端口的带宽上限值。当广播、多播或单播传输占到带宽的多大比例（百分比）时，端口将阻塞传输。取值范围为 0.00～100.00。如果将值设置为 100%，将不限制任何传输；如果将值设置为 0，那么，该端口的所有广播、多播和单播都将被阻塞。

level-low 指定启用端口的带宽下限值。当广播、多播或单播传输占用带宽的比例低于该值时，端口恢复传输。取值范围为 0.00～100.00。该值应小于或等于上限值。

bps 指定端口阻塞的传输速率上限值。当广播、多播或单播传输达到每秒若干比特（bps）时，端口将阻塞传输。对于 100M 端口，取值范围为 0～100000000000。

bps-low 指定端口启用的传输速率下限值。当广播、多播或单播传输低于每秒若干比特（bps）时，端口将恢复传输。对于 100M 端口，取值范围为 0～100000000000。如果数值较大，也可以使用 k、m 或 g 等单位表示。该值应小于或等于上限值。

pps 指定端口阻塞的转发速率上限值。当广播、多播或单播转发速率达到每秒若干包（pps）时，端口将阻塞传输。对于 100M 端口，取值范围为 0～148809。

pps-low 指定端口启用的传输速率下限值。当广播、多播或单播转发速率低于每秒若干包（pps）时，端口将恢复传输。对于 100M 端口，取值范围为 0～148809。如果数值较大，也可以使用 k、m 或 g 等单位表示。该值应小于或等于上限值。

第 4 步，指定风暴发生时如何处理。

Switch(config-if)# **storm-control action** {**shutdown** | **trap**}

选择"shutdown"关键字，在风暴期间将禁用端口；选择 trap 关键字，当风暴发生时，产生一个 SNMP 陷阱，向网络管理系统发出告警。默认状态下，将过滤外出的传输，并不发送 SNMP 陷阱。

第 5 步，返回特权配置模式。

Switch(config-if)# **end**

第 6 步，显示并校验该接口当前的配置。

Switch# **show storm-control** [**interface**] [{**broadcast** | **history** | multicast | **unicast**}]

第 7 步，保存风暴控制配置。

Switch# **copy running-config startup-config**

2. 关闭端口的风暴控制功能

第 1 步，进入全局配置模式。

Switch# **config terminal**

第 2 步，指定要配置的端口。

Switch(config)# **interface** *interface-id*

第 3 步，禁用端口风暴控制。

```
Switch(config-if)# no storm-control {broadcast | multicast | unicast}
```
第 4 步，禁用指定的风暴控制操作。
```
Switch(config-if)# no storm-control action {shutdown | trap}
```
第 5 步，返回特权模式。
```
Switch(config-if)# end
```
第 6 步，显示并校验配置。
```
Switch# show storm-control [interface] [{broadcast | multicast | unicast}]
```
第 7 步，保存配置。
```
Switch# copy running-config startup-config
```

二、限制端口的带宽

在启用宽带限制之前，必须先在全局模式下执行"ip cef"命令，启用交换机的快速转发技术。

第 1 步，进入全配置模式。
```
Switch# config terminal
```
第 2 步，指定要限制的接口。
```
Switch(config)# interface interface-id
```
第 3 步，配置端口带宽控制。
```
Switch(config-if)#  rate-limit  {input | output}  [access-group  acl-index]  bps
burst-normal burst-max conform-action conform-action exceed-action exceed-action
```
其中，input/output 表明在输入或输出方向进行带宽限制，通常情况下，应当进行双向限制。

access-group acl-index 用于定义使用该带宽限制的访问列表，IP 访问列表设置应用带宽限制的 IP 地址范围。

bps 用于定义限制带宽，以 bps 为单位，并采用 8 kbps 的增量。

burst-normal 用于定义所允许的普通突发速率，burst-max 用于定义所允许的最大突发速率。

conform-action 用于指定在未达到规定最大带宽时所执行的操作，通常为 transmit，即允许发送。

exceed-action 则用于指定在规定最大带宽时所执行的操作，通常为 drop，即丢弃。

第 4 步，返回特权配置模式。
```
Switch(config-if)# end
```
第 5 步，显示并校验配置。
```
Switch# show interface interface-id
```
第 6 步，保存配置。
```
Switch# copy running-config startup-config
```

三、将端口配置为被保护端口

第 1 步，进入全局配置模式。
```
Switch# config terminal
```
第 2 步，指定要配置的接口。
```
Switch(config)# interface interface-id
```
第 3 步，将接口配置为被保护端口。
```
Switch(config-if)# switchport protected
```
第 4 步，返回特权模式。
```
Switch(config-if)# end
```
第 5 步，显示并校验配置。
```
Switch# show interfaces interface-id switchport
```
第 6 步，保存配置。
```
Switch# copy running-config startup-config
```
若要将保护端口恢复位普通端口，可以使用"no switchport protected"接口配置命令。

ZY3202202001

模块 1

四、禁止端口转发未知数据帧

第 1 步，进入全局配置模式。

Switch# **config terminal**

第 2 步，指定要配置的接口。

Switch(config)# **interface** *interface-id*

第 3 步，禁止未知多播从该端口向外传输。

Switch(config-if)# **switchport block multicast**

第 4 步，禁止未知单播从该端口向外传输。

Switch(config-if)# **switchport block unicast**

第 5 步，返回特权配置模式。

Switch (config-if)# **end**

第 6 步，显示并校验该接口当前的配置。

Switch# show **interfaces** *interface-id* **switchport**

第 7 步，保存配置。

Switch# **copy running-config startup-config**

五、配置 MAC 地址控制

当配置端口安全时，应当注意以下问题：安全端口不能是 Trunk 端口、Switch Port Analyzer（SPAN）的目的端口、属于 EtherChannel 的端口以及 private-VLAN 端口。

1. 配置安全端口

第 1 步，进入全局配置模式。

Switch# **configure terminal**

第 2 步，指定要配置的端口。

Switch(config)# **interface** *interface-id*

第 3 步，将接口设置为访问模式。

Switch(config-if)# **switchport mode access**　**//**访问模式用于连接计算机。

第 4 步，打开端口安全功能。

Switch(config-if)# **switchport port-security**

第 5 步，设置 MAC 地址的最大数量，以限制该端口所连接的计算机数量。

Switch(config-if)# **switchport port-security maximum** *value*　//value 取值范围为 1～3072，默认值是 1，即只允许一个设备接入。

第 6 步，设置为例处理模式。

Switch(config-if)# **switchport port-security violation** {**protect** | **restrict** | **shutdown**}//protect：当新的计算机接入时，如果该接口的 MAC 条目超过最大数值，则这个新的计算机将无法接入，而已经接入的计算机不受影响。

restrict：当新的计算机接入时，如果该接口的 MAC 条目超过最大数值，则这个新的计算机将可以接入，而交换机会发出告警信息。

shutdown：当新的计算机接入时，如果该接口的 MAC 条目超过最大数值，则该接口将会被关闭，新的计算机和已经接入的计算机都无法接入，需要管理员使用"no shutdown"命令重新打开。

第 7 步，为该接口设定允许的 MAC 地址。

Switch(config-if)# **switchport port-security mac-address** *mac-address*　//可重复该命令设置多个，直到第 5 步所设定的最大限制数。

第 8 步，返回特权模式。

Switch(config-if)# **end**

第 9 步，查看并校验配置。

```
Switch# show port-security
Switch# show port-security address interface interface-id
Switch# show port-security address
```

第 10 步，保存配置。

```
Switch# copy running-config startup-config
```

注：使用 no switchport port-security mac-address 命令，可以从地址表中删除 MAC 地址。

2. 设置 MAC 地址老化时间

第 1 步，进入全局配置模式。

```
Switch# configure terminal
```

第 2 步，指定要配置端口安全老化的接口。

```
Switch(config)# interface interface-id
```

第 3 步，为安全端口设置老化时间和老化类型。

```
Switch(config-if)# switchport port-security  [ aging time aging-time | type {absolute
| inactivity}]
```

老化时间的取值范围为 0～1440min。采用 absolute 模式时，一旦到达指定的老化时间，即从安全地址列表中移除。采用 inactivity 时，即使到达指定的老化时间，如果没有其他数据通信，MAC 地址仍然被保留在安全地址列表中。

第 4 步，返回特权模式。

```
Switch(config-if)# end
```

第 5 步，查看并校验配置。

```
Switch# show port-security [interface interface-id] [address]
```

第 6 步，保存当前配置。

```
Switch# copy running-config startup-config
```

【思考与练习】

1. 通过端口传输控制来保证交换机正常运行和网络安全的方法有哪些？

2. 要通过端口传输控制来抑制广播风暴，如何进行配置？

3. 如何抑制 MAC 地址攻击？

模块 2　802.1x 基于交换机端口的认证 (ZY3202202002)

【模块描述】本模块介绍了 802.1x 基于交换机端口的认证配置，包含 IEEE 802.1x 认证配置指导方针、认证配置操作步骤。通过配置方法介绍、实例讲解，掌握 802.1x 基于交换机端口的网络访问认证的配置方法。

【正文】

一、802.1x 基于端口的认证基础知识

以太网的接入存在着安全缺陷。在以太网中，用户只要能接到交换机的端口上，就可以没有任何阻碍地进入网络。802.1x 是 IEEE 针对该缺陷制定一个基于交换机端口的网络接入控制标准（Port-Based Network Access Control），它提供了一种对连接到交换机的用户进行认证的手段，为 LAN 接入提供点对点式的安全控制，只有通过了认证的授权用户，才能接入网络。

1. 802.1x 认证的功能

802.1x 是一个认证协议，它基于"客户端－服务器"模式实现对用户的认证，客户端要访问网络必须先通过认证服务器的认证。

802.1x 是基于端口的认证策略，这里的端口可以是一个实实在在的物理端口，也可以是一个像 VLAN 一样的逻辑端口，对于无线局域网来说一个端口就是一条信道。802.1x 通过认证来确定一个端口是否允许使用：如果认证成功，就"打开"这个端口，允许所有的报文通过；如果认证不成功，就让这个端口继续保持"关闭"状态，只允许申请 802.1x 认证的报文 EAPOL（Extensible Authentication Protocol over LAN）通过。

交换机的 802.1x 协议提供了认证（Authentication）、授权（Authorization）和记账（Accounting）功能，简称 AAA。认证用于判定用户是否可以获得访问权，以限制非法用户。授权用于准许用户使用哪些服务，以确定合法用户的权限。记账功能记录用户使用网络资源的情况，为收费提供依据。

2. 802.1x 认证系统的组成

IEEE802.1x 标准认证体系由客户端、认证者、认证服务器三个角色构成，在实际应用中，三者分别对应为工作站（Client）、交换机（network access server，NAS）和 Radius-Server，如图 ZY3202202002-1 所示。

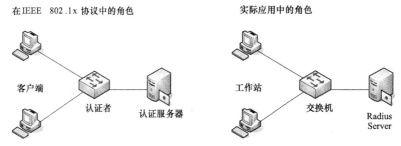

图 ZY3202202002-1　802.1x 认证系统的组成

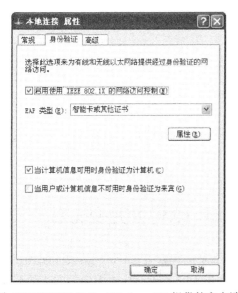

图 ZY3202202002-2　Windows XP 提供的客户端

（1）客户端是指需要接入交换机的设备（如 PC 机）。客户端要支持 EAPOL 协议，必须运行 802.1x 客户端软件，如 802.1x-complain、Windows XP 等。Windows XP 提供的客户端如图 ZY3202202002-2 所示。

（2）认证者——交换机。交换机在客户端和认证服务器之间充当代理角色。交换机与客户端之间通过 EAPOL 协议进行通信。802.1x 协议在交换机内终结并转换成标准的 RADIUS 协议报文。交换机与认证服务器之间通信通过 EAPoRadius 或 EAP 承载在其他高层协议上，以便穿越复杂的网络到达认证服务器。交换机要求客户端提供 identity，接收到后将 EAP 报文承载在 Radius 格式的报文中，再发送到认证服务器。交换机根据认证服务器返回的认证结果控制该端口是否准许使用。

（3）认证服务器。认证服务器对客户进行实际认证，认证服务器接受交换机传递过来的认证请求，认证完成后将认证结果返回给交换机。由于 EAP 协议较为灵活，除了 IEEE 802.1x 定义的端口状态外，认证服务器实际上也可以用于认证和下发更多用户相关的信息，如 VLAN、QoS、加密认证密钥、DHCP 响应等。

3. 典型的认证过程

802.1x 的认证中，端口的状态决定了客户端是否能接入网络，在启用 802.1x 认证时端口初始状态一般为非授权（unauthorized），在该状态下，除 802.1x 报文和广播报文外不允许任何业务输入、输出通信。当客户通过认证后，端口状态切换到授权状态（authorized），允许客户端通过端口进行正常通信。

802.1x 的认证过程是：

（1）当用户打开客户端程序，输入已申请的用户名和密码，发起连接请求。此时，客户端将发出请求认证的报文给交换机，开始启动认证过程。

（2）交换机收到认证请求后，发出一个请求帧，要求用户端程序将输入的用户名传过来。

（3）客户端程序将所需信息传给交换机，交换机再将信息进行打包处理后传给认证服务器。

（4）认证服务器收到信息后在数据库中进行用户名对比，并对其密码信息用一个随机码进行加密，并将其随机码通过交换机发给客户端。

（5）客户端收到随机码后，与此用户的密码进行一定的运算，并将其值通过交换机传给认证服务器。

（6）认证服务器对收到的值和刚才产生的值进行对比，如相同，则此用户为合法用户，将告诉交换机打开相应的端口，允许用户的业务数据流通过端口访问网络。否则认证失败，并保持交换机端口处于关闭状态，只允许认证信息数据通过而不允许业务数据通过。

认证通过时，通道的状态切换为 authorized，此时从远端认证服务器可以传递来用户的信息，比如 VLAN、优先级、用户的访问控制列表等，该通道可以通过任何报文。注意只有认证通过后才有 DHCP 等过程。

认证通过之后交换机可以定时要求 Client 重新认证，时间可设定。重新认证的过程对用户是透明的。

下线方式：物理端口 Down；重新认证不通过或者超时；客户端发起 EAP_Logoff 帧；网管控制导致下线。

4. 端口认证方式设置

可以将交换机端口配置为三种认证方式：

（1）ForceAuthorized。端口一直维持授权状态，不主动发起认证。

（2）ForceUnauthorized。端口一直维持非授权状态，忽略所有客户端发起的认证请求。

（3）Auto。激活 802.1x，设置端口为非授权状态，同时通知设备管理模块要求进行端口认证控制，使端口仅允许 EAPOL 报文收发。当端口发生 UP 事件或接收到 EAPOL-start 报文，开始认证流程，请求客户端 Identify，并转发客户和认证服务器间的报文。认证通过后端口切换到授权状态，在退出前可以进行重认证。

5. 设置了 802.1x 认证的端口的工作状态

（1）受控状态。在通过认证前，只允许认证报文 EAPOL 报文和广播报文（DHCP、ARP）通过端口，不允许任何其他业务数据流通过。

（2）逻辑受控状态。多个 Supplicant 共用一个物理端口，当某个 Supplicant 没有通过认证前，只允许认证报文通过该物理端口，不允许业务数据，但其他已通过认证的 Supplicant 业务不受影响。

仅对使用同一物理端口的任何一个用户进行认证（仅对一个用户进行认证，认证过程中忽略其他用户的认证请求），认证通过后其他用户也就可以利用该物理端口访问网络服务。

对共用同一个物理端口的多个用户分别进行认证控制，限制同时使用同一个物理端口的用户数目（限制 MAC 地址数目），但不指定 MAC 地址，让系统根据先到先得的原则进行 MAC 地址学习，系统将拒绝超过限制数目的请求，若有用户退出，则可以覆盖已退出的 MAC 地址。

对利用不同物理端口的用户进行 VLAN 认证控制，即只允许访问指定 VLAN，限制用户访问非授权 VLAN；用户可以利用受控端口，访问指定 VLAN，同一用户可以在不同的端口访问相同的 VLAN。

6. 配置 802.1x 时的注意事项

首先要确认该交换机是否支持 802.1x 协议。802.1x 既可以工作在二层，也可以工作在三层。要先设置认证服务器的 IP 地址，才能打开 1x 认证。不允许汇聚端口（Aggregate Port）打开 1x 认证。

下面，我们以 Cisco 交换机为例，介绍 802.1x 基于交换机端口认证的配置方法。

二、配置交换机与 RADIUS 服务器之间的通信

Radius 服务器维护了所有用户的信息：用户名、密码、该用户的授权信息以及该用户的记账信息。所有的用户都集中于 Radius 服务器进行管理，而不必分散于每台交换机，便于管理员对用户的集中管理。在 Radius 服务器端要注册一个 Radius Client。注册时要告知 Radius 服务器交换机的 IP、认证的 UDP 端口（若记账还要添加记账的 UDP 端口）、交换机与 Radius 服务器通信的约定密码，还要选上对该 Client 支持 EAP 扩展认证方式。

打开 802.1x 之前要先配置 Radius 服务器的 IP 地址，并确保交换机与 Radius 服务器之间的通信正常。若没有 Radius 服务器的配合，交换机无法完成认证功能。

在交换机上要设置 Radius 服务器的 IP 地址、认证（记账）的 UDP 端口以及与服务器通信的约定密码。使用 no radius-server auth-port 命令可将 Radius Server 认证 UDP 端口恢复为缺省值。使用 no radius-server key 命令可删除 Radius Server 认证密码。

第 1 步，进入全局配置模式。

```
Switch#configure terminal
```

第 2 步，配置 RADIUS 服务器参数。hostname | ip-address 指定 RADIUS 服务器的主机名或 IP 地址。auth-port port-number 指定认证请求的 UDP 端口号，默认为 1812，可取值范围为 0～65536。key string 指定在交换机和 RADIUS 服务器之间的密钥。这个密钥是一个字符串，必须与 RADIUS 服务器上使用的密钥相匹配。

```
Switch(config)#radius-server host {hostname | ip-address} auth-port port-number key
string
```

若欲使用多个 RADIUS 服务器，要重复键入该命令。

第 3 步，返回特权配置模式。

```
switch(config)#end
```

第 4 步，校验 Radius 服务器参数设置。

```
Switch#show radius-server
```

第 5 步，保存当前配置。

```
Switch#copy running-config startup-config
```

三、交换机端口 802.1x 认证配置

配置 802.1x 基于端口的认证，必须启用认证、授权、记账以及认证方法列表。认证方法列表描述了查询和认证用户的次序与认证方法。配置过程如下：

第 1 步，进入全局配置模式。

```
Switch#configure terminal
```

第 2 步，启用 AAA。

```
Switch(config)#aaa new-model
```

第 3 步，创建 802.1x 认证方法列表。如果不指定名称列表，将创建一个默认列表。默认方法列表被自动应用于所有端口。在方法（method）中，键入"group radius"关键字，将使用列表中所有的 RADIUS 服务器认证。

```
Switch(config)#aaa authentication dot1x {default} method1 [method2...]
```

第 4 步，在交换机上启用 802.1x 全局认证。

```
Switch(config)#dot1x system-auth-control
```

第 5 步，（可选）配置交换机在所有网络有关服务请求（如用户访问列表、VLAN 分配等）中使用 RADIUS 认证。

```
Switch(config)#aaa authorization network {default} group radius
```

第 6 步，进入接口设置模式，指定要配置为 802.1x 认证的端口。

```
Switch(config)#interface interface-id
```

第 7 步，设置该接口为受控接口（打开接口认证功能）。

```
switch(config-if)#dot1x port-control auto
```

第 8 步，返回特权配置模式。

```
switch(config-if)#end
```

第 9 步，查看接口认证当前设置。

```
Switch#show dot1x
```

第 10 步，保存当前配置。

```
Switch#copy running-config startup-config
```

四、重新认证周期设置

802.1x 能定时主动要求用户重新认证，这样可以防止已通过认证的用户不再使用后被其他用户冒用，还可以检测用户是否断线，使记费更准确。除了可以设定重认证的开关，还可以定义重认证的间隔。默认的重认证间隔是 3600s。在根据时长进行计费的场合下，要根据具体的网络规模确定重认证间隔，使之既有足够时间完成一次认证又尽可能精确。

配置过程如下：

第 1 步，进入全局配置模式。

```
Switch#configure terminal
```

第 2 步，进入接口设置模式， 指定要配置的端口。

```
Switch(config)#interface interface-id
```

第 3 步，启用定期重新认证功能，默认状态下该功能被禁用。

```
Switch(config-if)#dot1x reauthentication
```

第 4 步，设置两次重新认证之间的时间间隔，单位为 s。取值范围为 1～65535，默认为 3600s。

```
Switch(config-if)#dot1x timeout reauth-period seconds
```

第 5 步，返回特权配置模式。

```
switch(config-if)#end
```

第 6 步，校验当前设置。

```
Switch#show dot1x interface interface-id
```

第 7 步，保存当前配置。

```
Switch#copy running-config startup-config
```

使用 no dot1x re-authentication 命令关闭定时重认证功能，使用 no dot1x timeout　reauth-period 命令将重认证时间间隔恢复为缺省值。

五、安静周期设置

当用户认证失败时，交换机将等待一段时间后，才允许用户再次认证。quiet period 的时间长度便是允许再认证间隔。该值的作用是避免交换机受恶意攻击。quiet period 的默认间隔为 5s，可以通过设定较短的 quiet period 使用户可以更快地进行再认证。

配置过程如下：

第 1 步，进入全局配置模式。

```
Switch#configure terminal
```

第 2 步，进入接口设置模式， 指定要配置的端口。

```
Switch(config)#interface interface-id
```

第 3 步，指定认证失败后，到重新认证所需等待的时间，默认状态为 60s，可取值范围为 1～65 535s。

```
Switch(config-if)#dot1x timeout quiet-period seconds
```

第 4 步，返回特权配置模式。

```
switch(config-if)#end
```

第 5 步，校验当前设置。

```
Switch#show dot1x interface interface-id
```

第 6 步，保存当前配置。

```
Switch#copy running-config startup-config
```

使用 no dot1x timeout quiet-period 命令将 quiet period 恢复为缺省值。

【思考与练习】

1. 802.1x 协议的作用是什么？基于端口的 802.1x 认证系统有哪些部分组成？

2. 简述交换机端口 802.1x 认证的工作过程。

3. 交换机端口 802.1x 认证配置的主要内容有哪些？

模块

2

ZY3202202002

模块 3 利用访问列表进行访问控制（ZY3202202003）

【模块描述】本模块介绍了利用访问列表进行访问控制，包含访问列表基本概念以及 IP 访问列表、端口访问列表、VLAN 访问列表的配置操作步骤。通过配置方法介绍、实例讲解，掌握利用访问列表进行访问控制的配置方法。

【正文】

一、访问列表控制基础知识

访问控制列表（Access Control List，ACL）是保证网络安全所采用的一种基本方法。在路由器等网络设备上设置并应用访问控制列表对数据包进行过滤，可以控制某些数据包进入网络或从网络上发送出去。访问控制列表广泛应用于路由器、三层交换机和防火墙等网络设备中。

1. 访问列表控制的作用

为了过滤通过路由器的数据包，需要事先定义一系列判断规则。当路由器接口上收到数据包时，路由器读取每个数据包包头中的第 3 层及第 4 层信息，如源地址、目的地址、源端口和目的端口等，根据访问控制列表中设定的判断规则来决定是转发还是丢弃该数据包，从而实现数据包过滤和访问控制。访问列表控制的基本作用是：

（1）提供最基本的网络安全，控制外网对内网的访问，或内部网络之间的访问。

（2）允许内网中的部分主机访问内网上的某个区域，同时限制其他主机对该区域的访问。

（3）控制内部用户对外网的访问，借助基于时间的访问列表，还可以控制用户在某个时间段对某个网络的访问。

（4）控制对网络应用的访问，例如，在路由器的接口上可以允许 E-mail 数据包通过，而同时阻止 Telnet 数据包。

（5）阻止某些病毒在网络上的传播，例如，可以在 VLAN 或端口上阻止蠕虫端口，从而避免蠕虫在网络中的蔓延，保证网络的传输效率。

（6）访问控制列表创建后可以有多种用途，路由器和交换机接口上应用只是其中之一。还有其他应用，例如，在 VTY 下通过"access-class"命令控制 Telnet 对设备的访问等。

2. 访问控制列表的种类

访问控制列表即可以应用于三层接口，也可以应用于二层接口。应用于三层接口的称为 IP 访问控制列表，应用于二层接口的称为 MAC 访问控制列表或端口访问控制列表。访问控制列表又可分为标准访问控制列表和扩展访问控制列表。

（1）标准 IP 访问控制列表。标准 ACL 最简单，它基于数据包中的源 IP 地址进行过滤，控制该数据包的转发。标准 ACL 的表号取值范围为 1～99 或 1300～1999。

（2）扩展 IP 访问控制列表。扩展 ACL 比标准 ACL 有更多地匹配项，功能更加强大和细化，它可以针对源地址、目的地址、协议类型、目的端口和 TCP 连接建立等参数制定规则，实现数据包的过滤，可以适应复杂的网络应用。扩展 ACL 的表号取值范围为 100～199 或 2000～2699。

（3）命名的 IP 访问控制列表。用字符串名称代替表的编号对标准 ACL 或扩展 ACL 进行命名。由于 ACL 表的编号的有限，使用字符串名称可以在一台路由器中创建更多的 ACL。Cisco 只有在路由器 IOS 11.2 版及以后的版本才可以使用命名的访问控制列表。

（4）基于 MAC 的访问控制列表。基于 MAC 的 ACL 根据以太数据帧中的源 MAC 地址、源 VLAN ID、二层协议类型、二层接收端口、二层转发端口、目的 MAC 地址等二层信息制定规则，对数据帧进行过滤。

3. 利用访问控制列表进行访问控制和包过滤的工作原理

每个 ACL 可以包含多个语句，每个语句就是一条访问控制条目（Access Control entry，ACE）。每个 ACE 中定义了数据包的匹配条件以及相对应的处理操作。处理操作分为"Permit"（允许）或"Deny"（拒绝）两种，Permit 转发数据包，Deny 则丢弃该数据包。

路由器在对每个数据包进行过滤的时候，会从 ACL 中的第一个 ACE 开始，按照自上而下的顺序逐条进行匹配，当匹配条件满足时进行相应的处理，同时停止继续判断。如果在 ACL 中没有找到匹配的条目，那么，路由器就会丢弃该数据包，阻止相应的访问。路由器不会对自身产生的数据包进行过滤。

ACE 的先后顺序为：先配置的为上，后配置的为下。当路由器找到一条匹配的 ACE 后就不会再继续查找，因此 ACE 在 ACL 中的位置非常重要，需要特别谨慎地考虑 ACE 的顺序。

4. 利用访问列表进行访问控制的一般方法

配置 ACL 需要两个步骤：先要创建 ACL，然后将 ACL 应用到路由器的接口上。应用访问列表进行访问控制，需要进行以下工作：

（1）确定最佳控制点。分析网络安全和流量控制等方面的需求，找出要保护什么或控制什么。分析符合条件的数据流的路径，寻找一个最适合进行控制的位置。由于标准访问列表只使用源地址，应当将标准访问列表尽量靠近目的的位置，否则，将阻止报文流向其他端口。扩展访问列表应尽量放在靠近过滤源的位置上，这样，创建的过滤器就不会反过来影响其他接口上的数据流。为了理清思路和便于配置，最好能将控制需求以表格的形式列出。

（2）编写 ACL 语句。标准 ACL 只限于过滤源地址，要满足网络的特殊需求，就要使用扩展 ACL。

在编写访问列表时，应当遵循最小特权原则，即只给受控对象完成任务所必须的最小的权限，从而最大限度地保障网络传输安全。所谓最小特权（Least Privilege），是指在完成某种操作时所赋予网络中每个主体（用户或进程）必不可少的特权。最小特权原则，是指应限定网络中每个主体所必需的最小特权，确保可能发生的事故、错误、网络部件的篡改等原因造成的损失最小。最小特权原则一方面给予主体必不可少的特权，保证所有的主体都能在所赋予的权限内完成自己的任务或操作；另一方面，只给予主体必不可少的特权，从而限制每个主体所能进行的操作，以确保网络安全。

（3）在设备上进行 ACL 配置并将 ACL 应用到相应的接口上。由于 IP 协议包含 ICMP、TCP 和 UDP，所以，应当将具体的表项放在不太具体的表项前面，以保证位于另一个语句前面的语句不会否定表中后面语句的作用效果。

使用 Access-group 命令应用访问列表。需要注意的是，只有访问列表被应用于接口上时，才执行过滤操作，从而真正产生作用。

因为通过接口的数据流是双向的，所以当在接口上应用 ACL 时，要指明 ACL 适应用于流入的数据报文还是流出的数据报文。Outbound 表示数据报文流从该设备流出；Inbound 表示数据报文流入该设备。

路由器每个接口的每个方向上，每一种协议只能应用一个 ACL。

（4）修改 ACL。新增加的表项被追加到访问列表末尾，这就意味着不能改变已有的访问列表的功能。如果要改变，就必须创建一个新的访问列表，并删除已经存在的访问列表，并且将新的访问列表应用于接口上。ACE 不能被单独删除，要删除一条 ACE，就必须删除整个 ACL。

不过，Cisco 公司从路由器 IOS 软件 12.2（14）S 版本开始，通过对 ACL 中的每条 ACE 指定一个序列号后，可以对一条 ACE 单独进行删除、重新定位等操作，大大方便了 ACL 的修改。

下面，我们以 Cisco 路由器为例，介绍 IP 访问列表控制的配置方法；以 Cisco 交换机为例，介绍 MAC 访问列表控制的配置方法。防火墙的访问列表控制将在模块 ZY3202203001 防火墙配置中进行讲解。

二、配置标准 IP 访问控制列表

1. 创建标准 IP 访问控制列表

创建标准 ACL 使用下述命令：

access-list *access-list-number* {**deny** | **permit**} *source* [*source-wildcard*]

其中，access-list-number 指定 ACL 表号，所有 ACL 表号相同的 ACE 组成一个 ACL。

deny | permit 定义当条件匹配时，是允许包通过还是将包丢弃。

Source 表示数据包中的源 IP 地址，当表示一组主机时可使用通配符掩码。

source-wildcard 为通配符掩码，通配符掩码是一个 32 比特位的数字字符串，它规定了当一个 IP 地址与其他 IP 地址进行比较时，该 IP 地址中的哪些位应该被忽略。通配符掩码与子网掩码的方式是相反的，也就是说，二进制"1"表示 IP 地址中对应的位要忽略，"0"则表示该位必须匹配。两个特殊的通配符掩码是 255.255.255.255 和 0.0.0.0，前者等价于关键字 any，而后者等价于关键字 host。Any 表示所有主机；Host 则表示一台特定的主机，主机 192.168.1.200 表示为 192.168.1.15 0.0.0.0，也可以用 host 192.168.1.15 来替代。

例如，要拒绝从源地址 192.168.1.100 发出的报文，但允许发自其他源地址的报文，配置步骤如下：

第 1 步，进入全局配置模式。

Router#**configure terminal**

第 2 步，定义标准 ACL，表号为 1。

Router(config)#**Access-list** 1 **deny** *host 192.168.1.100*

Router(config)#**Access-list** 1 **permit** *any*

第 3 步，返回特权模式。

Router(config)#**end**

第 4 步，校验当前设置。

Router#**show access-lists** 1

第 5 步，保存当前配置。

Router#**copy running-config startup-config**

注意：第 2 步中两条 ACE 语句配置的顺序。因为 ACL 的处理是由上至下的，如果将两个语句顺序颠倒，将 Permit 语句放在 Deny 语句前面，则不能过滤来自主机 192.168.1.100 的报文，因为 Permit 语句将允许所有报文通过。由此也可以看出：访问列表中的语句顺序非常重要，不合理的语句顺序将会在网络中产生安全漏洞。

使用 **no access-list** *access-list-number* 命令，可以删除 ACL 表。

2. 将标准 IP 访问控制列表应用到接口

如果不将访问列表应用到接口上，那么，访问列表就不会起作用。使用 ip access-group 命令将 ACL 应用到设备的接口，步骤如下：

第 1 步，进入全局配置模式。

Router#**configure terminal**

第 2 步，指定设备接口。

Router(config)#**interface** *interface-id*

第 3 步，将 ACL 应用到该接口。

Router(config-if)#**ip access-group** {*access-list-number* | *name*} {**in** | **out**}

第 4 步，返回特权模式。

Router(config-if)#**end**

第 5 步，校验当前设置。

Router#**show interface** *interface-id*

第 6 步，保存配置。

Router#**copy running-config startup-config**

三、配置扩展 IP 访问控制列表

1. 创建扩展 IP 访问控制列表

创建扩展 ACL 使用下述命令：

access-list *access-list-number* {**deny** | **permit**} *protocol source source-wildcard* [*operator port*] *destination destination-wildcard* [*operator port*]

其中，access-list-number 为 ACL 表号，扩展访问列表取值范围为 100～199 或 2000～2699。

protocol 为要过滤的协议（如 IP、TCP、UDP、ICMP 等），默认过滤所有协议，若要根据特定协

议进行报文过滤，需要指定。

source destination-wildcard 表示数据包中源 IP 地址和通配符掩码。

Operator 为端口操作符，在协议类型为 TCP 或 UDP 时支持端口比较，支持的操作有：等于（eq）、大于（gt）、小于（lt）、不等于（neq）或介于（range）；如果操作符为 range，则后面需要跟两个端口。

Port 为端口号，也可以使用助记符，例如，可以使用 80 或 http 指定超文本传输协议，使用 21 或 ftp 指定文件传输协议。

destination destination-wildcard 表示数据包中目的 IP 地址和通配符掩码。

示例：允许来自任何地址的包含有 SMTP 数据的报文到达 192.168.10.10 主机，扩展 ACL 的配置步骤如下：

第 1 步，进入全局配置模式。

Router#**configure terminal**

第 2 步，定义扩展 ACL，表号为 101。

Router(config)#**Access-list** *101* **permit** *tcp any host 192.168.10.10* **eq** *smtp*

第 3 步，返回特权模式。

Router(config)#**end**

第 4 步，校验当前设置。

Router#**show access-lists** *101*

第 5 步，保存当前配置。

Router#**copy running-config startup-config**

2. 将扩展 IP 访问控制列表应用到接口

将扩展 IP 访问控制列表应用到接口与将标准 IP 访问控制列表应用到接口的操作相同。

四、创建命名的访问控制列表

命名的 ACL 包括命名的标准 ACL 和命名的扩展 ACL。

1. 创建命名的标准 ACL

创建用字符串命名的标准 ACL，步骤如下：

第 1 步，进入全局配置模式。

Router#**configure terminal**

第 2 步，设置标准 ACL 名称，并自动进入标准 ACL 配置模式。

Router(config)#**ip access-list standard** *name*

其中，name 为 ACL 的名称。

第 3 步，定义一个或多个 ACE 条目。

Router(config-std-nacl)#{**deny** | **permit**} {*source* [*source-wildcard*] | **host** *source* | **any**}

第 4 步，返回特权模式。

Router(config-std-nacl)#**end**

第 5 步，校验当前设置。

Router#**show access-list** *name*

第 6 步，保存当前配置。

Router#**copy running-config startup-config**

2. 创建命名的扩展 ACL

创建用字符串命名的扩展 ACL，步骤如下：

第 1 步，进入全局配置模式。

Router#**configure terminal**

第 2 步，设置扩展 ACL 名称，并自动进入扩展 ACL 配置模式。

Router(config)#**ip access-list extended** *name*

第 3 步，定义一个或多个 ACE 条目。

804

```
Router(config-ext-nacl)#{deny | permit} protocol {source [source-wildcard] | host
source | any} {destination [destination-wildcard] | host destination | any}
```

第4步，返回特权模式。

```
Router(config-std-nacl)#end
```

第5步，校验当前设置。

```
Router#show access-lists name
```

第6步，保存当前配置。

```
Router#copy running-config startup-config
```

3. 将命名的访问控制列表应用到接口

将命名的访问控制列表应用到接口与将标准 IP 访问控制列表应用到接口的操作相同。

五、配置基于时间的访问控制

在扩展 ACL 中可以加入时间参数，以控制用户在特定的时间段对某个网络的访问权限。其方法是，先设置一个时间表，然后再配置扩展 ACL 时将该时间表添加到 ACE 中。

设定时间表的方法是，先命名时间表，然后设定时间范围。命名时间表的命令是：

time-range *time-range-name*

其中，time-range-name 是为时间表取的名字，必须以字母开头且不能包括空格和引号。

在时间表中定义时间范围的命令是：

absolute [**start** *time date*] [**end** *time date*]

或者：**periodic** *day-of-the-week hh: mm to* [*day-of-the-week*] *hh: mm*

或者：**periodic** {**weekdays** | **weekend** | **daily**} *hh: mm to hh: mm*

其中，absolute 表示绝对时间范围，该关键字之后紧跟着 start 和 end 关键字，时间采用 24h 格式，日期采用"日/月/年"格式表示。

periodic 表示周期性的时间范围，可以是一星期中的某一天或几天的组合，或者使用关键字 daily、weekdays 和 weekend 等。每个时间表只能有一个 absolute 语句，但却可以有多个 periodic 语句。表 ZY3202202003-1 列出了在语句中可以使用的每星期中天数的参数。

表 ZY3202202003-1　　　　　　　　每 周 日 期 的 表 示

参　　　　　　数	意　　义
Monday，Tuesday，Wednesday，Thursday，Friday，Saturday，Sunday	某一天或某几天的组合
Daily	从星期一至星期天
weekdays	从星期一至星期五
weekend	星期六和星期日

示例：在网络 10.1.0.0 中所有的主机，在周一～周五的 8:00～18:00 不准使用 QQ 和 MSN 聊天，配置步骤如下：

第1步，进入全局配置模式。

```
Router#configure terminal
```

第2步，命名时间表，并自动进入时间范围配置模式。

```
Router(config)#time-range time-nomsn    //时间表的名称为 time-nomsn。
```

第3步，设定时间范围。

```
Router(config-time-range)#periodic weekdays start 8:00 end 18:00    //时间范围为周一至
```
周五的 8:00～18:00。

第4步，返回全局配置模式。

```
Router(config-time-range)#exit
```

第5步，设置扩展 ACL 名称，并自动进入扩展 ACL 配置模式。

Router(config)#**ip access-list extended** *nacl-msn*　//扩展 ACL 名称为 nacl-msn。

第 6 步，定义 ACE 条目，限制 QQ 和 MSN 聊天使用的协议和端口号，通过 time-range 关键字调用时间范围。

Router(config-ext-nacl)#**deny** *tcp* 10.1.0.0 0.0.255.255 any eq 1863 **time-range** *nacl-msn*

Router(config-ext-nacl)#**deny** *tcp* 10.1.0.0 0.0.255.255 any eq 8000 **time-range** *nacl-msn*

Router(config-ext-nacl)#**deny** *tcp* 10.1.0.0 0.0.255.255 any eq 1080 **time-range** *nacl-msn*

Router(config-ext-nacl)#**deny** *udp* 10.1.0.0 0.0.255.255 any eq 8000 **time-range** *nacl-msn*

Router(config-ext-nacl)#**deny** *udp* 10.1.0.0 0.0.255.255 any eq 4000 **time-range** *nacl-msn*

Router(config-ext-nacl)#**deny** *udp* 10.1.0.0 0.0.255.255 any eq 1080 **time-range** *nacl-msn*

Router(config-ext-nacl)#**permit** ip any any　　//其余访问不受限制。

第 7 步，返回特权模式。

Router(config-time-range)#**end**

第 8 步，校验当前设置。

Router#**show time-range** *time-nomsn*

Router#**show access-lists** *nacl-msn*

第 9 步，保存当前配置。

Router#**copy running-config startup-config**

六、配置交换机端口访问列表

三层交换机既支持端口访问控制列表，也支持 IP 访问控制列表。在同一交换机上可以同时应用端口访问控制列表和 IP 访问控制列表，不过，端口访问控制列表优先于 IP 访问控制列表。

在二层接口上，可以根据数据帧 MAC 地址利用二层 ACL 过滤数据帧，从而拒绝非授权用户对敏感部门的访问，保障企业网络访问安全。二层 ACL 的配置步骤如下：

1. 创建二层 ACL

第 1 步，进入全局配置模式。

Switch#**configure terminal**

第 2 步，设置二层 ACL 名称，并自动进入二层 ACL 配置模式。

Switch(config)#**mac access-list extended** *name*

第 3 步，定义 ACE 条目。

Switch (config-ext-mac)#{**deny** | **permit**} {**any** | **host** *source MAC address* | *source MAC address mask*} {**any** | **host** *destination MAC address* | *destination MAC address mask*}

第 4 步，返回特权模式。

Switch(config-ext-mac)#**end**

第 5 步，校验当前设置。

Switch#**show access-list** *name*

第 6 步，保存当前配置。

Switch#**copy running-config startup-config**

2. 将二层 ACL 应用到接口

第 1 步，进入全局配置模式。

Switch#**configure terminal**

第 2 步，指定二层接口。

Switch(config)#**interface** *interface-id*

第 3 步，将二层 ACL 应用到该接口。

Switch(config-if)#**mac access-group** {*name*} {**in**}

第 4 步，返回特权模式。

Switch(config-if)#**end**

第 5 步，校验当前设置。

Switch#**show mac access-group** [**interface** *interface-id*]

第 6 步，保存当前配置。

Switch#**copy running-config startup-config**

【思考与练习】

1. 什么是访问列表控制？访问列表控制的作用有哪些？

2. 访问控制列表可分为哪几类？

3. 简述扩展访问控制列表的配置步骤。

4. IP 访问控制列表与 MAC 访问控制列表相比，哪一个优先级别更高？

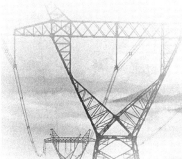

国家电网公司
生产技能人员职业能力培训专用教材

第八十三章 防 火 墙

模块 1 防火墙配置 （ZY3202203001）

【模块描述】本模块介绍了防火墙配置，包含典型防火墙的基本配置和网络访问控制配置步骤。通过配置方法介绍、实例讲解，掌握典型防火墙配置的方法。

【正文】

一、防火墙配置基础知识

1. 防火墙配置的工具

防火墙的初始配置需要通过防火墙上的 Console 口进行，所需要的工具是一台计算机或笔记本电脑和厂家提供的 Console 线。具体的使用方法，可参见本教材 ZY3201401001 模块"交换机的基本配置"中的介绍。

2. 防火墙的启动及对话式配置

防火墙本质上是一台专用的计算机系统，开机后防火墙会自动完成启动过程进入到正常运行状态。初次开机时，防火墙启动完成后会自动运行一个对话式设置程序，根据提问键入必要的配置参数可以对防火墙进行最基本的简单配置。

3. 防火墙配置 CLI 命令行模式

对防火墙进行配置和管理，最经常使用的是命令行（Command Line Interface，CLI）模式，在这里可以设置任何可以设置的东西，几乎没有任何的限制。

4. 防火墙的基本配置

同一个品牌的防火墙的默认主机名都是一样的，当网络中存在有多台防火墙时，为便于区分，最好对每台防火墙都重新命名。另外还要设置密码，以防止对防火墙的非法访问。

对防火墙网络端口配置，内容包括端口的名称、类型（外部接口、内部接口和 DMZ 接口）、安全等级。

应用协议端口侦听配置。对于 HTTP、FTP 等网络应用层防火墙会在默认的协议端口上进行侦听。如果某个网络应用采用的是自定义的协议端口，则要设置防火墙对该端口进行侦听。

为了使数据包能够正确转发，还要进行必要的路由配置。

5. 网络访问控制配置

在默认情况下，防火墙禁止所有数据包从安全等级低的接口流向安全等级高的接口。而对于从安全等级高的接口到安全等级低的接口之间的数据包，可以设置访问列表（ACL）进行控制，实现网络访问控制策略。关于 ACL 的基本知识，参见模块 ZY3202203001"利用访问控制列表进行访问控制"中的介绍。

6. 网络地址转换配置

网络地址转换（NAT）能够屏蔽内网结构和把个别 IP 地址隐藏，对内部网络起到保护作用。NAT 将内网的私有 IP 转换为外网的合法 IP，使内部用户具备连接到外部网络的可能性（是否能访问外网还要受到访问策略的控制）。关于 NAT 的基本知识，参见模块 ZY3201402005"网络地址转换"中的介绍。

使用静态 IP 地址转换为一个特定的内部 IP 地址设置一个合法的公网 IP 地址。这样就能够为具有较低安全级别的接口创建一个入口，使其可以进入到具有较高安全级别的指定接口。

下面，我们以 Cisco 公司 PIX 防火墙为例，来介绍防火墙的基本方法。

二、Cisco PIX 防火墙的启动及命令行模式

PIX 防火墙提供了两种配置和管理的界面，一种是传统的命令行（CLI）方式，另一种是便于使用的基于 Web 的浏览器方式，即防火墙内置的 PIX 设备管理界面（简称 PDM）。PDM 是一个 GUI 工具，对管理维护用计算机提供 http 服务，用来对 PIX 防火墙自身进行配置和管理。PDM 提供了一个友好的界面，用来配置和管理单个 PIX 防火墙。要使用 PDM，首先要在配置模式下输入 setup 命令进入对话式配置向导，对 PIX 防火墙进行一些必要的配置，以便管理维护用计算机能够和 PIX 内置的设备管理器（PDM）进行通信。考虑到通过 CLI 方式更有助于对基础知识的理解，本模块的讲解以 CLI 命令为主。

1. Cisco PIX 防火墙的连接和启动

Cisco PIX 防火墙 515E 的外观，正面有 3 个指示灯，从背板看有 3 个以太口、一个配置（Console）口、2 个 USB、一个 15 针的 Failover 口，还有 PCI 扩展口。PIX 防火墙内部接口（Ethernet 1）用于连接内网（Inside），外部接口（Ethernet 0）用于连接外网络（Outside），连接如图 ZY3202203001-1 所示。

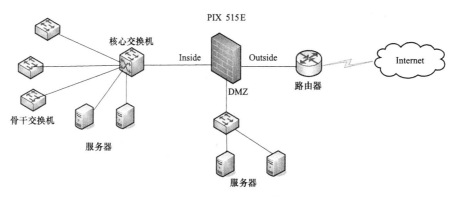

图 ZY3202203001-1　PIX 防火墙连接示意图

将 Console 口连接到 PC 的串口上，PC 上运行超级终端程序。打开 PIX 防火墙电源开关，系统提示如图 ZY3202203001-2 所示。

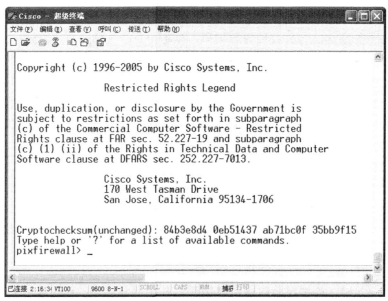

图 ZY3202203001-2　PIX 防火墙启动时的系统显示

如果是第一次启动，系统会提示"Pre-configure PIX Firewall now through interactive prompts [yes]?"，键入"no"，回车后进入 PIX 命令行的用户模式，此时提示符为 pixfirewall>。

2. PIX 防火墙 CLI 命令工作模式

PIX 防火墙支持基于 Cisco IOS 的命令集，并提供了 4 种管理访问模式：

（1）用户模式（非特权模式）。如上所述，PIX 防火墙开机自检后就是处于这种模式，系统提示为 pixfirewall>。

（2）特权模式。在用户模式下键入 enable 命令，在 Password：提示符下直接按回车键（默认密码为空）即可进入特权模式，此时系统提示为 pixfirewall#。使用 exit 或者 quit 命令返回到用户模式。

（3）全局配置模式。在特权模式下，键入 configure terminal 命令进入此模式，绝大部分的系统配置都在这里进行，系统提示为 pixfirewall（config）#。使用 exit 或者 quit 命令返回到特权模式。

（4）监视模式。在 PIX 防火墙开机或重启过程中，按住 Escape 键或发送一个"Break"字符，即可进入监视模式。此时可以更新操作系统映象和口令恢复，系统提示为 monitor>。

3. CLI 命令的使用

在各种模式下，可以把命令缩写成最少但必须是唯一的字符串。例如，输入 co t 可以代替 configure terminal，进入配置模式。

在 PIX 防火墙命令行中可以获得帮助信息，输入 help 或？能够列出所有的命令。如果在一个命令后面输入？，则会列出这个命令的说明和语法。如果在一个命令的前面输入 help，会列出这个命令的语法和说明。另外，在命令行中只输入命令本身，然后回车，可以查看这个命令的语法。

和 Cisco IOS 路由器相比，在 PIX 防火墙 CLI 环境的配置模式下可以执行所有的功能，不必从配置模式退出来，例如，可以列出正在运行的配置、保存当前的配置，可以使用所有的 show 和 debug 命令。

三、Cisco PIX 防火墙的基本配置

1. 密码设置

（1）Enable 密码设置。

第 1 步，进入全局配置模式。

```
pixfirewall#config terminal
```

第 2 步，设置 Telnet 密码。

```
pixfirewall(config)#enable password password
```

第 3 步，返回特权模式。

```
pixfirewall(config)#exit
```

第 4 步，保存当前配置。

```
pixfirewall#write memory
```

如果没有使用这个命令，当关闭 PIX 防火墙电源的时候，所做的设置就会丢失。

（2）Telnet 密码设置。

Cisco PIX 防火墙 Telnet 访问的缺省密码为 cisco，修改密码的步骤如下：

第 1 步，进入全局配置模式。

```
pixfirewall#config terminal
```

第 2 步，设置 Telnet 密码。

```
pixfirewall(config)#password password
```

第 3 步，返回特权模式。

```
pixfirewall(config)#exit
```

第 4 步，检查当前设置。

```
pixfirewall#show telnet
```

第 5 步，保存当前配置。

```
pixfirewall#write memory
```

2. 设置以太端口速率并激活该端口

在默认情况下，PIX 上的以太端口 ethernet0 是默认的外部接口（outside），ethernet1 是默认的内部接口（inside）。Inside 接口在初始化配置成功的情况下自动被激活生效了，但是 Outside 及其他接口只有在使用了 interface 命令配置后才能进入激活状态。

第1步，进入特权模式。

```
pixfirewall> enable
```

password：（回车）

第2步，进入全局配置模式。

```
pixfirewall#config terminal
```

第3步，激活以太端口。

```
pixfirewall(config)#interface ethernet0 auto
```

其中，auto 选项表明网卡类型为自适应网卡。若带有 shutdown 选项，则表示关闭这个接口；再启用该接口时，去掉 shutdown 即可。

第4步，返回特权模式。

```
pixfirewall(config)#exit
```

第5步，校验当前设置。

```
pixfirewall#show interface
```

第6步，保存当前配置。

```
pixfirewall#write memory
```

3. 接口命名并设定其安全级别

防火墙的每一个接口都要设置一个名字。在缺省配置中，以太端口 ethernet0 的默认名称是 outside，为外部接口，安全等级是 0，安全级别最低；以太端口 ethernet1 的默认名字是 inside，为内部接口，其安全等级是 100，安全级别最高。如果还有其他端口，则要为其命名并设定其安全等级，安全等级可设置为 security10、security20 等，取值范围为 1～99，数字越大安全级别越高。一般情况下，应有一个以太端口作为 DMZ（demilitarized zones，非军事化区）。如果没有规则许可，任何通信都不得从低等级接口（如外部接口）流向高等级接口（如内部接口）。

用 nameif 命令可以重新命名接口或修改接口的安全级别，配置步骤如下：

第1步，进入全局配置模式。

```
pixfirewall#config terminal
```

第2步，命名接口并设定接口的安全级别。

```
pixfirewall(config)#nameif ethernet2 dmz security50
```

第3步，返回特权模式。

```
pixfirewall(config)#exit
```

第4步，校验当前设置。

```
pixfirewall#show nameif
```

第5步，保存当前配置。

```
pixfirewall#write memory
```

4. 以太端口的 IP 地址配置

配置以太端口的 IP 地址采用命令 ip address。

第1步，进入全局配置模式。

```
pixfirewall#config terminal
```

第2步，设置内部接口的 IP 为 192.168.1.1 255.255.255.0。

```
pixfirewall(config)#ip address inside 192.168.1.1 255.255.255.0
```

第3步，设置外部接口的 IP 为 222.20.16.1 255.255.255.0。

```
pixfirewall(config)#ip address outside 222.20.16.1 255.255.255.0
```

第4步，设置外部接口的 IP 为 172.16.0.1 255.255.255.0。

```
pixfirewall(config)#ip address dmz 172.16.0.1 255.255.255.0
```

第5步，返回特权模式。

```
pixfirewall(config)#exit
```

第6步，校验当前设置。

```
pixfirewall#show ip address
```

第7步，保存当前配置。

```
pixfirewall#write memory
```

5. 应用协议端口侦听配置

对于 HTTP、FTP 等应用层协议相应的端口，PIX 都有默认的配置。实际应用中根据需要，可以使用 Fixup 命令对应用层协议所使用的端口进行调整和增加。使用 clear fixup 命令可以恢复默认设置。

第1步，进入全局配置模式。

```
pixfirewall#config terminal
```

第2步，为 HTTP 协议指定 1080 端口。

```
pixfirewall (config)#fixup protocol http 1080
```

注意，该设置并没有改变 HTTP 协议默认的 80 端口，通过 show fixup 可以看到 PIX 在端口 80、1080 这两个端口侦听 HTTP 流量。

第3步，返回特权模式。

```
pixfirewall(config)#exit
```

第4步，校验当前设置。

```
pixfirewall#show fixup protocol
```

第5步，保存当前配置。

```
pixfirewall#write memory
```

6. 静态路由和缺省路由的配置

使用 route 命令可以为 PIX 防火器的每个接口设置静态路由或缺省路由。

（1）内部接口静态路由配置。假设内网中有两个网段 10.1.2.0 和 10.1.3.0，它们通过一台路由器连接到 PIX 上，路由器接口的 IP 地址是 172.16.0.1，设置指向内网的静态路由，设置步骤如下：

第1步，进入全局配置模式。

```
pixfirewall#config terminal
```

第2步，设置指向内网 10.1.2.0 的静态路由。

```
pixfirewall (config)#route inside 10.1.2.0 255.255.255.0 172.16.0.1 1
```

其中，最后面的"1"表示到路由器的跳数是 1。

第3步，设置指向内网 10.1.3.0 的静态路由。

```
pixfirewall (config)#route inside 10.1.3.0 255.255.255.0 172.16.0.1 1
```

第4步，返回特权模式。

```
pixfirewall(config)#exit
```

第5步，校验当前设置。

```
pixfirewall#show route
```

第6步，保存当前配置。

```
pixfirewall#write memory
```

注意：如果内部网络只有一个网段，只需设置一条缺省路出即可；如果内部存在多个网段，则需要配置多条静态路由。

（2）外部接口静态路由配置。假设 PIX 的外部接口与 Internet 接入路由器相连，路由器接口的 IP 地址 61.144.51.168，设置一条指向边界路由器的缺省路由，配置步骤如下：

第1步，进入全局配置模式。

```
pixfirewall#config terminal
```

第2步，设置指向外网的静态路由。

```
pixfirewall (config)#route outside 0 0 61.144.51.168 1
```

其中，两个"0"表示所有 IP 地址，即 0.0.0.0 0.0.0.0.0。

ZY3202203001

模块 1

第 3 步，返回特权模式。

```
pixfirewall(config)#exit
```

第 4 步，校验当前设置。

```
pixfirewall#show route
```

第 5 步，保存当前配置。

```
pixfirewall#write memory
```

四、网络访问控制配置

PIX 防火墙使用 access-list 和 access-group 这两条命令实现访问列表控制。

Access-list 命令用来创建 ACL，访问列表有 permit 和 deny 两个关键字，可以指明允许或拒绝某 IP 地址访问某端口或协议，网络协议包括 IIP、TCP、UDP、ICMP 等。缺省情况下，访问列表中的所有访问都是被拒绝。因此，需要允许访问时必须明确指出。ACL 在最后由一条隐含的 deny 规则。

Access-group 命令用来把 ACL 应用到防火墙的特定接口上，在一个接口上只能绑定一个 ACL。

如图 ZY3202203001-3 所示的网络，在 PIX 防火墙的 inside 接口上使用名为 acl-out（可任意指定）的 ACL，该 ACL 拒绝内网用户访问外网的 Web 网站，而允许其他应用的 IP 数据包通过。

图 ZY3202203001-3　　ACL 应用实例

为允许出站连接，内部网络地址（10.0.0.0）被动态转换为从 192.168.0.20 到 192.168.0.254 之间的地址。配置步骤如下：

第 1 步，进入全局配置模式。

```
pixfirewall#config terminal
```

第 2 步，创建名为 acl-out 的 ACL 表，拒绝内网用户访问外网的 Web 网站。

```
pixfirewall (config)#access-list acl-out deny tcp any any eq www
```

其中，第一个 any 表示所有的源 IP 地址，第二个 any 表示所有的目的 IP 地址，运算符 eq 表示等于。

第 3 步，添加一条 ACL 表条目（策略），允许其他应用的 IP 数据包通过。

```
pixfirewall (config)#access-list acl-out permit ip any any
```

第 4 步，将 ACL 列表应用（绑定）到内网接口。

```
pixfirewall (config)#access-group acl-out in interface inside
```

第 5 步，网络地址转换，指定内部地址。

```
pixfirewall(config)#nat (inside) 1 10.0.0.0 255.255.255.0
```

第 6 步，网络地址转换，指定外部地址。

```
pixfirewall (config)#global (outside) 1 192.168.0.20-192.168.0.254 netmask 255.255.255.0
```

第 7 步，返回特权模式。

```
pixfirewall(config)#exit
```

第 8 步，校验当前设置。

```
pixfirewall#show access-list
pixfirewall#show access-group
pixfirewall#show nat
pixfirewall#show global
```

第 9 步，保存当前配置。

```
pixfirewall#write memory
```

五、网络地址转换配置

PIX 的地址转换是由 nat 命令和 global 两个命令配合完成的，nat 命令指定要访问外网的内网 IP 地址或网段， global 指定访问外网时可以使用的地址池。

1. 将内部私有地址转换为合法 IP 地址

将内部网段 192.168.0.0 转换为公网地址段 222.20.16.100～222.20.16.200，配置步骤如下：

第 1 步，进入全局配置模式。

```
pixfirewall#config terminal
```

第 2 步，指定内部地址。

```
pixfirewall(config)#nat (inside) 1 192.168.0.0 255.255.255.0
```

其中，"1"为 nat 序列号。

第 3 步，指定外部地址。

```
pixfirewall(config)#global  (outside)  1  222.20.16.100-222.20.16.200  netmask 255.255.255.0
```

其中：netmask 表示公网 IP 地址的网络掩码。

注意："1"为 nat 序列号，必须与上一步中的序列号相对应，特别是在对内网中不同的地址段转换为不同的公网地址端的情况下。

第 4 步，返回特权模式。

```
pixfirewall(config)#exit
```

第 5 步，校验当前设置。

```
pixfirewall#show nat
```

```
pixfirewall#show global
```

第 6 步，保存当前配置。

```
pixfirewall#write memory
```

2. 配置从低安全级别接口访问高安全级别接口内的单个主机

利用静态 IP 地址转换，在内部 IP 地址 192.168.0.8 和外部 IP 地址 61.144.51.62 之间建立静态映射，即 IP 地址为 192.168.0.8 的内部主机，对于通过 PIX 防火墙建立的每个会话，都被翻译成 61.144.51.62 这个合法地址，配置步骤如下：

第 1 步，进入全局配置模式。

```
pixfirewall#config terminal
```

第 2 步，配置静态 IP 地址转换。

```
pixfirewall (config)#static (inside, outside) 61.144.51.62 192.168.0.8
```

第 3 步，返回特权模式。

```
pixfirewall(config)#exit
```

第 4 步，校验当前设置。

```
pixfirewall#show static
```

第 5 步，保存当前配置。

```
pixfirewall#write memory
```

【思考与练习】

1. 在网络的边界，为了发挥防火墙的网络安全作用，应对其进行哪些必要的配置？

2. NAT 在防火墙中有哪些应用？

3. 如下图所示的网络，在 PIX 防火墙的 outside 接口上使用名为 acl-in-dmz 的 ACL 来控制入站流量。该 ACL 只允许从 Internet Web 服务器通过 80 端口的 Web 连接，而拒绝其他所有到 DMZ 或内部网络的 IP 访问。

当从外部网络访问 DMZ 上的 Web 服务器时，需要将外部地址（192.168.0.11）静态转换成 DMZ Web 服务器的地址（172.16.0.2）。

请列出实现上述功能的配置语句。

附录 A 《电力通信》培训模块教材各等级引用关系表

部分名称	章	模块名称（模块编码）	模 块 描 述	等级 I	II	III
通信原理	通信概述	通信系统的组成（ZY3200101001）	本模块介绍了通信系统的基本组成,包含通信系统模型、模拟通信和数字通信系统的模型及其优缺点、电力系统通信设备连接情况。通过模型框图示例、流程图形介绍,掌握通信系统的基本组成及特点	√		
		通信系统的分类及通信方式（ZY3200101002）	本模块介绍了通信系统的分类及通信方式,包含通信系统的几种分类方式以及几种通信方式。通过分类介绍、图形示例,熟悉通信系统常用的分类方式,掌握几种通信方式的基本概念	√		
		通信系统的性能指标（ZY3200101003）	本模块介绍了通信系统的性能指标,包含通信系统的性能指标、模拟通信中误差产生的原因、数字通信系统的性能指标。通过概念介绍、举例讲解,掌握通信系统主要性能指标及其基本概念	√		
	信道	信道的概念（ZY3200102001）	本模块介绍了信道的概念,包含信道的定义、调制信道、编码信道及数学模型。通过概念介绍、图形讲解,掌握信道的定义、分类及数学模型	√		
		恒参信道及其特性（ZY3200102002）	本模块介绍了恒参信道及其特性,包含几种恒参信道及其特性、均衡的基本概念。通过概念介绍、图形讲解,掌握恒参信道的特性及其对信号传输的影响	√		
		随参信道及其特性（ZY3200102003）	本模块介绍了随参信道及其特性,包含短波电离层反射信道、对流层散射信道以及随参信道的特性和分集接收技术。通过概念介绍、图形讲解,熟悉恒参信道特性以及改善随参信道特性的分集接收技术	√		
		信道的加性噪声（ZY3200102004）	本模块介绍了信道的加性噪声的基本概念,包含加性噪声的来源、几种类型的随机噪声和起伏噪声。通过概念介绍、分类讲解,熟悉加性噪声的来源以及几种随机噪声和起伏噪声的产生机理及其对信号传输的影响	√		
	模拟调制系统	幅度调制（ZY3200103001）	本模块介绍了幅度调制的基本概念,包含双边带信号、调幅信号、单边带信号、残留边带信号。通过波形分析、模型讲解,掌握幅度调制的原理以及线性调制系统对通信系统抗噪声性能的影响	√		
		非线性调制（ZY3200103002）	本模块介绍了非线性调制的原理,包含相位调制和频率调制。通过公式波形介绍、框图讲解,熟悉非线性调制的原理以及非线性调制系统对通信系统抗噪声性能的影响	√		
		频分复用（ZY3200103003）	本模块介绍了频分复用的基本概念,包含频分复用系统组成、频分复用信号的频谱结构、频分复用系统的优缺点。通过框图讲解,掌握频分复用系统的基本概念	√		
	模拟信号的数字传输	脉冲编码调制概述（ZY3200104001）	本模块介绍了脉冲编码调制的基本知识,包含脉冲编码调制的基本原理以及对模拟信号进行抽样、量化过程。通过原理图形介绍、量化图形分析,掌握模拟信号的数字传输机理以及脉冲编码调制的原理和实现方法	√		
		均匀量化与非均匀量化（ZY3200104002）	本模块介绍了均匀量化与非均匀量化的概念,包含均匀量化和非均匀量化实现过程。通过图形讲解、公式分析,掌握均匀量化和非均匀量化对信噪比的影响,熟悉 A 律 13 折线 PCM 编码规则	√		
		时分复用系统（ZY3200104003）	本模块介绍了时分复用系统的基本概念,包含时分复用、数字复接系列以及 PCM 基群帧结构。通过概念介绍、图形讲解、数据列举,掌握时分复用系统的基本概念和实现原理	√		

续表

部分名称	章	模块名称 （模块编码）	模 块 描 述	等级		
				I	II	III
通信原理	数字基带 传输系统	数字基带信号的码型 （ZY3200105001）	本模块介绍了几种数字基带信号的码型，包含二元码、三元码、多元码。通过波形分析、举例练习，掌握常用的数字基带信号码型的特点及其应用		√	
		无码间串扰的传输波形 （ZY3200105002）	本模块介绍了无码间串扰的传输波形，包含基带传输系统的模型、理想低通信号和升余弦滚降信号。通过模型框图介绍、波形分析，掌握实现无码间串扰的传输条件和波形		√	
		扰码和解扰 （ZY3200105003）	本模块介绍了扰码和解扰的概念，包含 m 序列的产生和性质、扰码和解扰的原理。通过原理讲解、图形示意，掌握扰码和解扰的概念、原理及应用		√	
	同步原理	载波同步 （ZY3200106001）	本模块介绍了载波同步的基本概念，包含同步的基本概念、载波同步的方法、载波同步系统的性能。通过概念讲解、方法介绍、图形示意，掌握载波同步的基本概念及其实现方法		√	
		位同步 （ZY3200106002）	本模块介绍了位同步的基本概念，包含位同步的方法、数字锁相法位同步系统的性能、位同步相位误差对性能的影响。通过概念定义、方法介绍、图形分析，掌握位同步的概念以及位同步的三种实现方法		√	
		帧同步 （ZY3200106003）	本模块介绍了帧同步的基本概念，包含帧同步的实现方法及帧同步系统的性能。通过方法介绍、图形示意，掌握帧同步的概念以及帧同步的实现方法		√	
		网同步 （ZY3200106004）	本模块介绍了网同步的基本概念，包含网同步的基本概念以及几种网同步的方法。通过概念介绍、图形讲解，掌握网同步的概念以及网同步的实现方法		√	
	数字信号的 调制传输	二进制幅度键控 （ZY3200107001）	本模块介绍了二进制幅度键控的基本概念。包含数字调制的基本概念、2ASK 信号的波形以及调制器和解调器。通过概念介绍、图形分析，掌握二进制幅度键控信号的波形及其调制、解调的工作机理			√
		二进制频率键控 （ZY3200107002）	本模块介绍了二进制频率键控的基本概念，包含 2FSK 信号的波形以及调制器和解调器。通过概念介绍、图形分析，掌握二进制频率键控信号的波形及其调制、解调的工作机理			√
		二进制相移键控 （ZY3200107003）	本模块介绍了二进制相移键控的基本概念，包含二进制相移键控信号的波形以及调制器和解调器。通过概念介绍、模型波形框图示意，掌握二进制相移键控信号的波形及其调制、解调的工作机理			√
		二进制差分相移键控 （ZY3200107004）	本模块介绍了二进制差分相移键控的基本概念，包含对二进制差分相移键控的波形以及调制器和解调器。通过概念介绍、模型波形框图示意，掌握二进制差分相移键控的波形及其调制、解调的工作机理			√
		多进制数字键控 （ZY3200107005）	本模块介绍了多进制数字调制的基本概念，包含多进制幅度键控、相移键控及频移键控。通过波形讲解、矢量图框图示意，熟悉多进制数字调制信号的波形和调制、解调的工作机理			√
	差错控制编码	差错控制编码的基本概念 （ZY3200108001）	本模块介绍了差错控制编码的基本概念，包含几种差错控制方式和几种简单的检错码。通过要点介绍，掌握差错控制的基本原理及其实现方式			√
		线性分组码 （ZY3200108002）	本模块介绍了线性分组码的基本概念，包含线性分组码的概念及其构造原理。通过要点讲解、公式介绍，掌握线性分组码的构造原理及其检错机理			√

续表

部分名称	章	模块名称 （模块编码）	模 块 描 述	等级		
				I	II	III
通信原理	差错控制编码	循环码 （ZY3200108003）	本模块介绍了循环码的基本概念、循环码的特点及其表述，包含循环码的特点、表述及其编、译码。通过概念讲解、表述方式介绍，掌握循环码的表述及其编、译码的工作机理			√
光纤通信	光纤通信概述	光纤通信的光波波谱 （ZY3200201001）	本模块介绍了光纤通信的光波波谱，包含光在电磁波谱中的位置、光纤通信使用的波段。通过波谱图、公式介绍，掌握光纤通信使用的波长和频率范围	√		
		光纤通信的基本组成 （ZY3200201002）	本模块介绍了光纤通信的基本组成，包含光通信系统的组成框图。通过框图介绍，掌握光纤通信系统的基本组成和工作机制	√		
		光纤通信系统的分类 （ZY3200201003）	本模块介绍了光纤通信系统的分类，包含光纤通信系统的两种分类方式。通过分类介绍，熟悉光纤通信系统两种分类标准	√		
		光纤通信的特点 （ZY3200201004）	本模块介绍了光纤通信的特点。通过优、缺点介绍，熟悉光纤通信系统的特点	√		
	光纤结构与特性	光纤的结构和分类 （ZY3200202001）	本模块介绍了光纤的结构和分类、ITU-T 建议的光纤分类，包含光纤的典型结构图和不同分类形式。通过图形示意、分类介绍，掌握光纤的结构及各层的材质要求及作用，熟悉常用的三种主要类型的光纤在横截面上折射率的分布形状以及光线在其纤芯内的传播路径	√		
		光纤的导光原理 （ZY3200202002）	本模块介绍了光纤的导光原理，包含光的全反射、折射、反射、偏振、色散。通过原理讲解、图形示意，掌握全反射原理以及影响光传播速度的因素	√		
		光纤的特性 （ZY3200202003）	本模块介绍了光纤的特性，包含光纤的几何特性、光学特性和传输特性。通过损耗组成讲解、波形示意，掌握影响光在光纤中传输的因素	√		
	无源光器件	光纤连接器 （ZY3200203001）	本模块介绍了光纤连接器，包含光纤连接器的基本构成、性能及部分常见光纤连接器。通过结构讲解、照片示意、公式介绍，掌握光纤连接器的性能和使用方法		√	
		光分路耦合器 （ZY3200203002）	本模块介绍了光分路耦合器，包含光分路耦合器的功能、类型和主要性能指标。通过概念讲解、图形示意、公式介绍，掌握光分路耦合器的功能和主要性能指标		√	
		光隔离器与光环行器 （ZY3200203003）	本模块介绍了光隔离器与光环行器，包含光隔离器的功能、光环行器的功能及光隔离器的主要性能指标。通过要点介绍、图形示意，掌握光隔离器与光环行器的功能和性能指标		√	
		光衰减器 （ZY3200203004）	本模块介绍了光衰减器，包含光衰减器的功能、分类及其主要性能指标。通过原理图形讲解、要点介绍，掌握光衰减器的功能和主要性能指标		√	
	光源和光检测器	光源概述 （ZY3200204001）	本模块介绍了光源概述，包含光源的作用、分类、应用。通过要点讲解，掌握光纤通信对半导体发光器件的基本要求和应用		√	
		半导体激光器 （ZY3200204002）	本模块介绍了半导体激光器，包含半导体激光器的工作机理和特性。通过机理讲解、图形分析，熟悉半导体激光器的工作机理和特性		√	
		半导体发光二极管 （ZY3200204003）	本模块介绍了半导体发光二极管，包含半导体发光二极管的工作原理、工作特性。通过机理讲解、图形分析，熟悉半导体发光二极管的工作机理和特性		√	

续表

部分名称	章	模块名称 （模块编码）	模 块 描 述	等级		
				I	II	III
光纤通信	光源和光检测器	半导体光电检测器概述 （ZY3200204004）	本模块介绍了半导体光电检测器，包含半导体光电检测器的作用、类型。通过要点讲解，掌握光纤通信对半导体光电检测器的基本要求		√	
		半导体光电检测器工作机理 （ZY3200204005）	本模块介绍了半导体光电检测器工作机理，包含半导体材料的光电效应、PIN 光电二极管的结构以及雪崩光电二极管的雪崩效应和结构。通过工作机理介绍、图形分析，熟悉半导体光电检测器的结构和工作机理		√	
		半导体光电检测器的特性 （ZY3200204006）	本模块介绍了半导体光电检测器的特性，包含 PIN 光电二极管的特性、雪崩光电二极管的特性。通过要点介绍、图形分析，熟悉半导体光电检测器的特性		√	
	光端机	光发送机的基本组成 （ZY3200205001）	本模块介绍了光发送机的基本组成、光发送机的主要指标，包含光发送机的基本组成框图。通过框图介绍、要点讲解，掌握光发送机的基本组成，熟悉光纤通信对光发送机的基本要求		√	
		光源的调制 （ZY3200205002）	本模块介绍了光源的调制，包含直接调制和间接调制原理。通过要点讲解、图形分析，掌握光源的基本要求和调制特性		√	
		功率控制与温度控制 （ZY3200205003）	本模块介绍了功率控制与温度控制，包含调制电路自动功率控制及激光器自动温度控制的工作机理。通过机理讲解、图形分析，掌握光源功率控制和激光器的自动温度控制的作用和工作机理		√	
		光接收机的基本组成 （ZY3200205004）	本模块介绍了光接收机的基本组成，包含接收机的基本组成框图、各组成部分的功能、自动增益控制（AGC）。通过框图讲解，掌握光接收机的基本组成		√	
		数字光接收机的噪声特性 （ZY3200205005）	本模块介绍了数字光接收机的噪声特性，包含接收机的噪声类型及分布情况、各类噪声产生原因。通过要点介绍，熟悉数字光接收机的噪声特性及其产生原因		√	
		光接收机的主要指标 （ZY3200205006）	本模块介绍了光接收机的主要指标，包含光接收机的灵敏度、光接收机的动态范围的概念与测量和计算方法。通过定义分析，掌握光接收机的灵敏度和动态范围两项主要指标		√	
		光中继器 （ZY3200205007）	本模块介绍了光中继器的基本概念，包含光电中继器和全光中继器。通过框图讲解，掌握光中继器的主要功能以及光电中继器和全光中继器的工作机理		√	
		光线路码型 （ZY3200205008）	本模块介绍了光线路码型，包含几种常用光线路码型。通过要点介绍、列表样例，掌握几种常用光线路码型的构成及其特点		√	
	密集波分复用概述	波分复用技术概述 （ZY3200206001）	本模块介绍了波分复用技术概述，包含波分复用和 DWDM、WDM 优势。通过图形讲解、特点分析，掌握波分复用、DWDM 的基本概念和工作原理			√
		波分复用系统基本组成 （ZY3200206002）	本模块介绍了波分复用系统基本组成，包含 WDM 设备的传输方式及系统组成。通过系统构成图形讲解，掌握 WDM 系统的基本组成及各模块的功能			√
	密集波分复用的关键技术	DWDM 光源 （ZY3200207001）	本模块介绍了 DWDM 光源，包含 LD 和 LED 的比较、DWDM 系统中光源的分类及性能比较。通过原理分析，掌握 DWDM 系统对激光器的要求以及 DWDM 光源的特点			√

续表

部分名称	章	模块名称 （模块编码）	模 块 描 述	等级		
				I	II	III
光纤通信	密集波分复用的 关键技术	DWDM 光放大器 （ZY3200207002）	本模块介绍了 DWDM 光放大器，包含光放大器、掺铒光纤放大器、拉曼光纤放大器。通过原理讲解、优缺点分析，掌握 DWDM 系统中光放大器的功能以及两种实用化的光纤放大器的特点			√
		光复用器和光解复用器 （ZY3200207003）	本模块介绍了光复用器和光解复用器的基本概念，包含相关知识。通过原理介绍、性能比较，掌握 DWDM 系统中光复用器和光解复用器的功能及其要求			√
	光纤通信系统 的工程设计	系统部件的选择 （ZY3200208001）	本模块介绍了光纤通信系统中部件的选择，包含光纤通信系统中工作波长、光源、光电检测器以及光纤选择。通过要点讲解，掌握光纤通信系统设计时主要关注的部件及其选用的基本要求			√
		光纤通信系统的 中继距离的估算 （ZY3200208002）	本模块介绍了光纤通信系统的中继距离估算方法，包含损耗限制系统的中继距离估算、色散限制系统的中继距离估算。通过公式介绍、例题讲解，掌握光纤通信系统设计时中继距离的正确估算方法			√
SDH 原理	SDH 概述	SDH 的特点 （ZY3200301001）	本模块介绍了 SDH 产生的背景和 SDH 的优缺点，包含 PDH 体系和 SDH 体系。通过要点讲解、图形分析，了解 SDH 系统的优点及不足，并建立有关 SDH 的整体概念	√		
		SDH 设备的基本组成 （ZY3200301002）	本模块介绍了常见的 SDH 网元类型和 SDH 设备基本逻辑功能块组成，包含 TM、ADM、REG、DXC 功能的描述以及各功能块对信号流处理过程。通过模型介绍、功能讲解，掌握 SDH 设备的基本组成	√		
	SDH 复用方式	SDH 信号的帧结构 和复用步骤 （ZY3200302001）	本模块介绍了 SDH 信号的帧结构及信号的复用方式，包含信号帧中各组成部分的介绍以及 2M、34M、140M 信号如何复用进 STM-N 帧。通过概念介绍、图形讲解，熟悉信号帧的结构及各部分的作用，掌握 SDH 信号的复用和解复用的步骤		√	
		开销和指针 （ZY3200302002）	本模块介绍了 SDH 信号帧结构中开销字节和指针字节的功能说明，包含 A1、A2、B1、B2、J1、V5 等字节功能。通过功能讲解、图形示意，熟悉对 SDH 信号监控的实现方法，掌握通过字节进行告警和性能检测的机理		√	
	SDH 网络结构 和网络保护机理	基本的网络拓扑结构 （ZY3200303001）	本模块介绍了 SDH 网络基本拓扑和复杂拓扑的结构和特点，包含链形、星形、环形、树形、网孔形及几种拓扑的组合形式。通过拓扑图介绍，掌握不同拓扑结构的特点、容量及适用范围			√
		网络保护机理 （ZY3200303002）	本模块介绍了自愈的概念、分类及不同保护方式下保护倒换方法，包含两纤单向通道保护环、两纤双向复用段保护环等保护方式及保护机理。通过概念介绍、分类讲解、图形示意，掌握网络自愈原理及不同类型自愈环的特点			√
	SDH 定时 与同步	SDH 网的同步方式 （ZY3200304001）	本模块介绍了同步的概念、SDH 网的同步方式以及 SDH 网的同步设计原则。通过概念介绍、要点分析，掌握 SDH 网同步机理			√
		SDH 网络时钟保护倒换原理 （ZY3200304002）	本模块介绍了 S1 字节的工作原理和时钟保护倒换，包含 SDH 网络中同步时钟自动保护倒换过程。通过概念原理介绍、实例分析，掌握 SDH 网络中时钟跟踪原则及时钟劣化后的保护倒换方式			√
	SDH 网络管理	SDH 网管基本概念 （ZY3200305001）	本模块介绍了 SDH 网管基本概念和特性，包含 SDH 网管系统的网络定位、系统结构及可靠性设计等。通过概念介绍、结构图形讲解，掌握 SDH 网管的基本概念和特性			√

续表

部分名称	章	模块名称 （模块编码）	模 块 描 述	等级		
				I	II	III
SDH 原理	SDH 网络管理	SDH 网管接口 （ZY3200305002）	本模块介绍了 SDH 网管接口在 SDH 网络系统中的应用，包含 SDH 网管内、外部接口的特性及功能。通过图形讲解、功能介绍，掌握 SDH 网管内部通信方式及和外部系统的连接方法			√
		SDH 网管功能 （ZY3200305003）	本模块介绍了 SDH 网管的作用及性能，包含 SDH 网管的功能特性及性能指标。通过要点介绍，掌握 SDH 网管可进行的网络操作			√
交换原理	程控交换机的基本组成及其功能	程控交换概述 （ZY3200401001）	本模块介绍了程控交换概述，包含电话交换网的组成、交换机分类、交换技术发展。通过图示意、要点讲解，了解程控交换机的作用和电力系统程控交换网的构成	√		
		程控交换机的基本组成 （ZY3200401002）	本模块介绍了程控交换机的硬件、软件组成，包含话路系统、控制系统、信令设备、程控交换机软件组成。通过图形分析、功能介绍，掌握程控交换机的基本组成及其功能	√		
		用户电路 （ZY3200401003）	本模块介绍了模拟用户接口电路和数字用户接口电路，包含模拟用户和数字用户接口电路基本功能。通过要点介绍、图形示意，掌握用户电路的基本功能	√		
		中继电路 （ZY3200401004）	本模块介绍了中继电路，包含模拟中继接口电路和数字中继接口电路功能及其工作原理。通过原理介绍、图形示意、流程讲解，掌握模拟中继电路和数字中继电路的功能及工作原理	√		
		数字交换网络 （ZY3200401005）	本模块介绍了时隙交换的概念、T 型接线器和 S 型接线器，包含 T 型接线器和 S 型接线器的组成、工作原理。通过原理介绍、图形示意、举例讲解，掌握数字交换网络的结构和工作原理	√		
		呼叫处理的基本流程 （ZY3200401006）	本模块介绍了电话交换呼叫处理的基本流程，包含电话局内呼叫处理过程和局间呼叫处理过程。通过理论概述、要点讲解，掌握电话交换呼叫处理的基本流程	√		
		程控交换机的性能指标 （ZY3200401007）	本模块介绍了程控交换机话务量和呼叫处理能力的基本概念，包含忙时、忙时呼叫、忙时话务量、呼损率和呼叫处理能力等概念。通过概念定义、单位介绍，熟悉程控交换机常用的性能指标	√		
	信令系统	信令的基本概念 （ZY3200402001）	本模块介绍了程控交换机信令的概念和信令的分类，包含信令的功能、信令分类、信令方式和呼叫过程基本知识。通过流程介绍、要点讲解、图形示意，掌握信令的基本功能和信令的分类		√	
	中国 1 号信令	线路信令 （ZY3200403001）	本模块介绍了线路信令的基本概念，包含模拟线路信令和数字线路信令。通过概念定义、表格列举，掌握线路信令的基本概念和中国 1 号信令的线路信令		√	
		记发器信令 （ZY3200403002）	本模块介绍了记发器信令，包含记发器信令信号编码和互控传送方式。通过概念讲解、图形示意，掌握中国 1 号信令的记发器信令		√	
	No.7 信令	No.7 信令方式的总体结构 （ZY3200404001）	本模块介绍了 No.7 信令系统的总体结构，包含 No.7 信令系统的特点、功能结构和 No.7 信令的功能结构。通过特点分析、结构图形讲解，掌握 No.7 信令系统四级功能结构			√
		信令网的基本概念 （ZY3200404002）	本模块介绍了信令网的基本概念，包含信令网组成和工作方式及 No.7 信令网结构。通过要点讲解、图形示意，掌握 No.7 信令网的组成			√

部分名称	章	模块名称 （模块编码）	模块描述	等级		
				I	II	III
交换原理	No.7 信令	信令单元的基本类型、格式和编码 （ZY3200404003）	本模块介绍了信令单元的基本类型、格式和编码，包含信令单元。通过图形释义，掌握 No.7 信令系统信令消息的编码方式			√
		消息传递部分概述 （ZY3200404004）	本模块介绍了消息传递部分，包含信令数据链路的功能。通过要点概述，熟悉消息传递部分的概念和功能			√
		信令连接控制部分 （ZY3200404005）	本模块介绍了信令连接控制部分，包含信令连接控制部分消息格式、基本功能和所提供服务。通过要点介绍、图形示意，掌握 No.7 信令系统信令连接控制部分的基本功能			√
		电话用户部分概述 （ZY3200404006）	本模块介绍了电话用户部分的概念，包含电话用户部分消息格式、双向电路的同抢处理、正常呼叫处理的信令过程等知识。通过图形示意，掌握 No.7 信令系统的电话用户部分的概念			√
		综合业务数字网用户部分概述 （ZY3200404007）	本模块介绍了综合业务数字网用户部分的概念，包含综合业务数字网用户部分消息格式和编码、正常呼叫处理的信令过程、信令间配合。通过概念介绍、图形示意，掌握 No.7 信令系统的综合业务数字网用户部分的概念			√
	Q 信令	Q 信令系统的基本概念 （ZY3200405001）	本模块介绍了 Q 信令的基本概念，包含 Q 信令系统及其特点。通过概念介绍、流程分析，掌握 Q 信令的基本知识			√
		Q 信令分层结构和协议 （ZY3200405002）	本模块介绍了 Q 信令分层结构和协议，包含用户—网络接口、物理层、数据链路层和呼叫控制协议。通过要点介绍，掌握 Q 信令系统分层结构及 Q 信令各层的协议			√
计算机网络设备	以太网交换机	以太网交换机的工作原理和功能 （ZY3200501001）	本模块介绍了以太网交换机的工作原理，包含交换机的 MAC 地址、数据转发。通过原理介绍、功能讲解、优点分析，掌握交换机的工作原理和主要功能，了解交换式以太网的优点	√		
		以太网交换机的分类与应用 （ZY3200501002）	本模块介绍了以太网交换机的分类，包含交换机按外形尺寸、传输速率、网络位置、结构类型、协议层次以及可否被管理等标准进行分类。通过分类讲解、照片展示，掌握各类交换机的性能特点及其应用范围	√		
		以太网交换机的主要性能指标 （ZY3200501003）	本模块介绍了以太网交换机的主要性能和指标，包含各项性能和指标的分析。通过要点介绍，了解交换机的性能和指标	√		
	路由器	路由器的工作原理和功能 （ZY3200502001）	本模块介绍了 IP 路由的基础概念、路由器的主要功能和工作原理，包含路由的概念以及路由选择和数据转发等工作过程。通过要点讲解、图形分析，掌握网络互联中有关路由的基础知识，掌握路由器的工作原理		√	
		路由器的分类与应用 （ZY3200502002）	本模块介绍了路由器的分类、实际应用选用路由器的常识，包含路由器按不同的分类标准进行分类。通过分类讲解、产品介绍、图片展示，熟悉各类路由器的特点和适用范围；了解根据实际情况合理选用路由器的基本知识		√	
		路由器的主要性能指标 （ZY3200502003）	本模块介绍了路由器的主要性能和指标，包含各项性能和指标的分析。通过要点讲解、图片展示，了解路由器的性能和指标		√	
	路由协议	静态路由协议 （ZY3200503001）	本模块介绍了静态路由及其应用。通过概念定义、要点分析，掌握静态路由的概念和应用		√	
		动态路由协议 （ZY3200503002）	本模块介绍了路由协议基本概念及常见的动态路由协议。通过术语定义、分类讲解，掌握动态路由协议基本概念，熟悉常见的动态路由协议		√	

续表

部分名称	章	模块名称 （模块编码）	模 块 描 述	等级		
				I	II	III
网络安全 管理 及设备	网络安全基础	网络安全的概念 （ZY3200601001）	本模块介绍了网络安全的基本概念，包含网络安全的定义、影响网络安全的因素及保障网络安全的措施。通过概念定义、要点分析，熟悉网络安全基本知识，了解网络安全防护的重要意义	√		
		常见的安全威胁和攻击 （ZY3200601002）	本模块介绍了常见的网络安全威胁和攻击，包含网络攻击、计算机病毒等原因给网络安全造成危害。通过分类讲解，熟悉常见的网络安全问题	√		
		电力二次系统安全防护 （ZY3200601003）	本模块介绍了电力二次系统安全防护的有关要求、原则、技术措施及安全管理，包含电监会等管理部门有关规定条文。通过条文简介、词条定义，熟悉电力二次系统安全防护规定及相关知识	√		
	计算机病毒	计算机病毒概述 （ZY3200602001）	本模块介绍了计算机病毒概述，包含计算机病毒的定义、分类及危害。通过概念讲解、要点分析，掌握计算机病毒的概念，了解计算机病毒的危害	√		
		计算机病毒的检测和防范 （ZY3200602002）	本模块介绍了常见的计算机病毒及常用防范方法，包含常见病毒的分类描述及常用防范方法。通过要点讲解、界面窗口示例，熟悉各类病毒的基本特征，掌握计算机病毒检测和防范的常用方法	√		
	网络设备 安全管理	登录密码安全 （ZY3200603001）	本模块介绍了网络设备维护人员权限的分级管理和设备登录密码的安全管理。通过方法介绍、操作示例，掌握对网络设备登录密码进行安全管理的方法		√	
		配置命令级别安全 （ZY3200603002）	本模块介绍了网络设备配置命令级别管理，包含网络设备配置命令进行分级、设置多个用户级别的操作过程。通过操作示例，掌握为不同级别的管理员指定允许其使用的配置命令的方法		√	
		终端访问安全 （ZY3200603003）	本模块介绍了如何限制对交换机、路由器等网络设备的访问，包含控制虚拟终端访问和会话超时操作。通过问题分析、方法介绍、设置示例，掌握阻止未授权用户修改网络配置从而保护网络安全的方法		√	
		SNMP 安全 （ZY3200603004）	本模块介绍了对网络设备 SNMP 信息的访问控制，包含SNMP 协议机理、存在的安全隐患及安全管理措施。通过要点讲解、配置示例，掌握保护 SNMP 网管信息安全的方法		√	
		HTTP 服务安全 （ZY3200603005）	本模块介绍了在交换机、路由器允许以 Web 浏览器方式进行管理情况下的安全控制，包含网络设备提供的 HTTP 服务存在的安全隐患及解决办法。通过要点讲解、配置示例，掌握解决网络设备 HTTP 服务带来的安全问题的方法		√	
		设备运行日志 （ZY3200603006）	本模块介绍了设备运行日志及日志信息的安全管理，包含设备运行日志内容及日志管理的相关操作。通过要点讲解、配置示例，掌握保护日志信息安全的方法和利用日志内容分析设备安全事件的方法		√	
	防火墙	防火墙的工作原理和功能 （ZY3200604001）	本模块介绍了网络防火墙的工作原理和功能。通过图形示意、原理讲解，掌握防火墙的基本知识			√
		防火墙的分类与应用 （ZY3200604002）	本模块介绍了防火墙的分类、主要性能参数及其典型应用。通过分类讲解、图片示意、图形分析，掌握各类防火墙的主要性能，熟悉各类防火墙的适用环境			√
	隔离装置	网络隔离技术及分类 （ZY3200605001）	本模块介绍了网络隔离技术的起源和发展、网络隔离技术的分类和适用环境。通过背景介绍、概念定义、应用分类，掌握网络隔离技术的基本知识			√
		网闸的工作原理与应用 （ZY3200605002）	本模块介绍了网闸的工作原理、产品功能特性与应用。通过要点讲解，熟悉网闸装置的工作原理和技术特征			√
	入侵检测系统	入侵检测系统的原理和功能 （ZY3200606001）	本模块介绍了入侵检测的概念与检测原理、入侵检测系统的构成与功能。通过要点讲解，掌握入侵检测系统的基本概念			√

续表

部分名称	章	模块名称 （模块编码）	模 块 描 述	等级		
				I	II	III
网络安全管理及设备	入侵检测系统	入侵检测系统的分类和应用 （ZY3200606002）	本模块介绍了入侵检测系统的分类和应用，包含入侵检测分类、产品选择和部署原则。通过要点介绍、图片示意，了解入侵检测系统的分类和应用			√
		入侵防护技术 （ZY3200606003）	本模块介绍了入侵防护技术、分类及应用。通过要点讲解、图形示意，了解入侵防护技术的基本概念			√
光缆基础	光缆概述	光缆的结构与材料 （ZY3200701001）	本模块介绍了光缆结构的基本知识，包含光缆的典型结构和材料。通过要点介绍、图形示意，掌握光缆的典型结构及其特点	√		
		光缆的主要特性 （ZY3200701002）	本模块介绍了光缆的特性知识，包含光缆的损耗特性、机械特性、环境特性。通过图表分析、特性讲解，掌握光缆的主要性能	√		
		光缆的分类与选用 （ZY3200701003）	本模块介绍了光缆的分类和选用知识，包含光缆的分类方法、多种型号规格和光缆选择要点。通过要点介绍、代号释义，掌握正确识别和选择光缆的基本知识	√		
	光缆线路的防护	光缆线路的防强电 （ZY3200702001）	本模块介绍了光缆线路强电的影响和防护，包含强电对光缆线路的影响分析和具体防护措施。通过要点介绍，掌握光缆线路的防强电的基本知识和防护办法		√	
		光缆线路的防雷 （ZY3200702002）	本模块介绍了光缆线路的防雷，包含不同情况条件下雷电对光缆线路的影响分析和具体防护措施。通过要点讲解、图形示意，掌握光缆线路防雷基本知识和防护办法		√	
		光缆线路的防电化学腐蚀 （ZY3200702003）	本模块介绍了光缆线路的防电化学腐蚀。通过原因分析、措施介绍，掌握光缆线路防电化学腐蚀的基本知识和防护办法		√	
	光缆线路施工与工程验收	光缆线路施工特点和路由复测 （ZY3200703001）	本模块介绍了竣工技术文件的编制要求和内容，包含文件编制方法。通过要点介绍，掌握竣工技术文件编制和审查的基本知识		√	
		光缆线路工程随工验收 （ZY3200703002）	本模块介绍了光缆线路施工的特点和路由复测的要求和方法。通过特点分析、原则任务介绍、组织和作业方法列举，了解光缆线路路由复测的重要性、必要性，并掌握其方法		√	
		光缆线路工程初步验收 （ZY3200703003）	本模块介绍了光缆线路工程的随工验收，包含不同光缆种类随工验收的项目和内容。通过列表介绍，掌握光缆线路工程随工验收的基本知识		√	
		光缆线路工程竣工验收 （ZY3200703004）	本模块介绍了光缆线路工程的初步验收，包含初步验收条件、一般程序和内容。通过要点介绍，掌握光缆线路工程初步验收的基本知识		√	
		光缆线路工程竣工技术文件 （ZY3200703005）	本模块介绍了光缆线路工程的竣工验收，包含竣工验收条件、一般程序和内容。通过要点介绍，掌握光缆线路工程竣工验收的基本知识		√	
设备安装	传输设备	SDH 光传输设备安装 （ZY3200801001）	本模块介绍了 SDH 光传输设备安装流程中各项工作的基本要求。通过安装流程要点介绍，掌握 SDH 光传输设备安装的规范要求	√		
	接入设备	PCM 设备安装 （ZY3200802001）	本模块介绍了 PCM 设备安装流程中各项工作的基本要求。通过安装流程要点介绍，掌握 PCM 设备安装的规范要求	√		
	程控交换设备	程控交换设备安装 （ZY3200803001）	本模块包含程控交换设备安装流程中各项工作的基本要求。通过安装流程要点介绍，掌握程控交换设备安装的规范要求	√		

续表

部分名称	章	模块名称（模块编码）	模 块 描 述	等级		
				I	II	III
设备安装	数据网络设备	数据网络设备安装（ZY3200804001）	本模块介绍了数据网络设备安装流程中各项工作的基本要求。通过安装流程要点介绍，掌握数据网络设备安装的规范要求	√		
通信机房安全与防护技术	防火措施	机房防火措施（ZY3200901001）	本模块介绍了机房火灾的原因及防火措施。通过要点介绍，掌握机房防火的常用措施	√		
	静电防护	静电的产生及防护措施（ZY3200902001）	本模块介绍了静电的产生和危害以及静电危害的防护措施。通过要点介绍，掌握静电危害的防护措施	√		
	雷电防护	雷电的产生及防护措施（ZY3200903001）	本模块介绍了雷电的产生和危害以及雷电危害的防护措施。通过要点介绍，掌握雷电危害的防护措施	√		
		通信系统接地（ZY3200903002）	本模块介绍了通信系统接地的基本概念，包含通信系统接地的概念、分类以及影响接地电阻的因素和接地电阻的测量。通过要点介绍，掌握通信系统接地的基本知识和测量方法	√		
规程、规范及标准	电力通信相关规程	《电力系统光纤通信运行管理规程》（ZY3201001001）	本模块介绍了电力系统光纤通信运行管理规程。通过规程条文讲解，掌握规程条文的内容及相关要求	√		
		《电力系统通信站防雷运行管理规程》（ZY3201001003）	本模块介绍了电力系统通信站防雷运行管理规程。通过规程条文讲解，掌握规程条文的内容及相关要求	√		
		《电力系统通信管理规程》（ZY3201001005）	本模块介绍了电力系统光纤通信运行管理规程。通过规程条文讲解，掌握规程条文的内容及相关要求	√		
通信电源及其维护	通信电源系统概述	通信电源系统的组成（ZY3201101001）	本模块介绍了通信电源系统的组成分类，包含交流输入形式、直流输出、高频开关整流器、蓄电池。通过框图讲解、系统图形示意，掌握通信电源的基本组成及其相互之间的关系	√		
		通信电源的分级（ZY3201101002）	本模块介绍了通信电源的分级描述，包含第一、二、三级电源分级。通过框图示意，掌握各级电源的主要作用和特点	√		
		通信设备对通信电源系统的要求（ZY3201101003）	本模块介绍了通信设备对通信电源的基本要求，包含可靠性、稳定性、小型智能化和高效率要求。通过要点介绍，了解通信设备对通信电源基本要求	√		
	整流与变换设备	通信高频开关整流器的组成（ZY3201102001）	本模块介绍了通信高频开关整流器组成、原理和分类。通过框图解析、要点讲解，掌握高频开关电源主要组成电路		√	
		开关电源系统（ZY3201102002）	本模块介绍了开关电源系统组成单元。包含交流配电、整流模块、直流配电和监控单元。通过要点讲解、原理图形示例，掌握开关电源系统的组成及各组成单元的主要作用		√	
		开关电源系统的故障处理与维护（ZY3201102003）	本模块介绍了开关电源系统的故障处理与维护，包含开关电源故障检修的基本步骤、故障现象分类以及根据故障现象绘制流程图。通过步骤介绍、举例讲解，掌握开关电源系统的故障处理与维护的基本步骤和方法		√	
	蓄电池	通信蓄电池的构成与分类（ZY3201103001）	本模块介绍了通信蓄电池的构成与分类，包含阀控式密封铅酸电池的基本结构和蓄电池分类。通过结构图形介绍、型号示例，掌握密封铅酸蓄电池的基本组成结构和分类		√	

续表

部分名称	章	模块名称 （模块编码）	模 块 描 述	等级		
				I	II	III
通信电源 及其维护	蓄电池	通信蓄电池的工作 原理和技术指标 （ZY3201103002）	本模块介绍了通信蓄电池的工作原理和主要技术指标，包含阀控式密封铅酸蓄电池的工作原理和容量。通过理论要点讲解，掌握影响阀控式密封铅酸蓄电池的容量的主要因素		√	
		通信蓄电池的维护 使用及注意事项 （ZY3201103003）	本模块介绍了通信蓄电池的维护、使用及其注意事项，包含阀控式密封铅酸蓄电池的失效原因分析、使用和维护过程注意事项。通过要点讲解、曲线图形分析，掌握蓄电池使用与维护的方法及其注意事项		√	
	电源监控系统	电源监控系统的功能 （ZY3201104001）	本模块介绍了电源监控系统的各项功能，包含监控功能、交互功能、管理功能、智能分析功能、帮助功能。通过要点讲解、界面窗口示例，掌握监控器的主要功能及使用监控系统的方法		√	
		监控系统的数据采集 和常见监控器件 （ZY3201104002）	本模块介绍了监控系统的数据采集方法和常用监控器件，包含数据采集与控制系统的组成、串行接口与现场监控总线及监控器件。通过要点讲解、原理框图示例，熟悉监控系统各种数据采集与 RS232 串口传输的方法		√	
		监控系统的结构和组成 （ZY3201104003）	本模块介绍了监控系统的结构和组成，包含监控系统的总体结构和基本组成。通过结构图形讲解，掌握电源监控系统的总体结构和本地电源监控系统组成结构		√	
		监控系统的日常操作和维护 （ZY3201104004）	本模块介绍了监控系统的日常操作与维护方法，包含电源监控系统的使用、告警排除及其步骤。通过要点介绍，掌握监控系统日常维护检测项目、故障排除工作的过程和步骤		√	
	电源测试与维护	通信电源日常维护 （ZY3201105001）	本模块介绍了通信电源系统的日常维护，包含交流电压、交流电流、直流电压、直流电流测试步骤。通过要点介绍、图形示意，熟悉通信电源设备的常规项目的测试方法		√	
		双路交流切换功能试验 （ZY3201105002）	本模块介绍了双路交流切换的方法，包含双路交流切换方式、控制方式。通过方法介绍、照片示例，了解主备用切换和互为主备用切换方式的区别，掌握双路交流切换的操作方法	√		
		模块均流检查 （ZY3201105003）	本模块介绍了模块均流的检查方法。通过检查方法、流程介绍，掌握检查整流模块均流性能的方法	√		
		开关接线端子温度检查 （ZY3201105004）	本模块介绍了通信电源内部开关接线端子温度的检查方法，包含红外温度测试仪的使用方法。通过图形示意、参数列举、检查流程介绍，掌握检查开关接线端子温度的方法	√		
		电流、电压的指示查看 （ZY3201105005）	本模块介绍了通信电源系统中各项电流、电压的查看方法，包含交流输入电流、交流输入电压、直流输出电压、蓄电池电压、负载电流、蓄电池电流检查。通过查看流程介绍，掌握查看通信电源系统各项电压、电流值的方法	√		
		蓄电池组的放电试验 （ZY3201105006）	本模块介绍了蓄电池组进行放电试验的方法和步骤的介绍，包含蓄电池放电仪放电电流、放电截止电压、放电时间等参数设置方法。通过照片示例、测试流程介绍，掌握使用放电仪进行蓄电池组的放电试验的方法		√	
		蓄电池组的充电试验 （ZY3201105007）	本模块介绍了蓄电池组充电试验方法。通过充电流程介绍、图形示意，掌握监控器中设置均充、浮充、充电限流和充电时间的方法		√	
		电源监控系统的使用 （ZY3201105008）	本模块介绍了电源监控系统的起动、巡检、单站采集，包含电源监控系统的使用方法。通过界面窗口示意，掌握电源监控系统的使用方法并能准确判断电源系统的工作状态			√

续表

部分名称	章	模块名称 （模块编码）	模 块 描 述	等级		
				I	II	III
通信电源 及其维护	电源故障 分析排除	交流配电故障 （ZY3201106001）	本模块介绍了交流配电故障的现象和检修方法。通过故障分析、检修流程图形讲解，掌握根据交流配电故障的现象进行交流配电检修的方法			√
		直流配电故障 （ZY3201106002）	本模块介绍了直流配电故障的现象和检修方法。通过故障分析、检修流程讲解、案例介绍，掌握根据直流配电故障的现象进行直流配电检修的方法			√
		通信电源系统故障应急处理 （ZY3201106003）	本模块介绍了通信电源系统故障的应急处理的步骤和方法。通过方法分析、案例介绍，掌握通信电源系统故障应急处理的步骤和方法			√
仪表工具 的使用	测试仪表	示波器的使用 （ZY3201201001）	本模块介绍了示波器的使用，包含示波器的基本操作、稳定信号波形、读取示波器显示波形的频率和幅度、两路信号的波形比较及分析。通过要点讲解、结构图形示意，掌握正确使用示波器的操作技能	√		
		话路分析仪的使用 （ZY3201201002）	本模块介绍了话路分析仪的使用，包含利用话路分析仪进行点电平、频率特性、电平特性、空闲噪声、路际串话和量化失真等测试方法。通过操作步骤讲解、图形示意，掌握正确使用话路分析仪的操作技能	√		
		光源、光功率计的使用 （ZY3201201003）	本模块介绍了光源、光功率计的使用。通过图形示意，操作步骤介绍，掌握正确使用光源和光功率计的操作技能	√		
		2M 误码仪的使用 （ZY3201201004）	本模块介绍了2Mbit/s误码仪的使用，包含2Mbit/s误码仪在线监测和离线误码测试使用方法。通过图形示意，操作步骤介绍，掌握正确使用2Mbit/s误码仪的操作技能		√	
		光时域反射仪（OTDR） 的使用 （ZY3201201005）	本模块介绍了OTDR的使用，包含OTDR的自动测试、高级测试以及波形分析、故障点判定、波形的存储与打印。通过要点介绍，掌握正确使用OTDR的操作技能		√	
通信线缆 制作 及布线	线缆制作	2M 同轴电缆制作 （ZY3201301001）	本模块介绍了2Mbit/s同轴电缆制作，包含2Mbit/s同轴电缆的制作工具、步骤、工艺要求。通过制作流程介绍、图形示意，掌握熟练制作2Mbit/s同轴电缆并进行屏蔽和导通性检测的基本技能	√		
		网线的制作 （ZY3201301002）	本模块介绍了直通网线和交叉网线的制作，包含直通网线和交叉网线制作的步骤和工艺要求。通过制作流程介绍、图形示意，掌握熟练制作直通网线和交叉网线并进行导通性测试的基本技能	√		
		音频电缆对接 （ZY3201301003）	本模块介绍了音频电缆对接的基本技能，包含音频电缆对接的步骤和工艺要求。通过制作流程介绍、图形示意，掌握音频电缆对接和测试的基本技能	√		
	通信综合布线	布线 （ZY3201302001）	本模块介绍了通信线缆布放的基本内容，包含通信线缆布放方法和要求。通过要点介绍，掌握通信线缆布放的基本技能及布放要求	√		
		配线架的使用 （ZY3201302002）	本模块介绍了各种配线架使用的基本技能，包含配线架分配图、跳线要求及测试。通过要点介绍，掌握正确进行配线架的各种操作的基本技能	√		
网络设备 配置 与调试	交换机配置 与调试	交换机的基本配置 （ZY3201401001）	本模块介绍了交换机的基本配置，包含交换机管理端口、配置方式、CLI命令界面及基本配置。通过要点介绍、图表示意，掌握交换机配置和调试的基本操作		√	
		交换机 VLAN 配置 （ZY3201401002）	本模块介绍了交换机VLAN配置，包含交换机上创建VLAN、删除VLAN操作步骤。通过要点介绍、配置实例，掌握交换机VLAN配置和调试的方法		√	

续表

部分名称	章	模块名称 （模块编码）	模 块 描 述	等级		
				I	II	III
网络设备 配置 与调试	交换机配置 与调试	交换机端口 Trunk 属性及 VTP 配置 （ZY3201401003）	本模块介绍了交换机端口 Trunk 属性及 VTP 配置，包含 VLAN 中继、VTP 协议基本概念及配置操作步骤。通过要 点介绍、配置实例，掌握交换机 VLAN 中继和 VTP 协议的 配置方法		√	
		交换机生成树配置 （ZY3201401004）	本模块介绍了交换机生成树配置，包含以太网交换机循 环问题、STP 生成树协议功能和配置操作。通过图形示意、 配置实例，掌握交换机生成树配置、避免以太网交换机循 环的方法			√
		交换机端口镜像设置 （ZY3201401005）	本模块介绍了交换机端口镜像设置，包含端口镜像的概 念及其用途、端口镜像配置操作。通过图形示意、配置实 例，掌握端口镜像的配置方法			√
		交换机端口汇聚配置 （ZY3201401006）	本模块介绍了交换机端口汇聚配置，包含端口汇聚的概 念及其用途、端口汇聚配置操作。通过要点介绍、配置实 例，掌握多链路捆绑的配置方法			√
		交换机软件及配置的 备份与恢复 （ZY3201401007）	本模块介绍了交换机软件及配置的备份与恢复，包含交 换机软件及配置数据存储机制、TFTP 服务器、软件和配置 数据备份与恢复操作步骤。通过照片示意、配置实例，掌 握交换机软件及配置备份与恢复的方法			√
		三层交换机 VLAN 间路由配置 （ZY3201401008）	本模块介绍了三层交换机 VLAN 间路由配置，包含三层 交换机 IP 地址、三层物理及逻辑接口、默认网关及静态路 由设置步骤。通过配置实例，掌握三层交换机实现不同 VLAN 间数据通信的配置方法			√
	路由器配置	路由器的基本配置 （ZY3201402001）	本模块介绍了路由器的基本配置，包含路由器管理端口、 配置方式、CLI 命令界面及基本配置。通过要点介绍、配 置实例，掌握路由器配置和调试的基本操作		√	
		配置静态路由 （ZY3201402002）	本模块介绍了路由器静态路由配置，包含静态路由、默 认路由设置及调试步骤。通过要点介绍、配置实例，掌握 路由器静态路由的配置方法		√	
		配置 RIP 协议动态路由 （ZY3201402003）	本模块介绍了路由器 RIP 协议动态路由的配置，包含 RIP 协议动态路由设置及调试步骤。通过要点介绍、配置实例， 掌握路由器 RIP 协议动态路由的配置方法			√
		配置 OSPF 协议动态路由 （ZY3201402004）	本模块介绍了路由器 OSPF 协议动态路由的配置，包含 OSPF 协议动态路由设置及调试步骤。通过要点介绍、配置 实例，掌握路由器 OSPF 协议动态路由的基本配置方法			√
		网络地址转换 （ZY3201402005）	本模块介绍了在路由器上实现网络地址转换的配置，包 含网络地址转换概念、静态及动态地址转换设置、端口复 用地址转换设置步骤。通过理论分析、配置示例，掌握在 路由器上实现 IP 地址转换的基本概念和配置方法			√
网络运行 与维护	网络测试、分析 与诊断工具	IP 地址和 MAC 地址命令 （ZY3201501001）	本模块介绍了 Windows 系统中常用的与 IP 地址和 MAC 地址有关的测试命令。通过测试命令使用方法介绍、操作 界面图形示例，掌握查看网络中计算机的 MAC 地址和 IP 地址及相关信息的方法	√		
		IP 链路测试命令 （ZY3201501002）	本模块介绍了 Windows 系统中自带的 IP 链路测试命令。 通过测试命令使用方法介绍、操作界面图形示例，掌握处 理 IP 链路问题的测试方法	√		
		网络流量实时统计 （ZY3201501003）	本模块介绍了网络流量的实时统计，包括网络流量实时 统计典型工具软件使用方法。通过软件介绍、图形示意， 掌握监视和测量网络流量的方法		√	

续表

部分名称	章	模块名称 （模块编码）	模 块 描 述	等级		
				I	II	III
网络运行 与维护	网络测试、分析 与诊断工具	网络吞吐量测试 （ZY3201501004）	本模块介绍了括网络吞吐量测试，包含网络吐量测试典型工具软件使用方法。通过软件介绍、界面窗口示意，掌握测试网络吞吐量的方法		√	
		路由动态跟踪 （ZY3201501005）	本模块介绍了路由动态跟踪，包含路由动态跟踪测试典型工具软件使用方法。通过软件介绍、界面窗口示意，掌握路由动态跟踪的方法		√	
		网络监视及协议分析 （ZY3201501006）	本模块介绍了网络监视及协议分析，包含网络监视及协议分析典型软件使用方法。通过软件介绍、界面窗口示意，掌握网络监视及协议分析的方法			√
	网络管理系统	网络管理系统安装 （ZY3201502001）	本模块介绍了网络管理系统基本概念、网管协议及网络管理软件的安装。通过要点讲解、安装实例介绍，掌握网络管理系统基本知识和软件安装方法	√		
		网络管理系统使用 （ZY3201502002）	本模块介绍了网络管理系统的使用，包含利用网络管理系统查看网络信息和设备运行状态、监视网络设备和端口等操作步骤。通过系统使用方法介绍、使用操作实例讲解，掌握通过网络管理系统对网络进行运行维护管理的技能	√		
	网络故障 分析及处理	网络故障主要现象 及其产生原因 （ZY3201503001）	本模块介绍了网络故障的分类、现象及其产生原因。通过要点讲解，熟悉网络中常见的故障及其产生原因		√	
		网络故障处理的基本步骤 （ZY3201503002）	本模块介绍了网络故障处理的基本步骤，包含常规处理程序和排查流程。通过步骤、方法、技巧要点介绍，掌握网络故障处理的正确步骤和基本技能		√	
		网络链路故障处理 （ZY3201503003）	本模块介绍了网络链路故障的分析和处理。通过故障分析、处理方法介绍、仪器图形示意，掌握处理网络链路故障的方法和技能		√	
		网卡和网络协议故障处理 （ZY3201503004）	本模块介绍了网卡和网络协议故障的分析和处理。通过故障分析、处理方法介绍、界面窗口示意，掌握处理网卡和网络协议故障的方法和技能		√	
		以太网交换机故障处理 （ZY3201503005）	本模块介绍了交换机故障的分析和处理。通过故障分析、处理方法介绍，掌握处理交换机常见故障的方法和技能			√
		路由器故障处理 （ZY3201503006）	本模块介绍了路由器故障的分析和处理。通过故障分析、处理方法介绍，掌握处理路由器常见故障的方法和技能			√
SDH 调试 与维护	SDH 设备的 硬件系统	SDH 设备的硬件结构 （ZY3201601001）	本模块介绍了 SDH 设备的硬件组成，包含机柜的组成结构和安装方式以及 SDH 设备中的交叉、主控、线路、支路等单元模块作用。通过结构安装要点介绍、图表示意，熟悉 SDH 设备机柜结构以及 SDH 设备的硬件及各组成单元间的相互关系		√	
		SDH 设备板卡及其功能 （ZY3201601002）	本模块介绍了 SDH 设备组成板件及其功能描述，包含 SDH 设备主控板、交叉板、线路板、支路板等各组成板件作用及特性。通过常见类型介绍、图形示意，熟悉 SDH 设备各板件的功能及其相互关系		√	
		SDH 设备板卡配置 （ZY3201601003）	本模块介绍了 SDH 设备各种板卡配置方法，包含主控板、交叉板、时钟板、线路板、支路板、电源板等板卡配置方法。通过配置示例介绍、界面窗口示意，掌握网络开局时 SDH 各种板卡配置的方法		√	
	光端机指标测试	SDH 设备光接口光功率测试 （ZY3201602001）	本模块介绍了光接口光功率指标的测试，包含光接口收、发光功率的测试步骤及测试仪表使用方法。通过要点介绍、图形示意，熟悉 SDH 设备光功率的测试方法		√	

续表

部分名称	章	模块名称（模块编码）	模 块 描 述	等级		
				I	II	III
	光端机指标测试	SDH 设备接收灵敏度测试（ZY3201602002）	本模块介绍了光接收灵敏度指标的测试，包含光接口收光灵敏度的测试步骤及测试仪表使用方法。通过要点介绍、图形示意，熟悉 SDH 设备收光灵敏度的测试方法		√	
	SDH 告警	查看 SDH 告警信息（ZY3201603001）	本模块介绍了 SDH 网络中常见告警及相互抑制关系，包含告警产生的原因及引起网络故障现象。通过要点介绍、界面窗口示意，掌握通过网管或查看现场设备获知告警信息分析告警类型的方法		√	
	SDH 设备业务配置	SDH 2M 业务配置（ZY3201604001）	本模块介绍了 SDH 设备 2M 业务的配置，包含实际组网中 2M 业务路径配置方法和 SDH 层配置方法。通过操作实例介绍、界面窗口示意，掌握开通、删除 SDH 网络 2M 业务的方法和技能		√	
		SDH 以太网业务的配置（ZY3201604002）	本模块介绍了 SDH 设备以太网业务的配置，包含实际组网中以太网业务路径配置方法和 SDH 层配置方法。通过概念介绍、图形示意、配置实例，掌握开通、删除及测试 SDH 以太网业务的方法和技能		√	
		高次群业务配置（ZY3201604003）	本模块介绍了 SDH 设备高次群业务的配置，包含实际组网中 E3/T3、E4 等高次群业务路径配置方法和 SDH 层配置方法。通过概念介绍、配置实例、界面窗口示意，掌握 SDH 网络高次群业务的开通、删除的方法和技能		√	
		穿通业务配置（ZY3201604004）	本模块介绍了 SDH 设备穿通业务的配置，包含实际组网中单网元上 E1、E3/T3、E4 等业务穿通业务 SDH 层配置方法。通过概念介绍、配置实例、界面窗口示意，熟悉 SDH 网元穿通业务的开通、删除的方法和技能		√	
SDH 调试与维护	SDH 故障处理	板卡故障处理（ZY3201605001）	本模块介绍了 SDH 设备板卡故障的定位和处理，包含 SDH 设备主控、交叉、电源、时钟、线路和支路等板卡常见故障的现象描述和故障定位原则。通过故障定位、处理方法介绍、案例分析，掌握 SDH 设备板卡故障的处理方法			√
		网元失联故障处理（ZY3201605002）	本模块介绍了 SDH 设备网元失联故障处理，包含 SDH 设备网元脱离网管管理故障现象的描述以及根据相应告警信息的分析来定位故障点。通过故障定位、处理方法介绍、案例分析，掌握 SDH 设备网元失联的故障处理方法			√
		2M 失联故障处理（ZY3201605003）	本模块介绍了 2M 业务故障的定位和处理，包含 SDH 设备 2M 业务常见故障现象的描述以及根据相应告警信息的分析来定位故障点。通过故障定位、处理方法介绍、案例分析，掌握对 SDH 设备 2M 业务故障的处理方法			√
		以太网业务故障处理（ZY3201605004）	本模块介绍了以太网业务故障的定位和处理，包含 SDH 设备以太网业务常见故障现象的描述以及根据相应告警信息的分析来定位故障点。通过故障定位、处理方法介绍、案例分析，掌握 SDH 设备以太网业务故障的处理方法			√
	SDH 配置备份及恢复	SDH 配置备份（ZY3201606001）	本模块介绍了 SDH 设备配置数据的备份保存，包含典型设备网管系统中网元脚本及数据库备份方法。通过概念方法介绍、操作举例、界面窗口示意，掌握 SDH 网元数据备份的操作步骤及注意事项			√
		SDH 配置恢复（ZY3201606002）	本模块介绍了 SDH 设备配置数据的恢复，包含典型设备网管系统中网元脚本及数据库备份恢复方法。通过操作举例、界面窗口示意，掌握 SDH 网元数据恢复的操作步骤及注意事项			√
	网络组建与网络保护	添加网元（ZY3201607001）	本模块介绍了在网管上创建 SDH 网元，包含 SDH 设备 ID 设置、类型选择、名称描述、网关设置、登录账号等操作方法。通过软件举例介绍、界面窗口示意，掌握在 SDH 网管上创建网元的方法			√

续表

部分名称	章	模块名称 （模块编码）	模 块 描 述	等级 I	II	III
SDH 调试与维护	网络组建与网络保护	网元地址配置 （ZY3201607002）	本模块介绍了 SDH 网元的网元地址的设置。通过配置原则讲解、设置方法介绍，掌握设置 SDH 网元地址的方法			√
		网络保护方式设定 （ZY3201607003）	本模块介绍了网络保护方式的设定，包含网络中两纤单向通道保护环、两纤双向复用段保护环、1+1 保护环、无保护链等保护方式设定步骤。通过操作步骤介绍、界面窗口示意，掌握在 SDH 网络中设定保护方式的方法			√
		时钟配置 （ZY3201607004）	本模块介绍了 SDH 网络中的时钟配置，包含网络中环形、树形、链形等拓扑时钟跟踪设置方法和原则。通过配置实例、界面窗口示意，掌握 SDH 网络中时钟跟踪配置的方法			√
		网管通道配置 （ZY3201607005）	本模块介绍了 SDH 网络上网管通道的配置，包含网管电脑和网关网元之间通信方法和 DCN 视图下网关网元的更改方法。通过配置方法介绍、界面窗口示意，掌握网管电脑和 SDH 网络连接配置的方法			√
PCM 调试与维护	PCM 设备的硬件系统	PCM 设备的硬件结构 （ZY3201701001）	本模块介绍了 PCM 设备硬件框架组成。通过设备介绍、图形示意，掌握 PCM 的硬件结构	√		
		PCM 设备板卡及其功能 （ZY3201701002）	本模块介绍了 PCM 设备各板卡及其功能，包含公用板卡功能、各接口板卡接口参数和接口功能。通过功能介绍、框图示意，掌握 PCM 设备各种板卡的功能	√		
		PCM 设备板卡的配置 （ZY3201701003）	本模块介绍了 PCM 设备板卡硬件配置和软件配置。通过操作方法介绍、界面窗口示意，掌握常用的硬件跳线和板卡参数的设置方法	√		
	PCM 通道测试	PCM 二线通道测试 （ZY3201702001）	本模块介绍了 PCM 二线通道常用特性指标的测试，包含电平、频率特性等测试方法。通过测试流程介绍、图表示意，掌握正确使用 PCM 综合测试仪测试二线通道特性指标的方法	√		
		PCM 四线通道测试 （ZY3201702002）	本模块介绍了 PCM 四线通道常用特性指标的测试，包含电平、频率特性等测试方法。通过测试流程介绍、图表示意，掌握正确使用 PCM 综合测试仪测试四线通道特性指标的方法	√		
	PCM 设备故障处理与数据恢复	查看 PCM 告警信息 （ZY3201703001）	本模块介绍了 PCM 设备硬件告警查看和软件告警分析，包含硬件告警指示灯状态及软件告警信息。通过要点分析、图形示意，掌握通过软件或现场查看设备获知告警信息及分析告警类型的技能	√		
		PCM 故障处理 （ZY3201703002）	本模块介绍了 PCM 设备常见业务故障的处理方法，包含二线业务故障、四线业务故障和数据业务故障处理步骤和方法。通过故障分析、操作流程示意、案例介绍，掌握 PCM 常见业务故障的处理方法		√	
		PCM 配置的备份 （ZY3201703003）	本模块介绍了 PCM 设备配置数据的备份内容和备份方法。通过配置步骤介绍、界面窗口示意，掌握 PCM 设备配置数据备份的方法		√	
		PCM 配置的恢复 （ZY3201703004）	本模块介绍了 PCM 设备配置数据的恢复。通过配置步骤介绍、界面窗口示意，掌握 PCM 设备配置数据恢复的方法		√	
	PCM 设备业务配置	二线业务的配置 （ZY3201704001）	本模块介绍了二线业务的配置，包含二线业务时隙交叉连接方法。通过配置方法介绍、界面窗口示意，掌握正确开通 PCM 二线业务的方法		√	

续表

部分名称	章	模块名称 （模块编码）	模 块 描 述	等级 I	等级 II	等级 III
PCM 调试 与维护	PCM 设备 业务配置	2/4W 模拟业务的配置 （ZY3201704002）	本模块介绍了 2/4W 线业务的配置，包含 2/4W 线业务时隙交叉连接方法。通过配置方法介绍、界面窗口示例，掌握正确开通 PCM2/4W 线业务的方法		√	
		数字业务的配置 （ZY3201704003）	本模块介绍了数据业务的配置，包含数据业务时隙交叉连接方法。通过配置实例介绍、界面窗口示例，掌握正确开通 PCM 数据业务的方法		√	
	PCM 公用 部分配置	机框地址的设置 （ZY3201705001）	本模块介绍了 PCM 机框地址的设置，包含 PCM 设备机框地址设置步骤。通过设置方法介绍、界面窗口示例，掌握 PCM 设备机框地址的正确设置方法		√	
		板卡物理位置的设置 （ZY3201705002）	本模块介绍了 PCM 设备公用板卡物理位置的设定，包含 PCM 设备公用板卡物理位置设置。通过设置方法介绍、界面窗口示例，掌握 PCM 各公用板卡物理位置设置的方法		√	
		时钟的设置 （ZY3201705003）	本模块介绍了 PCM 设备时钟设置，包含 PCM 设备时钟同步及其设置方法。通过设置实例介绍、界面窗口示例，了解时钟同步的重要性，掌握 PCM 时钟同步的设置方法		√	
		PCM 网管通道配置 （ZY3201705004）	本模块介绍了网管通道的配置方法和注意事项，包含帧中继及其配置方法。通过配置实例介绍、界面窗口示例，了解 PCM 网管通道配置的方法		√	
光缆施工、 维护及故 障处理	光缆敷设	架空光缆的敷设 （ZY3201801001）	本模块介绍了架空光缆的敷设，包括架空光缆敷设的特点、要求、方法及注意事项。通过敷设流程介绍、图表示意，掌握架空光缆敷设的方法和要点，能正确完成架空光缆的敷设工作	√		
		管道光缆的敷设 （ZY3201801002）	本模块介绍了管道光缆的敷设，包括管道的清洗、子管敷设、牵引端头制作以及管道光缆敷设方法。通过敷设流程介绍、图形示意，掌握管道光缆敷设的方法和要点，能正确完成管道光缆的敷设工作	√		
		局内光缆的敷设 （ZY3201801003）	本模块介绍了局内光缆的敷设，包括局内光缆敷设的要求、方法、安装固定及注意事项。通过敷设流程介绍、图形示意，掌握局内光缆敷设的基本方法和要点，能正确完成局内光缆的敷设工作	√		
	光缆线路测试	光缆线路衰减测试 （ZY3201802001）	本模块介绍了光缆线路衰减测试，包含光缆线路衰减的定义、测量方法。通过测试流程介绍、图形示意，掌握光缆线路维护中衰减测试的方法		√	
	光缆线路 故障处理	光缆线路故障及其处理 （ZY3201803001）	本模块介绍了光缆线路常见故障现象及其产生原因、故障处理方法，包含光缆故障抢修程序、故障原因分析、故障点定位以及故障修复方法。通过要点介绍、图形示意，掌握光缆线路故障点定位和抢修处理的方法		√	
	光缆接续	尾纤接续 （ZY3201804001）	本模块介绍了尾纤接续操作，包含尾纤接续的具体步骤和方法。通过操作流程介绍、列表分析，掌握正确使用熔接机的方法，并能熟练进行单根尾纤的熔接操作	√		
		光缆接续 （ZY3201804002）	本模块介绍了光缆接续操作，包含光缆接续的步骤和注意事项。通过操作流程介绍，掌握光缆接续的方法和工艺要求，并能正确完成光缆的接续操作		√	
程控交换 机硬件及 维护	程控交换机的 硬件系统	程控交换机硬件结构 （ZY3201901001）	本模块介绍了典型程控交换机的硬件结构，包含典型程控交换机机柜结构、模块组成。通过举例介绍、图片示意，熟悉典型程控交换机的硬件结构	√		

续表

部分名称	章	模块名称 （模块编码）	模　块　描　述	等级		
				I	II	III
程控交换机硬件及维护	程控交换机的硬件系统	程控交换机板卡及其功能 （ZY3201901002）	本模块介绍了典型程控交换机各种板卡及其功能，包含公共控制板卡、电话控制板卡和电话接口板卡功能。通过概念定义、功能介绍，掌握程控交换机各种板卡的基本功能	√		
		程控交换机供电系统 （ZY3201901003）	本模块介绍了典型程控交换机供电系统。通过系统简介、结构示意，掌握典型程控交换机供电系统和供电方式		√	
		程控交换机背板 引出线及电缆连接器 （ZY3201901004）	本模块介绍了典型程控交换机背板引出线及电缆连接器。通过图形示意、实物展示，了解典型程控交换机各类电缆连接器的引线结构		√	
		程控交换机外围设备 （ZY3201901005）	本模块介绍了程控交换机外围设备，包含 DCA、计费系统、语音系统、录音系统等外围设备功能。通过设备定义、功能介绍，掌握交换机常用外围设备的功能		√	
	程控交换机硬件维护	程控交换机告警管理 （ZY3201902001）	本模块介绍了典型程控交换机告警管理，包含告警类型以及查看告警常用命令。通过要点介绍，掌握典型程控交换机告警查看的方法	√		
		模拟用户电路故障处理 （ZY3201902002）	本模块介绍了模拟用户电路常见故障的分析和处理。通过故障分析、案例介绍，掌握处理模拟用户电路故障的方法和技能		√	
		数字用户电路故障处理 （ZY3201902003）	本模块介绍了数字用户电路常见故障的分析和处理。通过故障分析、案例介绍，掌握处理数字用户电路常见故障的方法和技能		√	
		环路中继电路故障处理 （ZY3201902004）	本模块介绍了环路中继电路常见故障的分析和处理。通过故障分析、案例介绍，掌握处理环路中继电路故障的方法和技能		√	
		EM 中继电路故障处理 （ZY3201902005）	本模块介绍了 EM 中继电路故障的分析和处理。通过故障分析、案例介绍，掌握处理 EM 中继电路故障的方法和技能		√	
		中国 1 号信令中继 电路故障处理 （ZY3201902006）	本模块介绍了中国 1 号信令中继电路故障的分析和处理。通过故障分析、案例介绍，掌握处理中国 1 号信令中继电路故障的方法和技能			√
		No.7 信令中继 电路故障处理 （ZY3201902007）	本模块介绍了 No.7 信令中继电路常见故障的分析和处理。通过故障分析、案例介绍，掌握处理 No.7 信令中继电路故障的方法和技能			√
		Q 信令（30B+D） 中继电路故障处理 （ZY3201902008）	本模块介绍了 Q 信令中继电路常见故障的分析和处理。通过故障分析、案例介绍，掌握处理 Q 信令中继电路故障的方法和技能			√
		程控交换机控制 系统故障处理 （ZY3201902009）	本模块介绍了程控交换机控制系统常见故障的分析和处理。通过故障分析、案例介绍，掌握处理交换机控制系统故障的方法和技能			√
程控交换机软件配置及维护	程控交换机数据设置	程控交换机基本命令 （ZY3202001001）	本模块介绍了典型程控交换机的基本命令，包含典型交换机联机步骤、常用命令、登录用户名命令。通过操作介绍，掌握交换机基本维护的方法和技能	√		
		模拟用户电路的数据设置 （ZY3202001002）	本模块介绍了典型程控交换机模拟用户电路的数据设置。通过设置方法介绍，掌握典型程控交换机模拟用户电路数据设置的方法		√	
		数字用户电路的数据设置 （ZY3202001003）	本模块介绍了典型程控交换机数字用户电路的数据设置。通过设置方法介绍，掌握典型程控交换机数字用户电路数据设置的方法		√	

续表

部分名称	章	模块名称 （模块编码）	模块描述	等级		
				I	II	III
程控交换机软件配置及维护	程控交换机数据设置	程控交换机数据库的管理 （ZY3202001004）	本模块介绍了典型程控交换机数据库的管理，包含典型程控交换机数据库的运作、查看数据库状态、数据库的管理等方法。通过要点介绍、图表示例，掌握典型程控交换机数据库管理的操作技能		√	
		环路中继电路的数据设置 （ZY3202001005）	本模块介绍了典型交换机环路中继电路的数据设置，包含所需软件和硬件的配置要求、环路中继电路数据设置步骤及方法。通过设置流程介绍，掌握典型交换机环路中继电路的数据设置的方法		√	
		EM 中继电路的数据设置 （ZY3202001006）	本模块介绍了典型交换机 EM 中继电路数据设置，包含所需软件和硬件的配置要求、EM 中继电路数据设置步骤及命令。通过设置实例介绍，掌握典型交换机 EM 中继电路的数据设置的方法		√	
		中国 1 号信令中继电路的数据设置 （ZY3202001007）	本模块介绍了程控交换机中国 1 号信令中继电路的数据设置，包含所需软件和硬件的配置要求、中国 1 号信令中继电路数据设置方法。通过设置实例介绍，掌握典型程控交换机中国 1 号信令中继电路的数据设置的方法			√
		No.7 信令中继电路的数据设置 （ZY3202001008）	本模块介绍了典型程控交换机 No.7 信令中继电路数据设置，包含所需软件和硬件的配置要求、No.7 信令数据设置方法。通过设置实例介绍，掌握典型程控交换机 No.7 信令中继电路的数据设置的方法			√
		Q 信令（30B+D）中继电路的数据设置 （ZY3202001009）	本模块介绍了典型程控交换机 Q 信令中继电路的数据设置，包含 Q 信令支持的功能、实现 Q 信令所需的软件和硬件配置要求及 Q 信令中继电路数据设置方法。通过设置实例介绍，掌握典型程控交换机 Q 信令中继电路的数据设置的方法			√
		系统软件重装 （ZY3202001010）	本模块介绍了典型程控交换机系统软件重装的操作方法。通过重装实例介绍，掌握典型程控交换机系统软件重装的操作技能			√
		系统软件升级 （ZY3202001011）	本模块介绍了典型程控交换机系统软件升级的操作方法。通过升级实例介绍，掌握典型程控交换机系统软件升级的操作技能			√
调度台维护	调度台日常维护	调度台硬件维护 （ZY3202101001）	本模块介绍了典型程控交换机调度台的硬件维护，包含调度台硬件结构和调度台系统功能、调度台常见故障。通过要点介绍、图片示例、案例分析，掌握调度台常见故障的处理方法		√	
		调度台数据设置 （ZY3202101002）	本模块介绍了典型程控交换机调度台的数据设置，包含调度台的数据编辑、数据传送、密码管理等操作方法。通过设置流程介绍，掌握调度台数据设置的方法和技能			√
网络安全防护	网络病毒防治	网络版反病毒软件客户端程序安装 （ZY3202201001）	本模块介绍了网络版反病毒软件客户端程序的安装，包含常用网络版反病毒软件客户端程序安装步骤。通过安装实例介绍、界面窗口示意，掌握常用网络版反病毒软件客户端程序的安装方法	√		
		网络版反病毒软件服务器程序安装 （ZY3202201002）	本模块介绍了网络版反病毒软件服务器程序安装，包含常用网络版反病毒软件服务器程序的安装及配置过程。通过安装实例介绍、界面窗口示意，掌握常用网络版反病毒软件服务器程序的安装方法		√	
		升级反病毒服务器病毒库 （ZY3202201003）	本模块介绍了反病毒服务器病毒库的升级。通过升级步骤介绍、实例讲解，掌握升级反病毒服务器病毒库的操作方法		√	

续表

部分名称	章	模块名称 （模块编码）	模 块 描 述	等级		
				I	II	III
网络安全 防护	网络访问控制	基于交换机端口的传输控制 （ZY3202202001）	本模块介绍了基于交换机端口的传输控制，包含启用端口数据包风暴控制功能、配置保护端口、设置端口阻塞、配置安全端口等操作步骤。通过配置方法介绍、实例讲解，掌握基于交换机端口的传输控制的配置方法		√	
		802.1x 基于交换机端口的认证 （ZY3202202002）	本模块介绍了 802.1x 基于交换机端口的认证配置，包含 IEEE 802.1x 认证配置指导方针、认证配置操作步骤。通过配置方法介绍、实例讲解，掌握 802.1x 基于交换机端口的网络访问认证的配置方法			√
		利用访问列表进行访问控制 （ZY3202202003）	本模块介绍了利用访问列表进行访问控制，包含访问列表基本概念以及 IP 访问列表、端口访问列表、VLAN 访问列表的配置操作步骤。通过配置方法介绍、实例讲解，掌握利用访问列表进行访问控制的配置方法			√
	防火墙	防火墙配置 （ZY3202203001）	本模块介绍了防火墙配置，包含典型防火墙的基本配置和网络访问控制配置步骤。通过配置方法介绍、实例讲解，掌握典型防火墙配置的方法			√

参 考 文 献

［1］樊昌信等编著.《通信原理》. 北京：国防工业出版社，2001 年.

［2］乔桂红编著.《光纤通信》. 北京：人民邮电出版社，2005 年.

［3］陈建亚，余浩，王振凯编著.《现代交换原理》. 北京：北京邮电大学出版社，2006 年.

［4］刘晓辉，李利军编著.《局域网组网技术大全》. 北京：人民邮电出版社，2007 年.

［5］胡文启，徐军，张伍荣编著.《网络安全大全》. 北京：清华大学出版社，2008 年.

［6］尹树华等编著.《光纤通信工程与工程管理》. 北京：人民邮电出版社，2005 年.

［7］李立高编著.《光缆通信工程》. 北京：人民邮电出版社，2007 年.

［8］刘世越，周学仁编著.《计算机机房建设改造技术标准与管理规范实用手册》. 长春：银声音像出版社，2004 年.

［9］张雷霆编著.《通信电源》. 北京：人民邮电出版社，2005 年.

［10］赵梓森等编著，中国通信学会主编.《光纤通信工程》. 北京：人民邮电出版社，2002 年.

［11］刘世春编著.《通信线路维护实用手册》. 北京：人民邮电出版社，2007 年.

［12］梁广民，王隆杰编著.《思科网络实验室路由、交换试验指南》. 北京：电子工业出版社，2007 年.

［13］姜大庆，吴强编著.《网络互联及路由器技术》. 北京：清华大学出版社，2008 年.

［14］张国清等编著.《网络设备配置与调试项目实训》. 北京：电子工业出版社，2008 年.

［15］高小玲，吴刚，刘作学编著.《数字通信技术》. 北京：科学出版社 2006 年.

［16］方致霞，尚勇，杨文山编著.《数字通信》. 北京：人民邮电出版社 2005 年.

［17］张开栋等编著.《通信光缆施工》. 北京：人民邮电出版社，2008 年.